콘크리트 실무지침 KCI PM103.1-16

RC보의 전단설계기준 및 강도모델 비교

전단 및 비틀림위원회

사단법인 한국콘크리트학회 Korea Concrete Institute

발간사

그동안 우리 학회는 본연의 역할인 해당 분야의 학문과 기술을 향상시키면서 모범 전문학회로서 크게 성장하여 왔습니다. 특히 지난 학회 20주년을 기념하여 보다 체계적인 참고문헌을 발간하기 위하여 '콘크리트실무지침편찬특별위원회'를 구성하여 전문서적을 발간하기 시작한 지도 7년여가 지나가고 있습니다.

이 특별위원회(당시 위원장 김상식 명예회원)는 2009년에 처음으로 구성되어 많은 노력 끝에 2010년 말 처음으로『해양 콘크리트의 염해 내구성 및 설계』,『매스 콘크리트의 온도 균열 제어』,『고유동 콘크리트의 제조 및 시공』,『콘크리트 구조물 이음의 설계 및 시공』,『콘크리트 양생』 등 5권의 실무매뉴얼을 발간한 바 있습니다. 그 후 2011년 특별위원회는 학회 연구전문위원회의 도움을 받아 출판을 기획하여『건축 포스트텐션 시스템』,『PS 긴장재의 시공, 긴장관리 및 그라우팅』,『콘크리트 장기거동 해석 및 적용』,『폴리머 콘크리트 복합체의 제조 및 시공』,『콘크리트 구조물의 방수기술』,『레디믹스트 콘크리트 품질 문제의 원인 및 대책』,『콘크리트 제조, 운반 및 타설』 등 7권의 실무매뉴얼을 2012년에 발간하게 되었습니다. 그리고 2012년, 2013년, 2014년에 각각 6권씩 기획된 18권의 실무지침 중에서『국내외 주요 기준의 휨-압축 부재 설계 및 예제』,『콘크리트 구조물의 철근 부식 진단과 방지 대책』,『섬유보강 고인성 시멘트 복합재료의 구조적 이용과 성능 평가』,『프리스트레스트 콘크리트 건축물과 플랜트 구조물의 설계 및 공법』,『수중구조물의 점검 및 보수보강 지침』,『시스템 거푸집의 설계와 시공』 6권을 2014년 12월에 발간하여 총 18권의 실무지침이 출판되었습니다. 이번에는 2013년에 기획된『RC보의 전단설계기준 및 강도모델 비교』 실무지침을 발간하게 되었습니다. 그리고 현재 2015년에 기획된 1권, 2016년에 기획된 5권을 포함하여 총 15권의 실무지침의 집필이 진행되고 있습니다. 지난번 발간사에서도 밝힌 바와 같이 이번 발간물도 마지막이 아니고 앞으로 계속 많은 실무지침을 발간할 예정이며, 이미 발간된 매뉴얼도 계속 수정해 나갈 것입니다. 아무쪼록 집필자들의 노력으로 발간된 각종 실무지침들이 회원과 독자 여러분에게 큰 도움이 되기를 바랍니다.

끝으로 지난 몇 년 간 어려운 여건 속에서도 열심히 노력하시어 실무지침을 작성하여 주신 집필책임자 최경규 회원님과 집필위원 여러분에게 감사드리며, 세심한 검토를 해주신 특별위원회 배수호 부위원장을 비롯한 여러 위원님들에게도 감사드립니다.

2016년 12월

사단법인 한국콘크리트학회

콘크리트실무지침편찬특별위원회 위원장 김 진 근

학회 회장(14대) 신 현 목

머리말

콘크리트의 전단 및 비틀림 거동은 준취성 재료 특유의 복잡한 특성에 크게 영향을 받으며 경종 없이 구조 부재의 파괴를 유발하므로 콘크리트 구조공학의 타 분야에 비하여 늘 이론적 논쟁의 대상이었습니다. 전단과 비틀림 하중을 받는 콘크리트 구조물은 사인장균열, 콘크리트 압축대 및 스트럿 압괴, 부착파괴 등 복합적인 메커니즘에 의하여 취성적으로 파괴되고 응력교란영역, 크기효과 등 영향 요소가 많아서 하나의 이론으로 간단히 설명하기가 매우 어렵기 때문에, 전 세계적으로 지속적인 연구개발이 수행되는 콘크리트 기초연구 분야로 인식되고 있습니다.

전 세계적으로 현행 구조설계기준들은 콘크리트 구조물의 전단설계 시 각기 다른 설계식을 사용하고 있습니다. 설계의 편의성을 위하여 각 기준의 설계식은 대부분 실험에 의한 경험식이나 부분적으로 이론적 기반이 뒷받침된 반경험식 등 간편식을 채택하고 있으며, 각각은 개발 배경, 설계식의 적용 범위, 사용되는 주요 설계변수, 강도 추정 경향 및 정확도 등 많은 측면에서 차이를 보입니다. 한편, 근래에 건설 산업의 국제시장 진출이 확대되면서 국내 기술자들에게 다양한 설계기준을 활용할 수 있는 능력이 요구되지만, 국내 현행 설계기준(KCI 2012)과 그 근간인 미국의 콘크리트구조기준(ACI 318-14) 외에 다른 설계기준에 대한 국내 기술자들의 이해도가 낮아 국제시장에서의 대응에 어려움이 많은 실정입니다. 이에 본 위원회는 국내 기술자들의 실무 구조설계에 도움이 되길 바라는 마음으로 전단 및 비틀림 실무지침을 출판하게 되었습니다. 본 실무지침에서는 대표적인 국내외 설계기준과 국내 전단모델의 이론과 설계 방법, 고강도 철근과 최대 및 최소 전단철근비 등 최신 연구 성과, 국내외 현행 설계기준과 전단모델의 강도 추정 능력과 설계변수별 영향에 대한 분석 결과를 제시하였습니다.

흔쾌히 집필을 허락해 주신 경북대학교 윤영묵 교수님, 공주대학교 김길희 교수님과 김상우 박사님, 국제원자력대학원대학교 이성철 교수님, 인하공업전문대학 이성태교수님, 성균관대학교 이정윤 교수님, 서울대학교 박홍근 교수님 임우영 박사님, 대우건설 기술연구소 하태훈 박사님, 호남대학교 정제평 교수님과 집필에 필요한 자료와 조언을 아끼지 않은 전단 및 비틀림위원회의 모든 위원님, 특별위원회를 맡아 많은 고견을 주신 카이스트 김진근 교수님을 비롯한 검토 및 심의위원님들께 감사드립니다.

2016년 12월

전단 및 비틀림위원회(KCI-103) 집필책임자 최 경 규

| 집필위원 |

집필책임자	최경규(숭실대학교)
집 필 위 원	김강수(서울시립대학교), 김길희(공주대학교), 김상우(허브구조엔지니어링) 김우(전남대학교), 박홍근(서울대학교), 윤영묵(경북대학교) 이성철(국제원자력대학원대학교), 이성태(인하공업전문대학), 이정윤(성균관대학교) 임우영(원광대학교), 정제평(호남대학교), 채현수(경북대학교), 하태훈(대우건설기술연구소)

| 자체 검토위원 |

검토책임자	박홍근(서울대학교)
검 토 위 원	김길희(공주대학교), 윤영묵(경북대학교), 이성철(국제원자력대학원대학교) 이정윤(성균관대학교), 최경규(숭실대학교)

| 검토위원 |

검 토 위 원	신현목(성균관대학교), 김진근(KAIST)

| 발간물심의위원회 |

위 원 장	이광명(성균관대학교)
위 원	차수원(울산대학교), 유성원(가천대학교), 홍건호(호서대학교), 강석화(JNT INC) 윤영묵(경북대학교), 박홍근(서울대학교), 이정윤(성균관대학교), 최경규(숭실대학교)

기획 | 실무지침편찬특별위원회 |

위 원 장	김진근(KAIST)
고 문	김상식(인하대학교), 정영수(중앙대학교), 정하선((주)전우구조건축사기술사사무소)
부 위 원 장	배수호(안동대학교)
간 사	홍건호(호서대학교)
위 원	김은겸(서울과학기술대학교), 김종호(창민우컨설탄트), 김한수(건국대학교), 박성우(삼성물산), 박홍근(서울대학교), 박홍기(태조엔지니어링), 서석구(서영엔지니어링), 송영철(EPRE), 연규석(강원대학교), 이광명(성균관대학교), 이재훈(영남대학교), 이재훈(도화구조), 이주호(롯데건설), 이진용(캐어콘), 장덕배(동양미래대학), 정광량(동양구조안전기술), 조윤구(현대건설), 차수원(울산대학교), 한천구(청주대학교)

차 례

제 1 장

개요

콘크리트 구조물은 생애주기 동안 다양한 형태의 하중과 변형을 받으며 복합적인 손상을 입을 수 있으므로 구조설계를 할 시에는 이를 고려하여 적절한 여유와 안전성을 확보해야 한다. 특히 전단과 비틀림 하중을 재하받는 콘크리트 구조물은 사인장균열, 콘크리트 압축대 및 스트럿 압괴, 주철근과 콘크리트의 부착파괴 등 복합적이고 취성적인 파괴 양상을 보이며 파괴강도와 시점을 예측하기 어렵다(그림 1.1). 따라서 콘크리트 구조물의 안전성을 확보하기 위해 전단과 비틀림 분야에서는 지속적인 기초연구가 요구되며, 1950년대 이후 국내외에서 수많은 실험연구가 수행되었고 전단이론과 최신 설계방법들이 지속적으로 개발되고 있다.

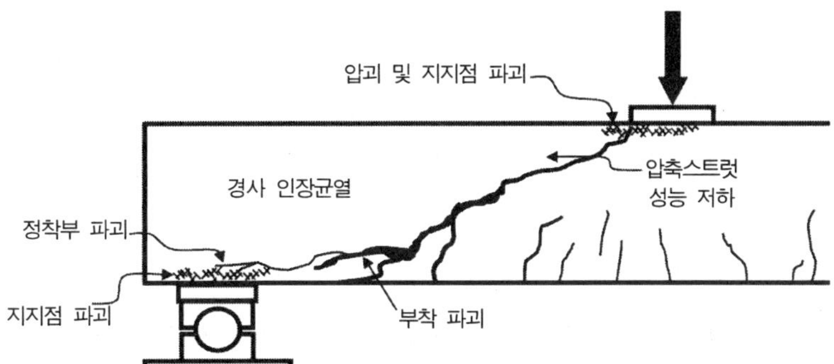

그림 1.1 **콘크리트 보의 전단파괴 양상**

국내외에서 수행된 많은 실험연구를 통하여 콘크리트 보의 전단강도에 영향을 미치는 주요 변수와 파괴 특성이 밝혀졌다.[1] 일반적으로 전단경간비(a/d)가 2.5 이하인 콘크리트 부재는 전단력이 압축스트럿을 통하여 받침점에 직접 전달되므로 하중전달 흐름과 전단파괴가 일어날 때의 최대 강도가 단면해석에서 사용하는 가정과 차이가 큰 것으로 보고되었다.[2] 이러한 이유로 KCI 2012[3]와 ACI 318-11[4] 등 현행 설계기준에서는 전단경간비가 작은 깊은 보는 스트럿-타이 모델(Strut-Tie Model)을 따라서 설계하도록 규정하고 있다. 반면에 얕은 보의 경우 휨균열이 경사인장균열로 성장하여 압축대를 관통함과 동시에 전단파괴가 발생하며, 균열 면에 작용하는 전단응력과 수직응력, 골재 맞물림 작용, 장부작용 등에 의해 전단저항 메커니즘이 형성된다.[5]

한편, 콘크리트 보의 전단파괴는 주철근량의 영향을 받는데 주철근량이 적은 콘크리트 보는 상대적으로 전단파괴에 더욱 취약하여 전단강도가 낮다는 것이 실험을 통하여 확인되었고, 따라서 ASCE-ACI Committee 426[5]에서는 전단강도를 산정할 때는 주철근비를 고려하는 강도식을 제안하고 있다. 또한 콘크리트 보에 압축력이 재하되는 경우 경사균열의 각도가 완만해지며 압괴가 동반되는 파괴 양상을 보이는데, 특히 전단보강되지 않는 경우에는 압축력으로 인하여 강도는 증가하지만 취성적인 파괴가 우려된다(Gupta와 Collins[6]). 한편, Kani[7], Shioya 등[8]은 전단무보강 콘크리트 보에 대한 실험연구를 통하여 부재 크기가 커지면 전단균열폭이 증가하며 전단강도가 감소하는 크기효과가 존재한다고 보고하였다. Bazant와 김진근[9]은 콘크리트 부재의 크기효과를 고려하기 위하여 부재의 크기에 따른 전단강도 저감계수를 제안하였다. 반면 Collins 등[10]에 의하면, 주철근량이 충분할 경우 전단균열폭의 확대가 방지되므로 크기효과가 완화된다는 사실을 실험으로 증명하였다.

국내외적으로 콘크리트 보의 전단저항 메커니즘을 규명하기 위하여 많은 이론과 경험식이 개발되었다. Ritter[11]와 Morch[12,13]는 경사인장균열이 발생한 철근콘크리트 보의 힘의 흐름을 설명하기 위하여 45° 경사인장균열을 가정하고 콘크리트 대각선 압축대와 전단철근의 수직재, 그리고 주철근의 하부 수평인장대로 구성된 트러스 모델(Truss model)을 개발하였다. 하지만 실제 철근콘크리트 보에서 경사인장균열의 방향은 전단보강근비, 전단경간비 등의 영향을 받아서 매우 복잡하게 나타나며, 또한 하중 증가에 따라 경사인장균열의 각도는 콘크리트 보의 각 위치에서 계속 변화하는 양상을 보인다. 이러한 이유로 Ritter와 Morsch의 트러스 모델은 실제 철근콘크리트 보의 전단강도를 일반적으로 과소평가하는 것으로 알려져 있다.

한편, Collins[14-16] 등은 인장장이론(Tension field theory)[17]을 철근콘크리트에 응용한 압축장이론(Compression field theory, CFT)을 제안하였다. 압축장이론에서는 압축대 콘크리트의 압축응력 방향과 주압축 변형률의 방향이 일치한다는 가정하에 힘의 평형 조건과 변형률 적합조건, 그리고 콘크리트와 철근의 응력-변형률 관계를 이용하여 경사인장균열이 발생한 콘크리트의 전단응력-변형률의 관계를 예측하였다. 그 뒤에 균열 발생 후 콘크리트의 인장응력을 고려하여 수정 압축장이론(Modified Compression Field Theory, MCFT)을 제안하였다. 한편, Hsu 등[18]은 패널실험 결과에 근거한 철근의 응력-변형률 관계를 이용하여 회전각 연화 트러스 모델(Rotating-angle Softened-Truss Model, RA-STM)을 제안하였다.

한편, Schlaich 등[19]은 일정한 기울기를 갖는 압축재로 구성되는 트러스 모델을 기반으로 압축재(strut)와 인장재(tie)로 구성된 스트럿-타이 모델(Strut-tie Model, STM)을 제안하였다. 이외에도 Muttoni 등[20]은 전단위험 구간의 균열폭에 기반한 역학 모델, Zutty[21]는 콘크리트 압축강도, 주철근비, 유효깊이, 전단경간 길이 등 주요 설계변수로 이뤄진 정확성이 우수한 경험강도식, Okamura 등[22]은 압축력과 크기효과를 함께 고려하는 개선된 경험강도식을 제안하였고, Bazant와 김진근[9]은 파괴역학에 근거하여 최대 골재 크기에 의한 영향을 고려하여 이론적인 전단강도식을 개발하였다.

앞서 소개된 연구결과와 제안된 설계식을 기반으로 KCI 2012[3], ACI 318-11[4], EC 2[23], ASSHTO[24] 등 다양한 현행 설계기준이 개발되어 사용되고 있다. 하지만 현행 설계기준에서 사용하고 있는 설계식의 대부분은 설계의 편의성을 위하여 간편식(경험식, 혹은 반경험식)을 채택하고 있으므로 다양한 하중 특성이나 부재단면의 형상, 그리고 전단경간비의 영향을 역학적으로 고려하지 못한다. 또한 현행 설계기준은 전단강도 추정 시 정확성과 안전성이 낮으며, 설계식의 적용 범위가 명확하지 않거나 개발 당시 사용된 실험검증 범위로 한정되는 경우가 많다. 예를 들어, ACI 318-11의 경우 전단경간비가 2.5 이하인 경우에는 간편식을 적용할 수 없도록 규정하고 있으며, EC 2에서 채택한 트러스 모델은 전단보강된 철근콘크리트 보의 경우에만 적용이 가능하다. 한편, 각 설계기준들은 주요 설계변수에 의한 영향을 평가하는 데 있어서도 큰 차이를 보인다. 유럽의 설계기준인 EC 2는 설계식에서 주철근비에 의한 영향을 최대 80% 내외로 평가하는 반면, ACI 318-11은 10% 정도로 소극적으로 고려한다. 또한 콘크리트 압축강도에 의한 영향은 JSCE[25])에서는 미미하게 고려하는 반면에 ACI 318-11은 상대적으로 크게 고려한다.

근래 들어 건설산업의 국제시장 진출이 확대되면서 국내 기술자들에게 각국 설계기준을 활용할 수 있는 능력이 요구되고 있다. 하지만 미국의 콘크리트구조기준(ACI 318)을 기반으로 제정된 국내 콘크리트구조기준에 익숙한 국내의 기술자들은 한계상태설계법을 사용하는 유럽의 구조기준(EC 2) 등 해외 구조기준에 대한 이해도가 낮은 실정이다. 또한 세계 각국의 구조기준과 전단이론을 이용하기 위해서는 다양한 기반지식의 숙지가 요구되는데, 이를 위해서는 현행 설계기준의 근간이 되는 연구논문, 실험보고서 등을 일일이 찾아서 참고해야 하는 어려움이 있다.

본 실무지침(이하 지침)은 이러한 국내 기술자들의 실무 구조해석과 설계에 도움을 주기 위하여 작성되었다. 이 지침에는 국내 설계기준인 KCI 2012, ACI 318-11, EC 2 등 대표적인 국외 설계기준에서 제시하는 설계 방법과 주요 배경이 제시되어 있다. 또한 국내외에서 개발된 대표적인 전단모델의 이론과 설계 방법을 소개하여 국내 기술자들이 현행 설계기준을 보완하여 사용할 수 있도록 하였다. 그리고 최신 연구 성과에 대한 이해를 돕기 위하여 고강도 철근의 설계 방법에 대하여 정리하였고, 최대 및 최소 전단철근비와 크기효과와 같은 주요 사항을 구조설계 시 고려할 수 있도록 제시하였다.

한편, 기존에 국내외에서 수행된 수많은 실험연구 중 주목할 만한 성과를 정리하여 실무자들이 전단 및 비틀림에 관련된 연구 성과와 흐름을 파악할 수 있도록 하였으며, 기존의 실험 결과를 이용하여 국내외 현행 설계기준과 전단모델의 강도 예측능력과 설계변수별 영향에 대한 분석 결과를 제시하였다. 참고로 본 지침에서 사용한 실험 결과는 한국콘크리트학회 산하 전단비틀림위원회(KCI 103)의 공식 데이터베이스(KCI 103DB)이며, 이를 부록에 제시하였다.

참/고/문/헌

1) 이정윤, "철근콘크리트 부재의 최신 전단 설계법," 한국콘크리트학회지, 15권, 4호, 2003 7월, pp.65~72.

2) ASCE-ACI Committee 445, "445R-99 : Recent Approaches to Shear Design of Structural Concrete," ACI Technical Documents, Nov. 1999, p.55.

3) 한국콘크리트학회, "콘크리트구조기준 해설," 기문당, 2012, p.599.

4) ACI Committee 318, "Building Code Requirements for Structural Concrete(ACI 318-11) and Commentary(318R-11), American Concrete Institute, USA, 2011, p.509.

5) ACI-ASCE Committee 426, "The Shear Strength of Reinforced Concrete Members," ACI JOURNAL, Proceedings, V. 70, No. 7, Jul. 1973, pp.471~473.

6) Gupta, P. and Collins, M. P., "Behavior of reinforced concrete members subjected to shear and compression," Report, Department of Civil Engineering, University of Toronto, Canada, 1993.

7) Kani, G. N. J., "How Safe are Our Large Reinforced Concrete Beams?," ACI JOURNAL, Proceedings V. 64, No. 3, Mar. 1967, pp.128~141.

8) Shioya, T., Iguro, M., Nojiri, Y., Akiyama, H., and Okada, T., "Shear Strength of Large Reinforced Concrete Beams," ACI Special Publication, V. 118, Jan. 1990, pp.259~280.

9) Bazant, Z. P. and Kim, J. -K., "Size Effect in Shear Failure of Longitudinally Reinforced Beams," ACI JOURNAL, Proceedings V. 81, No. 5, Sep. 1984, pp.456~468.

10) Collins, M. P., Mitchell, D., and Macgregor, J. G., "Structural Design Considerations for High-Strength Concrete," ACI Concrete International, V. 15, No. 5, May 1993, pp.27~34.

11) Ritter, W., "Die bauweise hennebique, Schweizerische Bauzeitung," V. 33, No. 7, 1899, pp.59~61.

12) Morsch, E., "Der Eisenbetonbau, Scine Anwendung und Theorie," 1th Edition, Im Selbstverlag der Firma, Neustadt, 1902, p.118.

13) Morsch, E., "Der Eisenbetonbau-Seine Theorie und Anwendung(Reinforced concrete construction-Theory and application)," 5th Edition, Wittwer, Stuttgart, V. 1, Part 1 and Part 2, 1920.

14) Mitchell, D. and Collins, M. P., "Diagonal Compression Field Theory-A Rational Model for Structural Concrete in Pure Torsion," ACI JOURNAL, Proceedings V. 71, No. 8, Aug. 1874, pp.396~408.

15) Collins, M. P., "Toward a Rational Theory for RC Members in Shear," Journal of

Structural Division, ASCE, V. 104, No. 4, Apr. 1978, pp.649~666.

16) Vecchio, F. J. and Collins, M. P., "Compression Response of Cracked Reinforced Concrete," Journal of Structural Engineering, ASCE, V. 119, No. 12, Dec. 1993, pp.3590~3610.

17) Wagner, H., "Ebene Blechwandtrager mit sehr dunnem Stegblech(Metal beams with very thin webs)," Zeitschrift fur Flugtechnik und Motorloftschiffahr, Berlin, V. 20, No. 8-12, 1929.

18) Hsu, T. T. C., "Softened Truss Model Theory for Shear and Torsion," ACI Structural Journal, V. 85, No. 6, Nov. 1988, pp.624~635.

19) Schlaich, J., Schäfer, K., and Jennewein, M., "Toward a consistent design of structural concrete," PCI Journal, Prestressed Concrete Institute, V. 32, No. 3, 1987, pp.74~150.

20) Muttoni, A. and Ruiz, M. F., "Shear Strength of Members without Transverse Reinforcement as Function of Critical Shear Crack Width," ACI Structural Journal, V. 105, No. 2, Mar. 2008, pp.163~172.

21) Zsutty, T., "Shear Strength Prediction for Separate Categories of Simple Beam Tests," ACI JOURNAL, Proceedings V. 68, No. 2, Feb. 1971, pp.138~143.

22) Okamura, H. and Higai, T., "Proposed design equation for shear strength of R.C. beams without web reinforcement," Proceedings of JSCE, V. 300, 1980, pp.131~141.

23) Comité Europén de Normalization(CEN), "Eurocode 2-Design of Concrete Structures-Part 1-1 : General Rules and Rules for Buildings," ENV 1992-1-1, 1992, p.100.

24) AASHTO LRFD, "Bridge Design Specifications and Commentary," 3rd Edition, American Association of State Highway Transportation Officials, Washington, DC, 2004, p.1264.

25) JSCE, "Standard Specifications for Concrete Structures-2002, Design," Japan Society of Civil Engineers, 2012, p.503.

제 2 장

국내외 전단설계기준

2.1 KCI 2012와 ACI 318-11

KCI 2012는 ACI 318-08을 기반으로 하고 있으며, ACI 318-11의 전단설계기준 역시 ACI 318-08과 비교해 개정된 점이 미미하다. 그러므로 이 절에서는 KCI 2012를 기본으로 설명하되 ACI 318-11과 상이한 경우 각 해당 부분에 추가 설명을 하였다.

또한 이 절에서 설명하는 범위는 철근콘크리트 보 부재의 전단설계기준에 국한하였으므로 프리스트레스트 콘크리트 부재나 전단마찰, 내민받침, 전단벽체, 슬래브 및 기초판에 관한 전단설계기준은 각 기준의 해당 부분을 참조한다.

2.1.1 일반사항

1) 설계일반

스트럿-타이 모델에 따라 설계할 수 있는 부재를 제외하고 전단력이 작용하는 단면에서 그 설계전단강도 ϕV_n이 해당 단면의 계수 전단력 V_u 이상이 되도록 설계해야 한다.

$$V_u \leq \phi V_n \tag{2.1}$$

$$V_n = V_c + V_s \tag{2.2}$$

여기서 ϕ는 전단력에 대한 강도감수계수로서 0.75, V_c는 콘크리트에 의한 공칭전단강도이며 V_s는 전단철근에 의한 공칭전단강도이다. 즉, 전단철근이 있는 부재의 공칭전단강도는 콘크리트와 전단철근에 의한 기여분의 합으로서 계산하며 전단철근이 없는 부재는 콘크리트에 의한 기여분인 V_c 만을 고려한다. 이때, V_c는 부재의 유효단면적 $b_w d$ 에 작용하는 평균 전단응력에 기초를 두고 있으며, 현저한 경사균열을 일으키는 전단력에 상응하는 값으로서 전단철근의 존재 여부와는 관계없이 동일하다고 가정한다.

전단강도 V_n을 결정할 때 부재에 개구부가 있으면 고려해야 하며, V_c 계산 시 깊이가 일정하지 않은 부재의 경사진 휨압축력의 영향도 고려해야 한다. 구속된 부재에서 크리프 및 건조수축으로 인해 발생하는 축방향 인장력이 V_c에 미치는 영향도 고려해야 하지만 구체적인 방법을 제시하고 있지는 않다. 또한 압축강도 70MPa 이상의 고강도 콘크리트에 대해서는 실험 자료나 적용 사례가 부족하기 때문에 전단강도 산정에 사용되는 $\sqrt{f_{ck}}$의 값은 8.4MPa을 초과하지 않도록 하고 있지만, 최소 전단철근이 배치된 철근콘크리트나 장선 구조에 대해서는 이 제한을 적용하지 않아도 좋다.

2) 최대 계수 전단력 V_u 의 산정

철근콘크리트 부재에서 받침부 내면으로부터 거리 d 이내에 위치한 단면은 거리 d에서 구한 계수 전단력 V_u의 값으로 설계할 수 있다. 이때, 작용하는 전단력과 같은 방향의 반력에 의해 부재의 단부는 압축상태에 있어야 하고, 하중은 부재의 상면 또는 그 근처에 작용해야 하며, 받침부 내면과 위험단면 사이에는 집중하중이 작용하지 않아야 한다.

그림 2.1과 같이 받침부에 가장 가까운 경사균열은 받침부 내면에서부터 수평방향으로 d 만큼 떨어진 지점의 보 상부 압축영역까지 발전할 수 있다. 그림 2.1의 오른쪽 자유물체도에 표시된 보의 상면에 작용하는 하중은 이 균열을 가로지르는 스터럽에 응력을 유발시키지만, 받침점으로부터 d 만큼 떨어진 단면 사이에서는 보의 상면

에 작용하는 하중이 받침점으로 바로 전달된다. 따라서 받침부에서 d 만큼 떨어진 지점에서의 전단력을 최대 계수 전단력 V_u 으로 설계할 수 있다.

이와 관련하여 두 가지 점에 유의해야 한다. 첫째는 받침점에서 d 만큼 떨어진 단면에 작용하는 전단력을 지지할 수 있는 만큼의 스터럽이 경사균열을 가로지르도록 배치해야 하며, 두 번째는 받침점 내면 위치의 주인장철근에 인장력이 존재하게 된다는 것이다(그림 2.1의 왼쪽 자유물체도 참조). 그림 2.2에 보인 것과 같이 하중이 보의 하단에 작용하는 경우는 위험단면의 위치를 받침점 내면으로 취한다. 이때는 받침점 부근에 작용하는 하중도 경사균열을 가로지르는 스터럽에 응력을 유발시키므로 위험단면에 작용하는 전단력은 잠재 경사균열 아래 작용하는 모든 하중을 포함해야 한다.

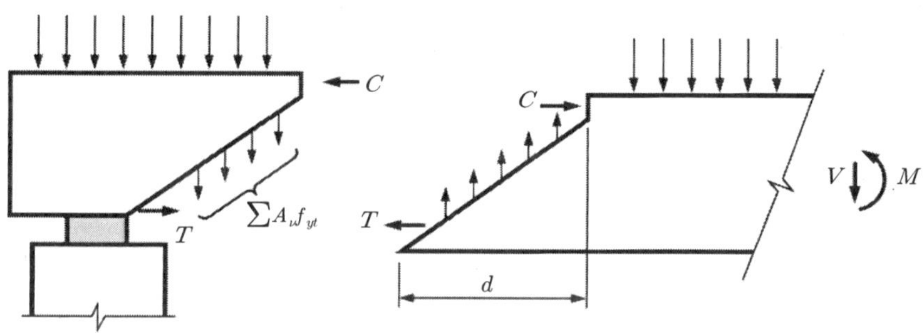

그림 2.1 **보 단부의 자유물체도**

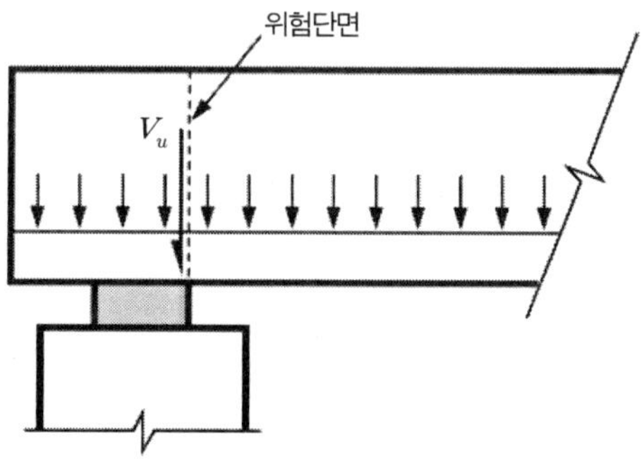

그림 2.2 **하중이 부재의 하단에 작용하는 부재의 전단위험단면**

2.1.2 콘크리트에 의한 전단강도

1) 기본 전단강도 산정식

전단력과 휨모멘트만을 받는 부재의 경우 식 (2.3)에 의해 전단강도 V_c 를 간단히 계산할 수 있다.

$$V_c = \frac{1}{6}\lambda\sqrt{f_{ck}}\,b_w d \tag{2.3}$$

여기서 λ은 경량 콘크리트 사용에 따른 영향을 반영하기 위하여 사용하는 경량 콘크리트계수이다. 2012년 기준부터 별도의 절을 신설하여 중복하여 기술되었던 경량 콘크리트 내용을 통합하고, 경량 콘크리트계수를 전체 구조기준을 통해 하나의 기호로 사용하고 있다. 휨철근의 양과 전단경간비의 영향을 고려하기 위해서는 식 (2.4)를 사용하여 정밀한 전단강도 V_c 를 구할 수 있다.

$$V_c = \left(0.16\lambda\sqrt{f_{ck}} + 17.6\rho_w \frac{V_u d}{M_u}\right) b_w d \tag{2.4}$$

그러나 V_c 의 값은 $0.29\lambda\sqrt{f_{ck}}\,b_w d$ 를 초과할 수 없으며, $V_u d/M_u$ 의 값은 1.0을 초과할 수 없다. M_u 는 전단을 검토하는 단면에서 V_u 와 동시에 발생하는 계수 휨모멘트이다. 식 (2.4)에 나타난 전단강도에 영향을 주는 세 가지 변수는 $\lambda\sqrt{f_{ck}}$ (콘크리트 인장강도의 척도), ρ_w 및 $V_u d/M_u$ 인데, 몇몇 연구 결과에 의하면 이 식은 f_{ck} 의 영향을 과대평가하고, ρ_w 와 $V_u d/M_u$ 의 영향을 과소평가하는 것으로 나타났다. 또한 부재의 깊이가 증가하면 전단강도가 감소하는 크기효과에 대한 보고도 있다. M_u 의 최소값을 $V_u d$ 와 같게 한 것은 변곡점 부근에서 V_c 가 과도하게 커지는 것을 제한하기 위해서이다.

설계 목적상 대부분의 경우 식 (2.4)의 둘째 항을 $0.01\lambda\sqrt{f_{ck}}$ 와 같다고 가정하여 V_c 를 식 (2.3)으로 단순화시킨다. 그러나 ρ_w 와 $V_u d/M_u$ 가 부재의 전단강도에 미치는 영향이 크기 때문에 식 (2.3)과 (2.4)를 병행하여 검토하는 것이 바람직하다.

한편, 원형단면 부재의 V_c를 계산하기 위한 단면적은 콘크리트 단면의 유효깊이와 지름의 곱으로 구할 수 있다. 이때, 단면의 유효깊이는 부재 단면 지름의 0.8배로 구할 수 있다. 실제로, 원형단면 부재에 대한 전단 실험 결과에 의하면 유효단면적으로 전체 단면적 또는 등가 사각형 단면을 취할 수 있다고 알려져 있다.

2) 축방향 하중의 영향

축방향 압축력을 받는 부재의 경우 식 (2.5)에 의해 V_c 의 값을 계산할 수 있다.

$$V_c = \frac{1}{6}\left(1 + \frac{N_u}{14A_g}\right)\lambda\sqrt{f_{ck}}\,b_w d \tag{2.5}$$

여기서 N_u / A_g의 단위는 MPa이다.

V_c 를 상세히 구하기 위해서는 식 (2.4)의 M_u를 다음과 같이 구한 M_m으로 대체하여 계산할 수 있으며, 이때에는 $V_u d/M_u$의 값에 대한 제한을 받지 않는다.

$$M_m = M_u - N_u\frac{(4h-d)}{8} \tag{2.6}$$

그러나 V_c 는 다음 식 (2.7)에 의해 계산한 값 이하여야 한다.

$$V_c = 0.29\sqrt{f_{ck}}\,b_w d\sqrt{1 + \frac{N_u}{3.5A_g}} \tag{2.7}$$

식 (2.6)에서 구한 M_m이 음수가 되면 식 (2.4)에 의한 V_c 의 크기가 오히려 축방향 압축력이 없는 경우의 V_c 보다 더 작아지는 결과가 되므로 식 (2.7)을 사용하여 V_c 를 계산해야 한다. 또한 N_u 가 증가할수록(그림 2.3 그래프의 좌측 구간) 식 (2.4)와 식 (2.6)에 의해 계산한 V_c 값은 식 (2.6)에 주어진 M_m의 값이 음수값이 되기 전에 식 (2.7)에 의해 주어진 상한값을 초과한다. 이러한 경우에도 식 (2.5)나 식 (2.7)을 사용하여 V_c 를 계산해야 한다. 실제

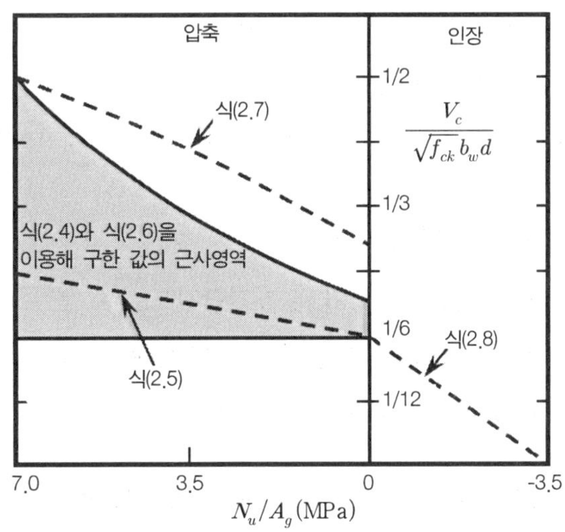

그림 2.3 축력을 받는 부재의 전단강도식 비교

설계에서는 식 (2.4)와 (2.6)을 조합해 적용하기가 복잡하므로 전단력과 휨모멘트만 받는 부재의 경우에서와 마찬가지로 약산식인 식 (2.5)를 사용한다.

현저히 큰 축방향 인장력이 작용하는 부재의 경우 식 (2.8)에 의해 V_c 의 값을 계산하거나 전단철근이 모든 전단력을 받도록 설계해야 한다.

$$V_c = \frac{1}{6}\left(1 + \frac{N_u}{3.5A_g}\right)\sqrt{f_{ck}}\, b_w d \tag{2.8}$$

여기서 N_u는 인장력일 때 음(−)이다.

이 경우 전단철근은 $(V_n - V_c)$ 를 받아줄 수 있도록 설계한다. 위에서 '현저히'라는 단어는 설계자가 인장력의 영향을 고려할 필요가 있다고 판단한 경우를 의미한다. 부재의 체적변화에 의해 종종 작은 인장력이 유발되기도 하지만, 이는 적절한 신축이음이나 최소 철근량 확보에 의해 해결될 수 있다. 만약 축방향 인장력의 크기가 불확실하다면 전단철근이 전체 전단력을 모두 부담하도록 설계하는 것이 바람직하다.

2.1.3 전단철근에 의한 전단강도

전단철근의 설계는 수정된 형태의 트러스 유사론에 바탕을 두고 있다. 트러스 유사론은 전단철근이 전단력 전체에 저항한다고 가정한다. 그러나 철근콘크리트 부재나 프리스트레스트 콘크리트 부재 모두에서 전단균열을 유발하는 전단력을 초과하는 전단력만을 지지하도록 전단철근을 설계해도 된다는 것이 많은 실험에 의해 확인되었다. 이때, 트러스의 경사재는 45°로 경사져 있다고 가정한다.

1) 전단철근 설계식

계수 전단력 V_u가 설계전단강도 ϕV_c를 초과하는 구간에는 식 (2.1)과 식 (2.2)를 만족시키기 위해 전단철근을 배치해야 하며, 이때 전단철근에 의한 전단강도 V_s는 식 (2.9)~(2.11)에 따라 산정해야 한다.

(a) 부재 축에 직각인 전단철근을 사용하는 경우

$$V_s = \frac{A_v f_{yt} d}{s} \tag{2.9}$$

(b) 경사 스터럽을 전단철근으로 사용하는 경우

$$V_s = \frac{A_v f_{yt}(\sin\alpha + \cos\alpha)d}{s} \tag{2.10}$$

(c) 전단철근이 1개의 굽힘철근 또는 받침부에서 모두 같은 거리에서 구부린 평행한 1조의 철근으로 구성된 경우

$$V_s = A_v f_{yt} \sin\alpha \tag{2.11}$$

여기서 A_v 는 전단철근의 배치 간격 s 내의 전단철근 전체 단면적, α는 경사 스터럽 또는 굽힘철근과 부재 축의 사이각이며, 경사 스터럽을 사용한 경우 s는 종방향 철근과 평행한 방향으로의 철근 간격이다. 또한 식 (2.11)의 V_s 는 $0.25\sqrt{f_{ck}}b_w d$ 를 초과할 수 없다.

식 (2.2)와 식 (2.9)를 이용하면 전단철근을 부재 축과 직각으로 배치할 때, 그 소요 전단철근량 A_v와 간격 s를 식 (2.12)로 계산할 수 있다.

$$\frac{A_v}{s} = \frac{(V_u - \phi V_c)}{\phi f_{yt} d} \tag{2.12}$$

과거 연구에 따르면 큰 휨철근량이 소요되는 넓은 보의 전단 거동은 보 폭 방향으로의 전단철근 배치 간격을 줄이면 개선될 수 있다고 한다.

원형 띠철근, 후프철근, 또는 나선철근을 전단철근으로 사용하는 경우에 식 (2.9)를 사용하여 V_s 를 산정해야 하는데, 이때 d 는 원형단면 부재에 대하여 2.1.2 1)에 설명한 바대로 부재 단면 지름의 0.8배를 사용한다. 또한 A_v는 종방향 철근과 평행한 방향으로의 철근 간격 s 내에 배치된 나선철근, 후프철근 또는 원형 띠철근의 두 가닥 면적에 해당한다.

전단철근에 의한 전단강도에 관한 몇몇 연구 결과에 의하면, 실제로 경사균열이 발생한 후에만이 전단력에 저항하는 전단철근의 특성상 다음과 같은 사항이 고려되어야 함을 지적하고 있다.

(a) 전단철근량이 고정된 경사균열 각도(45°) 내에 균일하게 분포된 값으로 가정하여 구하는 것보다 이산 분포의 특성을 살려 유효한 전단철근의 개수를 보다 정확하게 파악할 수 있으며, 경사균열 양단에 위치하여 전단력에 효과적으로 저항

하지 못하는 전단철근은 무시해야 한다.

(b) 원형 띠철근, 후프철근, 또는 나선철근은 균열을 가로지르는 위치에 따라 전단력에 유효하게 저항하는 단면적 성분이 차이가 나므로 삼각함수의 개념을 도입해 실제 저항 성분을 계산해야 한다.

2) 제한규정

(1) 전단철근의 설계기준항복강도 제한

전단철근의 설계기준항복강도는 500MPa을 초과할 수 없다. 다만 용접이형철망을 사용할 경우 전단철근의 설계기준항복강도는 600MPa을 초과할 수 없다. 이는 사인장 균열폭을 억제하기 위한 것으로서, ACI 318에서는 1995년 기준 이래로 현재까지 전단철근과 용접이형철망에 대해서 각각 420MPa과 550MPa을 상한값으로 유지하고 있으나 KCI 2012에서는 최근 국내 실험 결과에 따라 상향 조정하였다. 최근 국내외 관련 연구에 따르면 전단보강 철근으로서 고강도 강재의 사용 가능성이 밝혀졌다. 실제 부재의 실험 결과에 의하면, 사용하중하에서의 경사균열폭은 400MPa의 스터럽을 사용한 부재보다 500MPa인 용접철망을 사용한 부재가 더 작기 때문에 용접이형철망의 경우 600MPa로 적용하였다.

(2) 전단철근의 간격 제한

부재 축에 직각으로 배치된 전단철근의 간격은 철근콘크리트 부재일 경우는 $d/2$ 이하, 프리스트레스트 콘크리트 부재일 경우는 $0.75h$ 이하여야 하고, 또 어느 경우이든 600mm 이하로 해야 한다. 경사 스터럽과 굽힘철근은 부재의 중간 높이인 $0.5d$에서 반력점 방향으로 주인장철근까지 연장된 45° 선과 한 번 이상 교차되도록 배치해야 한다. V_s가 $\lambda(\sqrt{f_{ck}}/3)b_w d$ 를 초과하는 경우에는 위에서 규정된 최대 간격을 절반으로 감소시켜야 한다.

(3) 전단강도 V_s 의 상한값

전단강도 V_s 는 $(2\lambda\sqrt{f_{ck}}/3)b_w d$ 이하로 해야 한다. 이 규정은 사용하중 상태에서 경사균열의 폭이 과도하게 커지는 것을 방지하기 위한 강도 상한값으로서의 역할을 하는 동시에, 트러스 유사론에 의한 경사 방향의 압축력에 의해 복부 콘크리트의 압괴가 일어나기 전에 전단철근이 먼저 항복하도록 콘크리트에 발생하는 응력 수준을 조절할 수 있다.

3) 최소 전단철근

계수 전단력 V_u가 콘크리트에 의한 설계전단강도 ϕV_c의 1/2을 초과하는 모든 철근콘크리트 휨 부재에는 몇몇 경우를 제외하고 식 (2.13)에 의한 최소 전단철근을 배치해야 한다. 그러나 전단철근이 없어도 계수 휨모멘트와 계수 전단력에 저항할 수 있다는 것을 실험에 의해 확인할 수 있다면 최소 전단철근 규정을 적용하지 않을 수 있다.

$$A_{v,\min} = 0.0625\sqrt{f_{ck}}\frac{b_w s}{f_{yt}} \tag{2.13}$$

이 값은 $0.35 b_w s / f_{yt}$ 보다 작지 않아야 하며, b_w와 s의 단위는 mm이다.

스터럽은 경사균열폭이 확대되는 것을 억제함으로써 덜 취성적인 파괴를 유도한다. 반면에 보강이 없는 복부에서는 갑작스럽게 형성된 경사균열이 예고 없는 취성파괴를 유발할 수 있다. 이러한 이유 때문에 부재에 예기치 않은 인장력이나 갑작스러운 하중이 작용할 때를 대비한 복부 보강은 매우 중요하다. 일반적인 슬래브, 기초판, 그리고 콘크리트 장선 구조처럼 하중 재분배가 가능하거나 깊이가 작고 휨이 주 거동인 부재의 경우에는 최소 전단철근 규정을 적용하지 않아도 된다. KCI 2012에 깊이 600mm, 설계기준압축강도 40MPa을 초과하지 않는 강섬유 콘크리트 보에 작용하는 계수 전단력이 $\phi(\sqrt{f_{ck}}/6)b_w d$를 초과하지 않는 경우도 최소 전단철근 예외 규정에 포함되었다. 다만 수식이 $\phi(\sqrt{f_{ck}/6})b_w d$로 잘못 기재되어 있어 적용에 주의가 요구된다.

이전의 기준은 콘크리트 강도와 무관하게 최소 전단철근량을 규정하고 있었다. 그러나 실제 실험 결과에 의하면 콘크리트 강도가 높아질수록 취성적 전단파괴를 방지하기 위한 최소 전단철근량을 증가시킬 필요가 있다는 것이 밝혀졌다. 식 (2.13)은 최소 전단철근량을 콘크리트 강도에 따라 점진적으로 증가시킬 수 있게 한 것이다.

2.2 EC 2

2.2.1 EC 2의 개요

1) EC 2의 연혁

유럽구조설계기준/시방서(Eurocode : EC)는 유럽연합(EU)집행위원회 내의 유럽기준위원회(CEN)가 제정하였다. 이 유럽기준위원회는 유럽연합 회원 국가의 해당 당국으로부터 위임받은 단체이다. 유럽기준위원회는 각 회원 국가가 동일 제목으로 규정한 국가별 기술규격을 유럽규격(EN)으로 통일시켜 제정하는 임무를 갖고 있다. 그러나 현재 유럽 예비기준은 동일 제목으로 한 국가의 기준과 유럽 통합기준이 서로 중복되는 규정을 허용하고 있는 상태이다. 회원 국가 사이에는 서로 기준이 일치하지 않을 경우 이 부분을 보완할 수 있는 조정문서를 작성하고 있다. 조정문서에는 기술규격을 일치시키기 위해 필요 조항을 포함한다.

유럽연합집행위원회는 이 유럽기준위원회를 통해 의무적으로 특정 기준을 적용하도록 할 수 있을 뿐만 아니라 유럽 통합기준을 준수하도록 할 수도 있다. 유럽기준위원회는 상임 토목위원회와 함께 위임된 설계기준을 결정하고 집행한다. 상임 토목위원회에서는 유럽연합 회원국의 역할을 대신한다. 위임되지 않은 기술규격의 경우에는 CEN이 기술규격을 제정할 의무는 없다. 유럽 통합설계기준 제정의 필요성에 대한 결정은 기술부(BT)에서 실시하지만 기술기준이 충분히 논의되지 않은 조항에 대해서는 단순히 다수결로 기술기준을 결정하지 않는다. 기술부는 CEN회원 조직의 역할을 대신한다.

유럽설계기준/시방서는 CEN에서 자체적으로 정한 기술기준의 초안이나 다른 조직에서 이미 정한 초안을 기본으로 하여 제정된다. CEN이 자체적으로 초안을 제정할 경우 이를 회원 조직에 공개하며, 초안에 대한 청구기간은 6개월로 하고 있다. 기존의 알려진 문서를 위임받을 경우 초안의 공개 기간을 무시할 수 있다.

청구된 기술기준은 작업위원회에서 처리한다. 작업을 종료한 후 유럽 통합설계기준을 공식적으로 결정하는데, 이때 CEN 회원이 기준의 제정 여부를 결정할 수 있다. 제정 여부를 결정할 때에는 과반수 찬성의 조건을 만족해야 하며, 각 국가별 투표 비중 표 2.1을 반영하여 설계기준을 통과시킨다.

표 2.1 **시방서 제정위원회 구성**

회원국	독일, 프랑스, 이탈리아, 영국	스페인	벨기에, 그리스, 네덜란드, 포르투갈, 스웨덴, 스위스	덴마크, 핀란드, 아일랜드, 노르웨이, 오스트리아	룩셈부르크	아이슬란드
비중	10	8	5	3	2	1

2) 유럽 통합구조설계기준 작성 조직

유럽연합집행위원회와 유럽기술위원회(CEN)의 합의를 바탕으로 1989년에 건물과 토목구조물에 관해 총 9개로 분류된 설계기준을 작성할 것을 결정하였다(그림 2.1 참조).

ENV 1991 - Eurocode 1 : 설계원칙 및 하중(구조설계 공통편)

ENV 1992 - Eurocode 2 : 콘크리트 구조 설계

ENV 1993 - Eurocode 3 : 강구조 설계

ENV 1994 - Eurocode 4 : 강합성 구조 설계

ENV 1995 - Eurocode 5 : 목구조 설계

ENV 1996 - Eurocode 6 : 조적 구조 설계

ENV 1997 - Eurocode 7 : 지반 설계

ENV 1998 - Eurocode 8 : 내진 구조 설계

ENV 1999 - Eurocode 9 : 알루미늄 구조 설계

기술위원회 TC 250은 9개의 소위원회(SC)를 구성하였는데, 당시 유럽연합 정회원인 12개국과 유럽자유무역협정 소속 6개 국가의 대표들로 이루어진 기술위원회 TC 250와 각 소위원회(SC)를 구성하였다. 각 위원회의 워원장과 간사는 각 국가에 고루 배정하였다. 각 유럽코드(예비 : preENV) 초안 작성은 각각 6명의 전문가로 구성된 프로젝트 수행 팀(PT)에 의해 수행하기로 하였다. 각 기준의 채택은 유럽기술위원회의 내부 규칙에 의해 소위원회에서 투표로 결정하기로 하였다.

사용 재료에 기반하여 구성된 9개의 프로젝트 수행 팀(PT)과는 달리 재료와 관련이 없는 용어와 교량은 별도의 프로젝트 수행 팀(PT)을 구성하였다. 이러한 기준 작성 조직은 합의된 후 10년이 지난 1999년 현재 매우 효과적으로 작동되고 있는 중이다.

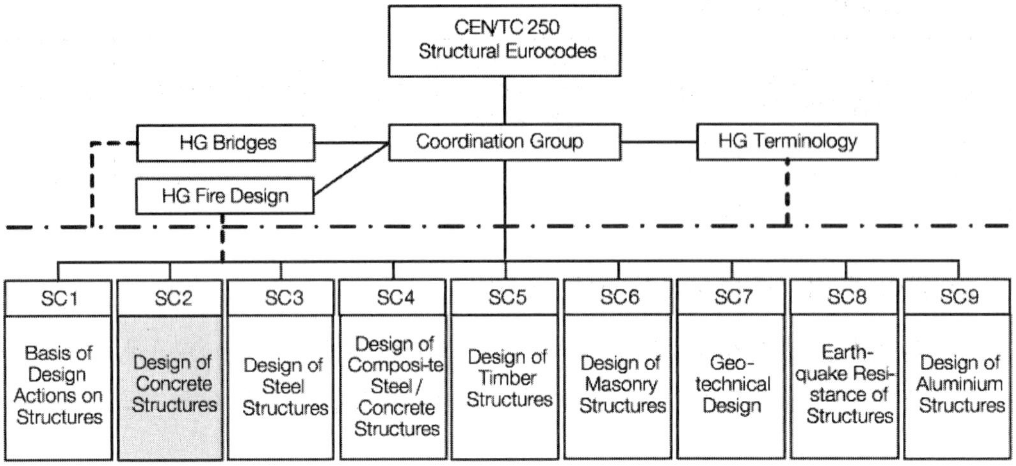

그림 2.4 **조정된 유럽 설계기준/시방서 작성을 위한 CEN/TC 250위원회의 프로젝트 수행 조직도**

3) 유럽 콘크리트 구조설계기준(EC 2)의 제정 경위

유럽연합의 통합 콘크리트 구조설계기준인 Eurocode 2(EC 2)는 무근, 철근 및 프리스트레스트 콘크리트 구조물(건물 및 토목구조물)의 설계를 위한 유럽공동체 법체계 중의 일부이다. 이것은 콘크리트 구조물의 안전성, 사용성 및 내구성에 관련된 기준이며, 시공에 필요한 재료와 제품의 시공과 제작뿐 아니라 기술자에 대한 규정도 포함되어 있다.

EC 2 구조설계기준 작업은 원래 1978년도 CEB/FIP Code를 바탕으로 1979년부터 시작되었다. 이것은 1989년의 유럽연합 출범보다 훨씬 이전부터 시작되었다는 매우 중요한 의미가 된다. 이 작업의 중요한 첫 단계로 1984년에 EC 2의 초안을 기술보고서 형식으로 출판하여 유럽연합 회원국에 의견을 조회한 결과, 1,500페이지 분량의 방대하고 상세한 의견을 수집하였다. 각국의 검토 의견은 1986년부터 1989년 사이에 EC 2 편집위원회(Editorial Group for Eurocode 2)에서 재검토하여 개정 초안을 작성하였다. 이 개정 초안은 1990년에 기술위원회 TC 250 산하의 소위원회 SC 2에 제출되었고, 이것이 약간 수정되어 1991년 말에 유럽 예비콘크리트 구조설계기준 European Prestandard ENV 1991-1-1의 형태로 발간되었다.

EC 2-Part 1-1은 10여 년에 걸친 방대한 토론과 많은 분야의 전문가 의견을 반영하여 작성되었으며, 회원국의 각 실정이 반영된 결과물이라고 할 수 있다. 그러나 이

Part 1-1은 일반 건물에만 국한되는 적용 범위의 제한 때문에 특수 구조물의 특정한 관점을 보완할 수 있는 추가 기준을 작성하기 시작하여, 1994년에 다음과 같은 유럽 예비기준 작성이 승인되어 향후 발간될 예정이다(1999 현재; 그림 2.5).

ENV 1992-1-1 : Structural Fire Design

ENV 1992-1-3 : Precast Concrete Elements and Structures

ENV 1992-1-4 : Lightweight Aggregate Concrete

ENV 1992-1-4 : Structures with Unbonded and External Tendons

ENV 1992-1-6 : Plain Concrete Structures

1995년 이후 다음과 같은 유로코드가 추가적으로 작성되고 있다.

ENV 1992-2 : Concrete Bridges

ENV 1992-3 : Concrete Foundation and Piling

ENV 1992-4 : Containments and Retaining Structures

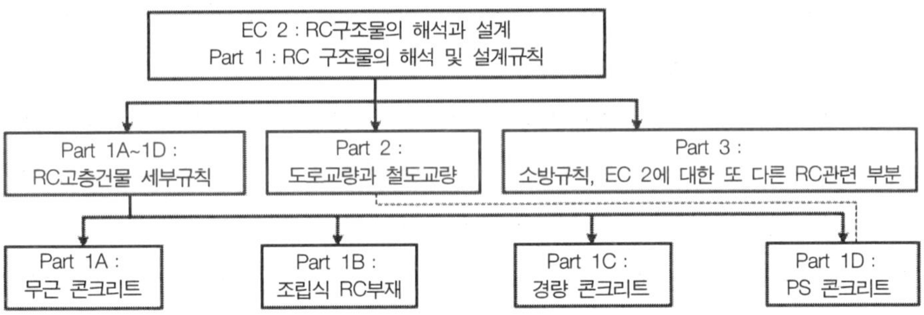

그림 2.5 **RC구조물 설계를 위한 EC 2의 구성**

4) 유로코드의 활용 전망(독일)

독일에서는 1990년 10월 이후, 기존 EC를 전문적인 입장에서 고려하여 EC 2의 Part 1에 대한 영어 초안을 작성하였다. 이때, 설계기사가 가능한 한 신속하게 새로운 설계기준에 익숙해질 수 있고 구조물 설계에 사용하도록 독일에서 이를 동의하였다. DAfStb의 작업 그룹 범위에서 독일 예비공업규격 DIN V 18932(1991년 10월 판)로 중간에 사용하기 위해 번역하였다. 1992년 초에 CEN의 DIN에도 EC 1의 Part 1의 유럽 예비설계기준에 대한 공식 영어판이 넘겨졌으며, 이것은 ENV 1992-1-1이고 프랑스어와 독일어 번역판은 단순히 영어판 원본을 편집한 것이다. 이를 기본으로 ENV 규격의 독일어 판이 생겼는데, 이것은 기존 DIN 예비규격과 단지 편집만 다른 것이다.

각 연방국가의 해당 규정을 통하여 EC 2의 Part 1을 동의하여 설계규정으로써 합법적이 되며, 이를 사용할 경우 DIN 1045와 DIN 4227에 따라 동일한 가치가 있는 해결방안이 달성된다. 동시에 콘크리트 ENV 206과 DAfStb 이용 방침에 대한 유럽 예비시방서와 연계하여 구조물 설계에 이용한다는 점에 유의해야 한다. 이들 EC 2의 Part 1은 다음 사항에 필요하다.

(a) 독일 예비시방서 내에서 사용해도 되는 지지물 설계의 범위 결정

(b) 유럽 시방서가 완성될 때까지 EC 2의 Part 1과 공동으로 사용해도 되는 국가의 DIN 규격 결정

(c) 역사적으로 높은 안전기준을 가진 독일의 상황을 고려하고 수정하여 각 회원국에 결정하도록 한 EC 2의 Part 1에 대한 추천된 수치

RC구조물과 PSC구조물을 시공할 때에는 공인된 설계기준에 대한 독일 예비설계기준서와 법적으로 동등한 것으로서 EC 2의 Part 1을 공개하여 실제 경험을 축적하도록 권장하고 있다. 계산결과를 비교하여 새로운 설계기준에 따라 계산한 구조물은 이미 검증된 DIN에 따라 계산된 건설재료를 기준으로 구분할 수 있다. 그럼에도 불구하고 구조물에 대하여 안전성, 내구성 및 사용 적합성 측면을 기존 기준과 비교할 때, 새로운 설계기준에 따른 결과를 전문가들이 확신하게 되었다.

EC 2의 Part 1을 이용할 경우 숙련된 기술이 필요하므로 DIN 규정과 비교할 때 필요한 비용이 증가하지 않는다는 것을 이미 첫 번째 경험으로 확신하고 있다. DAfStb는 계산 보조수단을 공개하여 숙달하도록 보조해주고 있다. 이들 보조수단을 사용하여 EC 2의 Part 1의 이용에 대한 경험을 아주 간단하게 축적할 수 있고, DIN 1045와 DIN 4227의 사용 또는 구동독의 ZTV 콘크리트 표준을 사용하여 경험하기도 한다. 어떠한 계산 개념이 더 유효한 것인가는 경우에 따라서 결정된다. 그림 2.6은 향후 유럽 통합 콘크리트 설계기준/시방서의 구성 체계를 보인 것이다.

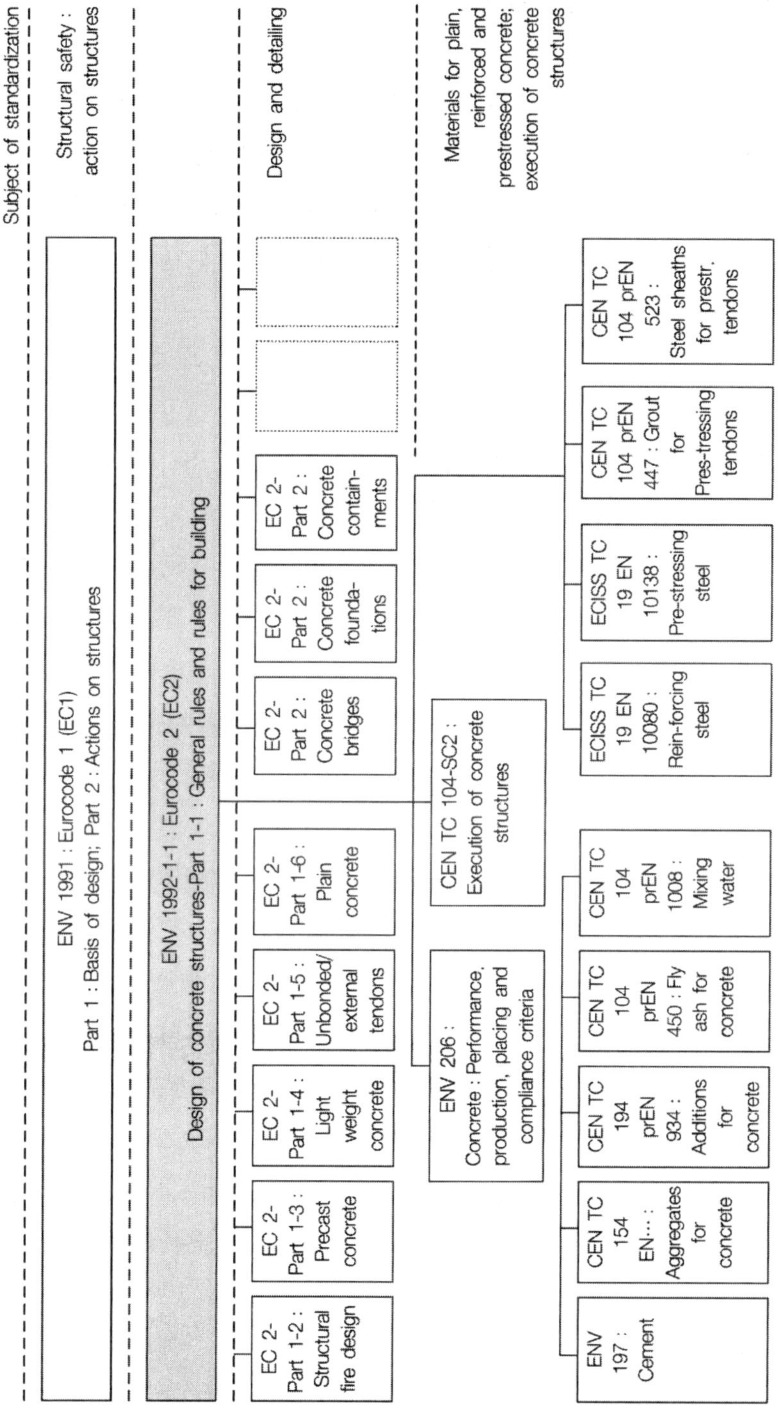

그림 2.6 **유럽 콘크리트의 구조설계기준 구성 체계**

2.2.2 EC 2의 배경이론

철근콘크리트 부재의 전단파괴, 더 정확하게 말해서 사인장파괴는 많은 불확실성이 있으며 파괴 특성 자체가 급작스럽게 파괴되는 취성적 성질을 갖고 있기 때문에 휨파괴보다 더 위험할 수 있다. 부재의 전단과 비틀림에 대해 오랫동안 실험 및 해석 기법을 통해 연구하여 왔음에도 불구하고 아직까지 전단에 대한 이해가 충분하지 않은 상태이다.

콘크리트 구조 부재의 전단력은 일반적으로 휨모멘트와 함께 작용한다. 이 때문에 전단력의 영향은 단면 형태, 보강 철근, 그리고 동시에 작용하고 있는 휨모멘트와 축력의 영향에 따라 다른 파괴 형태를 나타낸다. 실험에 의하면 부재의 전단파괴는 휨파괴와 다르게 나타나지만, 전단강도와 휨강도는 독립적이고 않고 서로 연관되어 있다는 것을 알 수 있다. 이러한 배경에서 약 100년 전에 독일의 Ritter와 Morsch는 균열이 발생한 철근콘크리트 보의 거동을 설명하기 위해 최초로 트러스 유사론(truss analogy)을 적용하였다. 즉, 가상의 상현재와 하현재가 휨을 담당하고 복부의 철근과 콘크리트가 전단을 담당하는 아주 간단한 논리로 전단과 휨을 동시에 받는 보의 거동을 설명하였다. 그림 2.7에 보인 바와 같이 이 고전 트러스 모델은 현재까지 전단설계의 근간이 되었다.

그런데 1956년에 발생한 미국 공군 격납고의 파괴는 콘크리트 부재의 전단설계 방법을 재조명하게 하는 큰 단초가 되었다. 그 후 미국을 중심으로 한 북미 지역은 주로 실험에 의해 전단 설계공식을 개발하였다. 즉, 실험 결과를 바탕으로 부재의 전단강도를 콘크리트 기여 강도 V_c와 스터럽의 기여 강도 V_s의 합으로 표현하였다. 이러한 설계 방법은 대체적으로 안전한 방법이지만 작은 주철근비를 갖는 부재, 고강도 콘크리트 부재 및 크기가 큰 부재에서 전단강도를 과대평가하고 있다. 이와 같은 문제점의 일부를 보정하려는 의도로 설계기준에는 임시적이고 제한적인 규정과 공식을 포함하고 있다. 그 결과, 미국의 ACI 구조설계기준의 전단 관련 설계 공식은 1963년에 4개에서 지금은 40여 개로 확대되는 한편, 독일을 중심으로 한 유럽에서는 트러스 모델을 더욱 발전시키는 데 노력하였다. 1960년대에는 부재의 전단을 설명하기 위해 변각 트러스 모델(variable angle truss model)이 제안되었으며, 1980년대에는 스트럿-타이 모델이 등장하였다. 이 모델들은 소성이론과 결합되어 지금까지 Eurocode의 바탕

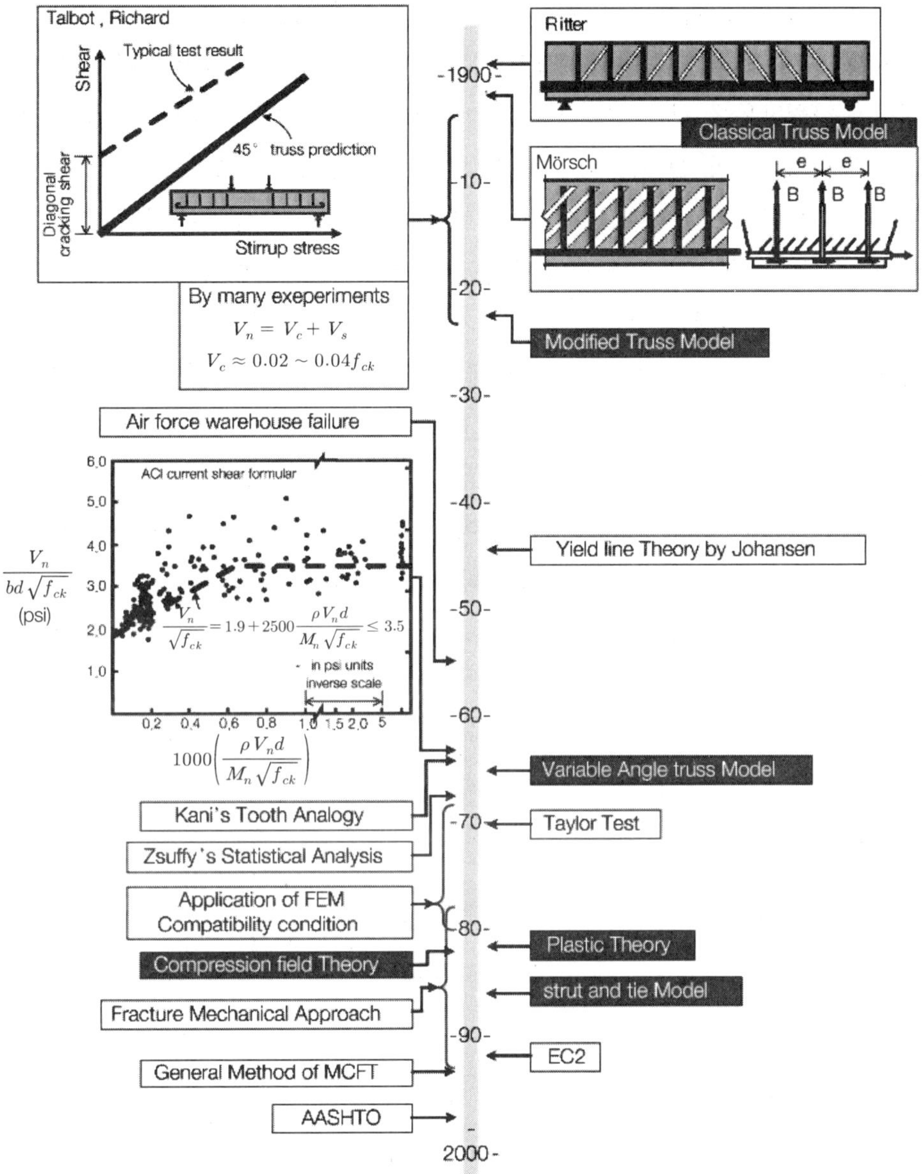

그림 2.7 **전단설계법의 변천**

을 이루고 있다.

현재 세계 여러 나라의 전단 설계 방법은 트러스 모델을 바탕으로 하고 있다. 많은 실험 결과에 의해 면 부재의 전단강도는 그림 2.8과 같이 네 가지 성분으로 구성된다. 크게 전단철근이 기여하는 성분과 콘크리트가 기여하는 성분으로 구성되어 있으며, 콘크리트 기여 성분은 콘크리트 압축역이 기여하는 성분, 골재 맞물림 저항, 그리고 주철근의 다월작용에 의한 성분으로 구성되어 있다. 그런데 트러스 모델의 역학적 기구로는 콘크리트 기여 성분을 나타낼 수 없는 한계가 있다. 따라서 현행 전단설계 이론은 트러스 모델을 몇 가지로 변형시켜 적용하고 있다. 현재 대표적인 설계기준에서 사용하고 있는 부재 트러스 모델의 특징을 그림 2.8에 정리하였다.

유로코드 2의 전단설계는 변각 트러스 모델에 해당하는 것으로, 콘크리트 기여 전단 성분을 직접적으로 반영하지 않는 대신에 경사각을 작게 하여 전단철근의 기여 성분을 크게 하는 간접적인 방법을 적용하고 있다. 기본적으로 전단과 휨을 별도로 분리하여 다루면서 상호작용의 영향에 대한 추가적인 규정을 두고 있다. 비틀림력은 부재에 전단응력을 유발시키기 때문에 비틀림이 작용하는 부재설계는 전단력을 받는 부재설계와 근본적으로 동일한 원리를 적용한다.

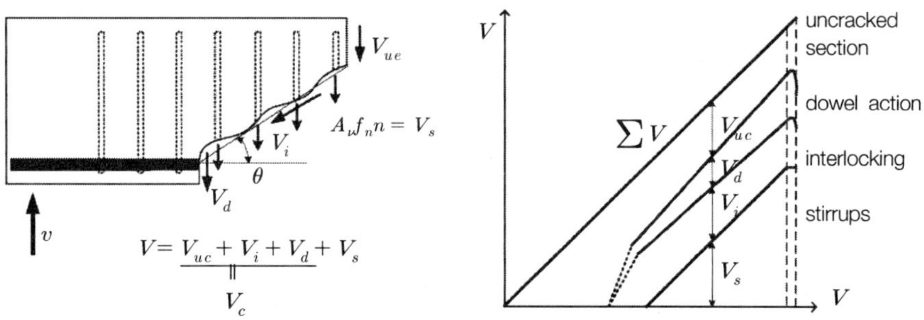

model		resistant components				θ
		V_c			V_s	
		V_{uc}	V_i	V_d		
classical truss model		×	×	×	○	45°
Variable angle truss model	EC 2(current)	×	×	×	○	variable
modified truss model	ACI	○			○	45°
	EC 2(1991)	○			○	variable
	AASHTO LRFD	×	○	×	○	variable

그림 2.8 **부재 트러스 모델의 분류**

2.2.3 EC 2 설계 모델

1) 2축 인장－압축장 이론

앞 절에서 언급한 배경에 의해 전단설계 방법을 실험 결과 자체에 의존하는 것보다는 모든 경우에 일반적으로 적용할 수 있는 해석 모델을 개발하는 데 관심이 집중되고 있는 실정이다. 최근 30년 동안 발전되어 현행의 설계기준에 조금씩 채택되고 있는 것이 철근콘크리트 판의 2축 인장-압축장이론이다. 따라서 유로코드 2의 전단과 비틀림 설계 방법을 이해하기 위해서는 이 이론을 살펴볼 필요가 있다.

그림 2.9와 같이 면내력이 작용하는 직교 방향으로 보강된 콘크리트 판 요소를 살펴보자. 균열 발생 전의 낮은 하중 단계에서는 선형 탄성 연속체 거동을 하기 때문에 고전 역학을 적용하여 응력과 변형률을 평가할 수 있다. 그러나 하중이 증가하여 균열이 발생하면 그 거동은 매우 복잡해진다. 일반적으로 전단력을 포함한 면내력을 받는 판은 그림 2.9(a)와 같이 경사균열이 발생한다.

이 단계에서 균열 면을 통해 인장력이 전달되지 않고 콘크리트는 1방향 압축력만 발휘하는 경사 압축대 기능을 하게 된다. 즉 그림 2.9(b)에 보인 것과 같이 균열에 의해 구획된 콘크리트 경사 스트럿(diagonal strut), 종방향 철근과 횡방향 철근에 의한 트러스작용(truss action)이 형성되어 전단력에 저항한다. 이때, 판에 작용하는 전단력 V는 콘크리트 경사 스트럿에 압축력을 유발시키며 직교 철근에는 인장력을 유발시킨다. 보통의 철근콘크리트 부재는 철근이 상당한 간격으로 배치된 상태이다. 이러한 경우 일정 폭에 배치된 철근을 한 위치에 모아 가상의 큰 철근으로 간주하면 그림 2.9(b)에 보인 이산 트러스(discrete truss)로 해석할 수 있게 된다. 이것이 현재 설계기준에 많이 등장하는 스트럿-타이 모델과 고전 트러스 모델의 기본이론에 해당한다. 물론 이 이산 트러스에서 스트럿의 경사각 θ가 주어져야 해석이 가능해진다.

이 이산 트러스 모델과는 다르게, 그림 2.10(a)처럼 철근은 가상의 무한하게 가는 철근으로 배치되고 균열도 촘촘하게 발생한다고 가정할 경우 균열이 발생한 철근콘크리트 판의 거동을 평균 응력과 변형률 항으로 표현할 수 있게 된다. 경사 스트럿에 작용하는 압축 주응력 f_2와 이에 직각 방향으로 작용하고 있는 인장 주응력 f_1이 경사각 θ를 갖는 2축 인장－압축장(biaxial tension－compression field)으로 이상화할 수 있으며, 철근은 축력만 저항하는 링크 부재 기능을 한다고 간주하여 해석하는 것이 현대 트러

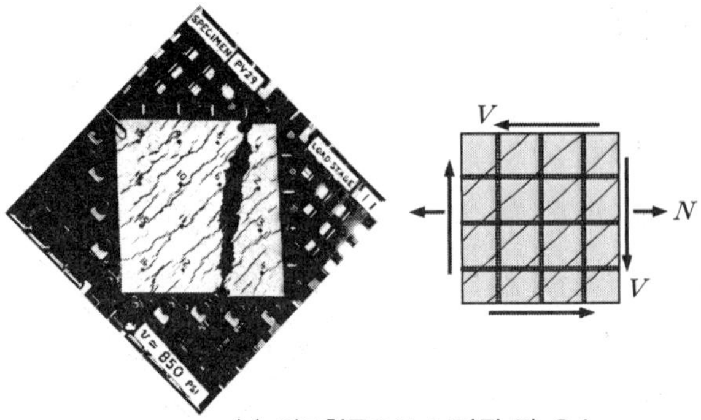

(a) 직교철근으로 보강된 판 요소

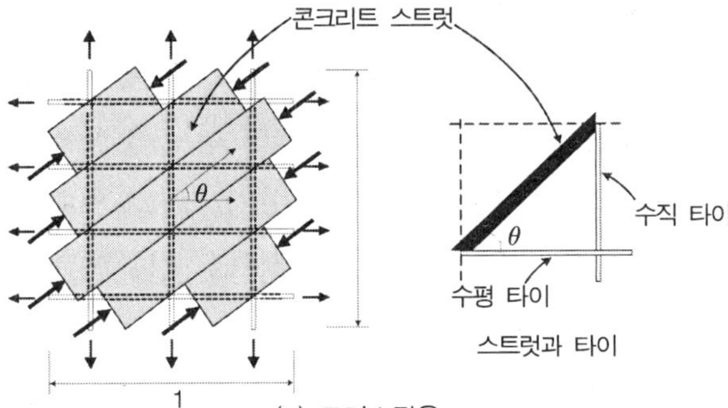

(b) 트러스작용

그림 2.9 **철근콘크리트 합성작용의 트러스 유사론**

스 모델의 기본 개념이며, 이것을 분산 트러스 모델(smeared truss model)이라고 한다. 작용 전단력에 의해 콘크리트에 유발되는 주응력 f_1, f_2, 횡방향 직각응력 f_t와 종방향 직각응력 f_x는 그림 2.10(b)의 모어 원을 이용하여 다음과 같이 표현한다.

$$f_2 = v(\tan\theta + \cot\theta) - f_1 \quad (2.14)$$

$$f_t = v\tan\theta - f_1 \quad (2.15)$$

$$f_x = v\cot\theta - f_1 \quad (2.16)$$

이 세 응력은 그림 2.10에 보인 것처럼 전형적인 분산 트러스 모델의 콘크리트 응력 성분이다. 직교 철근이 배치된 판 요소의 경우에는 식 2.15의 횡방향 응력 f_t는 횡방향 철근의 분산응력(smeared stress) $\rho_t f_{vt}$와 평형을 이뤄야 하며, 식 2.16의 종방향 응력 f_x는 종방향 철근의 분산응력 $\rho_x f_{vx}$와 평형을 이뤄야 한다. 여기서 ρ_t와 ρ_x

는 각각 횡방향 철근비와 종방향 철근비이고 f_{vt}와 f_{vx}는 각각 횡방향과 종방향 철근 응력이다. 즉 각 방향의 철근응력은 다음과 같게 된다.

$$\rho_t f_{vt} = v \tan\theta \tag{2.17}$$

$$\rho_x f_{vx} = v \cot\theta \tag{2.18}$$

위의 식을 살펴보면, 각 방향으로 배치된 철근량(또는 철근비)에 따라 각기 다른 응력 상태와 콘크리트 스트럿의 경사각 θ가 나타난다는 것을 알 수 있다. 그러나 경사각 θ라는 또 다른 변수가 포함되기 때문에 정역학적으로 부정정 문제가 된다. 따라서 철근콘크리트 합성 거동을 설명하기 위해서는 앞에서 설명한 평형조건뿐만 아니라 변형 적합조건이 필요하게 된다.

그림 2.10(d)에 보인 것처럼, 실험 결과에 의하면 2축 응력장에서 콘크리트 스트럿의 압축응력-변형률 관계는 1축 압축 상태의 콘크리트 응력-변형률 관계와 다르며, 강도 연화효과(softening effect)가 나타나 압축파괴응력이 작아진다. 이러한 현상을 설명하기 위한 몇 가지 이론들이 제안되어 있는데, 그 대표적인 것이 Collins의 수정압축장이론과 Hsu의 연화 트러스 모델이 있다. 이들 이론은 콘크리트 스트럿에 직각으로 발생하는 주인장 변형률의 크기의 함수로 감소되는 콘크리트 강도를 설명하였다.

$$\text{MCFT} : f_{2\max} = \frac{f_{ck}}{0.8 + 170\,\varepsilon_1} \tag{2.19}$$

$$\text{STM} : f_{2\max} = \frac{0.9 f_{ck}}{\sqrt{1 + 400\,\varepsilon_1}} \tag{2.20}$$

한편, 유로코드에서는 콘크리트 스트럿의 연화효과를 간단하게 콘크리트 유효압축강도로 표현하여 압축강도 유효계수 ν로 표현하고 있다.

$$f_{2\max} = \nu f_{ck} = 0.6\left[1 - \frac{f_{ck}}{250}\right] f_{ck} \tag{2.21}$$

균열 면에서 콘크리트는 인장응력을 전달하지 않는 것으로 간주하는 것이 일반적이고, 이 인장력은 철근이 담당한다. 그러나 균열과 균열 사이의 콘크리트에는 부착력에 의해 전달된 인장력이 존재하게 된다. 이 때문에 콘크리트 내에 묻혀 있는 철근의 응력과 변형률은 철근만이 인장을 받는 경우보다 감소한다. 이러한 현상을 인장증강

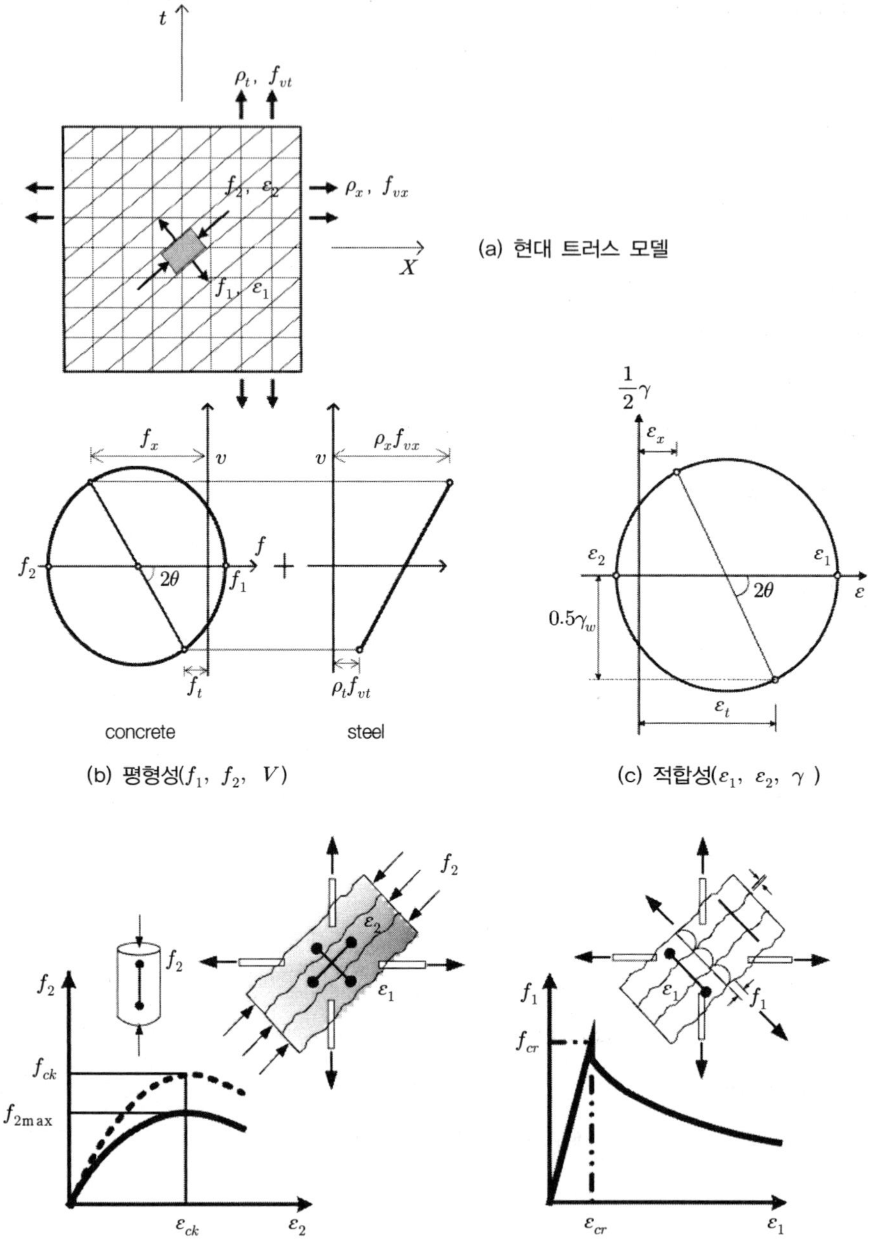

(a) 현대 트러스 모델

(b) 평형성(f_1, f_2, V)

(c) 적합성(ε_1, ε_2, γ)

(d) 압축연화

(e) 인장보강

그림 2.10 **2축 인장-압축장이론**

효과(tension stiffening effect)라 하며, 이를 설명하는 대표적인 모델은 다음과 같다.

$$\text{MCFT} : f_1 = \frac{f_{cr}}{1 + \sqrt{500\varepsilon_1}} \tag{2.22}$$

$$\text{STM} : f_1 = f_{cr}\left(\frac{0.00008}{\varepsilon_1}\right)^{0.4} \tag{2.23}$$

위와 같이 응력 크기에 따라 정해진 콘크리트의 주인장 변형률 ε_1과 주압축 변형률 ε_2는 전단변형률 γ와 함께 그림 2.10(c)에 보인 모어 적합조건을 만족해야 한다.

$$\gamma = (\varepsilon_1 + \varepsilon_2)\sin 2\theta \tag{2.24}$$

이처럼 철근과 콘크리트의 합성작용에 의해 저항하는 구조계를 평형조건, 적합조건 및 구성 식을 갖는 연속체로 간주하여 해석할 수 있다. 이러한 해석 방법으로 수정압축장이론(MCFT) 또는 연화 트러스 모델(STM)이 있으며, 이들 이론을 적용하면 상당히 정확하게 거동을 예측할 수 있다는 것도 잘 알려진 사실이다.

그러나 앞에서 다룬 모든 조건을 적용하여 거동을 설명한다는 것은 현실적으로 쉬운 일이 아니다. 그러므로 극한한계상태만을 기술하기 위해서는 몇 가지 간편한 가정을 할 수 있다. 콘크리트 압축 주응력은 다음과 같이 유효압축강도 νf_{ck} 이하로 제한된다.

$$f_2 = v(\tan\theta + \cot\theta) \le \nu f_{ck} \tag{2.25}$$

이런 조건에서 주어진 전단력에 필요한 각 방향의 소요 철근량을 결정하는 데 유일해(unique solution)가 존재하지 않는다. 콘크리트 인장 주응력은 매우 작기 때문에 0으로 간주하고 철근이 모두 항복한 소성 상태이고, 콘크리트 스트럿의 응력이 유효압축강도에 도달하는 완전소성 상태라고 가정한다면 경사각 θ를 결정할 수 있기 때문에 각 방향 소요 철근량 결정에 유일해가 존재한다.

$$\tan^2\theta = \frac{\rho_t f_{vty}}{\rho_x f_{vxy}} \tag{2.26}$$

여기서 f_{vty}와 f_{vxy}은 각각 횡방향과 종방향 철근의 항복응력이다. 이렇게 완전소성으로 가정하면 매우 복잡한 부정정 문제를 변형 적합조건을 사용하지 않고서도 극한한계상태를 설명할 수 있는 큰 이점을 갖는다. 이것을 소성이론 가정이라고 한다. 이러한 현대 트러스 이론의 대표적인 것들은 표 2.2에 정리하였다.

표 2.2 **현대 트러스 모델 이론의 분류**

Truss model	Concrete tie $f_1 - \varepsilon_1$	Concrete Strut $f_2 - \varepsilon_2$	Steel tie $f_s - \varepsilon_s$	Angle θ
Classical Truss Model Variable Angle Truss Model	Ignored	Non-softening	Elasto plasitic	45° Variable
Plastic Theory	Ignored	Rigid plastic	Rigid plasitic	Variable
Modified Compression Field Theory	Tension stiffening	Softening	Elasto plasitic	Variable
Softend Truss Model	Tension stiffening	Softening	Elasto plasitic	Rotating

2) 전단철근이 없는 부재

전단보강 철근을 배치하지 않는 대표적인 부재 형태로는 슬래브(1방향 또는 2방향)를 들 수 있으며, 이러한 부재는 전단철근 없이도 전단력에 저항할 수 있다. 왜냐하면, 이러한 형태의 부재는 보와는 달리 부재 내부에 작은 전단응력만이 유발되기 때문이다. 부재에 휨모멘트와 전단력의 조합에 의해 균열이 발생하면 그림 2.11과 같은 치아 형태의 저항 구조계가 형성되어 작용하중에 저항하게 된다. 이러한 저항 구조계의 가장 중요한 성분은 균열면의 골재 마찰력이며, 동시에 치아 형태의 콘크리트 캔틸레버 부분의 휨 저항과 다월작용 저항 성분이 포함되어 전단력을 저항하게 된다.

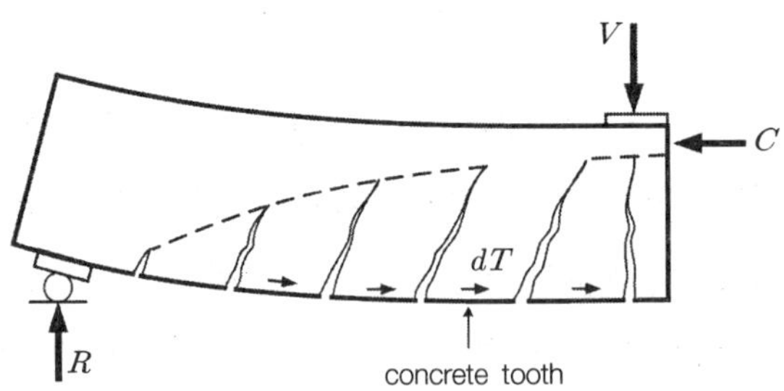

그림 2.11 **전단철근이 없는 부재의 전단저항 구조계**

3) 전단철근이 있는 부재

전단보강 철근을 배치한 부재의 전단저항 기구는 전단철근이 없는 부재와는 크게 다르다. 전단철근을 배치하지 않는 부재의 전단강도는 콘크리트 인장강도에 크게 지배되지만, 전단철근이 배치된 부재는 전단철근에 의해 전단강도가 현저하게 증가한다. 부재에 전단균열이 발생한 이후 전단균열폭이 증가하면 콘크리트의 인장력은 철근의 인장력으로 변환된다.

유로코드 2의 부재 전단설계 기본개념은 그림 2.12에 나타낸 것과 같이 경사진 형태의 전단균열이 발생한 실제 부재의 복부를 앞 절에서 설명한 평면 판 요소로 간주한 것이다. 실제 콘크리트 부재의 복부에는 앞에서 다룬 판 요소와는 달리, 단지 수직 스터럽 또는 경사 철근만이 배치된다. 이러한 실제 보에서 횡방향 응력은 전단철근이 저항한다. 그러나 종방향 응력에 의해 부재 단면에서 힘의 재분배가 발생하며 주철근 인장력이 증가하는 현상이 나타나게 된다. 이러한 이유 때문에 휨과 전단이 동시에 작용하는 부재 단면의 응력은 휨 설계에 적용하는 베르누이 적합조건에 의한 단면응력 상태와는 다르게 된다.

실제 콘크리트 부재에서는 전단철근의 응력 크기, 종방향 변형률 상태 및 균열 깊이 등의 여러 인자에 따라 경사각의 크기가 변한다. 즉 경사각 θ는 정역학적 고차 부정정에 해당한다. 이러한 관점에서 보면, 전단설계의 핵심은 경사각 결정의 문제에 해당한다는 것을 알 수 있을 것이다. 즉 부재의 전단철근량을 결정하기 위해서는 최소한 근사적이라도 변형 적합조건이 필요하게 된다. 콘크리트 부재의 전단거동에는 이러한 근본적 문제를 내포하고 있기 때문에 오랜 기간 동안 고전 역학 적용이 어려운 분야에 해당되었으며, 그동안 전단설계는 실험 결과에 의존하는 임의적이고 부분적 이론일 수밖에 없었다.

그러나 실제 전단설계에 앞 절에서 설명한 재료의 구성 식과 변형 적합조건을 모두 고려한다는 것은 현실적으로 너무 복잡해진다. 이러한 이유로 유로코드 2(EC2)는 실제 부재의 복부의 2축 인장-압축장을 근사적이면서 간편하게

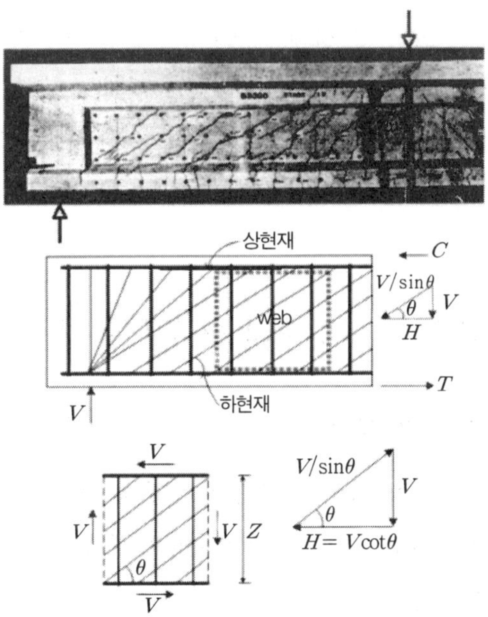

그림 2.12 **부재 트러스 모델**

접근하고 있는 실정이다. 그림 2.12에 나타낸 것과 같이 휨과 전단의 조합 하중이 작용하고 있는 부재 균열 발생 이후의 거동을 트러스로 이상화시킨다. 상현재와 하현재에는 휨모멘트에 의해 인장력 T와 압축력 C가 유발되며, 복부의 수직 스터럽과 대각선 압축대에는 전단에 의해 인장력과 압축력이 유발된다. 이처럼 부재의 내력계를 명료하게 단순화하여 휨과 전단의 저항 기구를 설명하고 있다. 복부의 전단거동은 앞 절에서 설명한 판 요소의 응력 관계식과 동일한 원리를 적용할 수 있다는 것을 알 수 있다. 또한 복부 전단력에 의해 유발된 복부 수평력 H는 부재 단면의 평형에 의해 상현재와 하현재에 $H/2$씩 재분배된다. 이 단면력 재분배를 정확하게 설명하기 위해서는 평형조건뿐만 아니라 단면의 변형 적합조건을 적용해야 한다. 유로코드 2 설계기준에서 이 문제를 전이법칙(shift rule)에 의해 간단하게 반영하고 있다.

부재 트러스 모델의 경사각 θ는 앞의 판 요소에서 설명한 소성이론 가정(assumption of plasticity theory)에 의해 구하거나 또는 구성 식에 근거한 변형 적합조건에 의해 구할 수도 있다. 실제 콘크리트 부재에서 경사각은 복부 콘크리트의 강도 한계와 변형 적합조건에 의해 제약된다. 소성 가정은 실제와 다르게 큰 경사 압축력으로 간주하기 때문에 이 가정으로 구한 경사각은 매우 기울어진 각이 산출된다. 그러므로 복부 콘크리트 압축대의 경사각에 대한 한계 범위를 주고 있다.

유로코드 2 설계기준에서 전단철근이 배치된 부재의 전단설계 규정은 소성이론 가정을 적용한 트러스 모델에 근거한 것으로써 실험 결과를 바탕으로 한 경사각 제한 범위를 두고 있다. 설계자가 주어진 경사각 제한 범위 안에서 적절한 각을 선택하여 전단철근을 설계할 수 있도록 하고 있다.

2.2.4 EC 2의 보 전단설계

1) 설계일반

유로코드 2 설계기준의 전단에 대한 일반 설계 방법에 의하면, 극한한계상태에서 설계전단강도 V_d와 작용하중에 의한 계수 전단력 V_u를 비교하여 검증하도록 하고 있다. 즉

$$V_u \le V_d \tag{2.27}$$

여기서 설계전단강도 V_d는 다음과 같이 세 종류의 강도로 정의하고 있다.

V_{cd} : 전단철근이 없는 부재의 설계전단강도

V_{sd} : 전단철근이 있는 부재의 설계전단강도

V_{dmax} : 복부 콘크리트 경사압축대의 압축파괴를 기준으로 한 최대 설계전단강도

이 규정에 의해 전단보강 철근이 불필요한 경우일지라도 최소 전단철근량을 배치해야 한다. 이 최소 전단철근에 대한 요구조건은 하중의 횡분배가 현저하게 가능한 슬래브에서는 적용하지 않는다. 또한 구조물의 전체 안전성에 크게 영향을 주지 않는 보 부재에서도 최소 철근 요구조건을 적용하지 않을 수 있도록 허용하고 있다. 이러한 예로 지간이 2m 미만인 문틀과 같은 부재가 있다. 계수 전단력의 설계값은 다음과 같은 가정을 적용하여 계산한다.

(a) 하중점에서 받침점으로 하중이 직접 전달되는 받침점 부근에서는 받침점에서 d만큼 떨어진 단면의 전단력으로 설계할 수 있다.

(b) 깊이가 변하는 변단면 부재의 계수 전단력은 작용하중에 의한 전단력에서 인장력과 압축력의 수직 성분 값을 뺀 값으로 취할 수 있다.

(c) 프리스트레스트 부재에서 경사지게 배치된 텐던의 수직 성분을 뺀 값을 계수하중으로 취한다.

프리스트레스트 부재에서 $b_w/8$보다 큰 덕트가 복부 단면에 있다면, 다음과 같이 규정된 공칭복부 폭 b_{wn}을 사용하여 설계전단강도를 산정한다.

$$b_{wn} = b_w - 0.5\,\Sigma\Phi \qquad (2.28)$$

여기서, $\Sigma\Phi$는 덕트 직경의 합이며, 복부에서 가장 불리한 높이에서 계산한다.

2) 전단철근이 필요하지 않는 부재

전단철근이 없는 부재의 설계전단강도 V_d는 실험자료로부터 유도된 실험식이다. 이것은 고전 역학을 적용할 수 있는 적절한 거동 모델이 아직 정립되어 있지 않기 때문이다.

$$V_d = V_{cd} = \left[0.18\phi_c\left(1+\sqrt{\frac{200}{d}}\right)(\rho f_{ck})^{\frac{1}{3}} + 0.15 f_{cp}\right] b_{wd} \tag{2.29}$$

$$\geq (0.4 f_{ct} + 0.15 f_{cp}) b_w d$$

여기서, ϕ_c : 콘크리트 재료강도감소계수(부분안전계수)

ρ : 부재의 주철근비(%)

f_{ck} : 콘크리트 설계기준압축강도(N/mm²)

f_{ct} : 콘크리트 인장강도(N/mm²)

f_{cp} : 계수 축방향력에 의해 유발된 단면의 압축응력(N/mm²)

직접하중이 받침점 가까이 작용하는 부재에서는 횡방향 구속효과에 의해 전단저항 능력이 현저하게 상승한다. 따라서 경제적인 설계를 하기 위해서 하중이 받침점으로 직접 전달되는 크기에 비례하여 그림 2.13에 보인 것과 같이 콘크리트 전단강도를 증가시킬 수 있다. 유로코드 2에서는 부재에 집중하중이 작용하는 경우에 한하여 하중이 받침점에서 $2.5d$ 이내에 놓일 때, 위 설계강도식 V_{cd}의 첫 번째 항 아래에 규정된 계수 β를 곱하여 강도를 증가시킬 수 있다.

$$\beta = 2.5d/x,\ 1.0 \leq \beta \leq 5.0 \tag{2.30}$$

부재에 집중하중과 분포하중이 동시에 작용하는 경우에는 위와 같은 방법으로 하면 부재강도를 과대평가할 위험이 있다. 따라서 유로코드 2에서는 강도를 증가시킬 경우

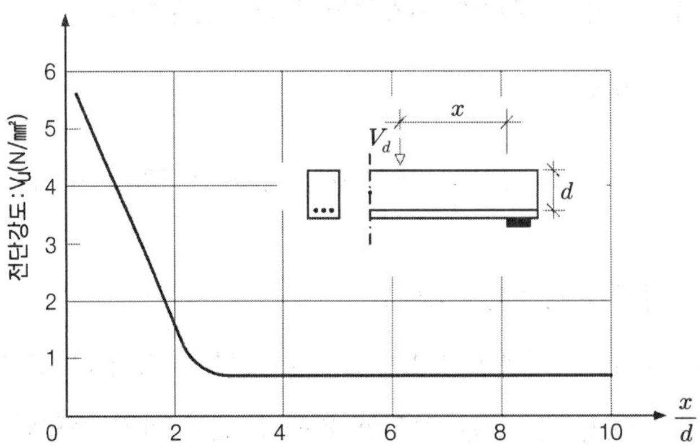

그림 2.13 **받침점 근처에 집중하중이 작용하는 부재의 전단강도 증가**

받침점에서 $2.5d$ 단면까지 모든 가능한 위험단면에 대해 검토해야 하며, 종방향 철근이 단부에 완전 정착된 경우에만 유효하다고 규정하고 있다.

전단철근이 없는 부재의 전단강도를 검토할 때에는 아래에서 규정한 값을 초과하지 않아야 한다.

$$V_{cd} \le 0.5\,\phi_c \nu f_{ck} b_w z \tag{2.31}$$

여기서, ν : $0.6\,(1 - f_{ck}/250\,)$인 콘크리트 압축강도 유효계수

z : 내부 모멘트 팔길이

3) 전단철근이 필요한 부재

단면에 작용하는 계수 전단력 V_u가 앞 절에서 기술한 콘크리트 설계전단강도 V_{cd}를 초과하는 부재에는 전단보강 철근을 배치해야 한다. 전단보강 철근의 형태는 수직 스터럽이나 굽힘철근으로 구성된다. 보 부재에서 굽힘철근은 단독으로 사용할 수 없고 스터럽과 함께 사용해야만 하는데, 이때 스터럽은 $0.5\,V_u$ 이상을 담당하도록 설계해야 한다.

전단철근이 배치된 부재의 설계전단강도 V_d는 V_{sd}로 취해야 하며, 이 값은 V_{dmax}를 초과하지 않아야 한다. 수직 스터럽이 배치된 부재의 설계전단강도는

$$V_d = V_{sd} = \frac{\phi_s f_{vy} A_v z}{s} \cot\theta \le V_{dmax} \tag{2.32}$$

$$V_d \le V_{dmax} = \frac{\phi_c v f_{ck} b_w z}{\cot\theta + \tan\theta} \tag{2.33}$$

유로코드 2의 규정과 우리의 현행 설계 규정과의 큰 차이는 전단철근이 있는 부재에서 우리의 규정은 복부철근의 기여 강도와 콘크리트의 기여 강도의 합으로 나타내고 있지만, 유로코드 2에서는 복부철근이 있는 부재의 전단강도에는 명시적으로 콘크리트 기여 강도를 포함하고 있지 않고 철근 기여 성분만을 반영하고 있다는 것이다. 이것은 경사각을 실제와 다르게 작게 적용함으로써 콘크리트 기여 성분을 간접적으로 반영할 수 있으며 트러스 모델의 기본 성질을 충실히 고수하기 위한 의도이다.

이론적으로 V_{sd}와 V_{dmax}가 동일하도록 하는 것이 가장 경제적인 설계일 것이다.

위 설계식들은 소성이론 가정을 바탕으로 한 트러스 모델에 근거한 것이기 때문에 이론적으로 설계자가 적절한 각을 선택하여 전단철근을 설계할 수 있다. 그러나 실험 결과에 의해 작은 경사각 θ를 선택한 경우에 불안전한 결과가 산정되는 것으로 나타났다. 즉, 위 식은 단면의 변형 적합조건을 고려하지 않고 단지 소성 가정에서 힘의 평형조건에 기초하여 유도된 설계식이기 때문이다. 따라서 실험 결과를 바탕으로 다음과 같은 경사각 제한 범위를 설정하여 경사각 선정을 제한하고 있다.

$$22^\circ \le \theta \le 45^\circ \tag{2.34}$$

앞에서 설명한 것과 같이 복부의 전단력은 스터럽에 인장력을 유발할 뿐만 아니라 전이법칙에 의해 종방향 철근에 인장력을 유발시킨다. 이 추가 인장력은 경사각을 작게 하면 현저하게 큰 힘이 된다. 따라서 주인장철근의 보강량과 절단점, 겹침이음 등에 이 추가 인장력을 고려하여 설계해야 한다.

앞에서 기술한 유로코드 2의 전단설계 절차를 그림 2.14에 순서도로 나타냈으며, 이것을 간략하게 설명하면 다음과 같다.

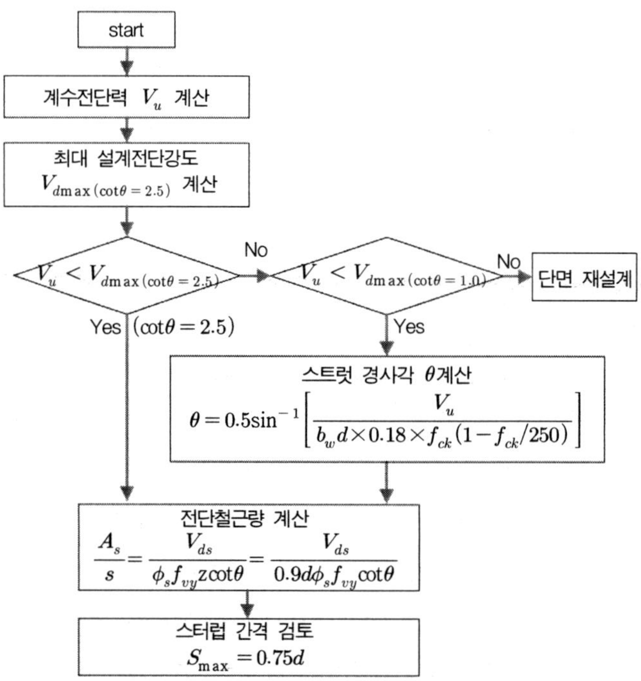

그림 2.14 전단설계 순서도

(a) 식 (2.29)로부터 콘크리트 전단강도 V_{cd}를 계산한다. 만약 식 (2.31)과 같이 $V_{dc} \leq 0.5\phi_c \upsilon f_{ck} b_w z$를 만족하는 경우에는 전단철근을 배치하지 않아도 된다.

(b) 계수 전단력 $V_u \leq V_{cd}$인 경우에는 최소 전단철근만을 배치하면 된다. 이때, 최소 전단철근량은 다음 식으로 계산한다.

$$A_{v,}\mathrm{min} = 0.08bs\sqrt{f_{ck}}/f_y \tag{2.35}$$

(c) 계수 전단력 $V_u > V_{cd}$인 경우에는 전단철근을 배치해야 한다. 전단철근이 배치된 부재의 설계전단강도 V_d는 V_{sd}로 취해야 하며, 이때 $V_{sd} \geq V_u$를 만족해야 한다. 또한 이 값은 V_{dmax}를 초과하지 않아야 하므로, 이 경우 먼저 V_u와 식 (2.33)을 이용하여 계산한 V_{dmax}를 비교한다. 이때, V_{dmax}값은 $\theta \fallingdotseq 22^\circ$, 즉 $\cot\theta = 2.5$일 때의 값으로서 V_{dmax}의 최소값에 해당한다.
만약 $V_u < V_{dmax(\cos\theta = 2.5)}$를 만족하면 식 (2.32)를 이용하여 필요한 전단철근량을 유도해낼 수 있다.

$$\frac{A_v}{s} = \frac{V_{sd}}{\phi_s f_{vy} z \cot\theta} = \frac{V_{sd}}{0.9d\phi_s f_{vy}\cot\theta} \tag{2.36}$$

여기서, $z = 0.9d$, $\cot\theta = 2.5$이다.

(d) $V_u > V_{dmax(\cot\theta = 2.5)}$인 경우에는 $\theta \fallingdotseq 45^\circ$, 즉 $\cot\theta = 1$을 대입하여 V_{dmax}를 계산하여 V_u와 비교한다. 이 값은 V_{dmax}의 최대값을 의미한다. 만약 $V_u < V_{dmax(\cot\theta = 1)}$을 만족할 경우, 필요한 전단철근량을 결정하기 위해서는 우선 압축 스트럿의 경사각 θ를 다음 식을 이용하여 구해야 한다.

$$\theta = 0.5\sin^{-1}\left[\frac{V_u}{(b_w d \times 0.18 \cdot f_{ck}(1 - f_{ck}/250))}\right] \tag{2.37}$$

구해진 θ값을 식 (2.38)에 대입하여 필요한 전단철근량을 계산한다.

$$\frac{A_v}{s} = \frac{V_{ds}}{\phi_s f_{vy} z \cot\theta} = \frac{V_{ds}}{0.9d\phi_s f_{vy}\cot\theta} \quad (1 \leq \cot\theta \leq 2.5) \tag{2.38}$$

(e) 만약 $V_u \geq V_{dmax(\cot\theta = 1)}$인 경우에는 단면을 재설계한 후 위와 같은 절차를 반복하여 수행해야 한다.

2.2.5 EC 2의 비틀림 설계

1) 개요

전단설계와 마찬가지로 비틀림 설계도 극한한계상태에서만 검토하여 설계한다. 왜냐하면, 대부분의 경우 철근 상세 요구조건만 충족시키면 사용성 기준을 만족하기 때문이다. 전단과 비틀림 극한한계상태 검증은 근본적으로 동일하다. 다만 비틀림 설계에서는 정역학적 정정과 부정정을 구분해야 하는 차이가 있을 뿐이다.

비틀림에 대한 극한한계상태 검증은 구조물의 평형이 부재의 비틀림 저항력이 있어야 유지되는 평형비틀림의 경우에만 필요하다. 구조물의 평형이 구성 부재의 비틀림 저항력에 의존하지 않는 적합비틀림에 대해서는 일반적으로 극한한계상태 검증을 수행하지 않는다. 왜냐하면, 균열이 발생하면 부재의 비틀림 강성은 휨 강성에 비해 현저하게 작아서 부정정 구조인 경우에 다른 부재로 힘이 전달되기 때문이다.

만약 순수비틀림에 대해 설계한다면, 직교 철망이나 균열면에 직각인 나선철근을 배치하는 것이 유리하다. 그러나 실제 구조 부재는 다른 단면력과 조합 하중을 받기 때문에 이러한 형태의 철근은 현실적이지 않다. 유로코드 2는 비틀림력, 전단 및 휨 모멘트가 조합으로 작용하는 부재는 각각 개별 단면력 검증과정을 수행한 뒤 상호간의 영향은 별도로 검토하도록 되어 있다. 여기서 다루는 비틀림은 닫힌 단면의 전단류에 의해 유발되는 Saint-Venant torsion이다. 열린 단면에 발생하는 뒤틀림(warping torsion)은 보통 극한한계상태 검증을 생략한다. 그러나 얇은 벽체로 구성된 U형과 T형의 단면 부재는 뒤틀림을 검토해야 한다.

2) 설계 모델(바탕 이론)

중실 단면이나 중공 단면을 갖는 부재에는 횡방향 하중이 부재축에서 벗어나 작용하거나 또는 부재가 직선이 아닐 경우에 비틀림 모멘트가 발생한다. 이 비틀림 모멘트에 의해 부재 내부에 유발되는 응력은 전단력이 작용하는 경우와 매우 유사하다. 따라서 비틀림을 받는 부재의 거동도 트러스 모델에 의해 충분히 정확하게 설명된다. 다만 비틀림인 경우에는 그림 2.15의 상자형 단면 거더와 같은 공간 트러스 모델이어야 한다. 실제로 중실 단면 부재도 그림 2.15와 같은 가상의 박벽관(薄壁管, thin walled tube, 점성토를 채취하기 위한 얇은 튜브)으로 이상화하여 공간 트러스 모델을 적용한다.

전단에 대한 극한한계상태 검증과 동일하게 이산 트러스(discrete truss) 또는 분산 트러스(smeared truss) 모델을 기반으로 하여 비틀림을 설계한다. 즉, 콘크리트 경사 스트럿, 복부 횡방향 철근으로 구성된 수직 타이, 종방향 철근으로 구성된 수평 타이가 트러스를 형성하여 비틀림에 저항한다. 상자형 거더의 단면에는 비틀림에 의해 전단류가 형성되며, 이 전단류는 벽체에 전단력으로 작용한다. 벽체의 전단력은 콘크리트 경사 스트럿의 압축력에 의해 저항하게 되는데, 이때 복부 횡방향 철근과 종방향 철근에 인장력이 유발되는 2축응력장이 형성된다. 따라서 순수비틀림력이 작용하는 부재에 종방향 철근을 배치하지 않으면 2축응력장이 형성되지 않으며, 벽체에 트러스 작용이 유지되지 않기 때문에 비틀림에 저항할 수 없게 된다. 따라서 비틀림을 받는 부재에는 종방향 철근을 각 모서리에 최소한 하나 이상의 철근을 포함하여 단면 둘레

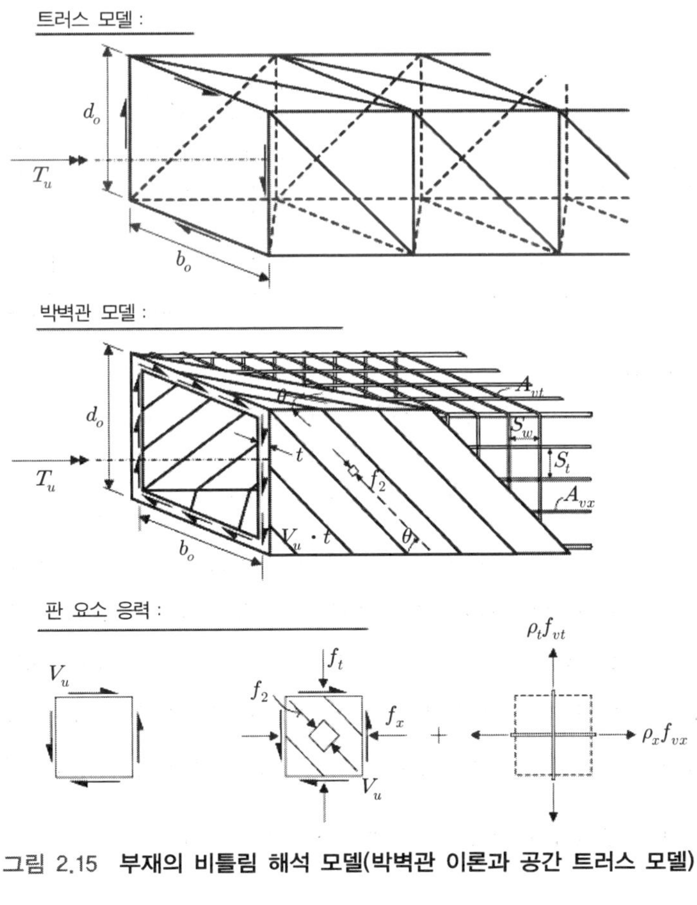

그림 2.15 **부재의 비틀림 해석 모델(박벽관 이론과 공간 트러스 모델)**

를 따라 균등하게 배치하는 것이 일반적이다. 따라서 비틀림을 받는 부재의 설계도 근본적으로 2.2.2에서 설명한 2축인장-압축장이론을 적용할 수 있다.

3) 비틀림 강도에 관한 설계변수

유로코드 2의 비틀림 강도 산정에 적용하는 논리는 앞 절에서 기술한 전단 규정에 적용한 논리와 동일하다. 변형 적합조건을 반영하지 않는 변각 정정 트러스를 적용하여 비틀림 거동을 기술하고 있다. 뒤틀림에 의한 부재의 부정정 거동은 고려하지 않으며, 콘크리트 스트럿의 경사각은 실험 결과와 소성이론 가정을 바탕으로 정한 범위의 각을 설계자가 자유롭게 선택하여 비틀림을 설계한다. 그러나 순수비틀림에 대해 설계할 때는 일반적으로 스트럿의 경사각을 45°로 가정한다. 더욱이 극한한계상태에서 비틀림 철근은 항상 항복하며, 벽체(실제 또는 가상) 단면의 콘크리트에는 등분포 경사 압축응력장이 형성된다고 가정한다.

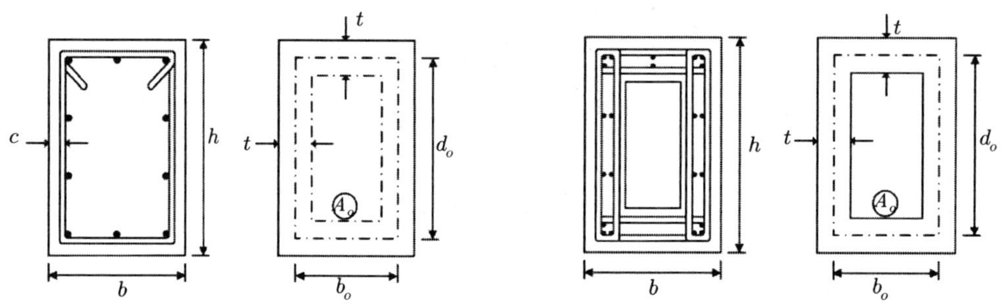

(a) 중실 단면 (b) 중공 단면

그림 2.16 **박벽관 이론을 적용하기 위한 단면 이상화**

비틀림에 대한 극한한계상태 검증에는 콘크리트 스트럿의 설계강도를 알아야 할 필요가 있다. 유로코드 2에서 스트럿의 유효설계강도 $v\phi_c f_{ck}$는 중공 단면 부재와 중실 단면 부재에 각기 다르게 설정되어 있다. 이것은 그림 2.16의 상자형 거더와 같은 중공 단면은 각 벽체마다 폐합 스터럽이 충실하게 배치되어 있는 데 반해, 일반적인 보 부재와 같은 중실 단면에는 단면 주변을 따라 한 가닥의 철근이 배치된다. 이러한 이유로 중실 단면에서는 콘크리트 유효압축강도의 70%만 반영하고 있다. 즉,

$$\text{중공 단면 부재에 대해 : } \nu = 0.7 - f_{ck}/200 \geq 0.5 \qquad (2.39)$$

$$중실\ 단면\ 부재에\ 대해 : 0.7\nu = 0.7(0.7 - f_{ck}/200) \geq 0.35 \tag{2.40}$$

만약 중실 단면 부재일지라도 가상 벽체마다 폐합 철근으로 보강하였다면 30%의 유효계수 저감을 하지 않아도 된다.

비틀림 설계에 적용하는 스트럿 경사각 θ는 전단설계와 마찬가지로 실험적으로 정한 범위의 각을 설계자가 임의로 선택할 수 있다. 유로코드 2에 주어진 경사각의 범위는 다음과 같다.

$$22^\circ \leq \theta \leq 45^\circ \tag{2.41}$$

소성이론에 의하면, 스트럿 경사각은 횡방향 역학적 철근비 w_t와 종방향 역학적 철근비 w_l에 따라 결정된다.

$$\tan^2\theta = \frac{w_t}{w_l} \tag{2.42}$$

부재의 비틀림력을 계속 증가시키면 콘크리트 스트럿의 응력이 한계값에 도달하기 때문에 경사각의 범위는 점점 제약되어 결국에는 45°가 된다.

부재의 비틀림 설계에는 그림 2.16과 같이 (a) 가상 벽체의 두께 t와 (b) 가상 벽체의 중심선으로 구획된 심부 단면적 A_o라는 두 가지 설계변수를 결정해야 한다. 얇은 벽으로 구성된 중공 단면의 벽체 두께와 심부 단면적은 실제 치수에 의한 값이다. 그러나 중실 단면 부재의 경우에 적용하는 값으로 유로코드 2는 아래와 같은 범위로 제한하고 있다.

$$2c \leq t \leq A_{cp}/p_{cp} \tag{2.43}$$

여기서, c : 종방향 철근의 피복 두께

A_{cp} : 단면 실제 단면적

p_{cp} : 단면의 둘레 길이

위 범위 내에서 벽 두께 t를 선정하면 벽 중심선으로 구성된 심부 단면적 A_o가 결정된다. 콘크리트 스트럿의 유효강도를 모두 활용할 수 있도록 설계하려면 반복 시산법으로 두께를 결정해야 한다. 콘크리트의 유효압축강도를 모두 활용하면서 보강 철근량을 최소화 할 수 있는 최적 경사각을 선정하면 경제적인 설계가 된다. T형 단면처럼 복잡한 형상을 갖는 단면 부재의 경우에는 단면을 사각형 단면으로 분해한 후 각 단면마다 앞에서 설명한 설계법을 적용해 강도를 산출하여 최종적으로 합하여 부재의 비틀림 강도를 구한다.

4) 비틀림 설계방법

유로코드 2 설계기준의 비틀림에 대한 설계 방법은 극한한계상태에서 설계비틀림 강도 T_d와 작용하중에 의한 계수 비틀림력 T_u를 비교하여 검증하도록 하고 있다. 즉,

$$T_u \le T_d \tag{2.44}$$

여기서 설계전단강도 T_d는 다음과 같이 두 종류의 강도로 정의하고 있다.

T_{cd} : 콘크리트 스트럿을 기준으로 계산한 설계비틀림 강도

T_{sd} : 횡방향 철근과 종방향 철근을 기준으로 계산한 설계비틀림 강도

고전 역학의 박벽관(thin walled tube)이론에 의하면, 작용 비틀림 모멘트 T_u는 단면 벽에 다음과 같은 등분포 전단응력 v_u를 유발한다.

$$v_u = \frac{T_u}{2A_o t} \tag{2.45}$$

이 전단응력은 그림 2.7에 보인 판 요소에 작용하는 전단력과 동일한 응력에 해당한다. 따라서

$$f_2 = v_u(\tan\theta + \cot\theta) \tag{2.46}$$

$$\rho_t f_{vt} = v_u \tan\theta \tag{2.47}$$

$$\rho_l f_{vl} = v_u \cot\theta \tag{2.48}$$

이러한 전단 요소의 콘크리트 응력 f_2가 복부 콘크리트의 유효압축설계강도 $\nu\phi_c f_{ck}$에 도달할 때의 비틀림 모멘트를 콘크리트 강도를 기준으로 한 설계비틀림 강도라고 한다. 즉, 식 (2.45)와 (2.46)으로부터

$$T_{cd} = 2\nu\phi_c f_{ck} t A_o \frac{1}{\tan\theta + \cot\theta} \tag{2.49}$$

종방향 철근의 응력과 횡방향 철근의 응력이 설계항복강도에 도달하게 하는 비틀림 모멘트가 철근을 기준으로 한 설계비틀림 강도가 된다. 따라서 식 (2.35)를 식 (2.37)에 대입하고 스터럽 응력을 설계항복응력 $\phi_s f_y$과 등치하면 설계비틀림 강도가 얻어진다.

$$T_{sd} = 2\phi_s f_y A_v A_o \frac{\tan\theta}{s} \tag{2.50}$$

이 설계강도의 공식은 전단에 적용하는 변각 트러스 모델 이론과 동일하다. 그러나 근본적으로 다른 사항은 응력을 유발시키는 근원이 본질적으로 다르다. 이 때문에 비틀림에 의한 응력은 가상의 얇은 벽체에 작용하는 반면에 전단력에 의한 응력은 복부 전체에 작용하고 있다. 식 (2.49)로 주어진 콘크리트 기준으로 비틀림 극한한계상태를 검증하기도 하지만, 대부분의 실무에서는 간단하게 응력을 비교(비틀림에 의한 콘크리트 응력과 콘크리트 유효설계강도를 비교)하여 설계한다.

앞에서 설명한 바와 같이 위 공식을 적용하여 비틀림 강도를 산정할 때 경사각 θ는 주어진 범위에서 설계자가 임의로 선정할 수 있다. 45°보다 작은 값을 선정하는 것이 경제적이다. 그러나 너무 작은 각을 선정하면 덜 경제적일 수 있다.

2.3 일본기준

2.3.1 AIJ－I

1) 일반사항

기둥 및 보의 전단강도 V_u는 식 (2.41), (2.42), (2.43) 중에서 최소값으로 결정한다.

$$V_u = 2p_{we}f_{wy}b_e j_e + \left(\nu\sigma_B - \frac{5p_{we}\sigma_{wy}}{\lambda}\right)\frac{bD}{2}tan\theta \tag{2.51}$$

$$V_u = \frac{\lambda\nu f_B + p_{we}f_{wy}}{3}b_e j_e \tag{2.52}$$

$$V_u = \frac{\lambda \nu f_B}{2} b_e j_e \tag{2.53}$$

여기서 b, D는 단면의 치수를 나타낸다. j_e는 트러스 메커니즘에 관여하는 단면의 횡보강근의 단면 중심간 거리, b_e는 트러스 메커니즘에 관여하는 단면의 유효폭이다. 내부 횡보강근이 있는 경우와 없는 경우로서 b_e값과 b_s값을 정한다. f_{wy}는 횡보강근의 항복강도이다.

그림 2.17의 A-C는 각각 식 (2.51)~(2.53)을 나타낸 것이다. 횡보강근량이 적은 부재는 트러스 기구와 아치 기구가 같이 존재한다. 식 (2.51)에서 제 1항은 트러스의 기여분이며 제 2항은 아치 기여분이다. 횡보강근량이 많은 부재일 때 트러스 기구가 탁월하여 아치 기구는 소멸된다.

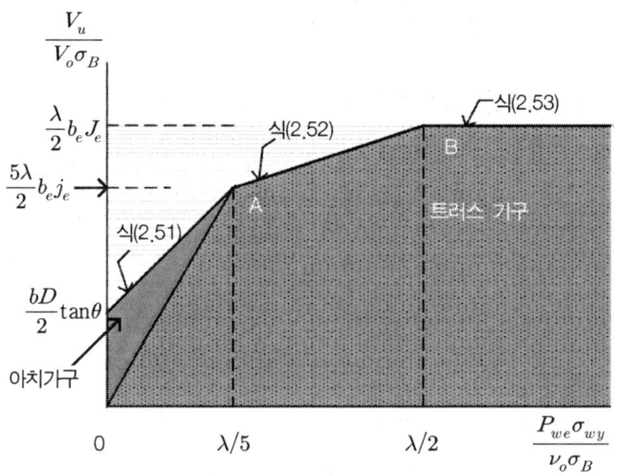

그림 2.17 **각 식에 대한 형상화**

(1) 콘크리트의 유효압축강도

이 지침에서 제안하고 있는 전단설계식은 소성이론의 하계정리를 근거로 하여 변형의 적합조건을 무시하고 힘의 평형조건만을 고려하고 있다. 콘크리트 재료의 특성은 고강도 재료일수록 최대 내력 이후 급격히 저하하는 취성적 경향을 보인다. 특히 전단균열 발생 시 균열 사이에 압축응력이 가해지기 때문에 압축강도 자체도 실질적으로 저하된다. 이에 따라 식 (2.54)와 같이 유효강도계수 ν_0를 이용하였으며, 식 (2.54)에 의하여 산출되는 유효압축강도 $\nu_0 f_B$는 그림 2.18의 실선과 같이 $f_B = 70\text{N/mm}^2$를 경계로 저하된다. 그림 2.18에서 실선은 $f_B = 120\text{N/mm}^2$ 콘크리트에 대하여 정밀도의 검증을 수행한 결과이며, 이 실선은 CEB-FIP $\nu_0 = 3.68 f_B^{-0.333}$을 이용하였다. 그러나 f_B가 60m/cm^2 이하인 경우는 식 (2.54)로써 충분히 설명이 가능하다.

$$\nu = \nu_0 = 0.7 - \frac{f_B}{200} \tag{2.54}$$

f_B는 콘크리트의 압축강도를 나타낸다.

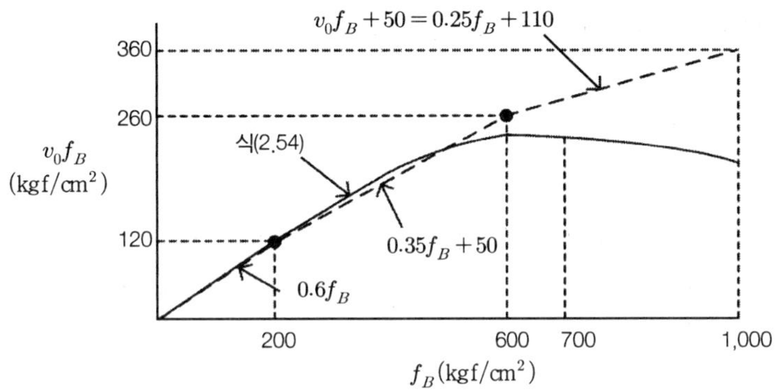

그림 2.18 **콘크리트의 유효압축강도**

(2) 트러스 기구의 유효단면적 $b_e \times j_e$와 유효전단보강근비

트러스 기구의 유효단면적은 $b_e \times j_e$로 나타낼 수 있다. 또한 전단보강근의 양을 나타내는 지표로서 식 (2.55)와 같이 b_e를 사용하여 유효전단보강근비 p_{we}를 정의하였다. 그러나 양쪽에 슬래브가 붙은 보의 경우에는 전단보강근 외부에 압축공간이 성립할 가능성이 높기 때문에 보의 폭 b를 트러스 기구의 유효폭으로 간주한다.

p_{wy}는 전단보강근비이며, 다음 식과 같다.

$$p_{we} = \frac{a_w}{b_e s} \tag{2.55}$$

여기서, a_w : 한 쌍의 횡보강근 단면적　　s : 횡보강근 간격

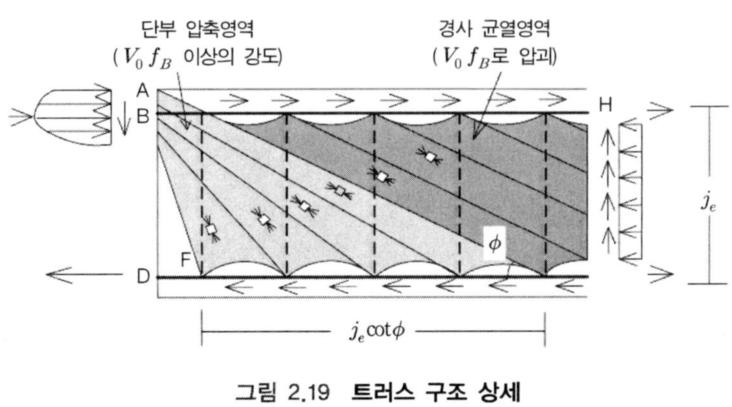

그림 2.19 **트러스 구조 상세**

(3) 트러스 기구의 유효계수 λ

트러스 기구의 유효계수는 전단보강근에 의한 콘크리트의 유효횡구속 영역을 나타내는 것으로 식 (2.56)과 같이 나타낼 수 있다.

$$\lambda = \left(1 - \frac{s}{2j_e}\right) \cdot \left(1 - \frac{b_e}{4j_e}\right) \tag{2.56}$$

여기서 b_s는 전단보강근의 최대 간격을 의미하며, 내부철근(횡보강근의 꼭짓점과 면하지 않고 있는 부분)이 단면 내에 배근되어 있는 경우 아래와 같은 식으로 산정하고 있다.

$$b_s = \frac{b_e}{N_s + 1} \tag{2.57}$$

여기서, N_s : 내부 철근의 개수

다양한 s/j_e, b_s/j_e에 의하여 식 (2.57)에 의한 λ을 산정한 결과는 표 2.3에 나타냈다. 그림 2.17과 같이 λ는 점 A, B에 영향을 미친다. 즉, 전단보강근의 양이 적은 경우(아치가 탁월한 경우) λ는 전단강도에 영향을 받지 않지만 전단보강근의 양이 많은 경우에는 영향을 받는다.

표 2.3 **트러스 기구의 유효계수 λ**

	$\frac{b_s}{j_e} \le \frac{1}{3}$	$\frac{b_s}{j_e} \le \frac{1}{2}$	$\frac{b_s}{j_e} \le 1$	$\frac{b_s}{j_e} \le \frac{3}{2}$
$\frac{S}{J_e} \le \frac{1}{10}$	0.877	0.83	0.71	0.59
$\frac{S}{J_e} \le \frac{1}{4}$	0.80	0.77	0.66	0.55
$\frac{S}{J_e} \le \frac{1}{2}$	0.69	0.66	0.56	0.47

(4) 트러스 기구에 의한 전단력 부담분 V_t와 트러스 기구의 각도 ϕ

그림 2.19에서 전단보강근이 항복한다고 가정하고 직선 AFG에 따라 절단하면 그림 2.20을 얻을 수 있다.

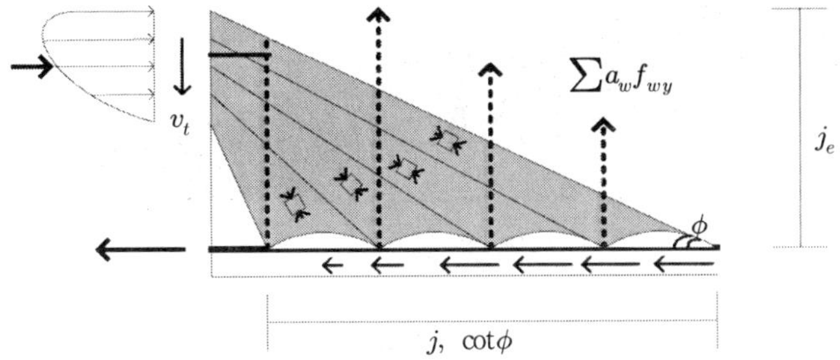

그림 2.20 **트러스 기구에 관한 전단력의 균형**

트러스 기구에 의한 전단력 부담분 V_t는 직선 EG를 가로지르는 횡보강 철근의 단면적과 항복강도의 곱, $\sum a_w f_{wy}$에서 주어지는 것을 알 수 있다. FG의 폭이 $j_e \cot\theta$라는 것과 p_{we}의 정의에서 다음 식을 얻을 수 있다.

$$V_t = \Sigma a_w f_{wy} = p_{we} f_{wy} b_e j_e \cot\phi \tag{2.58}$$

트러스 기구의 각도 ϕ는 임의의 값을 취할 수 있는 것은 아니다. ϕ가 작아질수록(즉, $\cot\phi$가 커질수록) 전단균열을 가로지르는 압축응력이 커지며 응력 전달이 어려워지기 때문이다.

여기서는 $\cot\phi = 2$를 그 상한으로 하며 식 (2.59)와 같이 나타낼 수 있다.

$$\cot\phi \leq 2 \tag{2.59}$$

$\cot\phi$는 주근의 변형에도 영향을 받는다. 고강도의 주근을 이용하면 탄성 범위 내에서도 부재 끝 근방에서 휨 전단균열의 폭이 커지고 경사 압축응력이 전단균열을 가로지르는 것이 어려워진다. 일본건축학회 인성보증형 설계지침(AIJ Code 1999)은 전단보강근의 항복강도를 400(N/mm^2)까지를 대상으로 하므로 이 영향은 무시하기로 했는데, 전단보강근의 항복강도를 500(N/mm^2) 이상의 고강도 철근을 사용하는 경우는 이후의 정밀한 검증에서 서술한 것과 같은 $\cot\phi$의 제한이 필요하고, $\cot\phi$는 콘크리트의 경사 압축응력의 영향도 받는다.

(5) 아치 기구

실제의 아치 기구는 그림 2.21(a)와 같이 중앙부에서 볼록 형태가 되는 것으로 알려

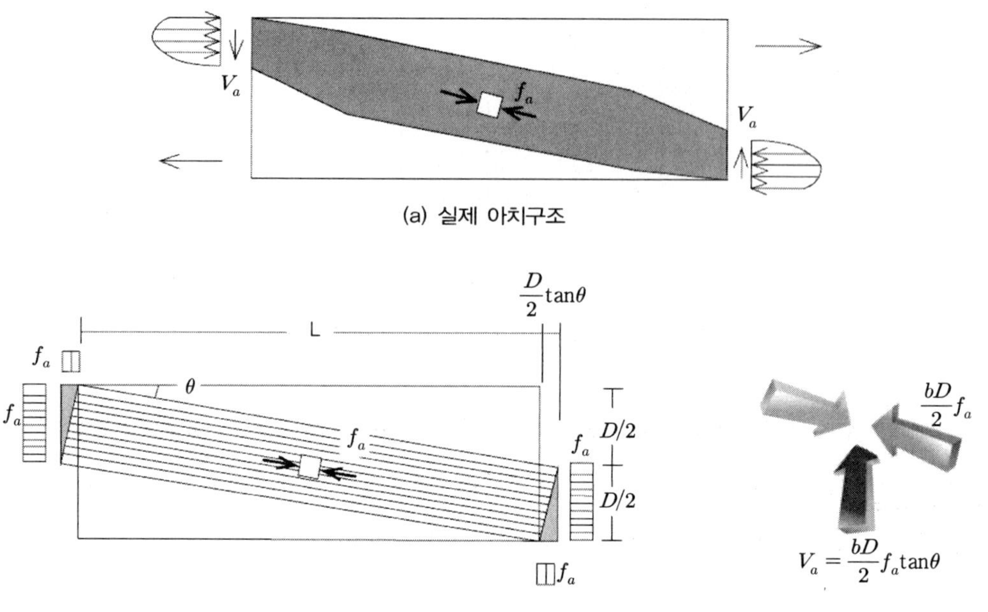

(a) 실제 아치구조

(b) 아치구조의 모델화

(c) 힘의 평형조건

그림 2.21 **아치구조**

져 있다. 그러나 이대로는 계산하기 어렵기 때문에 그림 2.21(b)와 같이 간략화하면 아치 기구의 부담분은 다음 식으로 나타낼 수 있다.

$$V_a = f_a \frac{bD}{2} tan\theta = \left(\nu_0 f_B - \frac{5p_{we} f_{wy}}{\lambda} \right) \frac{bD}{2} tan\theta \tag{2.60}$$

그림 2.21(b)로부터 $\tan\theta$에 관하여 다음 식을 얻을 수 있으며, $L/D < 1.5$ 부재의 경우에 식을 적용할 수 있다.

$$\tan\theta = \frac{\sqrt{L^2 + D^2} - L}{D} \tag{2.61}$$

θ는 아치 기구의 내부 압축각도라고 하며 두 인장축방향력을 받은 기둥에서는 $\tan\theta = 0$이다. 그 이외의 기둥과 보에서 $L/D \geq 1.5$인 부재는 다음 식을 적용하고 있다.

$$\tan\theta = 0.9 \times \frac{D}{2L} \tag{2.62}$$

L은 전단경간 길이이다.

2.3.2 AIJ－II

1) 일반사항 AIJ－II

AIJ-Ⅱ 기준은 전단균열 발생 시 τ_c와 종국강도 τ_u에 대하여 실험적 증명을 통하여 제안되었다.

전단균열 응력도 τ_c 및 종국강도 τ_u는 1971년에 콘크리트의 허용응력도를 개정할 당시, 그때까지 국내외에서 행해진 보통 콘크리트 보에 관한 1방향 단조가력 시의 실험체 약 1,200개를 대상으로 정리되었다. 그림 2.22와 2.23은 실험체의 경간 내 최대 휨모멘트와 최대 전단력비를 보의 유효깊이 d로 나눈 M/Qd으로 나타낸다.

그림에서 모든 실험체에 대한 최소값(불합격률, 약 5%에 해당)은 각각 다음 식으로 추정할 수 있다.

$$\tau_{c\,\min} = \frac{Q_{c\,\min}}{bj} = 0.77\tau_c = \frac{0.065k_c(500+f_B)}{\dfrac{M}{Qd}+1.7} \quad (\text{kgf/cm}^2) \tag{2.63}$$

$$\tau_{u\,\min} = \frac{Q_{u\,\min}}{bj} = 0.8\tau_{u(p_w=o)} + 2.7\sqrt{p_{w\,w}f_y} \quad (\text{kgf/cm}^2) \tag{2.64}$$

여기서, $Q_{c\,\min}$: 전단균열 발생 시의 하한 전단력(kgf/cm²)

$Q_{u\,\min}$: 전단파괴 시의 하한 전단력(kgf/cm²)

k_c, k_u : 단면 치수에 의한 보정계수

k_p : 인장철근비(%)에 의한 보정계수

${}_wf_y$: 전단 보강근의 항복점(kgf/cm²)

f_B : 콘크리트의 압축강도(kgf/cm²)

$\dfrac{M}{Qd}$: 전단경간비로 $\dfrac{M}{Qd} \geq 3$의 경우는 $\dfrac{M}{Qd} = 3$으로 한다.

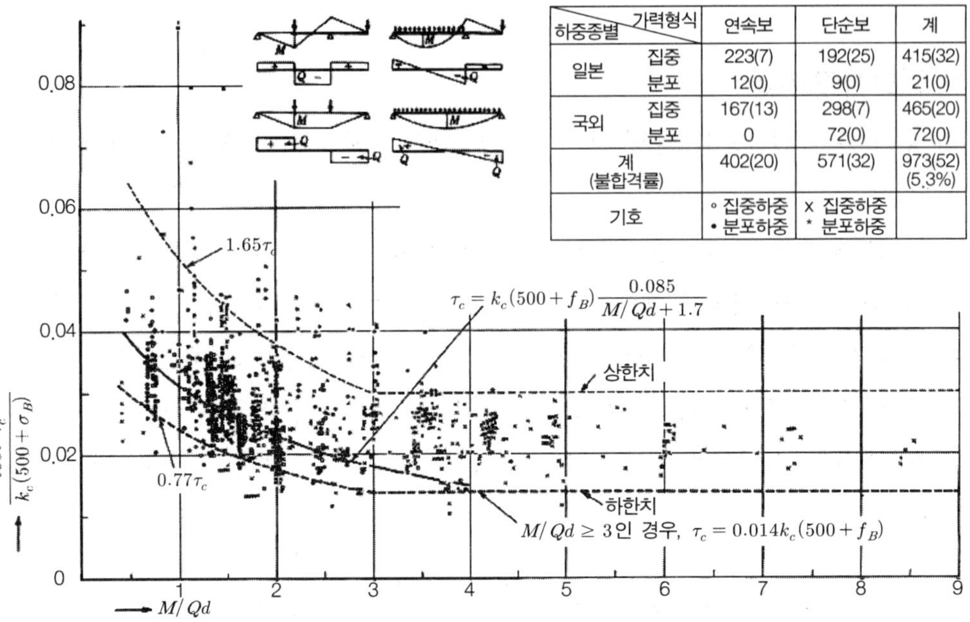

자료수 내역 ( )는 $0.77\tau_c$선 이하의 자료수

하중종별 \ 가력형식		연속보	단순보	계
일본	집중	223(7)	192(25)	415(32)
	분포	12(0)	9(0)	21(0)
국외	집중	167(13)	298(7)	465(20)
	분포	0	72(0)	72(0)
계 (불합격률)		402(20)	571(32)	973(52) (5.3%)
기호		◦ 집중하중 • 분포하중	× 집중하중 * 분포하중	

그림 2.22 **보통 콘크리트 보의 전단균열 발생 시의 응력도 실험값과 계산값의 비교**

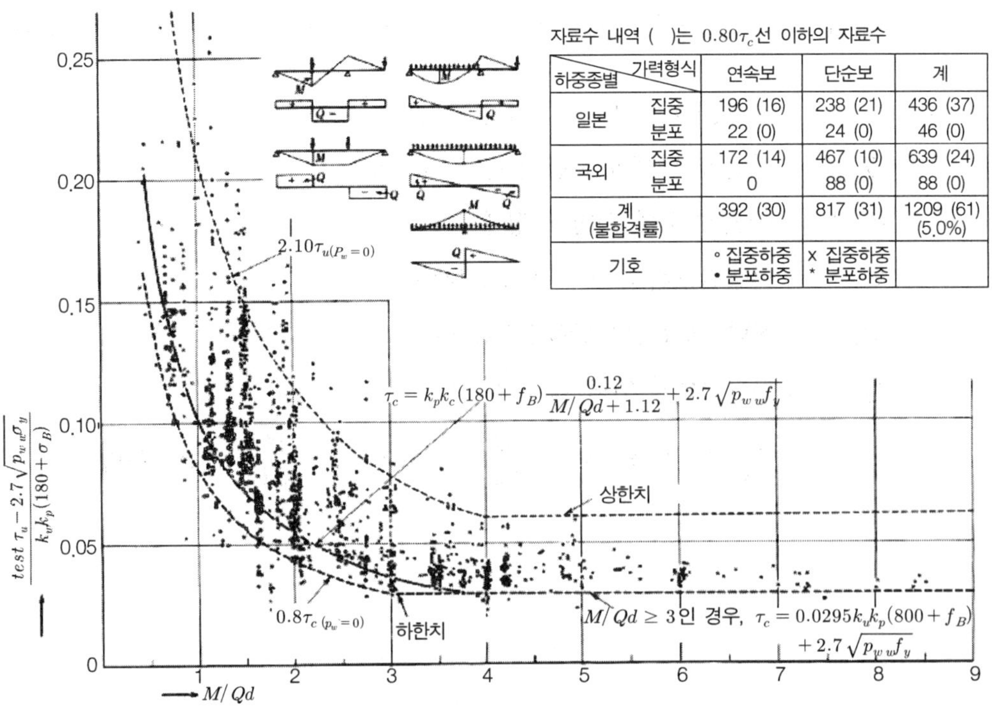

자료수 내역 ( )는 $0.80\tau_c$선 이하의 자료수

하중종별 \ 가력형식		연속보	단순보	계
일본	집중	196 (16)	238 (21)	436 (37)
	분포	22 (0)	24 (0)	46 (0)
국외	집중	172 (14)	467 (10)	639 (24)
	분포	0	88 (0)	88 (0)
계 (불합격률)		392 (30)	817 (31)	1209 (61) (5.0%)
기호		◦ 집중하중 • 분포하중	× 집중하중 * 분포하중	

그림 2.23 **보통 콘크리트 보의 전단종국강도 실험값과 계산값의 비교**

$p_{w\,w}f_y$가 상용의 범위 내에서는 $2.7\sqrt{p_{w\,w}f_y}$을 $3+0.5p_{w\,w}f_y$로 해도 좋다.

또한 식의 제 1항에 있어서 계수 0.092를 0.115로 한 식 (2.65)는 지진 시에 있어서 역대칭 휨모멘트를 받는 보의 전단종국강도의 추정강도로 하여 정확성이 좋은 것으로 알려져 있다.

$$\tau_{u\,mean} = \frac{0.115k_u k_p(180+f_B)}{\dfrac{M}{Qd}+1.2} + 2.7\sqrt{p_{w\,w}f_y} \ \ (\text{kgf/cm}^2) \tag{2.65}$$

식 (2.63) 및 (2.64) 도출에 이용된 실험체 약 1,200개의 콘크리트 압축강도의 범위는 11.4~79N/mm^{2}이다. 따라서 본 규준에서 대상으로 한 보통 콘크리트에서 F_e = 60N/mm^{2}까지의 강도를 포함한다.

더욱이 경량 콘크리트 보의 전단종국강도에 대해서는 경량 콘크리트를 이용한 부재 실험이 아직 적은 것을 고려하여 경량 콘크리트의 허용전단응력도를 보통 콘크리트의 0.9배로 하여 대응한다.

2) 치수효과에 대하 보정계수 k_c, k_u

그림 2.24는 치수효과에 대한 보정계수를 나타낸 것으로 보의 유효깊이가 150mm에서 400mm까지를 기준하고 있다. 보의 유효깊이가 150mm 이하인 경우 $k_u = 1.0$을 상한으로 하고 있으며 보의 유효깊이가 400mm 이상인 경우는 $k_u = k_c = 0.72$로 규정하고 있다. 따라서 AIJ-Ⅱ 기준의 경우 보의 유효깊이에 따른 보의 크기효과에 대하여 고려하고 있다.

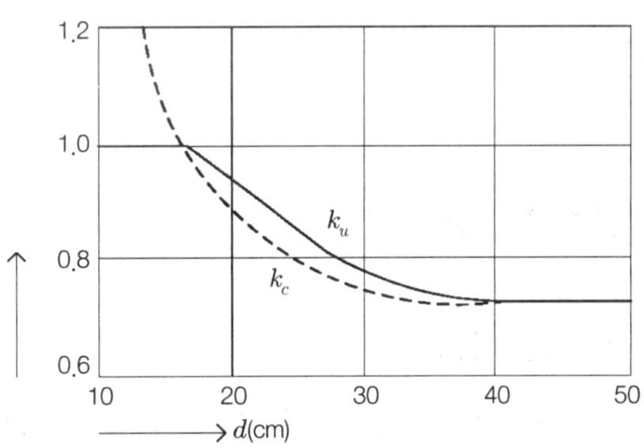

그림 2.24 **치수효과에 보정계수 계산** k_c, k_u

3) 인장철근의 보정계수 k_p

k_p는 인장철근의 보정계수로서 $k_p = 0.82p_t^{0.23}$을 이용하여 계산한다. 예를 들어 p_t가 0.8%인 경우 $k_p = 0.78$을 사용한다.

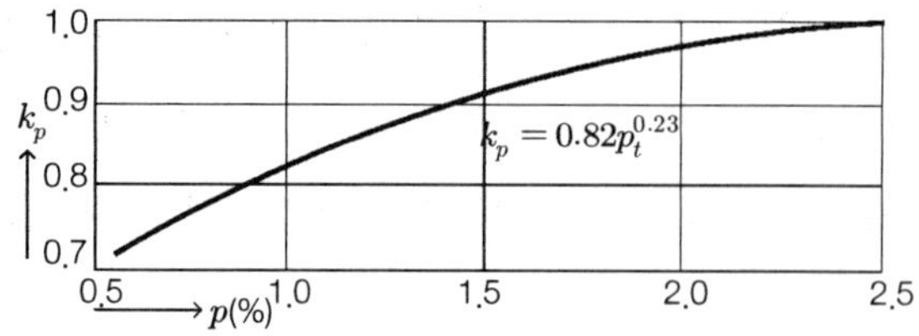

그림 2.25 **인장철근의 보정계수 계산** k_p

4) 보의 전단보강

전단보강근은 전단균열 발생을 늦추는 것은 아니지만 균열의 성장 및 균열폭의 증대를 방지하고 부재의 전단종국강도 및 인성의 확보에 효과적이다. 그러나 실험에 의하면 식 (2.64)에 나타낸 것처럼, 전단보강근비 p_w이 늘어나면 전단강도는 증가하지만 $p_{w\,w}f_t$에 직접 비례하여 증가한다 할 수 없으며, 이것의 제곱근에 비례한 형태로 증가하는 경향이 있다.

한편, 인성 부족을 보완하기 위해 다량의 전단보강근을 배치하더라도 시공상 곤란한 경우도 발생하므로 이에 대한 제한을 마련할 필요가 있다. 여기에서는 실험 결과에 의해 그 효과가 확인된 $p_w = 12\%$를 허용전단력에 산입할 수 있는 보강근의 최대한도로 정하였다.

2.3.3 JSCE

1) 일반사항

설계전단내력 V_{yd}는 식 (2.66)과 같이 기본적으로는 콘크리트의 분담분 V_{cd}와 전단보강근의 분담분 V_{sd}의 합으로 나타낸다. V_{sd}는 전단보강근의 항복을 가정으로 하며, 압축경사부재각 45°로 한 트러스 이론에서 산정된 것이다. 따라서 V_{yd}도 전단보강근의 항복에 대응하는 내력을 갖게 되는 것이다. 실제의 전

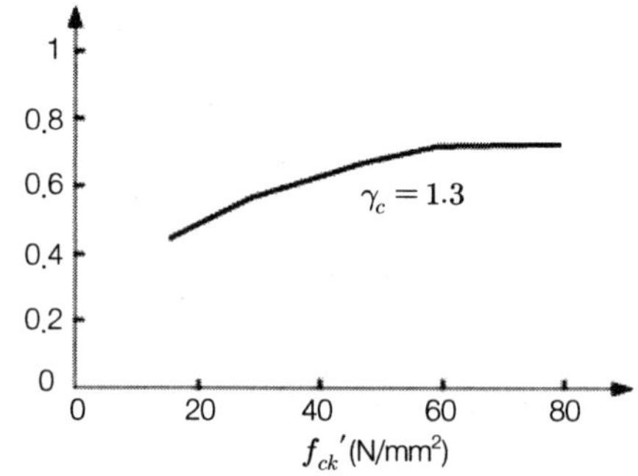

그림 2.26 **콘크리트 설계기준강도** f'_{ck}**와** f_{vcd}**의 관계**

단내력은 전단보강근의 양이 상대적으로 적은 경우 V_{yd}를 대폭 상회하고 있다. 그러나 실제의 전단내력을 정확히 평가하는 데 이르지 않기 때문이며 실용적이고 안전 측의 계산식으로서 식 (2.66)을 규정한다.

$$V_{yd} = V_{cd} + V_{sd} + V_{ped} \tag{2.66}$$

2) 콘크리트의 기여분 V_{cd}의 산정

식 (2.67)은 V_{cd}에 미치는 콘크리트 강도, 부재 높이 및 철근비의 영향을 고려한 것이다. 이 식의 전단강도와 콘크리트 설계기준강도와의 관계를 그림 2.26에 나타냈다. 또한 식 (2.68)을 이용한 콘크리트 설계압축강도로 콘크리트 설계기준강도 f_{ck}을 재료계수 γ_c로 나눈 값이다.

$$V_{cd} = \beta_d \cdot \beta_p \cdot \beta_n \cdot f_{vcd} \cdot b_w \cdot d / \gamma_b \tag{2.67}$$

$$f_{vcd} = 0.20\sqrt[3]{f'cd} \ \ (\text{N/mm}^2),\ 여기서\ f_{vcd} \le 0.72\ \ (\text{N/mm}^2) \tag{2.68}$$

여기서, $\beta_d = \sqrt[4]{1000/d}$ (d : mm), $\beta_d > 1.5$인 경우 β_d는 1.5이다. $\beta_p = \sqrt[3]{100p_v}$, $\beta_p > 1.5$인 경우 β_p는 1.5이다.

b_w : 보 폭

d : 유효깊이

ρ_v : $A_s/(b_w \cdot d)$

A_s : 인장철근 총 단면적(mm^2)

f'_{cd} : 콘크리트 압축강도(N/mm^2)이며

γ_b : 일반적으로 1.3을 사용한다.

부재의 유효높이 및 축방향 철근비의 영향을 각각 그림 2.27(a) 및 (b)에 나타냈다. 또한 압축강도가 80N/mm^{2}를 초과하는 콘크리트의 경우에는 압축강도가 증가해도 그림 2.26과 같이 V_{cd}의 증가가 한계점에 도달되는 경우가 있다. 따라서 f_{ct}는 0.72N/mm^{2}를 상한으로 한다. 또한 설계기준강도가 60N/mm^2 이상인 콘크리트는 재료계수 γ_c를 1.3으로 한다.

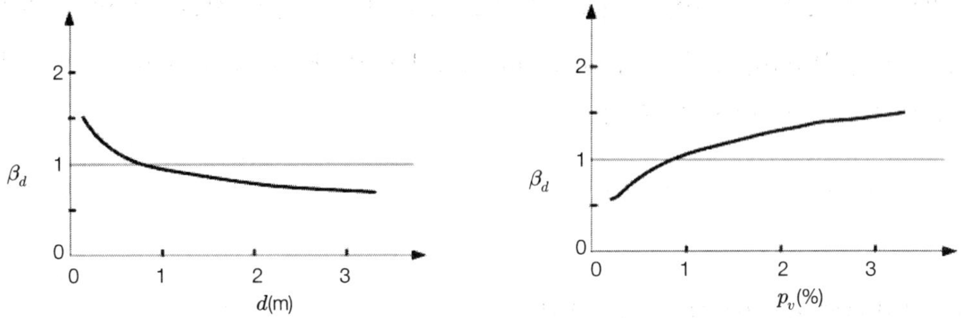

(a) 보의 유효깊이에 대한 영향 (b) 인장철근비에 대한 영향

그림 2.27 **전단내력에 미치는 요소**

3) 전단보강근의 기여분 V_{sd}의 산정

전단보강근의 기여분 V_{sd}는 다음 식으로 계산된다.

$$V_{sd} = [A_w f_{wyd}(\sin\alpha_s + \cos\alpha_s)/S + A_{pw}\sigma_{pw}(\sin\alpha_p + \cos\alpha_p)/s_p]z/\gamma_b \quad (2.69)$$

여기서, A_w : s_s에 위치한 전단보강근의 총 단면적

f_{wyd} : 전단보강근의 설계항복강도로서 $25f'_{cd}$(N/mm^2)과 800N/mm^2 중 작은 값을 상한으로 한다.

z : 압축응력의 합력이 작용하는 위치에서 인장철근 도심까지의 거리로서 일반적으로 $d/1.15$를 사용한다.

α_s : 부재축과 전단보강근 사이의 각

s_s : 전단보강근의 간격

γ_b : 일반적으로 1.10을 사용한다.

전단보강근이 대량으로 배치되어 강재가 맡은 전단내력이 많아지면 전단보강근이 항복하기 전에 압축측 콘크리트 전단압축파괴로 파괴가 진행하게 된다. 따라서 전단보강근이 기여하는 전단내력에 한계상태를 제시하여 과도한 전단보강근의 배치를 방지한다. 압축측 콘크리트의 전단압축파괴는 전단보강근비 $p_w(A_w/(b_w \cdot s_s))$와 전단보강근의 항복강도 f_{wyd}의 곱($p_w \cdot f_{wyd}$), 그리고 콘크리트의 설계압축강도 f'_{cd}의 비($p_w \cdot f_{wyd}/f'_{cd}$)가 0.1을 상회하는 경우가 생길 가능성이 있다. 또한 이를 상회하는 전단보강근을 배치하는 경우나 f'_{cd}가 50N/mm^2 이상의 콘크리트를 이용하는 경우는

비선형 유한요소해석 및 실험적 검토 등에 의하여 그 효과를 검증하고 전단내력을 산정하는 것이 좋다. 장방형 단면에 이축전단력이 작용하는 경우의 조사는 식 (2.70)을 만족하는 것을 확인해야 한다.

$$(\gamma_i V_{dx}/V_{yx})^2 + (\gamma_i V_{dy}/V_{yy})^2 \le 1.0 \tag{2.70}$$

여기서, V_{yx} : x축에 관한 일축전단내력

V_{yy} : y축에 관한 일축전단내력

V_{dx} : 이축전단력 작용 시의 x축에 관한 설계 전단력

V_{dy} : 이축전단력 작용 시의 y축에 관한 설계 전단력이다.

원형 단면의 경우 후프철근, 나선철근을 전단철근으로 간주한다.

또한 고강도 철근을 전단철근으로 사용하면 전단파괴 시의 경사균열폭이 과대해진다. 균열면에 있어서 골재의 맞물림과 인장철근의 장부작용 등에 의하여 전달되는 전단력이 저하될 수 있으므로 전단보강근의 설계항복강도 f_{wyd}을 제한할 필요가 있다. 최근 연구에 따르면 전단보강근의 설계항복강도 f_{wyd}의 상한은 콘크리트 설계강도의 25배로 설정함으로써 실험 결과에 의해 양호한 적합성을 얻을 수 있는 것이 확인되었다. 또한 규준에서는 설계항복강도가 800N/mm^{2}를 넘는 경우는 실험 데이터 등이 적어 이를 증명할 수 없으며 800N/mm^{2}를 상한으로 한다.

2.4 CSA A23.3-04

2.4.1 일반사항

1984년, 캐나다의 전단설계 기준은 Collins와 Mitchel이 개발한 압축장이론[1,2] (compression field theory, CFT)을 바탕으로 하였으나 1994년에는 Vecchio와 Collins가 개발한 수정 압축장이론[3,4](modified compression field theory, MCFT)에 기반을 두었다. 이후 2004년 기준[5](CSA A23.3-04)에서는 Bentz와 Collins가 MCFT에 기반을 둔

Response-20006 프로그램을 이용하여 제안한 철근콘크리트 보의 전단설계 방법을 채택하였다.

이 절에서는 평면 유지의 법칙이 성립하는 휨 구역에서 휨모멘트와 전단력을 받는 일반 보에 대한 캐나다 기준[5)](CSA A23.3-04)의 전단설계 방법을 소개하고자 한다.

2.4.2 설계 요구사항

(1) 구속에 의한 인장

전단설계를 할 때에는 구속된 부재에 작용하는 크리프, 건조수축 및 온도의 영향에 의한 축인장의 영향을 고려해야 한다.

(2) 깊이가 변화하는 부재

부재 깊이가 변화하는 경우에는 작용하는 전단력 방향으로 휨 압축과 인장의 조합이 불리한 영향을 미친다면 그 영향을 고려해야 하며, 유리할 경우에는 이를 고려할 수 있다.

(3) 개구부

전단강도를 결정할 때에는 부재 개구부의 영향을 고려해야 한다. 개구부 근처에 있는 부재영역은 스트럿-타이 모델을 이용하여 설계할 수 있다.

(4) 최소 전단철근

계수 전단력 V_u 가 콘크리트 전단력 V_c 보다 큰 구간 또는 보의 전체 깊이가 750mm보다 큰 구간에는 다음과 같은 최소 전단철근이 필요하다.

$$A_v = 0.06\sqrt{f_{ck}}\,\frac{b_w s}{f_{yt}} \tag{2.71}$$

식 (2.71)의 A_v를 계산할 때, 비틀림 저항에 사용된 경사철근이나 횡보강 철근이 포함될 수 있다. 그리고 최소 전단철근에 대한 요구사항은 전단철근이 없더라도 소요 휨 및 소요 전단저항이 발현될 수 있다는 것을 실험으로 증명할 경우 적용하지 않아도 된다. 다만 이러한 실험은 사용하중 상태에서 일어날 수 있는 부동침하, 크리프, 건조수축, 그리고 온도변화의 영향에 대한 실제 평가에 바탕을 두어 행해야 한다.

(5) 복부의 유효폭

복부의 유효폭은 다음의 경우를 제외하고는 깊이 d에서 가장 작은 콘크리트 복부 폭으로 한다.

(a) 원형 단면을 가지는 부재의 경우 복부의 유효폭 b_w는 직경으로 한다.

(b) 변단면 복부(tapering web)를 가지는 부재의 경우, 복부의 유효폭 b_w는 최소 복부 폭을 포함하되 작용하는 전단 방향으로부터 20° 이상 벗어나는 단면의 영역을 뺀 연속적인 높이를 평균한 복부 폭으로 할 수 있다.

2.4.3 휨 구간에서의 전단설계

1) 소요 전단강도

전단을 받는 부재는 다음을 만족하도록 해야 한다.

$$V_r \geq V_u \tag{2.72}$$

여기서, V_r : 계수전단강도

V_u : 계수 전단력

2) 지점과 인접한 단면

지점으로부터 d_v 이내에 위치한 단면은 다음과 같은 경우 거리 d_v에서 계산된 V_u와 동일한 전단력으로 설계할 수 있다. 여기서 d_v는 유효전단 깊이이며 $0.9d$와 $0.72h$ 중에서 큰 값을 취한다.

(a) 작용된 전단력 방향의 반력이 부재에 압축력을 유발하고

(b) $0.3\lambda\phi_c\sqrt{f_{ck}}\,b_w d_v$보다 큰 전단력을 발생시키는 집중하중이 지점과 거리 d_v 이내에 존재하지 않는 경우

3) 계수전단강도

계수전단강도는 다음 식에 의하여 결정되어야 한다.

$$V_r = V_c + V_s \tag{2.73}$$

하지만 V_r은 다음을 초과하여서는 안 된다.

$$V_{r,\max} = 0.25\,\phi_c f_{ck} b_w d_v \tag{2.74}$$

4) V_c의 결정

콘크리트에 의한 계수전단강도 V_c는 다음 식으로부터 계산할 수 있다.

$$V_c = \phi_c \lambda \beta \sqrt{f_{ck}}\, b_w d_v \tag{2.75}$$

여기서 β는 (6)절에 규정된 바와 같으며 $\sqrt{f_{ck}} \leq 8\text{MPa}$이다.

5) V_s의 결정

보의 전단철근에 의한 계수전단강도 V_s는 다음과 같이 계산된다.

$$V_s = \frac{\phi_s A_v f_y d_v \cot\theta}{s} \quad (\alpha = 90\text{인 경우}) \tag{2.76}$$

$$V_s = \frac{\phi_s A_v f_y d_v (\cot\theta + \cot\alpha)\sin\alpha}{s} \quad (\alpha \neq 90\text{인 경우}) \tag{2.77}$$

여기서 θ는 부재축과 사압축 응력 사이의 경사각이며 α는 부재축과 경사스터럽 사이의 각도이다.

6) β와 θ의 결정

(1) 현저히 큰 인장력이 작용하는 부재

현저히 큰 인장력이 작용하는 부재에서 β와 θ값은 (4)항에서 규정하는 방법으로 결정해야 한다.

(2) 특수한 부재에 대한 값

(3)항과 (4)항에서 별도로 규정하지 않는 한, 다음과 같은 부재에 대하여 β값은 0.21, θ값은 42°로 해야 한다.

(a) 전체 깊이가 350mm 이하인 슬래브나 기초

(b) 전단력이 0인 위치에서 기둥, 주각 또는 벽체 면까지의 거리가 기초의 유효전단 깊이의 3배 미만인 기초

(c) 전체 깊이가 250mm 이하인 보

(d) 콘크리트 장선 구조(CSA A23.3-04의 10.4항 참조)

(e) 슬래브와 함께 타설된 보로 슬래브 아래의 보 깊이가 복부 폭의 1/2 또는 350mm보다 크지 않는 경우

(3) 단순법

주철근의 항복강도가 400MPa 이하이고 콘크리트 압축강도가 60MPa 이하인 경우, (4)항으로 정확히 계산하는 대신에 θ는 35도로 하고 β는 다음과 같이 정할 수 있다.

(a) 식 (2.71)에서 규정한 최소 횡보강 철근량을 가지는 단면의 β는 0.18이다.

(b) 횡보강 철근이 없고 굵은 골재 최대 치수가 20mm 이상인 단면의 β는 다음과 같다.

$$\beta = \frac{230}{(1,000 + d_v)} \tag{2.78}$$

(c) 그렇지 않으면, 횡보강 철근이 없는 단면에 대한 β값은 식 (2.78)의 d_v 대신 등가균열 간격의 변수 s_{ze}로 치환함으로써 모든 골재 크기에 대하여 계산할 수 있다.

$$s_{ze} = \frac{35 s_z}{15 + a_g} \tag{2.79}$$

여기서 $s_{ze} \geq 0.85 s_z$이어야 한다. 균열 간격의 변수 s_z는 d_v 또는 주철근 사이의 최대 거리 중 작은 값을 택해야 한다. 이러한 주철근의 각 층은 $0.003 b_w s_z$ 이상의 단면적을 가져야 한다(그림 2.28 참조).

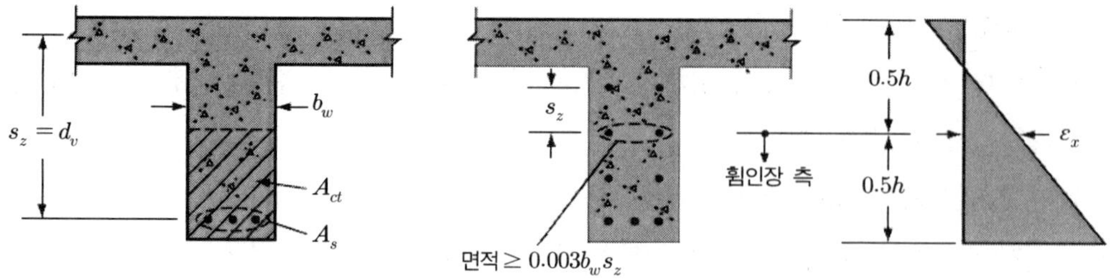

그림 2.28 **균열 간격의 변수** s_z [5)]

(4) 일반법

일반법에서 β값은 다음 식으로 계산해야 한다.

$$\beta = \frac{0.40}{(1+1500\varepsilon_x)} \cdot \frac{1300}{(1000 + s_{ze})} \tag{2.80}$$

식 (2.61)에서 요구하는 최소 전단철근을 만족하는 단면에 대하여 식 (2.80)의 등가 균열 간격의 변수 s_{ze}는 300mm로 해야 하며, 만약 그렇지 않을 경우 식 (2.79)를 이용하여 계산해야 한다. 만약 f_{ck}가 70MPa을 초과한다면 식 (2.79)의 a_g는 0으로 해야 한다. f_{ck}가 60MPa에서 70MPa로 증가할수록 a_g는 0으로 선형 감소해야 한다.

사압축 응력의 경사각 θ는 다음과 같이 계산해야 한다.

$$\theta = 29 + 7000\varepsilon_x \tag{2.81}$$

보다 정확한 계산을 하는 대신에 단면의 중앙부 깊이에서의 종방향 변형률 ε_x는 다음 식으로부터 계산해야 한다.

$$\varepsilon_x = \frac{M_u/d_v + V_u + 0.5N_u}{2E_sA_s} \tag{2.82}$$

식 (2.82)를 계산할 때 다음과 같은 조건이 적용되어야 한다.

(a) V_u와 M_u는 (+)값이다.

(b) A_s를 계산할 때, 고려하는 단면에서의 정착 길이가 부족한 철근의 단면적은 충분한 정착 길이에 대한 부족한 길이 비만큼 감소시켜야 한다.

(c) 식 (2.82)로부터 계산된 ε_x가 (−)라면, 0을 취하거나 식 (2.82)의 분모를

$2(E_sA_s + E_cA_{ct})$로 치환하여 재계산해야 한다. 그렇지만 ε_x는 -0.0002보다 작아서는 안 된다.

(d) 지점 면에서 d_v보다 가까운 단면의 β와 θ를 계산할 때, 지점 면에서 d_v만큼 떨어진 곳에서 계산된 ε_x를 사용해도 된다.

(e) 만약 축인장력이 단면의 휨압축면에 균열을 일으킬 정도로 충분히 크다면 ε_x의 증가가 고려되어야 한다. 보다 정확한 계산을 하는 대신에 식 (2.82)로부터 계산된 값은 2배가 되어야 한다.

(f) 식 (2.82)로부터 계산된 것보다 더 큰 ε_x값을 이용하여 β와 θ를 각각 식 (2.80)과 (2.81)로부터 결정해도 된다. 그렇지만 ε_x는 0.003보다 커서는 안 된다.

7) 횡보강 철근비

횡보강 철근의 간격이 변하는 위치 부근에서 A_v/s 양은 간격이 변화되는 위치를 중심으로 한 길이 h에 선형적으로 변화한다고 가정할 수 있다.

8) 횡보강 철근의 최대 간격

(a) 부재축에 직각으로 배근된 횡보강 철근의 간격 s는 $0.7d_v$ 또는 600mm를 초과하여서는 안 된다.

(b) 경사스터럽과 굽힘 주철근은 부재축에 35° 기울어지고 부재의 중앙부 깊이에서 종방향 휨 인장철근까지 확장된 모든 선이 유효전단철근과 적어도 하나 이상 교차되도록 해야 한다.

2.5 CEB-FIP Model Code 2010

2.5.1 일반사항

철근콘크리트 부재의 전단강도(V_{Rd})는 콘크리트가 부담하는 전단강도($V_{Rd,c}$)와 전단철근이 부담하는 전단강도($V_{Rd,s}$)의 합으로 계산되며, 이는 아래의 식과 같이 설계 전단력(V_{Ed}) 이상이어야 한다.

$$V_{Rd} = V_{Rd,c} + V_{Rd,s} \geqq V_{Ed} \tag{2.83}$$

일반적인 보 부재에서 설계 전단력은 그림 2.29에서 나타낸 바와 같이 지점으로부터 유효깊이(d)만큼 떨어진 부분에서 발생하는 전단력을 의미한다. 이때, 부재에 가해지는 전단력에 저항하는 전단 깊이(z)는 $0.9d$로 본다. 단, 집중하중이 지점으로부터 유효깊이(d)의 2배 이내에 가해진 경우 설계 전단력은 다음의 설계 전단력 감소계수(β)로부터 전단경간비(a_v/d)에 따라 감소시킬 수 있다.

$$\beta = a_v/2d \geqq 0.5 \tag{2.84}$$

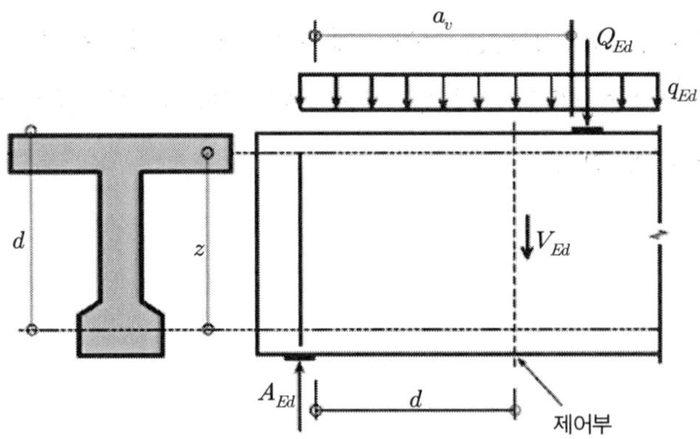

그림 2.29 **전단설계 검토 단면에 대한 정의**

또한 그림 2.30과 같이 내외부 구속조건에 의해 아치작용 등과 같이 기울어진 상·하연재 및 프리스트레스가 단면 내에 작용할 경우, 설계 전단력은 이를 반영하여 계산해야 한다.

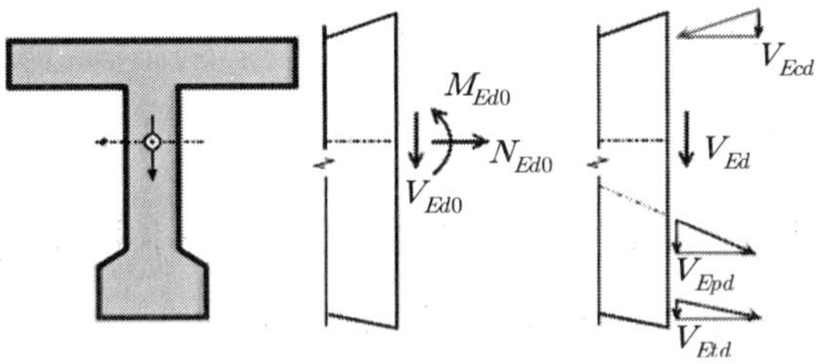

그림 2.30 **단면 내 기울어진 힘을 고려한 설계 전단력 산정**

한편, 철근콘크리트 부재의 전단설계강도 산정 시 단면 중심에서의 종방향 변형률(ε_x)을 고려해야 하며, 이는 그림 2.31에 나타낸 검토 단면 내의 축력, 전단력 및 모멘트와 단면 내 종방향 변형률 분포를 고려함으로써 RC 및 PSC 부재에 대해 다음의 식들로부터 각각 계산할 수 있다.

$$\varepsilon_x = \frac{1}{2E_sA_s}\left(\frac{M_{ed}}{z} + V_{Ed} + N_{Ed}\left(\frac{1}{2} \mp \frac{\Delta e}{z}\right)\right) \quad \text{for RC} \tag{2.85}$$

$$\varepsilon_x = \frac{\left(\frac{M_{ed}}{z} + V_{Ed} + N_{Ed}\left(\frac{z_p - e_p}{z}\right)\right)}{2\left(\frac{z_s}{z}E_sA_s + \frac{z_p}{z}E_pA_p\right)} \quad \text{for PSC} \tag{2.86}$$

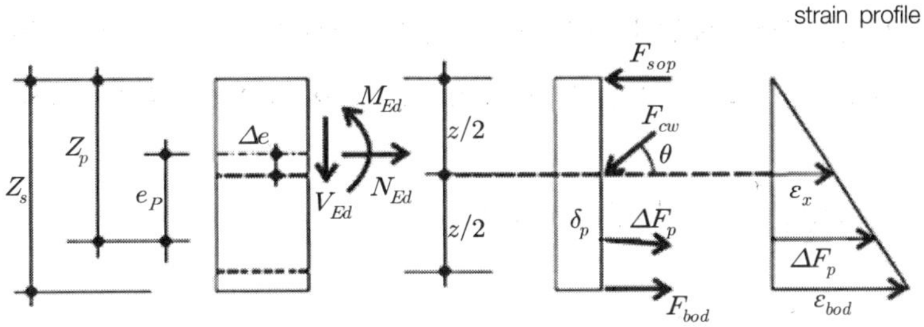

그림 2.31 **단면내력 및 종방향 변형률 분포**

2.5.2 전단철근이 없는 부재

전단철근이 없는 콘크리트 부재의 경우 설계전단강도는 콘크리트에 의한 전단강도($V_{Rd,c}$)로부터 계산되며 다음과 같다.

$$V_{Rd,c} = k_v \frac{\sqrt{f_{ck}}}{\gamma_c} z b_w \tag{2.87}$$

여기서 γ_c는 콘크리트에 대한 강도감소계수로서 1.5이며 $\sqrt{f_{ck}}$는 8MPa을 초과할 수 없다. 또한 k_v는 Level I 또는 Level II에 따라 정해지는 계수이다.

전단철근이 없는 부재에서 전단력에 의해 추가적으로 주인장철근에 발생하는 인장력(ΔF_{td})은 설계 전단력(V_{Ed})과 같으며, 이는 주인장철근설계 검토 시 고려해야 한다.

(1) Level I

작용 축력이 무시할 수 있을 정도로 작으며 전단철근의 인장강도(f_{yk})와 콘크리트 압축강도(f_{ck})가 각각 600MPa 및 70MPa을 초과하지 않고 굵은 골재 최대 치수(d_g)가 10mm 이상인 경우, k_v는 간편식으로부터 부재의 크기를 고려한 다음의 식으로부터 계산된다.

$$k_v = \frac{180}{1000 + 1.25z} \tag{2.88}$$

(2) Level II

Level I보다 일반적인 사항에 대해 k_v는 단면 중앙에서의 종방향 변형률(ε_x), 굵은 골재 최대 치수(d_g), 그리고 부재 크기 등을 고려하여 다음으로부터 계산된다.

$$k_v = \frac{0.4}{1 + 1500\varepsilon_x} \cdot 1300 + k_{dg} z \tag{2.89}$$

$$k_{dg} = \frac{32}{16 + d_g} \geq 0.75 \tag{2.90}$$

여기서 콘크리트 압축강도가 70MPa 이상인 경우 d_g는 0이며 d_g가 16mm 이상인 경우 k_{dg}는 1.0으로 둘 수 있다.

2.5.3 전단철근이 배근된 부재

전단철근이 있는 콘크리트 부재는 최소 전단철근비 이상이 배근된 부재를 의미하며, 최소 철단철근비는 다음의 식으로부터 계산된다.

$$\rho_w = 0.08 \frac{\sqrt{f_{ck}}}{f_{yk}} \tag{2.91}$$

전단철근이 배근된 콘크리트 부재의 전단강도(V_{Rd})는 기본적으로 아래의 식과 같이 콘크리트 및 전단철근에 의한 전단강도의 합으로 계산되며, 이는 $V_{Rd,\max}$를 초과할 수 없다.

$$V_{Rd} = V_{Rd,c} + V_{Rd,s} \leqq V_{Rd,\max} \tag{2.92}$$

$$V_{Rd,\max} = k_c \frac{f_{ck}}{\gamma_c} b_w z \sin\theta\cos\theta \tag{2.93}$$

여기서 콘크리트에 의한 전단강도($V_{Rd,c}$)는 전단철근이 없는 콘크리트 부재에서의 전단강도와 마찬가지로 식 (2.87)로부터 계산된다. 단, 콘크리트에 의한 전단강도 ($V_{Rd,c}$)는 전단 설계 수준(Level)에 따라 고려 여부가 결정된다. 식 (2.93)에서 k_c는 강도 감소계수를 의미하며, 아래의 식으로부터 계산된다.

$$k_c = k_\varepsilon \eta_{fc} \tag{2.94}$$

$$\eta_{fc} \left(\frac{30}{f_{ck}} \right)^{\frac{1}{3}} \leqq 1.0 \tag{2.95}$$

여기서 k_ε은 단면 중앙에서의 종방향 변형률(ε_x)을 고려하는 계수로서 Level I ~ IV 중 택일하여 계산된다.

전단철근에 의한 전단강도($V_{Rd,s}$)는 주압축대의 기울기(θ)로부터 계산되는 전단균열면에 걸쳐 있는 전단철근의 개수로부터 다음과 같이 계산된다.

$$V_{Rd,s} = \frac{A_{sw}}{s_w} z f_{ywd} \cot\theta \tag{2.96}$$

전단철근이 배근된 부재에서 전단력에 의해 추가적으로 주인장철근에 발생하는 인장력(ΔF_{td})은 다음과 같이 계산할 수 있으며, 이는 주인장철근 설계 검토 시 고려해야 한다.

$$\Delta F_{td} = \frac{V_{Ed}}{2} cot\theta \qquad (2.97)$$

주압축대의 기울기(θ)는 $\theta_{\min}$과 45° 사이의 값으로서 k_{ε}과 마찬가지로 설계 수준(Level)에 따라 결정된다.

한편, RC와 달리 PSC의 경우 콘크리트에 의한 전단강도 산정 시 실제 전단력에 기여하는 부재 복부의 두께(b_w)가 덕트에 의해 감소될 수 있는 점을 고려해야 한다. PSC 부재에서 덕트의 지름(ϕ_D)이 부재 복부 두께(b_w)의 1/8 이상인 경우 전단강도 산정 시 b_w 대신 $b_{w,nom}$을 써야 하며, 이는 다음의 식으로부터 계산된다.

$$b_{w,nom} = b_w - k_D \sum \phi_D \qquad (2.98)$$

여기서 $b_{w,nom}$ 계산 시에는 가장 취약한 텐던 배치 상태를 고려해야 한다. k_D는 덕트 종류를 고려한 계수로서 강재 덕트, 플라스틱 덕트, 비부착 덕트에 대해 각각 0.5, 0.8, 1.2로 정해진다.

(1) Level I

Level I은 가장 단순한 전단 설계법으로서, 단면 중앙에서의 종방향 변형률(ε_x)이 0.001보다 작은 부재에 대해서만 적용 가능하다. 이때, 전단철근이 배근된 콘크리트 부재의 전단강도(V_{Rd}) 산정 시 콘크리트에 의한 전단강도 기여분($V_{Rd,c}$)은 무시되는 반면 전단철근에 의한 전단강도 기여분($V_{Rd,s}$)만이 고려되며 다음으로부터 계산된다.

$$V_{Rd} = V_{Rd,s} \leq V_{Rd,\max} \qquad (2.99)$$

단, V_{Rd}는 식 (2.89)로부터 계산되어지는 전단철근이 없는 콘크리트 부재의 전단강도($V_{Rd,c}$)보다 작을 수 없다.

$V_{Rd,\max}$는 식 (2.93)~(2.95)로부터 계산되며, 이때 k_{ε}은 0.55이다. 또한 $V_{Rd,\max}$ 및 전단철근에 의한 전단강도 기여분($V_{Rd,s}$) 산정 시 필요한 주압축대의 최소 기울기

(θ_{min})는 부재에 가해지는 종방향 압축력에 따라 상당한 압축력이 작용하는 경우, 압축력이 무시될 수 있는 경우, 그리고 상당한 인장력이 작용하는 경우 등 세 가지 값으로 정해지며 이들은 각각 25°, 30°, 40°이다.

(2) Level II

Level II 설계에서는 Level I과 같이 전단철근이 배근된 콘크리트 부재의 전단강도(V_{Rd}) 산정 시 콘크리트에 의한 전단강도 기여분($V_{Rd,c}$)은 무시되는 반면 전단철근에 의한 전단강도 기여분($V_{Rd,s}$)만이 고려된다. 다만 주압축대의 최소 기울기(θ_{min}) 산정 시 단면 중앙에서의 종방향 변형률(ε_x)이 직접적으로 반영되는 것이 Level I 설계와 다른 점이다.

Level II 설계에서 전단철근이 배근된 콘크리트 부재의 전단강도(V_{Rd})는 다음의 식으로부터 계산된다.

$$V_{Rd} = V_{Rd,s} \leqq V_{Rd,\max} \tag{2.100}$$

단, V_{Rd}는 식 (2.87)로부터 계산되어지는 전단철근이 없는 콘크리트 부재의 전단강도($V_{Rd,c}$)보다 작을 수 없다.

$V_{Rd,\max}$는 식 (2.93)~(2.95)로부터 계산된다. 또한 $V_{Rd,\max}$ 및 전단철근에 의한 전단강도 기여분($V_{Rd,s}$) 산정 시 필요한 주압축대의 기울기(θ)는 θ_{min}과 45° 사이에서 임의의 값으로 정해질 수 있으며, 주압축대의 기울기(θ)가 커질수록 $V_{Rd,s}$는 증가하는 반면 $V_{Rd,\max}$는 감소하는 경향이 있으며, 따라서 식 (2.100)에서 V_{Rd}가 최대가 되는 값이 주로 이용된다.

주압축대의 최소 기울기(θ_{min})는 단면 중앙에서의 종방향 변형률(ε_x)을 고려하여 다음과 같이 계산된다.

$$\theta_{min} = 20^\circ + 10{,}000\varepsilon_x \tag{2.101}$$

전단철근이 배근된 콘크리트 부재에 대한 Level II 설계에서는 콘크리트에 의한 전단강도 기여분($V_{Rd,c}$) 무시되며, 이에 따라 k_v는 0이 된다.

$V_{Rd,\max}$ 계산 시 필요한 k_ε은 다음의 식으로부터 계산된다.

$$k_\varepsilon = \frac{1}{1.25 + 55\varepsilon_1} \leq 0.65 \tag{2.102}$$

$$\varepsilon_1 = \varepsilon_x + (\varepsilon_x + 0.002)\cot^2\theta \tag{2.103}$$

(3) Level III

전단철근이 배근된 콘크리트 부재의 전단강도 산정 시 Level III 설계에서는 Level I 및 Level II와 달리 전단철근에 의한 전단강도 기여분($V_{Rd,s}$)뿐만 아니라 콘크리트에 의한 전단강도 기여분($V_{Rd,c}$)도 고려한다. 이때, 전단철근이 배근된 콘크리트 부재의 전단강도(V_{Rd})는 다음과 같이 계산된다.

$$V_{Rd} = V_{Rd,c} + V_{Rd,s} \leq V_{Rd,\max}(\theta_{\min}) \tag{2.104}$$

여기서 $V_{Rd,\max}(\theta_{\min})$은 $\theta = \theta_{\min}$에 대해 식 (2.93)으로부터 계산된다.

전단철근이 배근된 콘크리트 부재에 대한 Level III 설계에서 주압축대의 최소 기울기($\theta_{\min}$)는 Level II 설계와 마찬가지로 단면 중앙에서의 종방향 변형률(ε_x)을 고려하여 식 (2.101)로부터 계산된다.

콘크리트에 의한 전단강도 기여분($V_{Rd,c}$)은 식 (2.87)로부터 계산된다. 단, 단면 중앙에서의 종방향 변형률(ε_x)을 고려하기 위해 k_v는 다음으로부터 계산된다.

$$k_v = \frac{0.4}{1 + 1{,}500\epsilon_x}\left(1 - \frac{V_{Ed}}{V_{Rd,\max}(\theta_{\min})}\right) \tag{2.104}$$

(4) Level IV

전단력 혹은 전단력과 비틀림을 동시에 받는 철근콘크리트 부재의 경우 Level I ~ Level III 설계와는 별도로, 철근 및 균열이 발생한 콘크리트에 대한 응력-변형률 모델들의 적용을 통해 평형조건 및 적합조건을 동시에 고려하여 전단강도를 산정할 수 있다. 이때, 개선된 해석 방법에 기초한 프로그램 등과 같은 도구 이용 시 안전성과 해석 결과의 일관성을 보장할 수 있는 설계자의 풍부한 경험이 요구된다.

그림 2.32는 전단철근이 배근된 콘크리트 부재에 대해 Level I ~ III 설계에 의한 산정된 전단강도를 비교한 것으로서, 콘크리트 강도 대비 전단철근 기여분($\rho_w f_{yd}/f_{cd}$)에

대한 전단강도의 변화를 나타낸 것이다. 그림에서 보는 바와 같이 Level III에 의해 좀 더 상세히 산정된 전단강도가 Level I에 제시된 간편식에 의해 산정된 전단강도보다 일반적으로 큰 경향을 보인다. 이로부터 상세 사항을 고려할 때보다 경제적인 설계가 가능하다는 것을 알 수 있다.

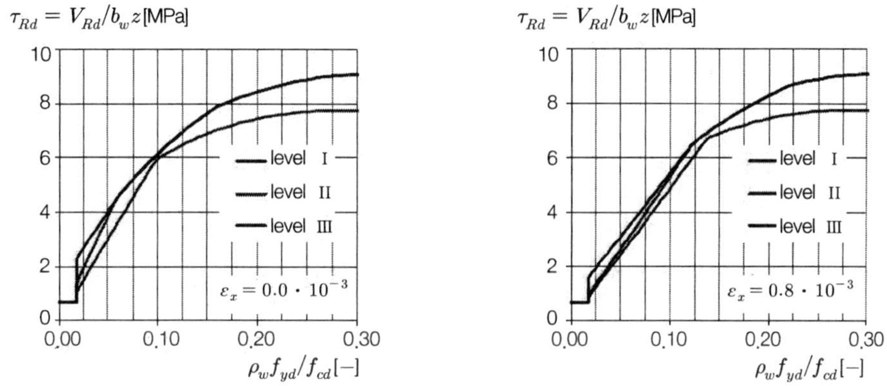

그림 2.32 **Level I, II, III의 비교 – $f_{ck} = 50\text{MPa}$**

2.6 AASHTO LRFD

2.6.1 일반사항

AASHTO LRFD의 전단설계기준은 Vecchio 및 Collins(1986)가 개발한 수정 압축장이론(modified compression field theory, MCFT)에 기반을 두고 있으며, 보의 공칭전단강도 V_n은 식 (2.106) 및 (2.107) 중 작은 값으로 결정한다.

$$V_n = V_c + V_s + V_p \quad (2.106)$$

$$V_n = 0.25 f_{ck} b_v d_v + V_p \quad (2.107)$$

여기서, V_c : 콘크리트가 부담하는 전단강도

V_s : 전단철근이 부담하는 공칭전단강도

V_p : 경사진 프리스트레스 힘(prestress force)의 수직분력이 부담하는 공칭 전단강도

b_v : 보의 복부 폭

d_v : 보의 유효깊이

2.6.2 설계 요구사항

1) 최소 전단철근

계수 전단력 V_u가 $0.5\phi(V_c + V_p)$보다 큰 구간 또는 계수비틀림 모멘트 T_u가 $0.25\phi T_{cr}$보다 큰 구간에는 다음과 같은 최소 전단철근량이 필요하다.

$$A_v = 0.083\sqrt{f_{ck}}\frac{b_w s}{f_y} \tag{2.108}$$

여기서, s : 전단철근의 간격

A_v : 간격 s 내에 있는 전단철근의 면적

f_y : 전단철근의 항복강도이다.

2) 전단철근의 최대 간격

계수 전단력 V_u가 $0.125f_{ck}b_v d$보다 작을 경우 스터럽의 최대 간격 s_{max}는 $0.8d_v$ 또는 600mm보다 작아야 한다. 또한 계수 전단력 V_u가 $0.125f_{ck}b_v d$보다 클 경우 스터럽의 최대 간격 s_{max}는 $0.4d_v$ 또는 300mm보다 작아야 한다.

2.6.3 공칭전단강도

1) 콘크리트에 의한 공칭전단강도 V_c의 결정

콘크리트에 의한 전단강도 V_c를 식 (2.109)에 의해 결정하며, 2.6.3 4)의 절차에 따라 설계를 수행할 경우 V_{ci} 및 V_{cw} 중 작은 값을 V_c로 결정하도록 규정하고 있다.

$$V_c = 0.083\beta\sqrt{f_{ck}}\,b_v d_v \tag{2.109}$$

2) 전단철근에 의한 공칭전단강도 V_s의 결정

보의 전단철근에 의한 공칭전단강도 V_s는 다음과 같이 계산된다.

$$V_s = \frac{\phi_s A_v f_y d_v \cot\theta}{s} \quad (\alpha = 90\text{인 경우}) \tag{2.110}$$

$$V_s = \frac{\phi_s A_v f_y d_v (\cot\theta + \cot\alpha)\sin\alpha}{s} \quad (\alpha \neq 90\text{인 경우}) \tag{2.111}$$

여기서 θ는 부재축과 사압축 응력 사이의 경사각이며 α는 부재축과 경사스터럽 사이의 각이다.

3) β 및 θ의 결정

(1) 단순법(nonprestressed sections)

전단력이 0인 위치에서 기둥, 주각 또는 벽체 면까지의 거리가 기초의 유효전단 깊이의 3배 미만인 기초, 축방향 인장력이 작용하지 않고 2.6.2 1)의 최소 전단철근량 규정을 만족하는 보, 그리고 전체 높이가 250mm 이하인 보의 경우 β 및 θ를 각각 2.0 및 45°로 취할 수 있다.

(2) 일반법

일반법에서 β는 2.6.2 1)의 최소 전단철근량 규정을 만족하는 경우 식 (2.112)와 같이 결정한다.

$$\beta = \frac{4.8}{(1 + 750\varepsilon_x)} \tag{2.112}$$

최소 전단철근량 규정을 만족하지 못하는 경우 β는 식 (2.113)과 같이 결정한다.

$$\beta = \frac{4.8}{(1 + 750\varepsilon_x)} \cdot \frac{1,300}{(1,000 + s_{xe})} \tag{2.113}$$

또한 최소 전단철근의 유무와 관계없이 θ는 다음과 같이 계산한다.

$$\theta = 29 + 3{,}500\varepsilon_x \tag{2.114}$$

보다 정확한 계산 대신에 단면의 중앙부 깊이에서의 종방향 변형률 ε_x는 다음 식으로 계산해야 한다.

$$\varepsilon_x = \frac{|M_u|/d_v + 0.5N_u + |V_u - V_p| - A_{ps}f_{po}}{E_sA_s + E_pA_{ps}} \tag{2.115}$$

여기서, V_u : 극한전단력

M_u : 극한휨모멘트

N_u : 단면에 작용하는 극한축력(인장이면 +, 압축이면 −)

A_{ps} : 인장 측의 종방향 PS강재의 단면적

A_s : 인장 측의 종방향 철근의 단면적

f_{po} : PS강재 위치에서의 콘크리트 응력이 0일 때의 PS강재의 응력 ($\fallingdotseq 1.1f_{pe}$, $\fallingdotseq f_{pe} + f_{pc}E_p/E_c$)

f_{pe} : 모든 프리스트레스 손실 후 PS강재의 유효인장응력

f_{pc} : 모든 프리스트레스 손실 후 단면 도심에서의 콘크리트 압축응력

E_s, E_p : 각각 철근, PS강재의 탄성계수이다.

식 (2.115)를 사용할 때에는 다음과 같은 조건이 적용되어야 한다.

(a) A_s 및 A_{ps}를 계산할 때, 고려하는 단면에서의 정착 길이가 부족한 철근의 단면적은 충분한 정착 길이에 대한 부족한 길이 비만큼 감소시켜야 한다.

(b) 식 (2.115)로부터 계산된 ε_x가 (−)라면, 0을 취하거나 식 (2.115)의 분모를 $(E_sA_s + E_pA_{ps} + E_cA_{ct})$로 치환하여 재계산해야 한다. 그러나 ε_x는 −0.0004보다 작아서는 안 된다.

(c) 지점 면에서 d_v보다 가까운 단면의 β와 θ를 계산할 때, 지점 면에서 d_v만큼 떨어진 곳에서 계산된 ε_x를 사용해도 된다.

(d) 만약 축인장력이 단면의 휨압축면에 균열을 일으킬 정도로 충분히 크다면 ε_x의 증가가 고려되어야 한다. 보다 정확한 계산 대신에 식 (2.115)로부터 계산된 값의 2배를 사용할 수 있다.

(e) 식 (2.115)로부터 계산된 값보다 더 큰 ε_x값을 이용하여 β와 θ를 결정해도 된다. 그러나 ε_x는 0.006보다 크면 안 된다.

또한 균열폭에 관한 계수인 s_{xe}는 식 (2.116)과 같이 계산할 수 있다.

$$s_{ze} = \frac{35 s_z}{15 + a_g} \tag{2.116}$$

여기서 a_g는 굵은 골재의 최대 치수이며 s_{xe}는 90°의 각도를 갖는 수직균열 간의 간격으로 그림 2.23과 같이 결정한다.

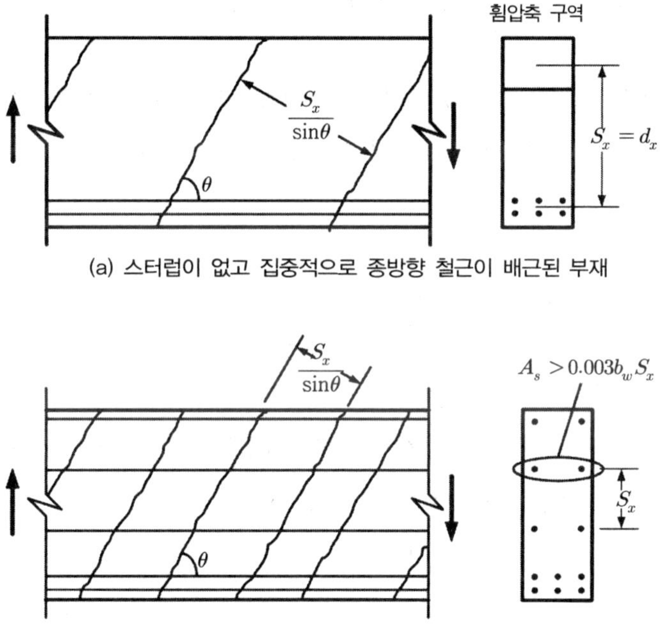

그림 2.33 **철근의 배근 상태에 따른 경사균열의 간격** s_z

4) 단순법(prestressed and nonprestressed sections)

단순법에 의한 전단설계방법은 2007년 AASHTO LRFD 설계기준부터 적용된 방법으로서 NCHRP Report 549의 내용을 바탕으로 결정된 방법이다. 간편식에 의한 전단설계방법에서는 ACI 318-11의 정밀식을 이용한 프리스트레스트 콘크리트 보의 전단설계방법과 마찬가지로 콘크리트가 부담하는 전단강도 V_c를 휨 전단균열을 발생시키는 전단강도인 V_{ci}와 복부 전단균열을 발생시키는 전단강도인 V_{cw} 중 작은 값을 취하도록 하고 있다.

$$V_{ci} = 0.0525\sqrt{f_{ck}}\,b_v d_v + V_d + \frac{V_i M_{cre}}{M_{\max}} \geq 0.16\sqrt{f_{ck}}\,b_v d \tag{2.117}$$

$$V_{cw} = (0.16\sqrt{f_{ck}} + 0.30 f_{pc})\,b_v d_v + V_p \tag{2.118}$$

여기서, V_d : 사용 사하중에 의한 전단력

$M_{\max}$: 외부하중에 의해 발생하는 설계대상 단면의 최대 모멘트

V_i : 외부하중에 의해 발생하는 설계대상 단면의 계수 전단력

또한 M_{cre}는 외부하중에 의해 발생하는 설계대상 단면의 균열 모멘트로서, 보 하면의 콘크리트 인장응력이 실험에 의해 결정된 콘크리트의 휨 인장강도와 같다고 보고 식 (2.119)와 같이 계산한다.

$$M_{cre} = S_c\left(f_r + f_{cpe} - \frac{M_{dnc}}{S_c}\right) \tag{2.119}$$

여기서, S_c : 단면계수

f_{cpe} : 유효프리스트레스 힘에 의해 발생하는 콘크리트의 압축응력

M_{dnc} : 사하중에 의해 발생하는 휨모멘트

f_r : 콘크리트의 휨 인장강도

전단철근에 의한 공칭전단강도 V_s는 식 (2.110) 및 식 (2.111)과 같이 결정한다. 이때, $\cot\theta$는 V_{ci}가 V_{cw}보다 작을 경우 1.0이고, V_{ci}가 V_{cw}보다 클 경우에는 식 (2.120)에 의해 결정한다. 단, V_{ci}가 V_{cw}보다 클 경우에도 $\cot\theta$가 1.8을 초과할 수 없도록 규정하고 있다.

$$\cot\theta = 1.0 + 1.14\left(\frac{f_{pc}}{\sqrt{f_{ck}}}\right) \tag{2.120}$$

참/고/문/헌

1) Mitchell, D. and Collins, M. P., "Diagonal Compression Field Theory-A Rational Model for Structural Concrete in Pure Torsion," ACI Journal, Proceedings Vol. 71, Aug. 1974, pp.396~408.

2) Collins, M. P., "Towards a Rational Theory for RC Members in Shear," Journal of the Structural Division, ASCE, Vol. 104, Apr. 1978, pp.649~666.

3) Vecchio, F. J. and Collins, M. P., "The Modified Compression-Field Theory for Reinforced Concrete Elements Subjected to Shear," ACI Structural Journal, Vol. 83, No. 2, Mar.-Apr. 1986, pp.219~231.

4) Collins, M. P. and Mitchell, D., "Prestressed Concrete Structures," Prentice Hall, Inc., Englewood Cliffs, New Jersey, 1991, p.766.

5) CSA Committee A23.3, "Design of Concrete Structures(CSA A23.3-04)," Canadian Standards Association, Mississauga, Canada, Dec. 2004, p.214.

6) Bentz, E. C. and Collins, M. P., "http://www.ecf.utoronto.ca/~bentz/r2k.htm," Web Address of Response-2000, Feb. 2015.

7) ACI Committee 318, Building Code Requirements for Structural Concrete(ACI 318-11) and Commentary, Farmington Hills, Michigan, USA, 2011.

8) American Association of State Highway and Transportation Officials, AASHTO LRFD Bridge Design Specifications, 5th Edition, Washington, D.C., USA, 2010.

9) Vecchio, F. J. and Collins, M. P., "The Modified Compression-Field Theory for Reinforced Concrete Elements Subjected to Shear," ACI Structural Journal, Vol. 83, No. 2, Mar.-Apr. 1986, pp.219~231.

제 3 장

국내외 전단강도 모델

3.1 변환각 트러스 모델

3.1.1 해석 모델 소개

변환각 트러스 모델[1,2](transformation angle truss model, 이하 TATM)은 기존의 변형률 적합조건에 기반을 둔 트러스 모델을 개선한 모델이다. 기존에 개발된 수정 압축장 이론[3,4](modified compression field theory, MCFT)과 회전각 연화 트러스 모델[5,6](rotating angle-softened truss model, RA-STM)은 균열각과 주압축 응력 방향이 동일하다고 가정하는 회전각 이론에 바탕을 두어 균열면에서의 골재 맞물림 작용에 의한 전단응력 전달을 직접 고려하지 못하는 단점을 가진다. 이를 해결하기 위하여 TATM은 고정각 연화 트러스 모델[7,8](fixed angle-softened truss model, FA-STM)과 동일하게 균열각을 외부하중에 의한 최초 균열각으로 고정함으로써 균열면에서의 골재 맞물림 작용을 직접 고려할 수 있도록 한다.

FA-STM은 철근콘크리트 패널 요소의 전단거동을 예측하기 위하여 개발된 것으로 식의 단순화를 위하여 주압축응력 방향을 초기 균열 방향으로 고정하였다. 이 가정은 x, y 방향의 철근 보강량이 크게 차이나지 않는 경우에 비교적 타당한 결과를 얻을 수 있지만, 철근콘크리트 보와 같이 양 방향의 철근 보강량이 크게 차이나는 경우 합리적인 결과를 얻지 못하는 단점이 있다. 이를 해결하기 위하여 TATM에서는 외부하중이 증가함에 따라 주압축응력 방향이 변화하는 것을 반영할 수 있도록 초기 균열 방향과 주압축응력 방향이 분리된 지배방정식을 구성한다. 또한 이 모델에는 철근콘크리트 보의 전단거동에 미치는 휨모멘트의 영향을 비교적 간단히 고려할 수 있는 방법이 적용된다. 다음 절에서부터 철근콘크리트 보의 전단거동을 예측할 수 있는 TATM의 이론적 배경과 해석 방법을 기술하였다.

3.1.2 전단위험 요소

휨과 전단을 받는 철근콘크리트 보는 면내응력을 받는 2차원 부재로 가정할 수 있으며, 보의 전단 특성을 대표하는 전단위험 요소가 그림 3.1(a)와 같이 전단위험단면인 b-b′ 단면에 위치한다고 생각할 수 있다. 철근콘크리트 보의 전단거동은 전단위험단면에 위치하는 면내응력을 받는 전단위험 요소를 그림 3.1(b)와 같이 분리하여 전단에 대하여 해석함으로써 예측이 가능하다.

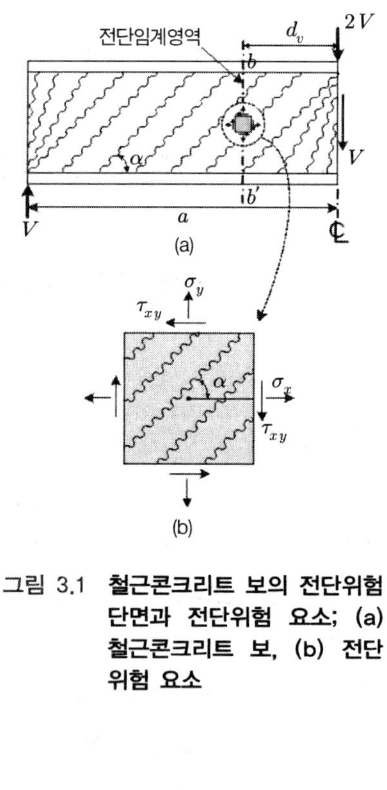

그림 3.1 **철근콘크리트 보의 전단위험 단면과 전단위험 요소; (a) 철근콘크리트 보, (b) 전단위험 요소**

철근콘크리트 보에서 분리된 그림 3.2(a)의 전단위험 요소에는 철근 배근 방향을 각각 x와 y방향으로 정의할 때 수직응력(σ_x , σ_y)과 전단응력(τ_{xy})이 작용한다. 외력의 주압축 및 주인장응력은 각각 m과 n축으로 형성되며, 콘크리트의 주압축 및 주인장응력 방향은 각각 2축과 1축으로 정의한다.

철근콘크리트 전단위험 요소에 발생하는 균열은 m축을 따라 형성되며 x축과 m축 사이의 각도는 α이다. x축과 콘크리트의 주압축응력 방향인 2축 사이의 각도는 θ, 외력에 의한 주압축응력 방향인 m축과 콘크리트의 주압축응력 방향인 2축 사이의 각도는 β로 정의한다.

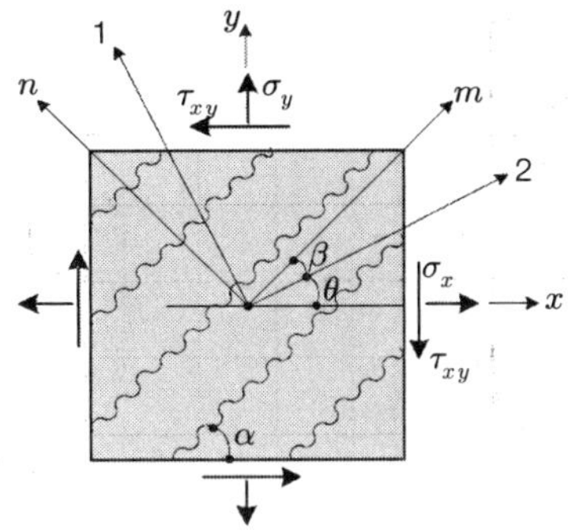

(a) 전단위험 요소의 좌표축

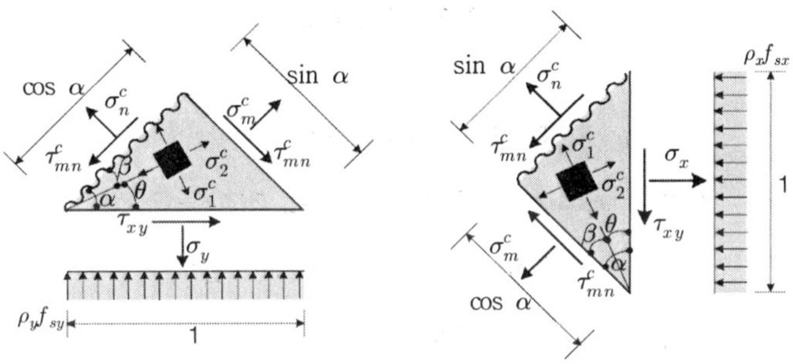

(b) 전단위험 요소의 응력 상태

그림 3.2 **전단위험 요소의 좌표축과 응력 상태**

3.1.3 평형방정식

TATM에서는 균열면에서의 골재 맞물림 작용에 의한 응력 전달을 고려하기 위하여 균열각을 초기 균열각으로 고정한 $m-n$ 좌표계로부터 $x-y$ 좌표계의 응력을 유도한다. 철근이 축하중만을 전달한다고 가정하였을 때, 그림 3.2(b)와 같이 콘크리트와 철근의 응력을 중첩함으로써 다음과 같은 응력의 관계를 유도할 수 있다.

$$\sigma_x = \sigma_x^c + \rho_x f_{sx} = \sigma_m^c \cos^2\alpha + \sigma_n^c \sin^2\alpha + 2\tau_{mn}^c \sin\alpha\cos\alpha + \rho_x f_{sx} \tag{3.1}$$

$$\sigma_y = \sigma_y^c + \rho_y f_{sy} = \sigma_m^c \sin^2\alpha + \sigma_n^c \cos^2\alpha - 2\tau_{mn}^c \sin\alpha\cos\alpha + \rho_y f_{sy} \tag{3.2}$$

$$\tau_{xy} = \tau_{xy}^c = (-\sigma_m^c + \sigma_n^c)\sin\alpha\cos\alpha + \tau_{mn}^c(\cos^2\alpha - \sin^2\alpha) \tag{3.3}$$

여기서, σ_x , σ_y : 각각 x 와 y 방향의 수직응력

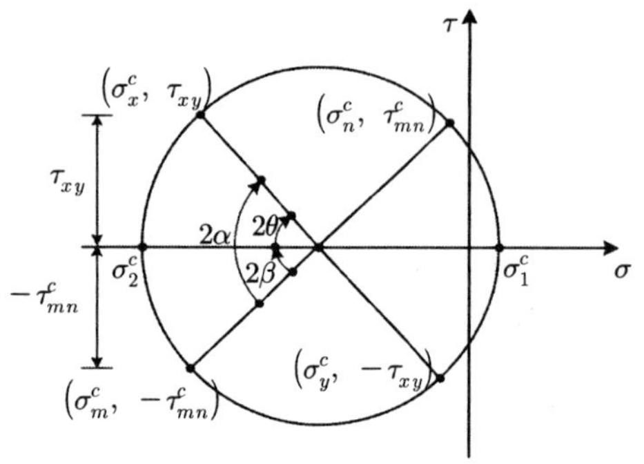

(a) 모어의 응력 원

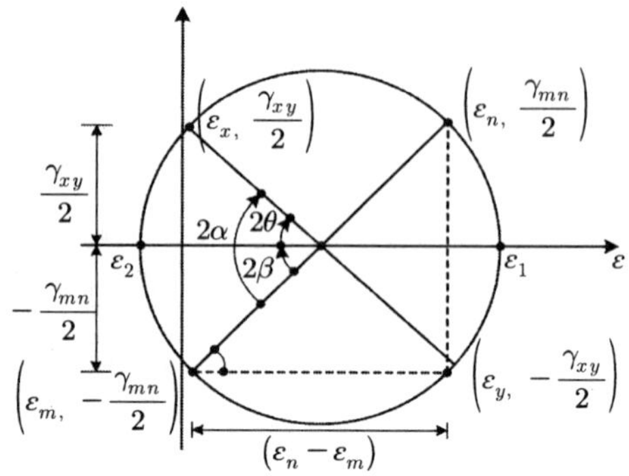

(b) 모어의 변형률 원

그림 3.3 **콘크리트에 대한 모어의 원**

τ_{xy} : $x-y$ 좌표에서의 전단응력
σ_x^c , σ_y^c : 각각 x 와 y 방향의 콘크리트 저항응력
τ_{xy}^c : $x-y$ 좌표에서의 콘크리트 전단응력
σ_m^c , σ_n^c : 각각 m 과 n 방향의 콘크리트 주응력
τ_{mn}^c : $m-n$ 좌표에서의 콘크리트 전단응력
ρ_x , ρ_y : 각각 x 와 y 방향의 철근비
f_{sx} , f_{sy} : 각각 x 와 y 방향의 철근응력이다.

x , y 방향 철근 보강량($\rho_s f_y$)이 서로 다른 경우 그림 3.2(b)와 3.3(a)에서 보는 바와 같이 주압축응력의 방향(2방향)은 초기 균열이 발생한 m 방향과 각 β 만큼 차이가 발생하게 된다. 이러한 차이는 철근콘크리트 보와 같이 주철근과 전단철근의 양이 크게 다른 경우에 더욱 증가하게 되므로, 실제 콘크리트의 압축응력(σ_2^c)과 인장응력(σ_1^c)은 그림 3.3(a)와 같이 σ_m^c 및 σ_n^c 와 큰 차이를 나타내게 된다. 따라서 TATM에서는 철근콘크리트 보와 같이 양 방향의 철근량이 크게 다른 경우에도 전단거동을 보다 타당하게 예측하기 위하여 다음 식과 같이 콘크리트의 수직응력(σ_2^c , σ_1^c)을 β 만큼 변환하여 주응력장의 변화를 고려하였다.

$$\sigma_m^c = \sigma_2^c \cos^2\beta + \sigma_1^c \sin^2\beta \tag{3.4}$$

$$\sigma_n^c = \sigma_2^c \sin^2\beta + \sigma_1^c \cos^2\beta \tag{3.5}$$

3.1.4 적합 방정식

전단위험 요소에서 $m-n$ 좌표계와 $x-y$ 좌표계 사이의 변형률 관계는 다음과 같이 유도할 수 있다.

$$\varepsilon_x = \varepsilon_m \cos^2\alpha + \varepsilon_n \sin^2\alpha + \gamma_{mn} \sin\alpha \cos\alpha \tag{3.6}$$

$$\varepsilon_y = \varepsilon_m \sin^2\alpha + \varepsilon_n \cos^2\alpha - \gamma_{mn} \sin\alpha \cos\alpha \tag{3.7}$$

$$\frac{\gamma_{xy}}{2} = (-\varepsilon_m + \varepsilon_n)\sin\alpha \cos\alpha + \frac{\gamma_{mn}}{2}(\cos^2\alpha - \sin^2\alpha) \tag{3.8}$$

여기서 ε_x 와 ε_y 는 각각 x 와 y 방향의 평균 변형률, γ_{xy} 는 $x-y$ 좌표에서의 평균 전단변형률, ε_m 과 ε_n 은 각각 m 과 n 방향의 콘크리트 변형률, γ_{mn} 은 $m-n$ 좌표에서의 전단변형률이다.

$m-n$ 좌표에서의 콘크리트 주압축 및 이와 직각인 방향의 변형률인 ε_m 과 ε_n 은 3.1.3절에서 기술한 바와 같이 x 와 y 방향 철근의 양이 차이가 나는 경우, 그림 3.3(b)와 같이 실제 콘크리트의 주압축 및 주인장 변형률인 ε_2 및 ε_1 과 다르다. 특히 철근콘크리트 보의 경우 x, y 방향의 보강근 양에 차이가 크기 때문에 $m-n$ 좌표에서의 주변형률(ε_m, ε_n)과 2-1 좌표에서의 실제 콘크리트 주변형률(ε_2, ε_1)은 서로 큰 차이를 나타내게 된다. TATM에서는 x, y 방향의 철근 보강량에서 큰 차이를 보이는 철근콘크리트 보의 전단거동을 보다 정확히 예측하기 위하여 실제 콘크리트 주변형률의 변화를 각 β 를 이용하여 다음과 같이 반영하였다.

$$\varepsilon_m = \varepsilon_2 \cos^2\beta + \varepsilon_1 \sin^2\beta \tag{3.9}$$

$$\varepsilon_n = \varepsilon_2 \sin^2\beta + \varepsilon_1 \cos^2\beta \tag{3.10}$$

3.1.5 구성 방정식

1) 균열면 방향의 콘크리트 전단응력-전단변형률 관계

TATM에서 균열면의 콘크리트 전단응력-전단변형률 관계는 계산 알고리즘을 간단히 하고 결과에 대한 신뢰성을 높이기 위하여 Li 등[9,10]이 제안한 식을 사용하였다. Li 등은 균열면의 미시구조에 바탕을 둔 골재 맞물림 작용에 의한 응력전달 모델을 제안하였다. 이 모델은 균열면의 복잡한 형상을 접촉밀도함수(contact density function)로 나타내며, 균열면을 따라 전달되는 국부 응력은 모든 미시적인 접촉응력을 적분함으로써 구한다.

전단응력 τ_{mn}^{c}와 수직응력 σ'을 받는 그림 3.4의 균열이 발생한 콘크리트 단위블록에는 균열폭 w와 전단변위 δ가 발생하며, 외력에 대한 저항 성분으로 각 접촉면에 접촉 수직응력 R_c'이 유발된다. 균열면의 접촉응력 방향 θ_s와 균열면에 직각인 방향 θ_t는 마찰의 영향이 크지 않으므로 동일하다고 가정할 수 있다. 따라서 힘의 평형으로부터 다음과 같은 식이 성립된다.

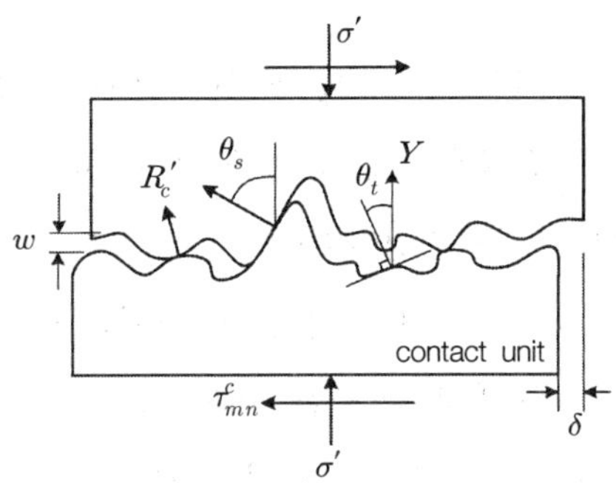

그림 3.4 **균열면에서의 응력과 변형 모델**[9)]

$$\tau_{mn}^{c} = \int_{-\frac{2}{\pi}}^{\frac{2}{\pi}} R_c'(w,\delta,\theta_t)\sin\theta_t \, d\theta_t \qquad (3.11)$$

여기서 $R_c'(w,\delta,\theta_t)d\theta_t$는 균열면의 접촉수직응력과 관련된 것으로 다음과 같다.

$$R_c'(w,\delta,\theta_t)d\theta_t = \sigma_{con}'(\theta_t)\cdot K(w)\cdot A_t\,\Omega(\theta_t)d\theta_t \qquad (3.12)$$

여기서, $\sigma_{con}'(\theta_t)$: 접촉압축응력

$K(w)$: 접촉면적(contact area)의 유효비

A_t : 단위균열면의 전체 표면적으로 완전 평면일 때 1이며, $\Omega(\theta_t)$는 접촉밀도함수이다.

Li 등은 단조하중일 때 식의 단순화를 위하여 탄성 압축변형한계가 균열폭과 전단변위보다 무시할 정도로 작고 탄성변형 또한 소성변형에 비하여 무시할 수 있을 정도로 작으므로, 접촉압축응력 σ_{con}'의 탄소성 모델을 강소성 모델로 대체하였다. 그리고 유효접촉 면적의 감소가 없다고 가정할 수 있을 정도로 골재 최대 직경이 균열폭보다 크므로 접촉면적의 유효비 $K(w)$는 1로 고정될 수 있다. 이러한 가정에 바탕을 두어 Li 등은 다음과 같은 단순식을 제안하였다.

$$\tau_{mn}^{c} = 3.83\,(f_{ck})^{\frac{1}{3}}\,\frac{\delta^2}{(w^2+\delta^2)} \tag{3.13}$$

TATM에서는 균열면에서의 전단응력 전달식으로 식 (3.13)을 사용하되 전단균열폭 w와 전단변위 δ를 각각 $s_c\varepsilon_n$과 $s_c\gamma_{mn}$으로 대체하며, s_c는 전단균열 간격으로 Kupfer 등[11,12]이 제안한 다음 식을 사용하였다.

$$\frac{1}{s_c} = 5\frac{\rho_y}{d_{sy}} + \frac{2}{d_v} \tag{3.14}$$

여기서, d_{sy} : 전단철근의 직경

d_v : 전단 유효깊이로 $0.9d$

그림 3.5는 균열폭이 0.1~0.7mm로 고정될 때 전단변위에 대한 균열면에서의 전단응력을 식 (3.13)을 이용하여 구한 것으로, 균열폭이 증가할수록 전달 가능한 전단응력의 크기가 감소함을 알 수 있다.

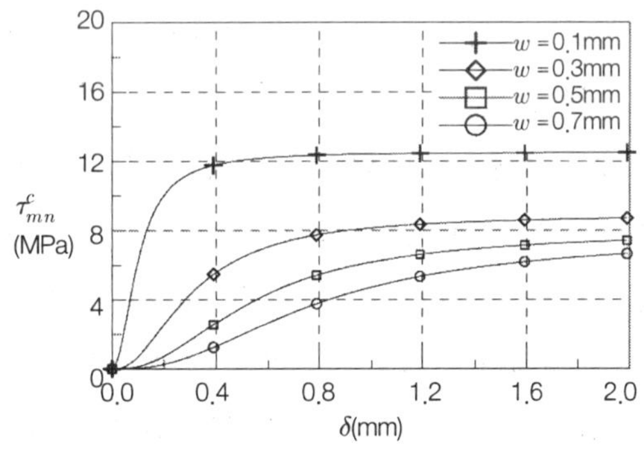

그림 3.5 **전단변위에 대한 균열면에서의 전단전달응력**

2) 철근의 평균 인장응력-변형률 관계

철근콘크리트 요소에 작용하는 인장력은 철근과 콘크리트에 의하여 전달된다. 철근콘크리트에 발생한 균열에서는 철근만이 인장응력을 전달하지만 균열과 균열 사이에서는 철근과 콘크리트가 함께 인장응력을 전달한다. 이러한 콘크리트 인장증강효과를

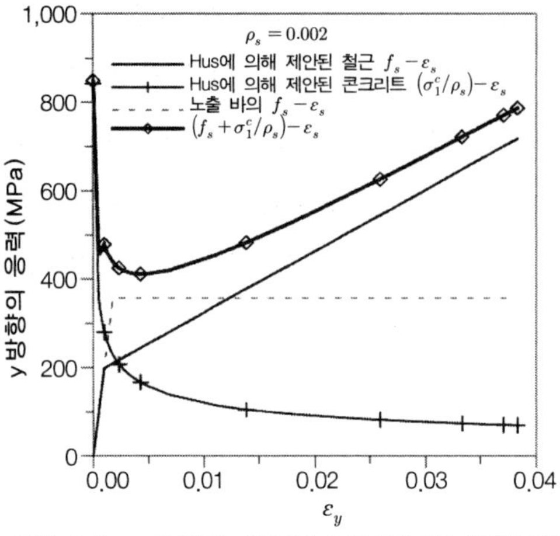

그림 3.6 y 방향의 철근과 콘크리트의 인장응력-변형률 관계

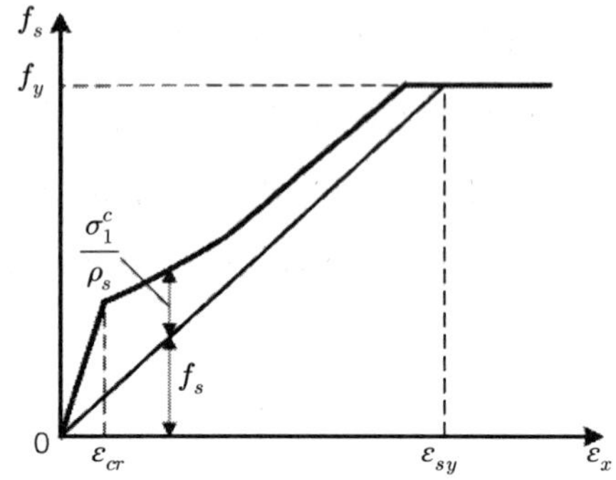

그림 3.7 철근의 평균 인장응력-변형률 관계

고려하기 위해서는 콘크리트에 매립된 철근의 평균 인장응력-변형률 관계를 사용해야 한다.

Belarbi와 Hsu[13]는 일축인장을 받는 철근콘크리트 패널 실험을 수행하여 콘크리트에 매립된 철근의 평균 인장응력-변형률 관계를 유도하여 RA-STM과 FA-STM에 적용하였다. 그러나 Hsu 등이 제안한 철근의 응력-변형률 관계는 철근비가 0.5% 이상인 경우에만 적용이 가능한 것으로,[14] y 방향 철근비가 대부분 0.5% 이하인 철근콘크리트 보에는 적용할 수 없다. 그 예로, 철근비가 0.2%인 보에 대한 해석 결과를 나타낸 그림 3.6을 보면 콘크리트와 철근의 인장응력 합이 항복강도를 크게 넘어서게 되어 실험 결과를 과대평가할 수 있음을 알 수 있다.

TATM에서는 그림 3.7과 같이 콘크리트와 철근의 인장응력 전달을 고려하되 그 합이 철근의 항복강도를 넘지 않도록 제한한 다음 식을 사용하였다.

$$f_{sx} = E_s \varepsilon_x \leqq f_{yx} - \frac{\sigma_1^c}{\rho_x} \tag{3.15}$$

$$f_{sy} = E_s \varepsilon_y \leqq f_{yy} - \frac{\sigma_1^c}{\rho_y} \tag{3.16}$$

여기서 f_{yx} 와 f_{yy} 는 각각 x 와 y 방향 철근의 항복강도, E_s 는 사용한 철근의 탄성계수이다.

3) 콘크리트의 평균 압축응력-변형률 관계

철근콘크리트 보의 전단위험 요소에서 콘크리트는 압축응력과 인장응력을 동시에 받는다. 이 경우 콘크리트의 압축성능은 주인장 변형률의 증가와 함께 감소하게 되는데, 이를 연화효과라 한다. TATM에서는 Belarbi와 Hsu[15]의 연구에 바탕을 두어 그림 3.8과 같이 콘크리트 압축응력 및 압축변형률의 연화를 모두 고려하였다. TATM에 사용된 콘크리트의 평균 압축응력-변형률 관계는 다음과 같다.

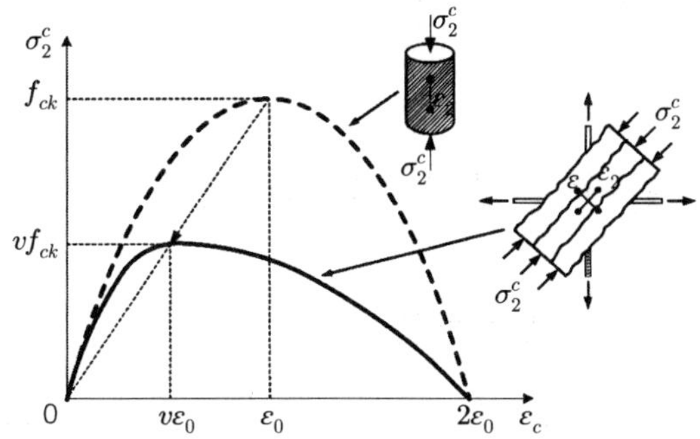

그림 3.8 **연화된 콘크리트의 평균 압축응력-변형률 관계**

$$\sigma_2^c = \nu f_{ck}\,[2(\frac{\varepsilon_2}{\nu\,\varepsilon_o}) - (\frac{\varepsilon_2}{\nu\,\varepsilon_o})^2] \tag{3.17}$$

여기서 ε_0는 콘크리트가 최대 압축응력에 도달할 때의 변형률로 -0.002, ν는 콘크리트 연화계수로 Vecchio와 Collins[4]가 제안한 다음 식을 사용하였다.

$$\nu = \frac{1}{0.8 + 170\,\varepsilon_1} \leqq 1.0 \tag{3.18}$$

4) 콘크리트의 평균 인장응력-변형률 관계

콘크리트 인장응력-변형률 관계는 그림 3.9와 같이 균열 이전에는 선형으로 상승하고 균열 이후에는 비선형으로 하강하는 Vecchio와 Collins[4]가 제안한 식을 사용하였다.

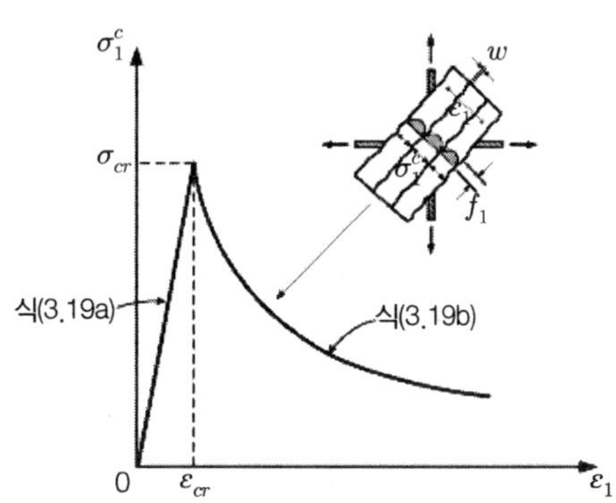

그림 3.9 **콘크리트의 평균 인장응력-변형률 관계**

$\varepsilon_1 \leqq \varepsilon_{cr}$ 일 때, $\sigma_1^c = E_c\,\varepsilon_1$ (3.19a)

$\varepsilon_1 > \varepsilon_{cr}$ 일 때,

$$\sigma_1^c = \frac{\sigma_{cr}}{1 + \sqrt{500\varepsilon_1}} \tag{3.19b}$$

여기서 E_c는 콘크리트 탄성계수로서 $-2f_{ck}/\varepsilon_o$이며 σ_{cr}은 콘크리트 인장강도로 $0.33\sqrt{f_{ck}}$이다.

3.1.6 휨모멘트 효과를 고려한 해석 방법

1) 전단위험단면

이 모델에서는 철근콘크리트 보의 전단위험단면을 최대 전단력이 발생하는 위치에서 $d_v(=0.9d)$만큼 떨어진 곳으로 하되, 그림 3.10과 같이 전단력이 일정한 경우 최대 휨모멘트 발생 위치에서 d_v만큼 떨어진 곳으로 하였다. 그림 3.10의 구역 ①-②-③-④는 콘크리트 압축대의 각도 α가 일정하지만, 직선 ①-④ 또는 ②-③에서 가력점으로 가까워질수록 α가 증가하는 부채꼴 형태의 응력장을 형성한다.

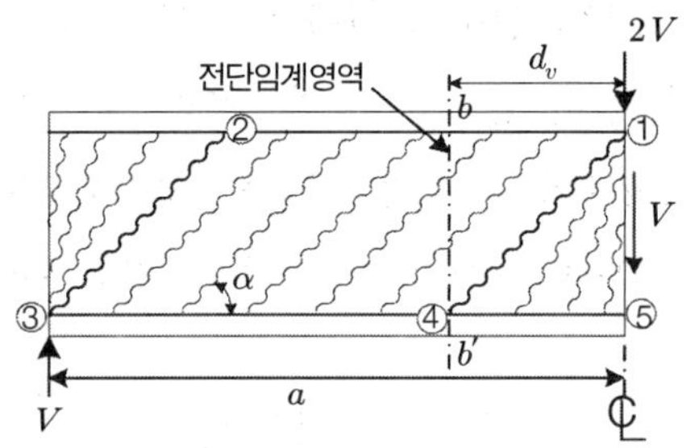

그림 3.10 **철근콘크리트 보의 전단위험단면**

전단위험 요소의 힘의 평형조건으로부터 콘크리트 압축대에 작용하는 압축응력 σ_2^c는 각도 α가 증가할수록 감소한다. 그리고 구역 ①-④-⑤의 콘크리트는 쐐기효과에 의하여 2축 압축력을 받게 되므로 전단저항 내력이 증가하게 된다. 따라서 TATM에서는 그림 3.10과 같이 압축대의 각도가 일정한 구역 ①-②-③-④에서 최대 휨모멘트가 작용하는 단면 b-b′를 전단위험단면으로 가정하였다.

2) 압축철근의 효과

압축철근이 전단강도에 미치는 영향은 연구자에 따라 조금씩 의견이 다르지만 대부분의 연구자는 그 영향을 무시하고 있다. TATM에서는 Taub와 Neville[16], Wilby[17], Al-Alusi[18] 및 Bernander[19]의 연구를 바탕으로 압축철근이 전단강도에 미치는 영향을 무시하였다. 즉, TATM에서는 철근콘크리트 보의 전단거동을 대표하는 전단위험 요소의 x방향 철근비를 산정할 때 보의 압축철근을 무시한 인장철근만을 사용한다. 전단강도에 대한 압축철근의 영향은 TATM에 대한 정확성을 검증하는 6.7절에서 상세히 설명된다.

3) x 방향 철근비 산정

이 모델에서는 철근콘크리트 보에 작용하는 휨모멘트를 전단위험 요소에 반영하기 위하여 철근콘크리트 보에 작용하는 휨모멘트는 인장철근과 콘크리트 압축영역에서 부담하고 전단력은 보의 복부에서 부담하되 복부의 x 방향 철근비는 인장철근 중에서 휨모멘트 저항에 사용되지 않은 철근이 전단위험단면에 균등하게 배근되어 전단력에 저항한다고 가정한다. 이러한 가정으로부터 철근콘크리트 보의 인장철근비 ρ_{sx} 는 다음과 같이 휨모멘트에 저항하는 철근비 ρ_{sxM}과 전단에 저항하는 철근비 ρ_{sxV}로 구분할 수 있다.[20]

$$\rho_{sx} = \rho_{sxM} + \rho_{sxV} \tag{3.20}$$

인장철근비를 휨과 전단에 대하여 분리한 것은 트러스 모델의 관점에서 볼 때 철근콘크리트 보의 인장철근이 휨에 의한 인장응력과 전단에 의한 인장응력을 모두 전달해야 하기 때문이다. 이 방법은 전단위험 요소에 휨모멘트에 의한 외력을 작용시켜 요소의 전단내력을 감소시키는 방법과 유사한 개념이지만 휨모멘트 효과를 비교적 간단하게 고려할 수 있다는 장점이 있다.

휨에 의하여 유발되는 인장력은 휨모멘트 M_s 를 응력중심간 거리 jd 로 나눔으로써 구할 수 있으므로, 휨모멘트 저항에 필요한 철근비 ρ_{sxM}은 다음과 같이 구할 수 있다.

$$\rho_{sxM} = \frac{M_s}{jd \cdot f_{yx} \cdot b\, d} \tag{3.21}$$

최대 휨모멘트 지점에서 전단 유효깊이 d_v 만큼 떨어진 전단위험단면에서의 휨모멘트 M_s 는 전단력과 전단위험단면에서 지점까지 떨어진 거리를 이용하여 구할 수 있으므로 식 (3.21)은 다음 식으로 나타낼 수 있다.

$$\rho_{sxM} = \frac{V \cdot (a - d_v)}{jd \cdot f_{yx} \cdot b\, d} \tag{3.22}$$

식 (3.22)에서 jd 의 정확한 값은 외력 V가 변함에 따라 단면해석을 통하여 구할 수 있지만, 이 모델에서는 식의 간략화를 위하여 응력중심간 거리 jd 를 d_v 로 가정하였다. 따라서 각 하중 단계에서의 전단저항에 사용되는 x방향 철근비 $\rho_x (= \rho_{sxV})$는 식 (3.22)를 식 (3.20)에 대입하여 다음과 같이 나타낼 수 있다.

$$\rho_x = \rho_{sx\,V} = \rho_{sx} - \frac{V \cdot (a - d_v)}{d_v \cdot f_{yx} \cdot b\,d} \tag{3.23}$$

전단경간 a가 증가할수록 식 (3.23)의 두 번째 항이 증가하므로 x 방향 철근비 ρ_x는 감소하게 된다. 철근비 ρ_x가 감소하면 축방향 변형률 ε_x는 증가하고 콘크리트 유효압축강도 νf_{ck}는 감소하게 되므로 전단경간이 증가할수록 보의 전단내력은 감소하게 된다.

3.1.7 계산과정

1) α와 β의 산정

3.1.6의 3)에서 기술한 바와 같이 이 모델에서는 철근콘크리트 보에 작용하는 휨은 인장철근과 콘크리트 압축영역에서 부담하고 전단력은 복부에서 부담한다고 가정한다. 이러한 가정으로부터 전단위험 요소의 $\sigma_x = \sigma_y = 0$이며 x축과 균열 방향인 m축 사이의 초기 균열각 α는 45°가 된다. TATM은 전단위험 요소에 발생하는 균열의 각을 초기 균열각 α로 고정하지만 하중이 증가할수록 주압축 응력 방향이 균열 방향에서 부재 축방향으로 β만큼 회전하는 것을 평형 및 적합방정식에서 반영하고 있다. TATM에서는 β값을 그림 3.3(b)로부터 아래 식과 같이 정의한다.

$$\tan 2\beta = \frac{\gamma_{mn}}{\varepsilon_n - \varepsilon_m} \tag{3.24}$$

2) 계산 알고리즘

휨모멘트 효과가 고려된 TATM으로 철근콘크리트 보의 전단응력과 전단변형률을 구하는 계산 알고리즘은 그림 3.11에 나타냈다. 계산 알고리즘은 주압축 변형률 ε_2를 점진적으로 상승시키며 반복 수행되고 각 하중 단계별 해를 찾을 수 있도록 한다. 계산은 철근콘크리트 요소의 콘크리트 주압축응력이 연화된 콘크리트 압축강도에 동일하게 되거나 전단에 저항하는 x 방향과 y 방향 철근이 모두 항복강도에 이르러 더 이상 전단응력이 증가하지 않을 때까지 수행하게 된다.

3) 계산 예

이 절에서는 TATM을 이용하여 철근콘크리트 보의 최대 전단응력과 이에 대응하는 전단변형률을 구하는 일련의 계산과정을 예로 보이고자 한다. 예제 실험체는 3점 가력을 받는 단순보로 $b=220$mm, $d=244$mm, $h=300$mm, $a=732$mm이다. 사용된 콘크리트의 압축강도 $f_{ck}=-42.2$MPa이며, 인장강도 $\sigma_{cr}=0.33\sqrt{f_{ck}}=2.14$MPa이다. 보에 사용된 x 방향 인장철근비는 0.036(=1,932mm^2)이며 y 방향 전단철근비는 0.00215이다. 인장철근과 전단철근의 항복강도는 각각 402.0MPa과 357.8MPa이다.

다음의 계산 예는 예제 실험체의 주압축 변형률이 −0.000199일 때의 계산과정을 나타낸 것이다.

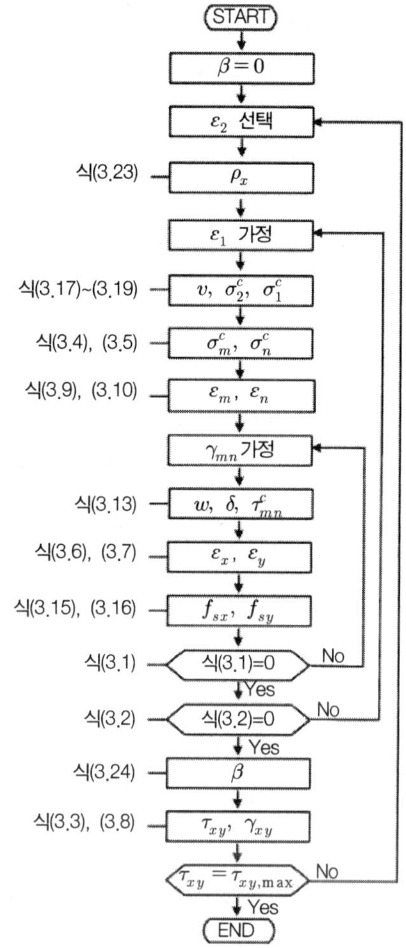

그림 3.11 **TATM을 이용한 철근콘크리트 보의 전단응력과 전단변형률 계산과정**

1. ε_2 선택

   $\varepsilon_2=-0.000199$

2. 식 (3.23)을 이용한 ρ_x 산출

   이전 과정에서 전단력 V는 174.5kN이므로, $\rho_x=0.0169$

3. ε_1 가정

   $\varepsilon_1=0.00754$로 가정

4. 식 (3.17)~(3.19)를 이용한 ν, σ_2^c와 σ_1^c 계산

   $\nu=0.480$, $\sigma_2^c=-7.50$MPa, $\sigma_1^c=0.73$MPa

5. 식 (3.4), (3.5), (3.9), (3.10)을 이용한 σ_m^c, σ_n^c, ε_m, ε_n 계산

   식 (3.24)를 이용하여 전단응력-전단변형률 곡선상에서 이전 점으로부터 계산된

$\beta=0.252$를 사용하여 σ_m^c, σ_n^c, ε_m, ε_n을 계산하면,

$\sigma_m^c=-7.05$MPa, $\sigma_n^c=-0.47$MPa, $\varepsilon_m=0.000283$, $\varepsilon_n=0.00706$

6. γ_{mn} 가정

   $\gamma_{mn}=-0.00376$

7. 식 (3.13)을 이용한 τ_{mn}^c 계산

   $\tau_{mn}^c=-2.94$MPa

8. 식 (3.6)과 식 (3.7)을 이용한 ε_x와 ε_y 계산

   $\alpha=45°$이므로, $\varepsilon_x=0.00179$, $\varepsilon_y=0.00555$

9. 식 (3.15)와 식 (3.16)을 이용한 f_{sx}와 f_{sy} 계산

   $f_{sx}=358.4$MPa, $f_{sy}=357.8$MPa

10. 식 (3.1)에 의한 1차 판별

    식 (3.1)에 의한 값이 0에 가깝지 않으면 6단계로 되돌아가 γ_{mn}을 증가시킨다.

    식 (3.1)에 의한 값이 0에 가까우므로 가정 $\gamma_{mn}=-0.00376$은 정확하다.

11. 식 (3.2)에 의한 2차 판별

    식 (3.2)에 의한 값이 0에 가깝지 않으면 3단계로 되돌아가 ε_1을 증가시킨다.

    식 (3.2)에 의한 값이 0에 가까우므로 가정 $\varepsilon_1=0.00754$는 정확하다.

12. 식 (3.24)를 이용하여 다음 단계에 사용할 β 계산

    $\beta=0.253$

13. 식 (3.3)과 식 (3.8)을 이용한 τ_{xy}와 γ_{xy} 계산

    $\tau_{xy}=3.29$MPa, $\gamma_{xy}=0.00677$

14. $\varepsilon_2/(\nu\varepsilon_0)$ 계산

    $\varepsilon_2/(\nu\varepsilon_0)=0.207$

    만일 $\varepsilon_2/(\nu\varepsilon_0)$이 1보다 크면 보의 전단응력은 감소하게 된다.

다음 단계에서는 x와 y 방향 철근이 모두 항복하게 되어 예제 실험체의 최대 전단응력 및 이에 대응하는 전단변형률은 각각 3.29MPa과 0.00677이 된다. 실제 보 실험체의 실험 결과는 $\tau_{xy}=3.47$MPa과 $\gamma_{xy}=0.006$이다.

3.2 아치 트러스 모델

3.2.1 일반사항

철근콘크리트 구조해석과 설계 분야의 주요 논쟁 중 하나로 전단 분야가 남아 있지만, 현대 트러스 모델 이론(modern truss model theory)은 콘크리트 구조물을 다루는데 있어 더 발전시킬 수 있는 유망한 방법으로 인정받고 있다. 지난 40년간, 트러스 모델의 개념은 크게 확장되었으며 지금까지 몇 개의 접근법이 개발되었다. 이에 대해 실험적 자료뿐만 아니라 현재 사용되는 이론들에 대한 좋은 재검토가 ASCE-ACI Committee[21,22]의 보고서에 체계적으로 요약 정리되어 있다. 그중 한 가지 접근법으로 상현재가 평행한 트러스에 스트럿의 경사각을 45°로 가정하여 복부 전단철근의 기여분에 콘크리트 기여 강도를 추가시킨 방법이 있다.[23] 또 다른 접근법으로 복부 스트럿의 경사각을 변각(variable angle)으로 하는 상현재가 평행한 트러스가 사용되어 왔다.

그러나 이러한 트러스 모델들은 골재 맞물림 작용(aggregate interlocking action), 다월작용(dowel action)에 의한 콘크리트 기여 전단 성분을 명시적(explicit)으로 정할 수 없는 표준 트러스 모델(standard truss model)이라 한다. 또한 평행 상현재를 갖는 변각 트러스와 콘크리트 기여도의 조합 방법이 제안되어 왔으며, 이러한 방법을 수정 트러스 모델(modified truss model)이라고 한다.[25,26] 그러나 이 방법은 콘크리트 압축영역(concrete compression zone)과 다월작용, 그리고 골재 맞물림 작용에 의해 전달되는 전단력과 같은 전단저항기구의 콘크리트 기여 성분을 상호 구별하여 직접 계산할 수 없다.

전단저항은 재료의 응력과 변형률 관계로부터 그림 3.12와 같은 세 가지 저항기구로 이해될 수 있다. 인장 변형률이 증가해도 인장응력을 받지 못하는 재료로 구성된 그림 3.12(a)의 보는 압축응력만 발생하는 아치(arch) 부재와 인장을 받는 타이(tie)로 구성된 타이드아치(tied arch) 기구가 외부하중을 저항하게 될 것이다. 이러한 작용을 아치작용(arch action)이라 하며, 전단은 기울어진 아치의 수직분력에 의해서만 저항하게 된다. 그리고 인장과 압축 성질이 같은 재료를 사용한 보는 모든 부위가 인장을 받을 수 있기 때문에 그림 3.12(b)의 음영진 부분과 같이 전단변형을 하면서 외부하

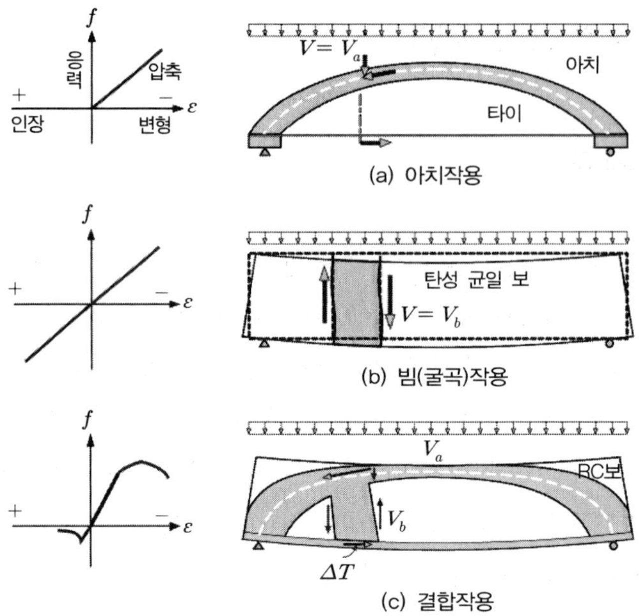

그림 3.12 **전단저항기구**

중에 의한 전단을 저항하게 된다. 이러한 상태는 균열이 발생하지 않는 탄성 상태의 균질한 보에서 나타나는 거동으로 전단은 복부 보작용(beam action)에 의해 저항하게 된다. 그러나 콘크리트는 압축은 강하지만 인장은 상대적으로 취약한 재료이기 때문에 실제 철근콘크리트 보의 전단작용은 그림 3.12(c)와 같이 아치작용과 보작용이 중복되어 저항하게 된다. 따라서 철근콘크리트 보의 전단거동에서는 아치작용에 의한 전단저항과 보작용에 의한 전단저항기구의 조합작용을 정확히 표현할 수 있는 트러스 모델의 개발이 가장 중요한 문제이다.

초기 연구자들은[27,28,29] 균열 형태의 관찰과 여러 형태의 측정 자료를 근거로, 휨과 전단에 지배받는 철근콘크리트 보의 대표적 거동인 타이드아치와 트러스의 결합작용을 인지하였다. 그래서 실제 철근콘크리트 보에서 복잡한 응력장(stress field)뿐만 아니라 콘크리트 전단 기여도를 계산하기 위해서 다수의 연구자가 그림 3.13(b), (c), (d)와 같은 정적 부정정 트러스구조를 제한하여 왔다.[28,30-32] 보의 거동은 부분적으로 타이드아치와 보작용으로 표현될 수 있다. 이러한 구조계의 내력 분포(internal force distribution)는 구조계를 조립하고 있는 각 요소의 경사각과 축 강성에 크게 지배받는다.

Leonhardt[28]는 전단력의 상당한 부분이 경사진 압축현재(콘크리트 압축영역)에 의해 지지된다는 점을 관찰하였고, 보는 타이드아치와 같이 거동하며 전단력의 일정 부분이 경사진 상현재(아치 부재)에 의해 전달되며, 나머지 전단력은 그림 3.13(d)에서 보는 것과 같은 트러스작용에 의해 전달된다고 설명하였다. 그는 보통의 T형 보 실험을 통해, 보 복부는 극한하중단계 이하에서조차 전체 전단력의 절반보다 작게 전달하며, 이러한 배분은 복부 강성과 상·하현재의 강성비에 크게 지배된다고 하였다.

그러나 그림 3.13(c), (d)와 같은 개선된 모델이 보 전단거동을 표현하는 데 더 좋은 표현임에도 불구하고 실용적 해석모델로 사용되기보다는 거동을 표현하는 개념적 도구로만 널리 사용되어 오고 있다. 이러한 주된 이유는 기하학적 형상과 아치, 그리고 스트럿의 강성이 정적 부정정 구조계의 성질에 기인하여 정확하게 정의될 수 없기 때문이다.

따라서 본 연구에서는 보 전단거동을 타이드아치작용과 휨작용으로 분해하여 수치화하려는 것이다. 이러한 접근을 위한 이론적 기본개념은 균열이 발생한 철근콘크리트 보에서 전단과 휨모멘트 관계식, 즉 $V=dM/dx$에 근거한다. 최근 Collins[33]와 회전각 연성 트러스 모델(rotating angle softened truss model, RA-STM)의 Hsu[34]가 공헌한 자료로부터 분산 트러스(smeared truss) 이상화를 이용하였고, 타이드아치를 고려한 전단변형과 복부의 전단변형이 서로 일치한다는 보 전단변형 적합조건을 정식화하였다. 이러한 결과를 이용하여, 보 전단저항기구를 보작용과 아치작용으로 구분하였다. 제안 방법의 타당성은 기존 실험 결과를 비교하여 간략하게 검증하였다.

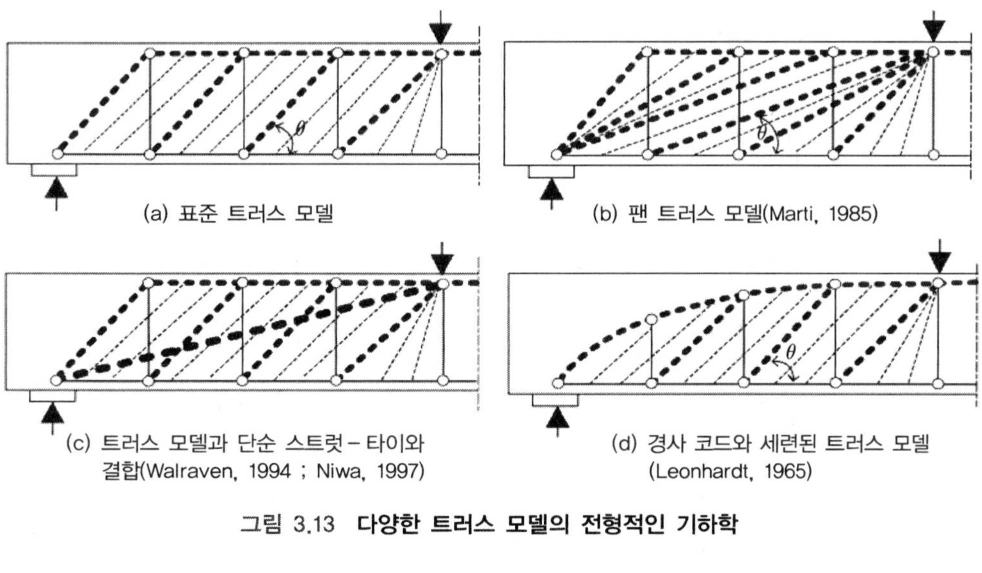

그림 3.13 **다양한 트러스 모델의 전형적인 기하학**

3.2.2 기본원리와 가정

1) 기본개념 유도

그림 3.14(a)와 같이 집중하중을 받는 철근콘크리트 단순보의 경우, 전단지간에 따라 전단력 V와 휨모멘트 M이 상대적으로 작용한다. 휨균열이 발생한 뒤 단면 휨모멘트 M은 보 내부에 유발된 콘크리트 압축력 C와 주철근 인장력 T의 짝힘과 내부 모멘트 팔길이 z의 곱인 $M = Tz = Cz$에 의해 저항된다. 이 휨저항 관계는 전단력은 보 지간을 따른 휨모멘트 변화율과 같다는 관계식 $V = dM/dx$에 대입하면 다음과 같은 두 성분의 합으로 표현할 수 있다.

$$V = z\frac{dT}{dx} + T\frac{dz}{dx} \tag{3.25}$$

여러 선행 연구로 잘 알려져 있듯이,[35-36] 첫 번째 항은 그림 3.14(b)와 같이 콘크리트 부착에 기인한 주철근력에 의해 유발된 것이고, 보통 "보작용(beam action)"에 의한 전단저항 성분이라 한다. 두 번째 항은 경사진 압축력 C의 수직 성분을 의미하

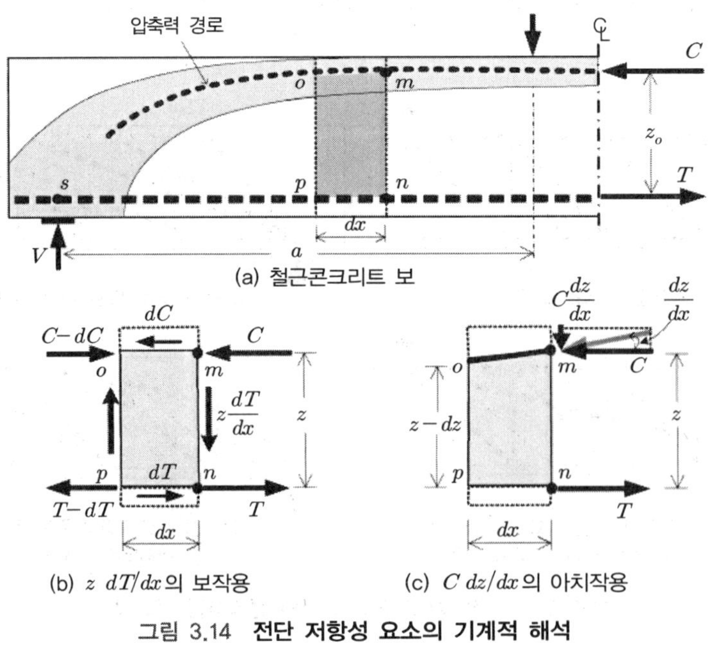

그림 3.14 **전단 저항성 요소의 기계적 해석**

며, "아치작용(arch action)"에 의한 전단 성분이라 불린다. 이것은 압축력은 인장력 T와 같고, 그림 3.14(c)와 같이 기울기가 dz/dx와 같기 때문이다. 이것은 보가 타이드 아치처럼 작용한다는 의미이며, 이때 작용 전단력의 일부분이 경사진 상현재에 의해서 전달된다.

위 식 (3.25)가 갖는 역학적 의미로부터 단면의 전단력은 보작용과 아치작용으로 뚜렷하게 구별되는 두 기본 성분의 조합에 의해 기본적으로 저항한다는 것을 알 수 있다. 그러므로 보에서 전단력에 저항하는 각 작용의 기여 정도는 이러한 작용에 관여하는 변형 적합에 의존할 것이다. 만약 보 전단거동이 이러한 기본 요소로 분해될 수 있다면, 전단저항 기구를 명확하게 표현할 수 있었을 것이다. 따라서 두 전단저항 구성비로서 전단 전단력 V에 대한 아치작용에 의한 전단력 V_a 성분의 비로 계수 α를 도입하였다.

$$\alpha = \frac{V_a}{V} \tag{3.26}$$

위와 같이 정의하면, 계수 α는 0에서 1.0 범위의 값을 갖게 되며, 보작용과 아치작용에 의해 관여하는 변형 적합조건에 의존한다.

2) 경사현재를 갖는 분산 트러스 이상화

일반적인 분산 트러스(smeared truss) 모델링과 같이[34] 그림 3.14(a)의 음영으로 표시된 보 요소의 응력장은 그림 3.15(a)와 같은 작용하중에 저항하는 각기 다른 기능을 갖는 3개의 이산 요소를 갖도록 이상화될 수 있다. 압축응력 블록의 면적은 압축력 C의 작용점에 집중시켜 가정하고 압축현재(상현재)로 형상화하였다. 휨 인장철근과 주변 콘크리트 또한 기하학적 작용점에 작용시켜 인장현재(하현재)로 구성시켰다. 인장현재와 압축현재로부터 분리된 중간 요소 또한 전단흐름 dT/dx에 지배되는 면 전단 요소(membrane shear element)로 처리할 수 있다.

아치작용에 기인한 전단저항 기구를 포함하기 위해 경사진 압축현재는 평행한 상현재 대신에 제안 모델과 같이 설치되어야 한다. 경사를 갖는 압축현재는 작용 전단력의 일부분 αV를 저항하는 기능과 추가로 작용 휨모멘트 M에 의해 유발된 압축력 C를 저항하는 기능을 갖는다. 그리고 나머지 전단력 $(1-\alpha)V$는 복부 전단 요소에 할당되어야 한다. 결과적으로 보 지간을 따라 이와 같은 이상화를 확장한다면, 전단 지간을 따라 내부모멘트 팔길이 z가 변화하는 형상과 같은 그림 3.15(b)처럼 면 전단 요소를 갖는 타이드아치 형상으로 유추될 것이다. 요소 사이에 전달되는 변화율 $dC/dx\,(=dT/dx)$는 평형조건을 이용하여 다음 식과 같이 표시할 수 있다.

$$\frac{dC}{dx}=\frac{dT}{dx}=\frac{(1-\alpha)V}{z} \tag{3.27}$$

이것은 복부 전단 요소상의 전단흐름으로 작용하며 압축현재와 인장현재 상에 분포된 형태의 축력처럼 작용한다.

3) 전단변형 적합조건

앞 절의 이상화는 철근콘크리트 보의 변형 상태 평가를 가능하게 해준다. 그림 3.15(b)와 같이 집중하중을 받는 보에서 요소 mn과 op의 변형을 생각해 보자. 요소의 최종 변형은 휨과 전단변형의 두 기본 성분으로 분해할 수 있다. 상·하현재에 작용하는 내부 짝힘 C와 T는 현재의 축변형을 야기하고, 결국 그림 3.15(c)와 같이 보 요소에 휨변형을 발생시킨다. 더욱이 복부 요소는 전단흐름 dT/dx에 추가로 지배받기 때문에 그림 3.15(d)와 같이 전단변형을 받는다. 여기서, 복부 요소에는 단면을 따라 균일하게 작용하는 전단응력 분포 하에서 휨 평면으로부터 선형뒤틀림(distortion)이 발생하게 되고 평균 전단변형률 r_w를 갖는다고 가정할 수 있다.

그림에 의하면 전단변형은 요소 깊이에 의한 상·하단의 수평변위량과 같다. 따라서 복부 요소의 이러한 전단변형은 휨 평면으로부터 상·하현재의 상대변위와 적합하도록 전단변형이 발생해야 하며, 그림 3.15(d)에서 u_m과 u_n으로 표현하였다. 만약 휨변형과 상·하현재에 작용하는 내부 짝힘 C와 T를 생략하고 모든 요소를 그림 3.15(e)와 같이 펼친다면, 이러한 현재의 상대변위는 쉽게 시각화할 수 있다. 전 지간의 연속적인 변형은 대칭성과 구속 때문에 하중작용 단면에서 상·하현재의 상대변위는 0이어야 한다. 그리고 받침점의 상대변위는 두 현재의 강결(rigid) 결합작용에 의해 또한 0으로 고려할 수 있다. 하중작용 단면으로부터 길이$(a-x)$만큼 떨어진 상현재 m점의 변위 u_m은 양단 고정을 갖는 상현재 전 길이에 분포 축력 $(1-\alpha)V/z$에 기인한 늘어난 양의 연속적 합에 의해 얻어진다. 같은 방법으로, 동일한 분포 축력과

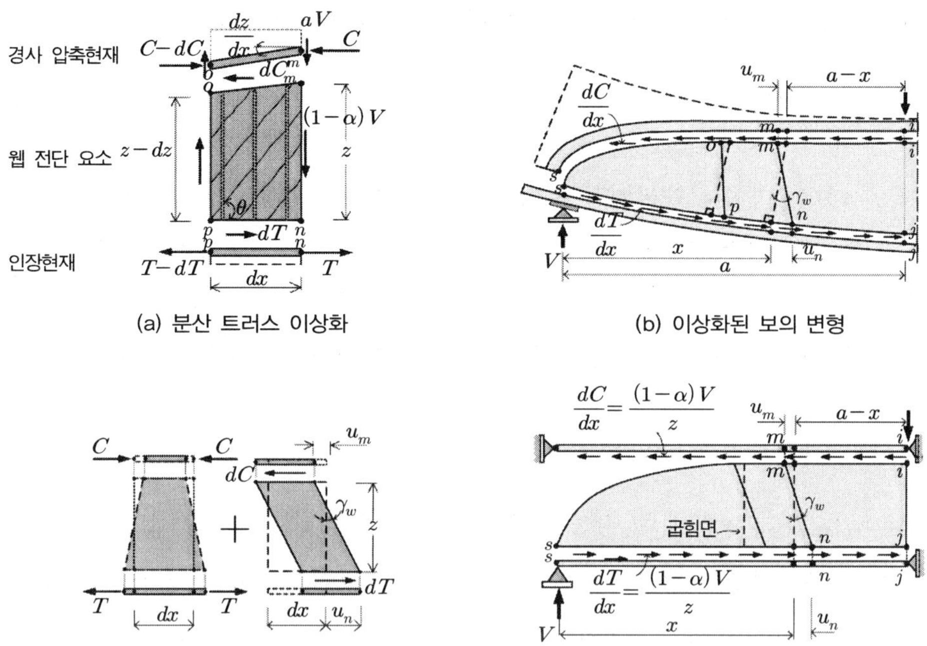

(a) 분산 트러스 이상화 (b) 이상화된 보의 변형

(c) 휨변형 (d) 전단변형 (e) 웹과 상 · 하현재 사이의 변형의 호환성

그림 3.15 **전단변형 호환성 상태**

단부구속을 사용하여 인장현재(하현재) n점의 상대변위 u_m 또한 축 강성의 적절한 산정을 통해 평가할 수 있다. 이러한 상 · 하현재의 변위는 그림 3.15(e)에 펼쳐진 복부 요소의 전단변형과 적합해야 한다. 따라서 적합조건은 다음 식을 만족해야 한다.

$$\gamma_w = \frac{u_m + u_n}{z} \tag{3.28}$$

보에서 전단변형 적합조건식의 관점으로부터 보의 전체 전단저항에 각 작용이 기여하는 비율은 상 · 하현재의 축 강성과 복부 강성 사이의 상대적 비율에 의존한다는 것을 알 수 있다.

4) 단순화된 압축력 궤적

이전 그림 3.15(b)에 보인 바와 같이 제안한 접근법에서 dz/dx 값이 0이 아닌 경우에는 지간에 따른 내부모멘트 팔길이 z가 타이드아치 형태를 이룬다. 집중하중이 작용하는 등단면 단순보의 경우에 $C= Vx/z$ 관계식과 $\alpha V= Cdz/dx$의 정의를 결합하여 계수 α를 z와 x항으로 표현하면 다음과 같이 표현할 수 있다.

$$\alpha = \frac{x}{z}\frac{dz}{dx} \tag{3.29}$$

일반적인 타이드아치는 앵커지점 사이의 지간을 따라 일정한 힘이 발생된다는 사실로부터, 계수 α는 전단지간에 따라 상수가 됨을 알 수 있다. 위 식 (3.29)와 단면위치($x = a$)에서 내부모멘트 팔길이가 $z = z_o$가 된다는 경계조건을 함께 사용하면 전단지간에 따른 내부모멘트 팔길이 z는 다음과 같은 식의 형태로 유도할 수 있다.

$$z_x = \left(\frac{x}{a}\right)^{\alpha} z_o \tag{3.30}$$

여기서 z_o는 최대 휨모멘트 작용 단면에서 고전적인 방법으로 계산한 내부모멘트 팔길이이다. 이와 같은 해법은 Lorentsen[27)]에 의해 처음으로 소개되었다. 그림 3.16은 식 (3.30)을 사용하여 α를 0에서 1.0까지 변화시켜 기하학적인 형상을 표현한 것이다. 그림에서 보듯이 계수 α의 선택($0 \le \alpha \le 1$)에 따라 모든 압축력 궤적(아치현상) 형태를 구성할 수 있고, 내부모멘트 팔길이가 상수 $z_0(\alpha = 0)$인 베르누이(Bernoulli) 보 이론으로부터 내부모멘트 팔길이 z가 선형변화를 갖는 ($\alpha = 1$) 단순 스트럿-타이 모델(strut-and-tie model)까지 모델링할 수 있다.

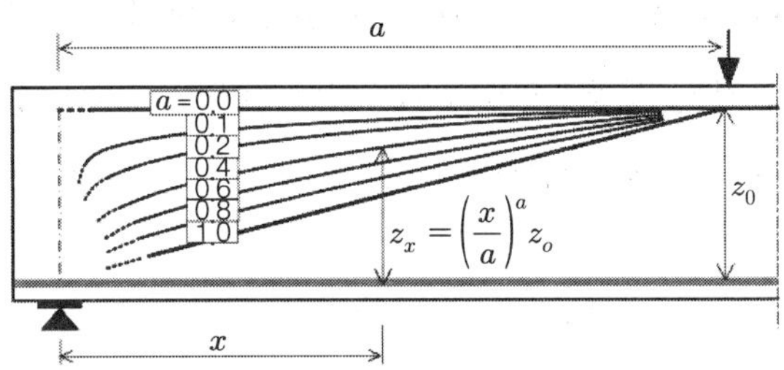

그림 3.16 Simplified compression force path in a point loaded simple beam

집중하중뿐만 아니라 다른 형태의 하중에 지배되는 보의 경우, 상응하는 압축력 궤적은 다음과 같은 일반식으로 표현할 수 있다.

$$z_x = \left(\frac{M_x}{M_{\max}}\right)^{\alpha} z_o \tag{3.31}$$

여기서 $M_{\max}$는 보 지간의 최대 휨모멘트이다. 위 일반식을 이용하면, 등분포하중이나 편심을 받는 기둥에서 적절한 α값을 알 수 있다면 다양한 형태의 하중에 지배받는 부재의 다양한 압축력 궤적을 쉽게 설정할 수 있다. 이제 본 연구의 핵심은 α값의 명확한 산정이고, 이것은 식 (3.28)의 전단변형 적합조건으로부터 평가될 수 있다.

3.2.3 정식화

1) 복부 전단 요소

앞 절에서 설명하였듯이, 작용 전단력의 일부분인 αV는 경사 상현재에 의해 지탱되고 나머지 전단력 $(1-\alpha)V$는 복부 요소에 할당된다. 수직 스터럽을 포함한 깊이 z와 폭 두께 b_w를 갖고 있는 복부 전단 요소는 면 전단력(in-plane shear)을 받고 있는 전형적인 면 전단(membrane shear) 패널(panel)로 간주할 수 있다. 대각균열이 발생한 뒤 콘크리트는 일련의 콘크리트 스트럿에 의한 대각균열로 분리되며, 이것은 압축대와 스트럿에 의해 링크처럼 작용하며, 따라서 작용 전단력에 상당량을 저항하는 트러스작용을 형성한다. 트러스작용은 그림 3.17(a)에서 보듯이 주압축응력 f_2, 주인장응력 f_1,, 그리고 θ로 구성된 이축응력 상태를 야기한다. 이러한 면 요소의 거동은 RA-STM[33,34]에 의해 잘 표현할 수 있다. 평형조건을 이용하면 작용 전단응력에 대한 콘크리트 응력과 스터럽의 응력은 평균 응력 항으로 표현할 수 있다. 즉 그림 3.17(b)와 같은 모어 원으로부터 유도할 수 있다.

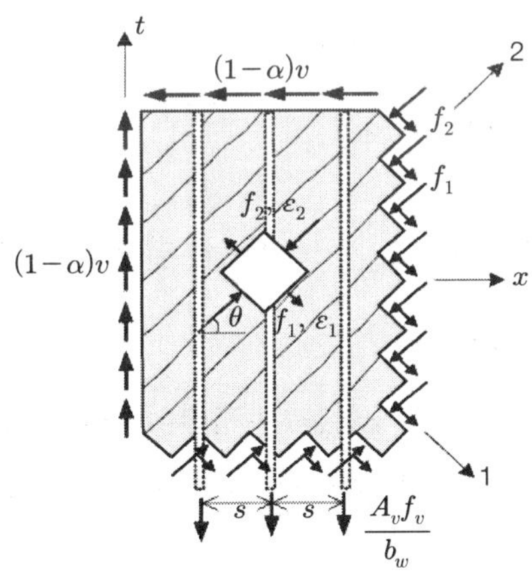

(a) 크랙(cracked) 웹

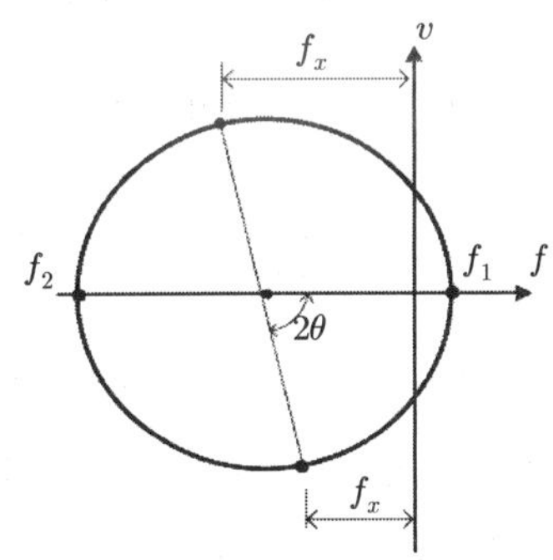

(b) 웹 요소 강조

그림 3.17 **웹 전단 요소의 평형조건**

$$f_2 = (1-\alpha)\nu(\tan\theta + \cot\theta) - f_1 \tag{3.32}$$

$$f_t = (1-\alpha)\nu\tan\theta - f_1 \tag{3.33}$$

$$f_x = (1-\alpha)\nu \cot\theta - f_1 \tag{3.34}$$

여기서 $v = \dfrac{V}{b_w z}$ 이고 f_1과 f_2는 절대값으로 계산한다. 분리된 면 요소는 RA-STM 이론적 관점으로부터, 콘크리트 횡방향 응력 f_t는 횡방향 인장철근에 의해 균형을 이루어야 하고 콘크리트 종방향 응력 f_x 또한 종방향 인장철근에 의해 균형을 이루어야 한다.

그러나 실제 보에서, 상당히 큰 전단력이 거친 표면을 갖는 좁은 폭의 균열을 따라 골재 맞물림 작용을 통해 전달된다. 더구나 전단력 중 일정 부분은 복부와 현재 사이의 접합 강성에 기인하여 골조작용(frame action)과 다월작용(dowel action)에 의해 전달된다. 지금부터 이러한 추가적 전단 기여량을 V_{cw}라 정의하고 복부 요소의 평형해석에서 고려한다. 여기서 복부에 할당된 전단력 $(1-\alpha)V$는 스터럽에 의한 기여분 V_s와 V_{cw}의 합과 같다. 따라서 평균 응력 항으로 다음과 같이 표현할 수 있다.

$$(1-\alpha)\nu = \nu_s + \nu_{cw} \tag{3.35}$$

따라서 보 복부에서 수직 평형조건을 다음 식처럼 다시 표현할 수 있다.

$$\rho_\nu f_\nu = [(1-\alpha)\nu - \nu_{cw}] \tan\theta - f_1 \quad \text{단, } f_\nu \le f_{\nu y}^* \tag{3.36a}$$

$$\rho_\nu f_{vy}^* = [(1-\alpha)\nu - \nu_{cw}] \tan\theta - f_1 \quad \text{단, } f_\nu \ge f_{\nu y}^* \tag{3.36b}$$

여기서 ρ_v는 스터럽비이고, $v_{cw} = \dfrac{V_{cw}}{b_w z}$ 그리고 f_{vy}^*는 스터럽 철근의 항복강도이다.[14] 스터럽은 탄소성(elasto-plastic) 재료로 가정한다.

식 (3.34)의 종방향 응력 f_x는 보 횡단면에 축 압축력을 야기한다. 식 (3.34)를 식 (3.35)에 대입하고 횡단면적 $b_w z$를 곱하면 종방향 압축력 N_b를 다음 식과 같이 표현할 수 있다.

$$N_b = [(1-\alpha)V - V_{cw}] \cot\theta - f_1 b_w z \tag{3.37}$$

이 수평력은 전단응력이 단면을 따라 균일분포하기 때문에 하현재 중심으로부터 $z/2$에 작용한다. 만약 복부 수평 철근이 있다면 횡방향의 평형과 같은 방법으로, 이러한 수평력은 현재와 수평 방향의 복부철근에 의해 저항될 것이다. 보의 경우 수평

방향 복부철근이 없기 때문에 수평분력 N_b는 횡단면의 평형을 유지하면서 상·하현재에 배분될 것이다.

각각의 주방향(그림 3.17(a)에서 1-2축)에서 콘크리트의 평균 응력과 변형률은 Belarbi와 Hsu[37,38]가 발전시킨 구성법칙(constitutive law)에 준하여 적용한다. 여기서 주인장응력 방향에서 $\varepsilon_{cr} = 80 \times 10^{-6}$를 사용하면 대각균열이 발생한 후 구성 식으로부터 다음과 같이 재정리할 수 있다.

$$\varepsilon_1 = \frac{1}{12,500}\left(\frac{f_{cr}}{f_1}\right)^{2.5} \quad \text{단, } \varepsilon_1 \geq \varepsilon_{cr} \tag{3.38}$$

여기서 f_{cr}은 콘크리트의 인장강도이고, 보통 $0.31\sqrt{f_c'}$ MPa($=3.75\sqrt{f_c'}$ in psi)로 가정한다. 주압축 방향에서 $\varepsilon_{co} = 0.002$를 사용하면 주압축 변형률은,

$$\varepsilon_2 = \frac{\zeta}{500}\left(1 - \sqrt{1 - \frac{f_2}{\zeta f_c'}}\right) \quad \text{단, } 0 \leq \varepsilon_2 \leq \zeta\varepsilon_{co} \tag{3.39}$$

여기서, $\zeta = 0.9 / \sqrt{1 + 400\varepsilon_1}$

수직 스터럽을 갖는 보에서 횡방향 평균 변형률 ε_t는 평균 스터럽 응력 f_v를 철근 탄성계수 E_s로 나누면 평가할 수 있다. 따라서 식 (3.36a)로부터,

$$\varepsilon_t = \frac{1}{E_s\rho_\nu}\left[((1-\alpha)\nu - \nu_{cw})\tan\theta - f_1\right] \tag{3.40a}$$

위 식의 ε_t는 ε_1과 ε_2항으로 구성한 Mohr 변형률 원으로부터 계산한 다음 값과 적합해야 한다.

$$\varepsilon_t = \varepsilon_1\cos^2\theta - \varepsilon_2\sin^2\theta \tag{3.40b}$$

이제 보 전단 요소의 평균 전단변형률 γ_w을 ε_1와 ε_2항으로 표현하면 다음 식과 같다.

$$\gamma_w = (\varepsilon_1 + \varepsilon_2)\sin 2\theta \tag{3.41}$$

식 (3.38)과 식 (3.39)의 ε_1과 ε_2을 각각의 구성 관계로 대체하면, 복부의 전단변형률 γ_w는 결국 f_1, f_2 그리고 θ로 표현할 수 있다

2) 복부와 상 · 하현재 사이의 종방향력 상호작용

그림 3.18은 제안 모델에 의한 횡단면에 작용하는 최종 분력 상태를 보인 것으로, 각 단면에서 전단력과 휨모멘트에 대한 평형을 동시에 만족해야 한다는 것을 알 수 있다. 또한 압축현재에서 합력점의 기울기는 $\alpha V/C$이다. 단면이 지점(support)을 향할수록 단면 휨모멘트가 작아지는 이유로 C 또한 작아지기 때문에 기울기는 점점 더 급하게 증가하게 되고 z는 전단지간을 따라 연속적으로 변화하게 된다. 이것이 균열이 발생한 철근콘크리트 보에서 타이드아치 형성의 일차적 이유이다.

그림 3.18에서 횡방향력 αV와 $(1-\alpha)V$를 배제하고 그림 3.19와 같이 오직 종방향력만을 고려한다면 아치작용의 형성을 쉽게 시각화할 수 있다. 이 그림으로부터 대각균열이 발생한 후에 현저한 종방향력은 횡단면의 작용 전단력 V에 의해 유발된다는 것을 알 수 있다.

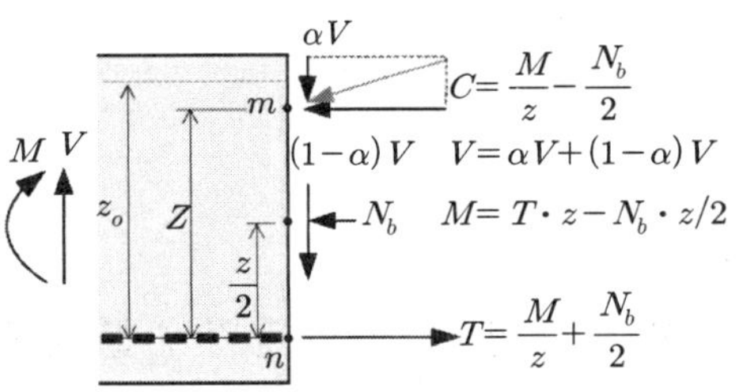

그림 3.18 **단면 합력의 최종 구성**

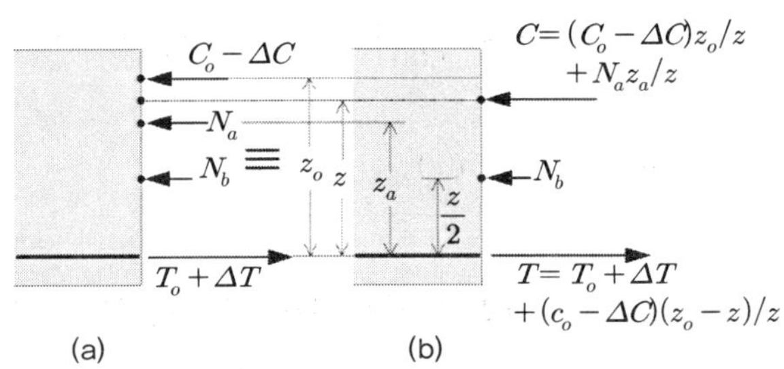

그림 3.19 **단면에서 전단 모멘트의 상호작용**

식 (3.37)에 의해 정의된 N_b는 이러한 종방향력의 일종이며, 복부 전단력 $(1-\alpha)V$에 의해 야기된다. 잔여 전단력 αV는 깊은 보(deep beams)에서 일반적 압축응력이 집중적으로 발생하는 사례처럼 압축단면 근처에 종방향력을 발생시키고, N_a는 결국 그림 3.19에서 보는 바와 같이 작용점 z에 최종 압축력 형태로 휨 압축력 C_o와 결합된다. 그러므로 z_a점에 작용하는 분력 N_a는 그림 3.19(a)에서 보는 것과 같이 z점에 가깝게 작용하며 다음 크기와 같다.

$$N_a = \alpha V \cot\theta \tag{3.42}$$

이러한 방법으로 정의된 N_a는 α가 1.0이 될 때 단순 스트럿-타이 모델과 같게 만드는 기능을 한다.

횡단면에 N_a와 N_b의 유입은 초기 우력 C_o와 T_o을 단면 평형조건을 만족하기 위해 $C_o - \Delta C$과 $T_o + \Delta T$로 조절시킨다. 이때, 압축력에서 변화량 ΔC와 인장력에서 변화량 ΔT는 다음과 같아야 한다.

$$\Delta C = \frac{1}{z_o}(N_a\, z_a + 0.5\, N_b\, z) \tag{3.43a}$$

$$\Delta T = \frac{1}{z_o}\left[N_a\,(z_o - z_a) + N_b\,(z_o - 0.5z)\right] \tag{3.43b}$$

분력 $C_o - \Delta C$와 N_a는 결국 단면의 최종 내부모멘트 팔길이 z에 최종 압축력 C의 형태로 결합된다. 여기서 그림 3.19로부터 단면의 최종 내부모멘트 팔길이 z는 다음 식이 되어야 한다.

$$z = \frac{(C_o - \Delta C)\,z_o + N_a\,z_a}{(C_o - \Delta C) + N_a} \tag{3.44}$$

위의 식은 보 횡단면에서 종방향력 평형조건으로부터 유도되었다. 한편, 식 (3.31)에 정의된 z는 수학적으로 전 지간에 따라 α가 상수라는 가정하에서 유도된 것이다. 식 (3.37), (3.42), (3.43)과 식 (3.44)에서 $z_a \cong z$ 가정을 함께 사용하고 식 (3.44)의 좌항을 식 (3.31)로 대체하면, 경사각 θ는 α와 f_1 항으로 구성된 다음 식과 같이 표현할 수 있다.

$$\cot\theta_x = \frac{M_x/(z_o R_x^{\alpha})\,(1 - R_x^{\alpha}) + 0.5\,f_1\,b_w\,z\,(3 - R_x^{\alpha})}{\alpha\,V(1 - R_x^{\alpha}) + 0.5[(1-\alpha)\,V - V_{cw}](3 - R_x^{\alpha})} \tag{3.45}$$

여기서, $R_x = \dfrac{M_x}{M_{\max}}$은 보에서 최대 단면모멘트에 대한 각 단면의 상대모멘트 비이다.

그림 3.18에서 휨모멘트 평형으로부터, 인장재의 힘은 $\dfrac{M}{z} + \dfrac{N_b}{2}$인 것을 알 수 있다. 그러므로 휨 주철근의 인장력은,

$$T_x = \frac{M_x}{z_o\,R_x^{\alpha}} + 0.5\left[((1-\alpha)\,V - V_{cw})\cot\theta_x - f_1\,b_w\,z\right] \tag{3.46}$$

위 식 (3.46)에서 $\alpha=0$, $V_{cw}=0$ 그리고 $f_1=0$일 때 주철근 인장력은 변각 트러스 모델(variable-angle truss model)의 값이 되며, 대조적으로 $\alpha=1$, $V_{cw}=0$, 그리고 $f_1=0$이면 주철근 인장력은 단순 스트럿-타이 모델의 값에 해당됨을 알 수 있다.

3) 상 · 하현재의 상대변위

앞 절 그림 3.15(e)에서 설명한 것처럼, 양단 고정조건을 갖는 상·하현재의 길이 방향으로 분포 축력(전단흐름) $(1-\alpha)V/z$의 작용에 기인한 늘어난 양, 즉 수평변위는 연속적 적분에 의해 계산할 수 있다. 각 현재의 축 강성 평가는 보의 실제 응력 분포가 상대적으로 복잡하기 때문에 적절한 가정이 요구된다. 압축현재의 유효깊이는 그림 3.20에서 표현된 것처럼 지간을 따라 직각 압축응력 블록(rectangular compression stress block)의 깊이와 같다고 가정할 수 있다. 수치적분 수행을 통해서, 지점으로부터 x만큼 떨어진 상현재 m 점에서 수평변위 u_m은 다음과 같이 유도할 수 있다.

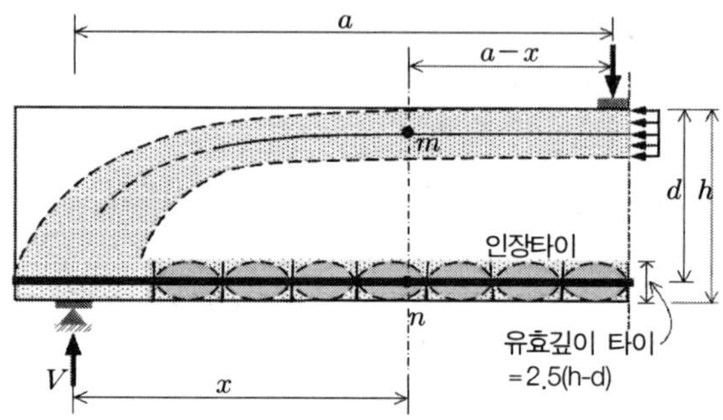

그림 3.20 **각 코드의 축 방향 강성 평가**

$$u_m=\frac{Vx}{E_cA_{cc}}\left(\frac{a}{z_o}\right)\left(\frac{1-R_x^{1-\alpha}}{2-\alpha}\right) \tag{3.47a}$$

여기서 E_c는 콘크리트 탄성계수이고 A_{cc}는 유효깊이를 사용하여 추정한 압축현재의 유효면적이다. 같은 방법으로, 즉 동일한 전단흐름과 단부 구속조건을 사용하여 인장 부재 n점에서 수평변위 u_n은 축 강성의 적절한 산정을 통해 평가될 수 있다. 인장 강성효과(tension stiffening effect)와 인장재의 유효면적은 CEB/FIP MC 90[25]의 규정을 적용하였다. 따라서 u_n은 균열 단면을 고려하지 않을 경우 다음과 같이 표현될 수 있다.

$$u_n=\frac{Vx}{E_sA_{s,eq}}\left(\frac{a}{z_o}\right)\left(\frac{1-R_x^{1-\alpha}}{2-\alpha}\right)\geq 0 \tag{3.47b}$$

여기서 $A_{s,eq} = A_s / (1 - 0.8\frac{f_{cr}}{\rho_{eff} f_y})$, ρ_{eff}는 콘크리트 면적의 유효부분에 의해 구분되는 종방향 유효인장재의 철근비이다.

4) 계수 α의 산정과 전산 알고리즘

실제 보에 제안 모델을 적용하기 위해서는, 앞 절에서 언급했던 골조작용과 골재 맞물림에 의해 전달되는 전단 성분 V_{cw}의 크기 평가가 선행되어야 한다. 그러나 실제 보에서 이 성분의 정확한 평가는 실질적으로 거의 어렵기 때문에 대안으로 단순한 경험적 표현을 사용하고자 한다. 복부철근이 없는 세장한(slender) 보에서는 아치작용

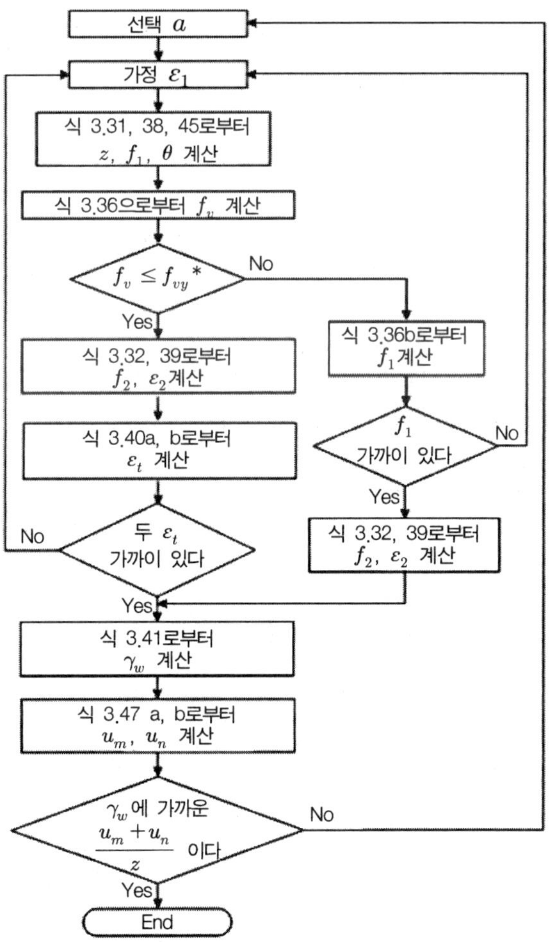

그림 3.21 해석 알고리즘의 흐름도

과 트러스작용이 거의 발생하지 않기 때문에 극한전단강도는 완전히 V_{cw}에 의존한다. 이런 이유로, 가장 작다고 알려진 ACI-318[23]의 전단강도를 단순하게 실용적 값 V_{cw}으로 사용하는 것은 합리적일 것이다.

$$\nu_{cw} = 0.16\sqrt{f_c'}\ (\mathrm{N/mm^2}) \tag{3.48}$$

제안 모델에서 위 값은 완전히 실용적인 평가를 위한 것이고, 복부가 얇고 스터럽비가 높은 부재에서는 V_{cw} 크기 평가가 덜 중요하기 때문에 보다 더 적절하다고 생각한다.

마지막으로, α의 크기를 결정하기 위해 필요한 관계를 유도한다. z와 γ_w를 계산하기 위해 식 (3.31)과 (3.41)을 사용하고, 식 (3.28)의 전단적합조건에 필요한 u_m과 u_n 계산을 위해 식 (3.47a)와 (3.47b)를 사용한다. α값은 결국 주어진 하중을 사용하여 스터럽을 갖는 부재의 특정 단면에서 계산할 수 있다. 순차적 과정을 그림 3.21에 표현하였다. 이러한 일련의 과정을 수작업으로 하는 것은 매우 번거로움이 있기 때문에

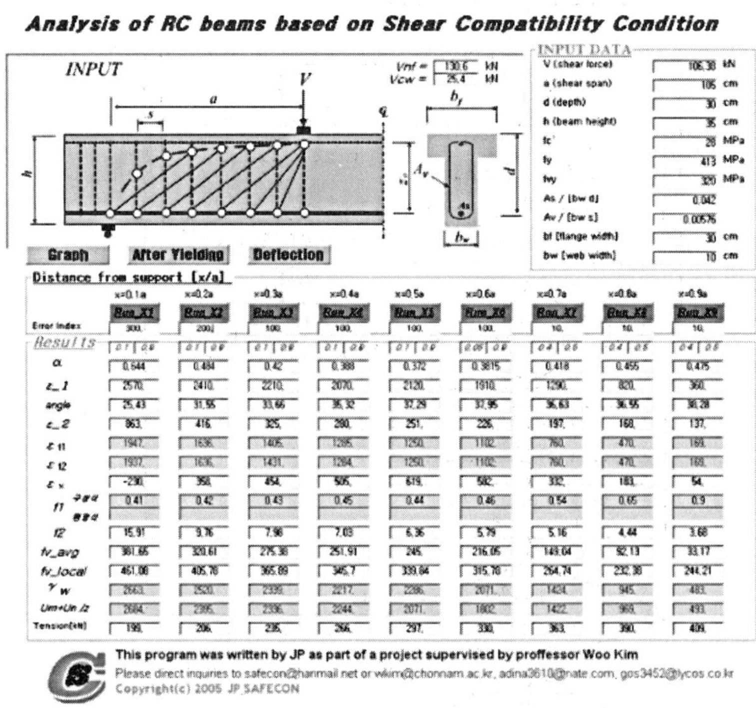

그림 3.22 **전단 호환성 조건을 기초로 한 분석 프로그램**

비주얼 베이직(Visual BASIC)을 이용하여 해석 프로그램을 제작하였다. 그림 3.22의 결과에서 보듯이 알고리즘의 해가 수렴되면 아치작용의 정량적 계수 α뿐만 아니라 균열각 θ, 주변형률, 주응력, 주철근력, 그리고 스터럽 응력까지 계산이 가능하며 지간별로 그래프로 확인할 수 있다. 이러한 해 계산과정은 복잡한 유한요소해석과 달리 쉽게 접근할 수 있는 장점이 있고 상대변위 식 (3.47)로부터 곡률을 계산할 수 있기 때문에 전단변형에 의한 처짐을 바로 계산할 수 있는 우수성을 갖고 있다 하겠다.

3.2.4 예제와 검증

1960년대 초, Leonhardt[27]는 철근콘크리트 보 전단거동의 수많은 실험에서 보의 전단강도 중 스터럽이 차지하는 유효성에 대해 실험하였다. 동일한 기하학적 제원, 그리고 복부철근과 주철근량 또한 같게 하고, 단 복부 폭만 변화를 준 4개의 보를 실험하였다. 본 연구에서는 이 실험 자료를 이용하여 앞에서 표현한 제안 모델의 검증을 위한 기본 자료로 사용하였다. 추가로 Kim, Kim and White[39]가 실험한 2개의 보 또한 전단지간에서 하중-철근이력 자료로 활용하고자 사용하였다.

1) 계수 α의 검증

균열 발생 후부터 파괴까지 몇 개의 하중 단계에서, 그림 3.21의 절차에 따라 여섯 개의 보 중앙 전단지간에서 α값을 계산하여 그림 3.23에 도시화하였다.

계산 결과로부터, 균열 발생 하중부터 파괴하중까지 α값은 하중의 증가처럼 점진적으로 증가한다. 이러한 결과는 대각균열 형성 후의 거동은 하중집중의 증가와 더불어 보작용에서 타이드아치작용으로 점차 변한다는 것을 의미한다. 바꾸어 말하면, 이러한 결과는 보에 하중이 증가하면 내부 정적구조계가 보다 강한 강성이 작동되는 부분으로 이동된다는 사실을 확인시켜 준다. 그림 3.23의 결과를 보면, 전단지간 대 유효깊이 비 a/d가 α의 크기에 영향을 미치는 가장 지배적 변수이고, α값은 a/d가 증가할수록 점진적으로 작아진다.

부재의 극한하중상태는 가장 중요한 관심사이기 때문에 각 보의 극한하중 단계에서 α값을 α_u로 정의하였다. a/d가 2인 보에서 아치작용에 의한 전단력이 전체 전단력

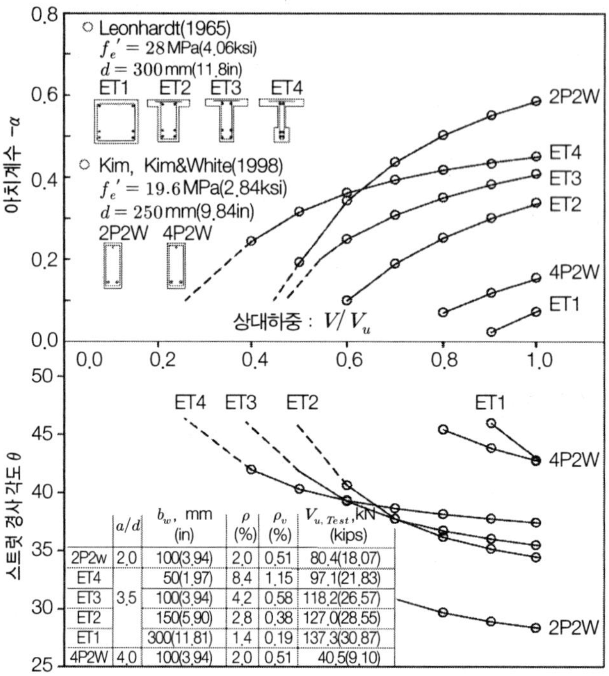

그림 3.23 **가치 전단 호환성 상태 변화량과 하중의 증가에 기초한 분석 프로그램**

의 절반보다 더 크게 차지하고 있음을 알 수 있고, 기대했던 것과 같이 타이드아치 강성이 큰 깊고 짧은 보에서는 아치작용이 지배모드임을 증명한 것이다. Leonhardt가 실험한 4개의 보 제원에서 복부 폭의 감소에 따라 α_u값은 증가하였고, ET1보의 α_u는 0.08이고 ET4 보의 α_u는 0.45로 계산됐으며, 4개 보의 α_u는 두 값 사이에서 변하는 결과로 나타났다. 이것은 작용 극한전단력의 8%에서 45%가 아치작용(콘크리트 압축영역)에 의해 저항한다는 의미이다. 이러한 α 경향은 앞 절에서 논의하였던 상·하현재와 복부 요소 사이의 상대 강성비에 의존된다는 사실과 잘 일치하는 것이다.

이것은 Leonhardt가 자신의 보고서에서 언급했듯이, 보에서 경사진 압축현재에 의해 전달되는 전단력(아치작용이 부담하는 전단력)은 전체 전단력의 15%에서 25% 정도라고 말한 것과 비교하면 가치 있는 결과이다.[28] 그리고 Taylor는 실험을 통해 콘크리트 압축영역에 의해 전달되는 전단력(아치작용이 부담하는 전단력)은 파괴에 근접함에 일정한 값을 갖는 거동과도 일치한다.

2) 철근응력

식 (3.36a)의 평형조건으로부터 유도된 스터럽 철근응력 f_ν는 복부 요소에서 평균응력으로 고려된다. 하지만 균열에서 국부 응력은 평균 응력과 다르다. 균열면에서 콘크리트 인장응력은 0이기 때문에 철근응력은 더 크게 발생하게 된다. 따라서 Belarbi와 Hsu[38]가 발전시킨 콘크리트 인장재와 철근 사이의 구성법칙과 $\varepsilon_{cr}=80\times10^{-6}$을 사용하여 유도하면 스터럽의 국부 응력 $f_{\nu o}$는 다음 식과 같다.

$$f_{\nu o}=f_\nu+\frac{f_{cr}}{\rho_\nu}\left(\frac{0.00008}{\varepsilon_t}\right)^{0.4} \tag{3.49}$$

여기서 f_{cr}은 콘크리트의 인장강도이고 $0.31\sqrt{f_c'}$ MPa $(=3.75\sqrt{f_c'}$ in psi)로 가정한다.

그림 3.24는 Leonhardt 보의 중앙 전단경간에서 스터럽 응력을 계산한 것이다. 전단균열이 발생한 후 각 하중 단계에서 두 개의 값을 도시화하였다. 즉 각 하중 단계에서 상응하는 α값을 이용하여 식 (3.36a)에 의한 평균 응력값과 식 (3.49)에 의한 국부 응력값으로 계산한 것이다. 그림에서 보듯이 실험에 의한 실측값은 각 하중 단계에서 두 값 사이에 대부분 위치하고 있다. 이 실측 자료는 Leonhardt의 논문에 수록된 각 실측값이 중앙 전단지간 근처에서 다수의 스터럽 철근응력의 값을 평균화하여 실제로

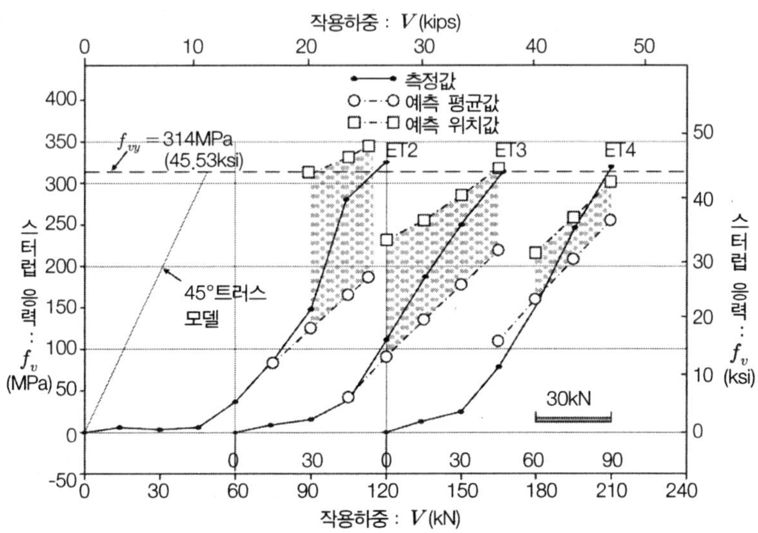

그림 3.24 **측정과 함께 예측을 강조한 스터럽 비교**

얻어진 값을 의미한다. 따라서 균열 발생 바로 직후의 각 하중 단계에서는 복부에 균열이 덜 생성되기 때문에 콘크리트에 묻혀 있는 스터럽의 평균 응력에 가깝게 고려되어야 할 것이다. 반대로 파괴하중 근처의 높은 하중 단계에서는 복부의 균열이 집중적으로 발생했기 때문에 국부 응력의 값과 가깝게 될 것이다. 이러한 복부 요소의 균열집중 상태에 따라서 하중 증가와 더불어 스터럽 철근의 응력은 평균 응력에서 국부 응력으로 변화된다는 것을 알 수 있다.

그림 3.25는 Kim, Kim and White[29]가 실험한 주철근인장력 측정 자료를 이용하여 측정값과 계산값을 보인 것이다. 그림 3.25(a)와 같이 하중 증가에 따라 측정값과 계산값이 잘 일치함을 알 수 있다. 게다가 극한하중 단계에서 전단지간을 따라 계산값의 분포가 실측값과 잘 일치하고 있다(그림 3.25(b)). 스터럽 철근과 종방향 주철근에서 평가된 정확성은 비록 계산과정이 복잡하지만 제안 모델의 합리성에 대해 강한 확신을 준다. 또한 이러한 사실로부터, 아치작용이 작용하중에 저항하는 근본적 기구이며 콘크리트 구조의 전단문제를 다루는 데 반드시 고려되어야 함을 알 수 있게 해준

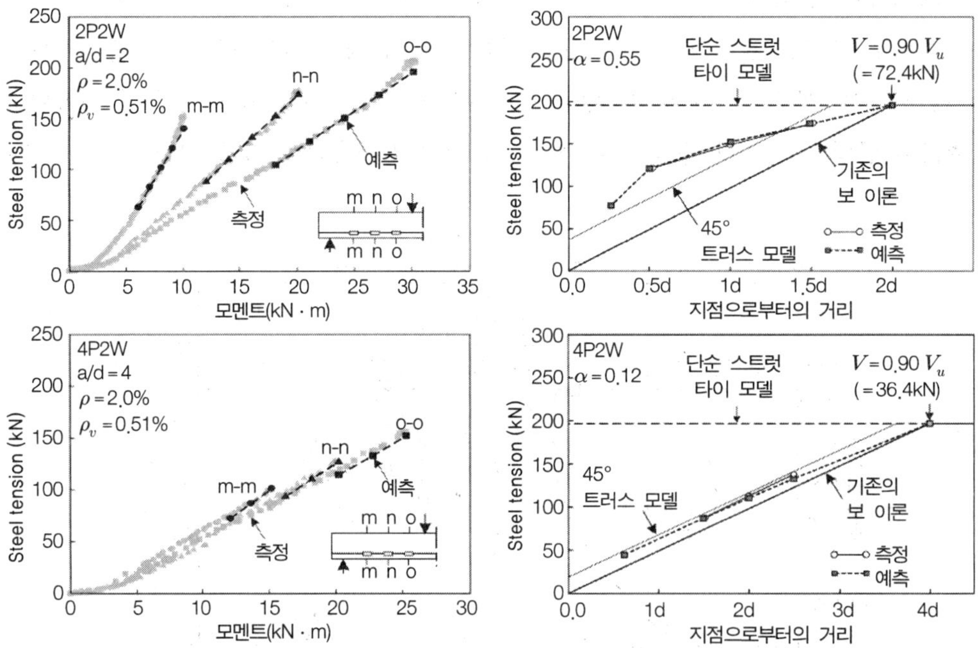

(a) 하중강도의 증가와 인장의 변화

(b) 극한하중단계 근처에서의 전단경간 내 인장분포

그림 3.25 **종방향 보강 인장을 측정한 사람들과 예측값의 비교**

다. 본 연구에서는 압괴(crushing) 또는 할렬(splitting)과 연관된 파괴 및 정착파괴는 다루지 않았다.

3.2.5 맺음말

본 연구의 목적은 휨과 전단에 지배받는 철근콘크리트 보에서 아치작용에 의한 전단기여분을 평가하는 모델을 개발하는 것이다. 전단력은 휨모멘트의 변화율이라는 관계식을 기초로, 분산 트러스 이상화 기법을 이용하여 횡단면에서 베르누이(Bernoulli) 휨 평면으로부터 전단변형 적합조건을 새롭게 유도하였다. 전단변형조건을 이용하면 보 전단거동은 타이드아치작용과 보작용의 두 성분으로 수치적 분해가 될 수 있었다. 그리고 두 기본 작용의 조합 덕분에 전단에 지배받는 보의 거동을 표현할 수 있었다. 제안 모델의 유효성은 기존 문헌에 수록된 활용 가능한 실험 자료를 통해 검증하였고, 수행 결과는 예측값과 실험값 사이에서 실질적으로 일치하는 결과를 얻었다. 결과의 정확성으로부터 제안 모델의 합리성을 확신할 수 있었다. 본 연구로부터 전단력의 내력 분포는 복부 전단 강성과 상·하현재의 축 강성 사이의 상대비율에 크게 의존한다는 것이 명료해졌다. 복부 폭이 세장한 보일수록 콘크리트 압축영역에 의해 전단저항(아치작용)이 크게 발생한다.

세장비가 같은 제원의 보에서, 아치작용에 의해 전달되는 전단력은 휨 주철근과 복부 두께에 의존하여 달라진다. 그러므로 스터럽 철근의 전단저항 효율과 콘크리트의 전단 기여도는 계수 α의 함수에 영향을 받는다. 본 연구자의 생각을 정리하면, 제안 모델은 현재의 보 전단이론들과 실험 자료를 일원적으로 이해하는 데 기본개념을 제공하며, 계수 α는 전단에 지배받는 철근콘크리트 부재의 거동을 설명하는 데 가장 결정적인 변수라 믿는다. 본 연구는 향후 다양한 부재와 실용적 적용을 위한 파괴기준 특성에 관한 연구가 더 필요하다.

3.3 변형률 기반 전단강도 모델

3.3.1 철근콘크리트 보의 전단파괴 및 주요 가정

철근콘크리트 보는 부재의 길이가 세장하므로 대부분 전단파괴 이전에 휨에 의하여 인장대가 광범위하게 휨균열 손상을 받게 된다. 이때, 휨균열 중 일부가 경사균열(inclined cracks) 또는 휨-전단균열(Flexure-shear cracks)로 성장하여 인장대를 먼저 관통하며, 그 이후 압축대를 관통하면서 콘크리트 보가 파괴된다.[40-42] 여기에서 인장대의 경사균열과 압축대의 경사균열 각도가 다르며, Zararis[42,43]는 이를 인장대 경사균열(first branch)과 압축대 경사균열(second branch)로 구분하여 정의하였다. 두 균열의 각도가 다른 이유는 경사균열면의 균열 각도는 수직응력과 전단응력의 조합에 의한 주응력 방향을 따라서 결정되는데, 중립축을 기준으로 압축대와 인장대에서 각각 압축 수직응력과 인장 수직응력이 작용하기 때문이다.

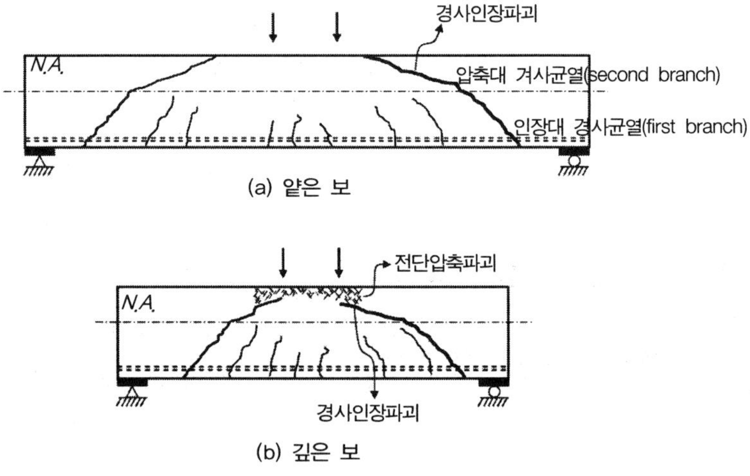

그림 3.26 **얕은 보와 깊은 보의 전단파괴 메커니즘**

한편, 철근콘크리트 보의 전단파괴 메커니즘은 전단경간비(a/d)에 크게 영향을 받는데, 일반적으로 $a/d=2.5$를 기준으로 얕은 보(slender beam)와 깊은 보(deep beam)로 나뉜다. 전단경간비(a/d)가 2.5 이상인 얕은 보의 경우 인장대의 휨균열이 경사균열로 성장한 후 압축대까지 관통하여 경사인장파괴된다(그림 3.26(a)). 반면에 전단경간비(a/d)가 2.5 이하인 깊은 보의 경우에는 인장대에서는 경사균열이 얕은 보에서와 동일하게 진전되지만, 중립축에 도달한 이후 압축대 경사균열이 충분히 펼쳐질 만큼 수평거리가 확보되지 못한다. 따라서 압축대 경사균열의 일부가 펼쳐진 이후 하중재하 지점 근처에서는 콘크리트 압축대의 상부 측이 압괴되어 전단압축파괴된다(그림 3.26(b)).[43,46]

Kotsovos[40], Zararis[42], Jelic[47]의 연구 결과에 따르면, 철근콘크리트 보의 인장대는 휨에 의해 균열 손상을 크게 받기 때문에 압축대가 큰 전단저항을 발휘한다. 그 이유는 주철근의 다월효과와 인장대의 골재 맞물림은 균열면을 따라서 전단 미끄러짐이 발생할 때 주로 발휘되는데, 경사균열이 콘크리트 압축대를 완전히 관통하기 전까지 콘크리트 압축대는 큰 손상을 받지 않기 때문이다. 콘크리트 압축대가 파괴될 때까지 경사균열면의 전단 미끄러짐이 억제되므로 전단 미끄러짐에 의한 골재 맞물림과 주철근의 다월효과는 전단저항에 크게 기여하지 못한다.[40,42,47] 반면에 콘크리트 인장대의 경사균열면에는 직교 방향으로 콘크리트 잔류 인장응력이 작용하는데, 이는 전단 미끄러짐과 무관하며 그 크기가 크지는 않지만 철근콘크리트 보의 전단저항에 기여한다.

이 장에서는 변형률 기반 전단강도 모델[48,49]에 근거하여 전단설계 방법을 제시하고 있으며, 주요 가정은 다음과 같다.

(a) 콘크리트 인장대는 휨에 의하여 휨균열 손상을 크게 받은 이후에 경사균열이 콘크리트 압축대를 관통하면서 파괴된다. 경사인장균열은 주응력 방향을 따라서 진행되며 전단경간비에 따라서 경사인장파괴 또는 전단압축파괴된다.

(b) 주철근의 다월효과는 무시하고 인장대의 골재 맞물림과 압축대의 콘크리트가 전단저항성능을 발휘한다. 주철근의 다월효과를 고려하지 않으므로 안전 측의 설계가 예측된다. 인장대의 골재 맞물림의 전단 기여도는 잔류 인장응력을 고려하여 정의하였다.

(c) 압축대의 전단강도를 산정하기 위해서는 압축대에 작용하는 전단 및 휨에 의한 복합응력을 고려해야 한다. Rankine의 파괴기준[50]을 이용하여 콘크리트 파괴를 정의하였다(그림 3.27).

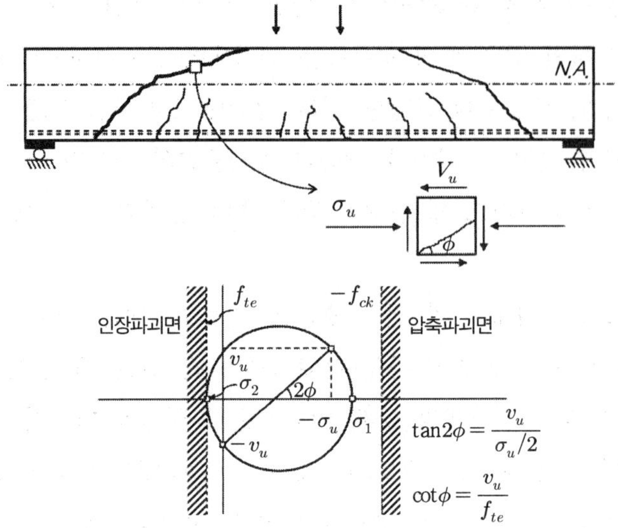

그림 3.27 **압축대 균열면의 복합응력과 Rankine 파괴기준**

3.3.2 변형률 기반 정밀전단해석 모델

1) 전단응력 성능

변형률 기반 모델에서는 압축대의 휨에 의한 압축응력과 전단응력의 상호 영향을 고려하여 전단성능을 구하며, 이 전단성능은 Rankine의 재료파괴기준[50]으로부터 유도되었다(그림 3.27). 압축대의 주응력이 콘크리트의 재료강도(f_{ck} 혹은 f_{te})에 도달하면 재료파괴가 발생하는 것으로 가정하였다. 즉, 압축대의 각 지점에 작용하는 주압축응력(σ_1)이 콘크리트 압축강도(f_{ck})에 먼저 도달하면 압축지배 전단파괴가 발생한 반면 주인장응력(σ_2)이 콘크리트 인장강도(f_{te})에 먼저 도달하면 인장지배 전단파괴가 발생한다(식 (3.50)과 (3.51)).

압축지배 전단파괴

$$\sigma_1 = -\frac{\sigma_u}{2} - \sqrt{(\frac{\sigma_u}{2})^2 + v_u^2} \le -f_{ck} \tag{3.50}$$

인장지배 전단파괴

$$\sigma_2 = -\frac{\sigma_u}{2} + \sqrt{(\frac{\sigma_u}{2})^2 + v_u^2} \le f_{te} \tag{3.51}$$

위의 재료파괴기준으로부터 전단응력성능(v_{nc}, v_{nt})은 부재 단면에 작용하는 수직응력(σ_u)의 함수로 아래와 같이 정의된다.

압축지배 전단응력성능

$$v_{cc}(z) = \sqrt{f_{ck}(f_{ck} - \sigma_u(z))} \tag{3.52}$$

인장지배 전단응력성능

$$v_{ct}(z) = \sqrt{f_{te}(f_{te} + \sigma_u(z))} \tag{3.53}$$

여기서, f_{ck} : 콘크리트 압축강도

$f_{te}[=0.21\sqrt{f_{ck}}$, f_{ck} in MPa] : 콘크리트 인장강도

2) 집중하중을 재하받는 사각단면 철근콘크리트 보

(1) 전단강도 산정

콘크리트 보에서 경사균열이 콘크리트 압축대를 관통하는 경우에는 경사인장균열파괴가 나타나고, 깊은 보의 경우 경사균열이 압축대의 일부를 관통하고 나머지 부분은 압괴에 의해서 파괴되는 전단압축파괴가 나타난다. 따라서 이 두 가지 경우에 대해서 전단강도를 구별하여 산정해야 한다. 그림 3.28은 집중하중을 재하받는 얕은 보와 깊은 보에서 경사인장파괴와 전단압축파괴 양상을 각각 보여주고 있다.

그림 3.28에서

x_1 : 지점부터 인장대 경사균열 시작점까지의 부재 방향 거리

x_1' : 지점부터 중립축까지 성장한 인장대 경사균열까지의 부재 방향 길이

x_2 : 지점부터 압축대 연단까지 관통한 경사인장균열의 끝점, 혹은 전단압축파괴면 (즉, 하중재하점)까지의 부재 방향 길이

a : 전단경간 길이

c : 콘크리트 보의 압축대 깊이

c_c : 전단압축파괴면의 깊이

d : 콘크리트 보의 유효깊이(다단 배근된 경우에는 압축대 연단에서 인장대 최외측에 배근된 주철근의 중심까지의 거리)

ϕ : 압축대 경사인장균열의 각도

C : 압축대에 작용하는 압축력

T : 주철근에 작용하는 인장력

V_n : 콘크리트 보의 전단강도

V_{ct} : 압축대 경사인장균열면의 콘크리트에 의해 발휘되는 전단강도

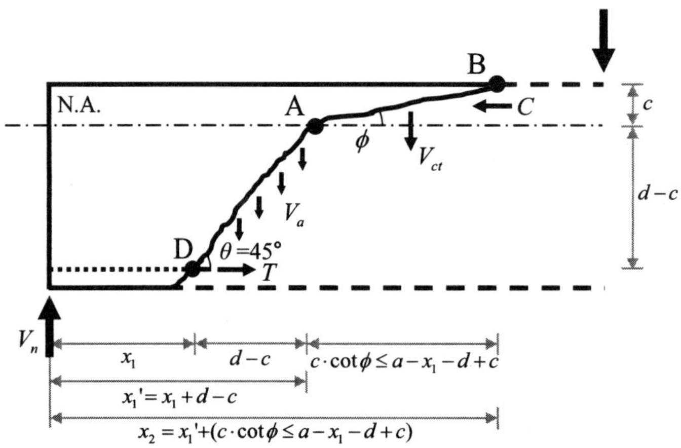

(a) 얕은 보

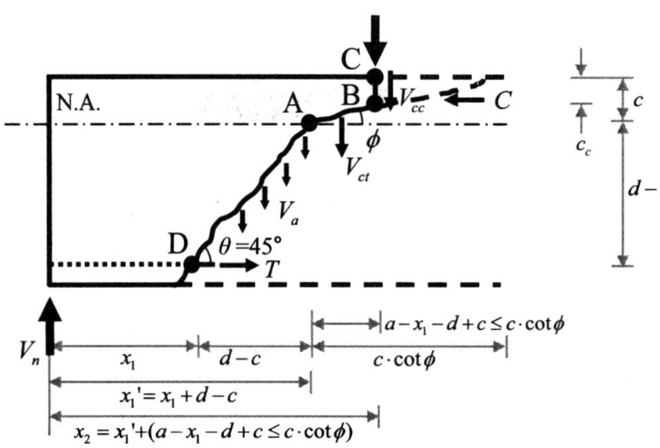

(b) 깊은 보

그림 3.28 **변형률 기반 모델의 기하학적 파괴형상**

V_{cc} : 압축대 전단압축파괴면의 콘크리트에 의해 발휘되는 전단강도

V_a : 인장대 경사균열면의 콘크리트 잔류 인장응력에 의한 전단강도

인장대의 휨-전단균열의 각도는 $\theta=45°$로 가정하였으며,[53] 압축대를 관통하는 경사균열의 각도(ϕ)는 Rankine 파괴기준[50]을 사용하여 유도된다(식 (3.71)). 이때, x_1'은 인장대 경사균열 각도가 45°이므로 $x_1 = x_1 + d - c$가 되며, x_2는 전단경간비(a/d)에 따라 경사인장균열면 전체($x_1' + c \cdot \cot\phi$)이거나 전단압축파괴면까지의 거리($x_1' + a - x_1 - d + c$)가 되므로 $x_2 = x_1' + c\cot\phi \leq x_1' + a - x_1 - d + c$로 나타낼 수 있다. 한편, 이 모델은 인장대에서 경사인장균열이 발생하여 중립축에 도달한 상태를 가정하므로 전단경간비가 매우 낮을 경우($a > x_1'$)에는 이 모델을 사용할 수 없다. 이는 대체로 $a/d < 1$에 해당된다.

그림 3.29(a)는 콘크리트 압축대의 압축응력 분포를 나타낸 것이다. 변형률 기반 모델에서 압축대 각 지점의 전단응력성능(식 (3.52), (3.53))은 압축응력의 크기에 영향을 받는데, 압축응력이 계속 변화하므로 경사균열면을 따라 전단응력 성분을 적분하여 단면의 전단강도를 산정해야 한다. 따라서 그림 3.28(b)에서 콘크리트 보 압축대의 경사인장균열면($\overline{AB}$ 면)에 작용하는 전단강도는 $V_{ct} = b\int_0^{c-c_c} v_{ct}(z)dz$이며, 전단

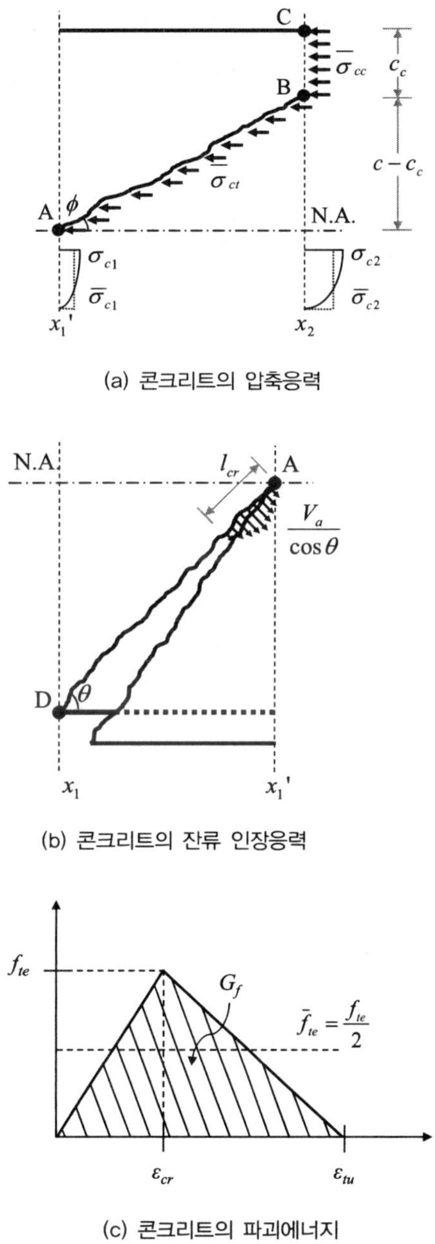

그림 3.29 압축대와 인장대의 응력 분포 및 파괴에너지

압축파괴면($\overline{BC}$ 면)에 작용하는 전단강도는 $V_{cc} = b\int_{c-c_c}^{c} v_{cc}(z)dz$ 이다. 이 모델에서는 계산의 용이성을 위해서 압축대에 대한 평균 압축응력($\overline{\sigma_{ct}}$, $\overline{\sigma_{cc}}$)을 도입하였다(그림 3.29). 이때, 전단무보강 철근콘크리트 보의 전단강도는 압축대 콘크리트와 인장대의 골재 맞물림을 고려하여 식 (3.54), 식 (3.55), 식 (3.56)으로 정의된다.

$$V_c = V_{ct} + V_{cc} + V_a \tag{3.54}$$

$$V_{ct} = k_s \sqrt{f_{te}(f_{te} + \overline{\sigma_{ct}})}\, b\,(c - c_c) \tag{3.55}$$

$$V_{cc} = \sqrt{f_{ck}(f_{ck} - \overline{\sigma_{cc}})}\, b\, c_c \tag{3.56}$$

$$V_a = \overline{f_{te}} \cos\theta\, b\, l_{cr} \tag{3.57}$$

여기서, $\overline{\sigma_{ct}}$: 압축대 경사인장균열면의 평균 압축응력

$\overline{\sigma_{cc}}$: 전단압축파괴면의 평균 압축응력

$k_s\,[= 1.2 - 0.2a \geq 0.65]$: 크기효과 계수[3)]

b : 철근콘크리트 보의 폭

$\overline{f_{te}}\,[= f_{te}/2]$: 인장대 경사균열면에 작용하는 평균 잔류 인장응력

l_{cr} : 인장대 경사균열면에 작용하는 콘크리트 잔류 인장응력대의 너비

이 모델에서는 인장지배 파괴 메커니즘에 해당하는 V_{ct} 산정 시에 콘크리트의 크기효과[42)]을 고려하였다.

파괴면에 작용하는 평균 압축응력($\overline{\sigma_{ct}}$, $\overline{\sigma_{cc}}$)은 $x_1{}'$ 위치 단면의 압축대에 작용하는 평균 압축응력 $\overline{\sigma_{c1}}$과 x_2 위치 단면의 압축대에 작용하는 평균 압축응력 $\overline{\sigma_{c2}}$과 단부 압축응력 σ_{c2}를 구한 뒤 식 (3.58)과 식 (3.59)로 정의하였다.

$$\overline{\sigma_{ct}} = \frac{1}{2}(\overline{\sigma_{c1}} + \overline{\sigma_{c2}}) \tag{3.58}$$

$$\overline{\sigma_{cc}} = \sigma_{c2} \tag{3.59}$$

이때, x_1'과 x_2 위치 단면에 작용하는 압축응력이 포물선 형태로 분포한다고 가정하면, 압축대 평균 압축응력 $\overline{\sigma_{c1}}$, $\overline{\sigma_{c2}}$과 단부의 압축응력 σ_{c2}는 단부의 압축 변형률(ε_{c1}과 ε_{c2})의 함수로 정의된다(식 (3.60)).

$$\overline{\sigma_{c1}} = [\frac{\varepsilon_{c1}}{\varepsilon_0} - \frac{1}{3}(\frac{\varepsilon_{c1}}{\varepsilon_0})^2] f_{ck} \leq 0.85 f_{ck} \quad (3.60a)$$

$$\overline{\sigma_{c2}} = [\frac{\varepsilon_{c2}}{\varepsilon_0} - \frac{1}{3}(\frac{\varepsilon_{c2}}{\varepsilon_0})^2] f_{ck} \leq 0.85 f_{ck} \quad (3.60b)$$

$$\sigma_{c2} = [2\frac{\varepsilon_{c2}}{\varepsilon_0} - (\frac{\varepsilon_{c2}}{\varepsilon_0})^2] f_{ck} \leq 0.85 f_{ck} \quad (3.60c)$$

그림 3.29(b)와 3.29(c)는 인장대 경사균열면에 작용하는 콘크리트 잔류 인장응력 분포와 파괴에너지를 나타내고 있는데, Bazant and Oh[54]의 콘크리트 균열대 재료파괴 모델(그림 3.29(c)와 식 (3.61)과 CEB-FIP[16]의 콘크리트 파괴에너지(G_f)(식 (3.62))를 이용하여 l_{cr}과 G_f를 산정하였다.

$$l_{cr} = \frac{2G_f}{f_{te}}\frac{c}{\varepsilon_{c1}} \quad (3.61)$$

$$G_f = G_{fo}(f_{cm}/f_{cmo})^{0.7} \quad (3.62)$$

여기서, G_{fo} : 최대 골재 크기에 따른 파괴에너지 계수

f_{cm} : f_{ck} +8MPa, f_{cmo} =10MPa[55]

한편, 전단보강된 철근콘크리트 보에서 수직 전단보강근비가 높지 않고 수평 전단보강근이 보의 복부에 분산되어 배근되지 않는 경우에는, 일반적으로 전단파괴에 앞서 콘크리트 인장대는 휨균열 손상을 크게 받는 반면에 압축대는 손상을 받지 않는다. 따라서 이 경우에는 부재 전체가 동일한 균열 손상(또는 변형)을 받는다는 연속체 가정을 하는 대신에, 휨균열 손상을 크게 받는 콘크리트 인장대와 손상을 받지 않는 압축대를 구분하여 콘크리트 보의 파괴 모델을 정의하고 콘크리트와 전단철근의 전단 기여도를 독립적으로 산정하는 것이 타당하다. 전단보강된 철근콘크리트 보의 전단강

도는 콘크리트의 전단강도(V_c)와 전단보강근에 의한 전단강도(V_s)의 단순 합으로 정의하였다(식 (3.63), 그림 3.30).

$$V_n = V_c + V_s \quad (3.63)$$

$$V_s = \rho_v b(d-c) f_{yt} \quad (3.64)$$

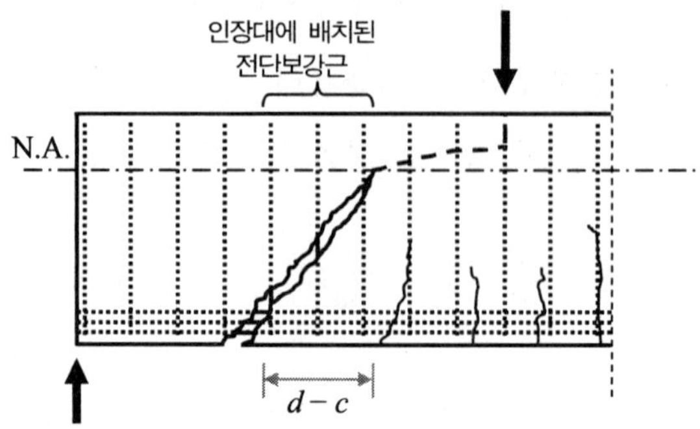

그림 3.30 **철근콘크리트 보 전단보강근의 전단저항**

여기서, V_s : 전단보강근에 의한 전단강도

$\rho_v [= A_v/(b \cdot s)]$: 전단보강 철근비

f_{yt} : 전단철근의 항복강도

이 모델에서는 인장대($d-c$영역)에 배치된 전단보강근의 기여도만을 고려하였는데 그 이유는 다음과 같다. 첫째, 인장대는 휨균열 손상 이후부터 균열폭이 계속 벌어지므로 보의 전단파괴 이전부터 전단보강근이 전단저항을 발휘하게 되는 반면 압축대는 압축응력을 재하받으며 전단파괴 이전까지는 균열폭이 벌어지지 않으므로 전단저항을 발휘할 수 없다. 둘째, 콘크리트 보의 압축대에 경사인장균열이 발생하면 압축대 깊이가 줄어들므로 휨압축력에 대한 힘의 평형이 이뤄지지 않기 때문에 균열 발생과 동시에 전단파괴가 발생한다. 따라서 압축대 경사인장균열면을 관통하는 전단보강근의 전단저항 기여도는 고려하지 않는다. 그래서 경사균열이 인장대를 관통하는 구간인 $d-c$에 배치된 전단보강근을 고려하여 전단강도는 식 (3.64)로 정의하였다(그림 3.30).

전단보강근의 기여도가 증가하면 철근콘크리트 보의 전단강도가 증가한다(식 (3.63)). 그러나 기존 실험연구 결과[48]에 따르면, 전단보강량이 증가하더라도 전단강도는 계속 증가하지 않고 일정한 한계를 가지며 전단보강량 비가 큰 경우에는 하중점 근처의 압축대에 압축파괴가 발생한다. 이때, 하중점 근처에 다양한 방향의 인장균열이 존재하는데, 모든 인장균열의 위험단면에 대하여 전단파괴가 검토되어야 한다. 그 중 부재 수직 방향의 인장균열은 전단보강근과 평행하므로 전단철근의 기여도를 고려할 필요가 없다. 압축대의 인장균열이 발생할 수 있는 공간이 없기 때문에 압축대에 압축파괴가 발생하므로 콘크리트 압괴 메커니즘(식 (3.56))과 $c_c = c$를 가정하여, 최대 전단강도는 $V_{\max} = \sqrt{f_{ck}(f_{ck} - \overline{\sigma_{cc}})}\,bc$로 정의된다. 한편, 전단파괴 이전에 휨파괴가 발생하는 경우, 휨강도는 $V_y = A_s f_y jd/a$에 의해서 결정된다. 여기서 jd=압축대의 압축력과 인장대 주철근의 인장력 간의 모멘트 팔길이이다.

(2) 전단파괴면의 철근 및 콘크리트의 변형률과 압축대 깊이

x_1', x_2 위치의 단면에 작용하는 압축응력($\overline{\sigma_{c1}}$, $\overline{\sigma_{c2}}$, σ_{c2})을 산정하기 위해서는 압축대 단부의 콘크리트 압축 변형률(ε_{c1}, ε_{c2})을 구해야 한다(식 (3.60) 참조). 그림 3.31(a)에 나타난 바와 같이 수직단면 휨 변형률의 선형 분포와 변형적합성을 고려하면, 각 수직단면(그림 3.31(b)의 x_1', x_2면)의 압축대 단부 변형률은 인장대 최외측 주철근의 인장 변형률($\varepsilon_{s1(1)}$, $\varepsilon_{s2(1)}$)의 함수로 정의된다(식 (3.65)).

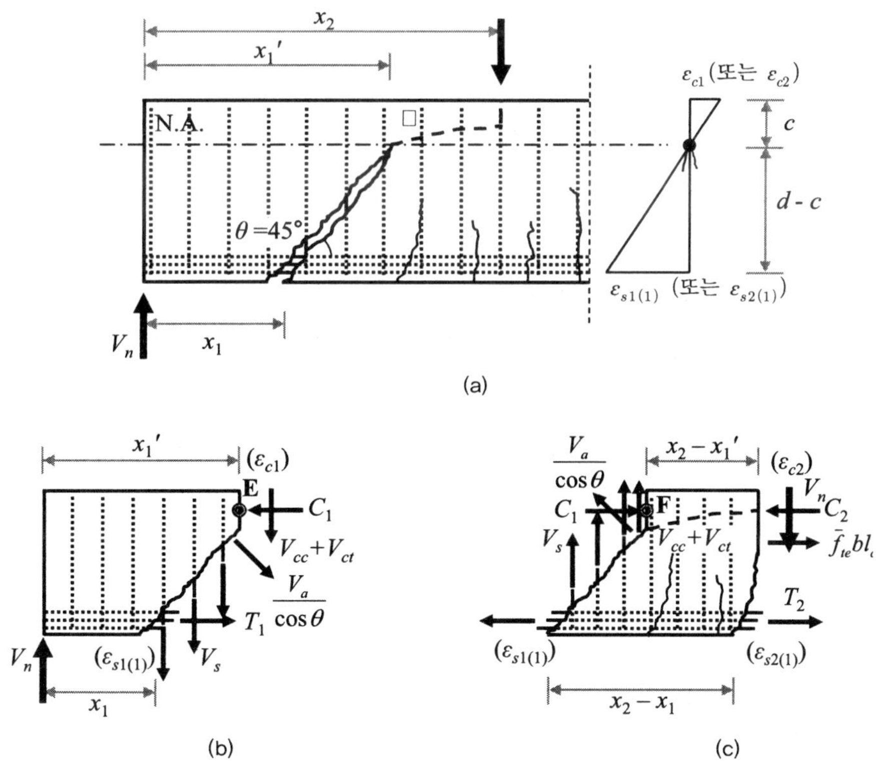

그림 3.31 **집중하중을 재하받는 철근콘크리트 보의 전단 기여도 및 자유물체도**

$$\varepsilon_{c1} = \frac{c}{d-c}\varepsilon_{s1(1)} \le 1.5\varepsilon_0 \quad (3.65a)$$

$$\varepsilon_{c2} = \frac{c}{d-c}\varepsilon_{s2(1)} \le 1.5\varepsilon_0 \quad (3.65b)$$

여기서 $\varepsilon_0[\approx 0.002]$ = 콘크리트 압축강도에 해당하는 압축 변형률

이때, x_1과 x_2 위치에서 인장대 최외단 주철근의 변형률($\varepsilon_{s1(1)}$, $\varepsilon_{s2(1)}$)을 구하기 위해서는 그림 3.31(b)와 3.31(c)에서 철근콘크리트 보 부재의 인장대 경사균열면을 따라서 구분되는 2개의 자유물체도에 대하여 모멘트 평형식(식 (3.66))을 적용해야 한다.

$$\sum M_E = V_s\frac{d-c}{2} - V_n x_1' + \sum_{i=1}^{n} T_{1(i)} jd_{(i)} + \frac{V_a}{\cos\theta}\left(\frac{l_{cr}}{2} + \frac{2}{3}c\cos\theta\right) = 0 \quad (3.66a)$$

$$\sum M_F = \sum_{i=1}^{n}(T_{2(i)} - T_{1(i)})jd_{(i)} - V_n(x_2 - x_1') - V_s\frac{d-c}{2} - V_a\frac{2-2\sec\theta}{3}c = 0 \quad (3.66b)$$

여기서, $T_{1(i)}[=\sum_{i=1}^{n} T_{1(i)}]$, $T_{2(i)}[=\sum_{i=1}^{n} T_{2(i)}]$: x_1', x_2 위치의 주철근의 인장력

$i[=1,\ 2,\ \ldots,\ n]$: 다단 배근된 주철근의 단 수($i=1$일 때 인장대 최외측 주철근을 의미)

n : 다단 배근된 주철근의 총 단수

$jd_{(i)}[\approx d_{(i)} - c/3]$: 다단 배근된 주철근에 대한 모멘트 팔길이

여기서 주철근에 작용하는 인장력($T_{1(i)}$, $T_{2(i)}$)은 다단 배근된 주철근별 단면의 변형적합성, $\varepsilon_{s1(1)} = \varepsilon_{s1(i)}(d_{(i)} - c)/(d_{(1)} - c)$을 이용하여 구할 수 있으며(식 (3.67)), 이를 모멘트 평형식(식 (3.66))에 대입하면 인장대 최외단 주철근의 변형률($\varepsilon_{s1(1)}$, $\varepsilon_{s2(1)}$)을 구할 수 있다.

$$T_{1(i)} = f_{s1(i)}A_{s(i)} = [(\varepsilon_{s1(i)} - \varepsilon_y)E_{sh} + f_y]A_{s(i)} \quad (3.67a)$$

$$T_{2(i)} = f_{s1(i)}A_{s(i)} = [(\varepsilon_{s1(i)} - \varepsilon_y)E_{sh} + f_y]A_{s(i)} \tag{3.67b}$$

여기서, $f_{s1(i)}$, $f_{s2(i)}$: x_1', x_2 위치의 주철근 인장응력

$A_{s(i)}[=\rho_{lt(i)}bd_{(i)}]$: i단에 배근된 주철근 면적

$\rho_{lt(i)}$: 인장 측 i단에 배근된 주철근비

$d_{(i)}$: 압축대 연단에서 i단에 배근된 주철근 중심까지의 유효깊이

E_{sh} : 주철근의 인장경화를 고려한 탄성계수

한편, 이 연구에서는 철근의 변형경화를 고려하였고, 이를 위하여 그림 3.32와 같이 주철근의 응력-변형률 곡선을 정의하였다. 이때, E_{sh}는 주철근이 탄성 범위일 경우에는 $E_{sh} = E_s$, 비탄성 범위일 경우에는 $E_{sh} = 0.01E_s$로 사용하였다.[50)] 여기서 E_s [=200,000MPa]=주철근의 탄성계수이다.

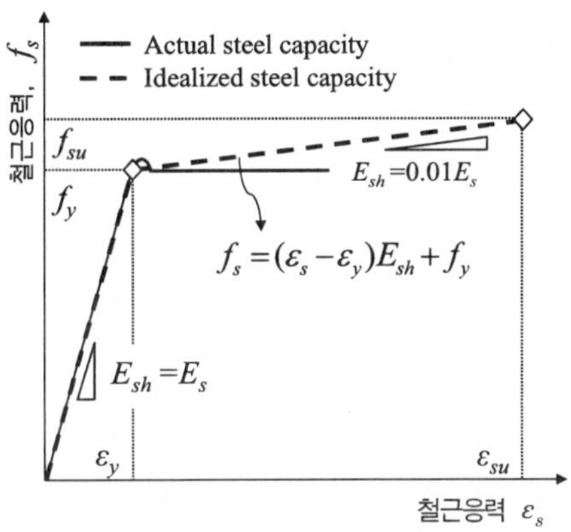

그림 3.32 **주철근의 재료성능**

이때, x_1' 위치에서 압축대 깊이(c)는 단면에 작용하는 수직력의 힘의 평형(식 (3.68))과 단면의 변형적합성, $\varepsilon_{s(1)} = (\varepsilon_{s1(1)} + \varepsilon_{s2(1)})/2 = \alpha\varepsilon_0(d-c)/c$을 이용하여 정의할 수 있다.

$$\sum F_x = C_1 - T_1 - V_a\tan\theta = 0 \tag{3.68a}$$

$$C_1 = (\alpha - \frac{\alpha^2}{3})f_{ck}bc \tag{3.68b}$$

$$T_1 = \sum_{i=1}^{n} T_{1(i)} \tag{3.68c}$$

여기서, C_1 : x_1' 위치에서 부재 단면 압축대에 작용하는 압축응력의 포물선 분포를 가정하여 산정한 압축력

α : 압축대 단부 콘크리트의 평균 압축 변형률비

식 (3.68)에서 압축대 단부 콘크리트의 평균 압축 변형률비(α)는 x_1'과 x_2 위치의 콘크리트 변형률(ε_{c1}, ε_{c2})을 이용하여 정의하였으며(식 (3.69)), 이때 ε_{c1}과 ε_{c2}는 주철근의 최외단 변형률($\varepsilon_{s1(1)}$, $\varepsilon_{s2(1)}$)을 식 (3.65)에 대입하여 구한다.

$$\alpha = \frac{\overline{\varepsilon_c}}{\varepsilon_0} = \frac{\varepsilon_{c1} + \varepsilon_{c2}}{2\varepsilon_0} \tag{3.69}$$

한편, 전단압축파괴 깊이(c_c)는 경사인장균열면의 기하학적 조건을 이용하여 정의할 수 있다(그림 3.28(b)). 이때, 압축대 경사인장균열의 각도(ϕ)는 Rankine의 재료파괴기준[50]을 사용하여 식 (3.71)로 정의된다.

$$c_c = (x_1 + d - c - a)\tan\phi + c \leq c \tag{3.70}$$

$$\cot\phi = \frac{\sqrt{f_{te}(f_{te} + \overline{\sigma_{ct}})}}{f_{te}} \tag{3.71}$$

주철근이 1단 배근된 철근콘크리트 보의 경우, 인장대 최외단 주철근의 변형률($\varepsilon_{s1(1)}$, $\varepsilon_{s2(1)}$)은 모멘트 평형식(식 (3.66))에 주철근에 작용하는 인장력($T_{1(1)}$, $T_{2(1)}$)을 나타내는 식 (3.67)을 대입하여 식 (3.72)로 간단하게 정의된다.

$$\varepsilon_{s1(1)} = \frac{V_n x_1' - V_s \dfrac{d-c}{2} - \dfrac{V_a}{\cos\theta}\left(\dfrac{l_{cr}}{2} + \dfrac{2}{3}c\cos\theta\right)}{E_s A_s jd} \tag{3.72a}$$

$$\varepsilon_{s2(1)} = \frac{V_n(x_2 - x_1') + V_s \dfrac{d-c}{2} + T_1 jd + V_a \dfrac{2 - 2\sec\theta}{3}c}{E_s A_s jd} \tag{3.72b}$$

이 연구에서는 콘크리트 인장대의 경사균열 각도(θ)는 45°로 가정하였다. 또한 주철근이 1단 배근된 철근콘크리트 보의 압축대 깊이(c)는 부재 단면 힘의 평형조건(식 (3.68))과 단면의 변형적합성을 이용하여 식 (3.73)으로 정의된다.

$$(\alpha - \frac{\alpha^2}{3})f_{ck}bc = \frac{d-c}{c}\alpha\varepsilon_0 E_s \rho_{lt} bd + V_a \tan\theta \tag{3.73a}$$

$$c = \frac{-\varepsilon_0 E_s d\rho_{lt} + V_a \tan\theta / b}{2[\alpha - (1/3)\alpha^2] f_{ck}} + \tag{3.73b}$$

$$\frac{\sqrt{[\varepsilon_0 E_s d\rho_{lt} - V_a \tan\theta / b]^2 + 4[\alpha - (1/3)\alpha^2] f_{ck} \varepsilon_0 E_s d^2 \rho_{lt}}}{2[\alpha - (1/3)\alpha^2] f_{ck}}$$

3) 분포하중을 재하받는 사각단면 철근콘크리트 보

철근콘크리트 보의 전단파괴 특성과 전단강도에 대하여 국내외적으로 많은 실험연구가 수행되어 왔지만, 분포하중의 구현이 어려워 분포하중을 재하받는 경우에 대한 실험연구는 매우 제한적이며 집중하중을 재하받는 실험체에 대한 연구가 대부분이다. 기존의 실험연구에 따르면, 분포하중을 재하받는 철근콘크리트 보는 집중하중을 재하받는 동일한 치수의 철근콘크리트 보보다 더 큰 전단강도를 발휘한다.[56)]

분포하중을 재하받는 철근콘크리트 보에서 전단경간은 $a(=M_u/V_u)$로 정의되며, 따라서 콘크리트 보의 부재 길이(l)의 1/4배로 산정된다.[57,58)] 이러한 이유로 현행 설계기준(ACI 318) 또는 Eurocode[41)]에서 전단경간은 $a=(1/4)l$로 사용하며, 지점 근처의 하중은 지점으로 직접 전달되는 것으로 가정한다. 그 이외에는 집중하중을 재하받는 콘크리트 보와 동일한 방법으로 분포하중을 재하받는 콘크리트 보의 전단강도를 산정하고 있다.

본 모델에서는 분포하중을 재하받는 경우에 집중하중을 재하받는 사각단면 콘크리트 보에 대하여 개발된 설계 방법과 해석 알고리즘을 그대로 사용하였다. 또한 현행 설계기준과 마찬가지로 지점 근처의 하중은 지점으로 직접 전달되고 전단경간은 $a=(1/4)l$을 가정하였다.

(1) 전단강도 산정

분포하중을 재하받는 철근콘크리트 보는 같은 크기의 집중하중을 재하받는 철근콘크리트 보보다 큰 전단저항성능을 발휘하는데, 그 이유 중 하나는 분포하중 중에서 일부는(그림 3.33(a)의 x_2 구간의 분포하중) 부재의 주경사균열을 통하여 전달되지 않고 지점으로 바로 전달되기 때문이다.

분포하중을 재하받는 철근콘크리트 보의 최대 하중(V_{pred})은 압축대 콘크리트와 전단보강 철근에 의한 전단강도(식 (3.63))과 지점으로 바로 전달되는 등분포하중($w_u x_2$)의 합으로 정의하였다.

$$V_{pred} = V_n + w_u x_2 \tag{3.74}$$

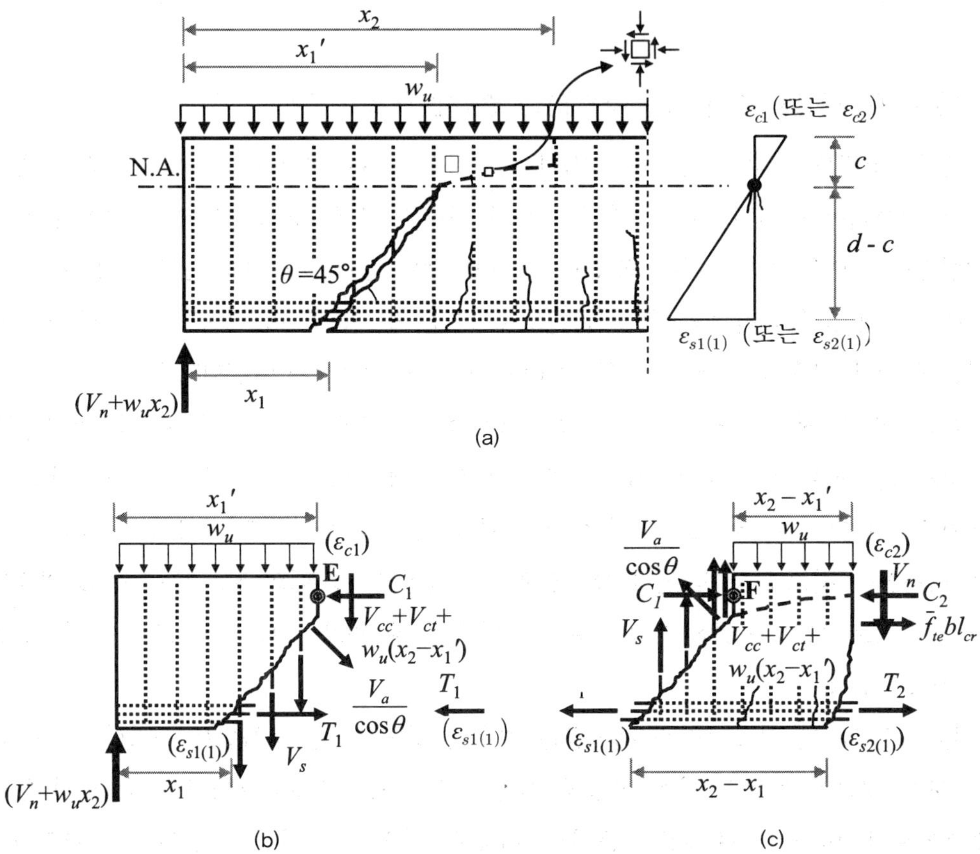

그림 3.33 **분포하중을 재하받는 철근콘크리트 보의 전단 기여도 및 자유물체도**

(2) 전단파괴면의 철근 및 콘크리트의 변형률과 압축대 깊이

분포하중을 재하받는 철근콘크리트 보는 집중하중을 재하받는 철근콘크리트 보와 하중조건이 다르기 때문에 그림 3.31 대신에 그림 3.33을 이용하여 모멘트 평형식을 산정한다. 따라서 집중하중을 재하받는 경우와 달리 식 (3.66) 대신에 식 (3.75)로 모멘트 평형식이 정의된다.

$$\sum M_{\mathrm{E}} = V_s \frac{d-c}{2} - (V_n + w_u x_2) x_1{}' + \sum_{i=1}^{n} T_{1(i)} jd_{(i)} + \frac{V_a}{\cos\theta}\left(\frac{l_{cr}}{2} + \frac{2}{3} c\cos\theta\right) + w_u \frac{(x_1{}')^2}{2} = 0 \tag{3.75a}$$

$$\sum M_{\mathrm{F}} = \sum_{i=1}^{n} (T_{2(i)} - T_{1(i)}) jd_{(i)} - V_n (x_2 - x_1{}') - V_s \frac{d-c}{2} - V_a \frac{2 - 2\sec\theta}{3} c - w_u \frac{(x_2 - x_1{}')^2}{2} = 0 \tag{3.75b}$$

여기서, $w_u (= 2V_u / l)$: 등분포하중

집중하중을 받는 경우와 마찬가지로 다단 배근된 주철근별 단면의 변형적합성과 주철근의 인장력($T_{1(i)}$, $T_{2(i)}$)에 대한 식 (3.67), 그리고 수정된 모멘트 평형식(식 (3.75))을 이용하여 인장대 최외단 주철근의 변형률($\varepsilon_{s1(1)}$, $\varepsilon_{s2(1)}$)을 구할 수 있다.

한편, 분포하중을 재하받는 철근콘크리트 보의 압축대 연단 콘크리트의 변형률(ε_{c1}, ε_{c2}), 압축대 깊이(c), 그리고 전단압축파괴면의 깊이(c_c)는 3.3.2 2)의 식을 그대로 사용할 수 있다.

주철근이 1단 배근되었을 경우, 인장대 최외단 주철근 변형률($\varepsilon_{s1(1)}$, $\varepsilon_{s2(1)}$)은 식 (3.76)로 간단히 정의된다.

$$\varepsilon_{s1(1)} = \frac{(V_n + w_u x_2) x_1{}' - V_s \dfrac{d-c}{2} - \dfrac{V_a}{\cos\theta}\left(\dfrac{l_{cr}}{2} + \dfrac{2}{3} c\cos\theta\right) - w_u \dfrac{(x_1{}')^2}{2}}{E_s A_s jd} \tag{3.76a}$$

$$\varepsilon_{s2(1)} = \frac{V_n (x_2 - x_1{}') + V_s \dfrac{d-c}{2} + T_1 jd + V_a \dfrac{2 - 2\sec\theta}{3} c + w_u \dfrac{(x_2 - x_1{}')^2}{2}}{E_s A_s jd} \tag{3.76b}$$

이때, 압축대 깊이(c)는 식 (3.73)을 이용하여 산정한다.

한편, 그림 3.34에 제시된 바와 같이 분포하중을 재하받는 철근콘크리트 보는 집중하중을 재하받는 경우와 달리 보 윗면에 수직 분포하중을 재하받으므로 복합응력 상태가 다르다(그림 3.34(a)). 따라서 그림 3.34(b)에서 분포하중의 영향으로 Rankine의

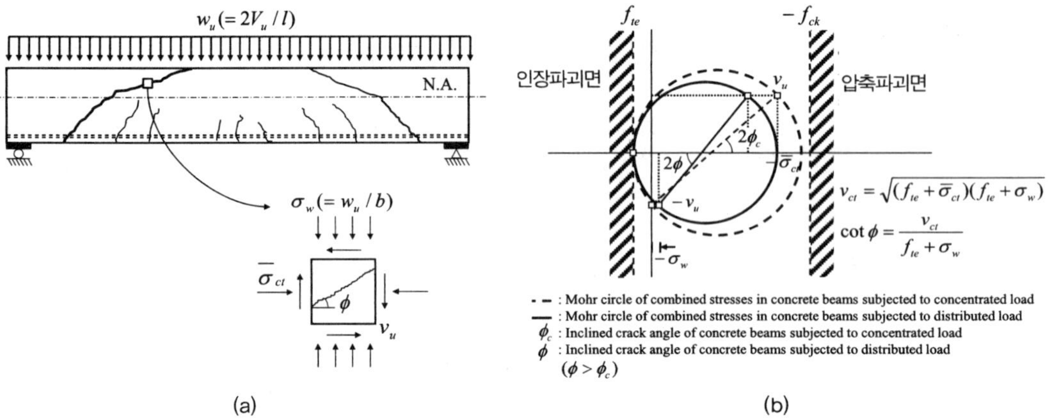

그림 3.34 **분포하중을 재하받는 철근콘크리트 보의 압축대 복합응력 및 Rankine 파괴기준**

재료파괴기준에 의해 정의되는 압축대 경사균열 각도(ϕ)가 커지며 식 (3.55)에서 전단강도는 일반적으로 감소한다.

그림 3.34(b)의 Mohr 원에서 균열 각도는 다음과 같이 나타낼 수 있다.

$$\cot 2\phi = \frac{\overline{\sigma_{ct}} - \sigma_w}{2\sqrt{(f_{te}+\overline{\sigma_{ct}})(f_{te}+\sigma_w)}} \tag{3.77a}$$

$$\cot\phi = \frac{\sqrt{(f_{te}+\overline{\sigma_{ct}})(f_{te}+\sigma_w)}}{f_{te}+\sigma_w} \tag{3.77b}$$

여기서, $\sigma_w(=w_u/b)$: 미세응력 요소에 작용하는 수직응력

또한 그림 3.34(a)에서 전단응력성능($v_u = v_{ct}$)은 Rankine 파괴기준으로부터 $v_{ct} = \sqrt{(f_{te}+\overline{\sigma_{ct}})(f_{te}+\sigma_w)}$ 로 정의된다.

4) 사각단면 프리스트레스트 콘크리트 보

(1) 전단강도 산정

프리스트레스트 콘크리트 보에서는 텐던에 의한 압축력으로 부재 단면에 압축응력이 재하되기 때문에 수직하중에 의해 발생하는 인장대의 인장응력이 줄어들어 부재의 휨강도를 증가시킨다. 또한 부재 단면에 작용하는 압축력은 철근콘크리트 보의 전단거동

과 강도에도 영향을 미친다. 국내외에서 수행된 실험연구에 따르면, 프리스트레스 텐던의 압축력은 부재의 휨강도와 전단강도를 모두 증가시키는 것으로 보고되었다.[59,60]

본 변형률 기반 전단강도 모델에서는 프리스트레스의 영향을 다음 두 가지 측면에서 고려하였다. (1) 경사진 긴장재가 사용될 경우 텐던에 의한 긴장력의 수직분력(V_p)이 부재의 전단저항에 직접 기여한다. (2) 텐던의 긴장력이 부재 전체에 압축력으로 작용하기 때문에 부재 단면의 압축대가 증가하여 콘크리트의 전단강도가 증가한다.[60] 한편, 프리스트레스트 콘크리트 보 부재의 압축대에 작용하는 압축응력은 수직하중에 의한 휨과 프리스트레스트 텐던의 압축력에 의하여 결정되기 때문에 프리스트레스트 콘크리트 보의 전단성능은 휨변형과 프리스트레스트 텐던에 의한 변형을 모두 고려해야 한다(그림 3.35).[61]

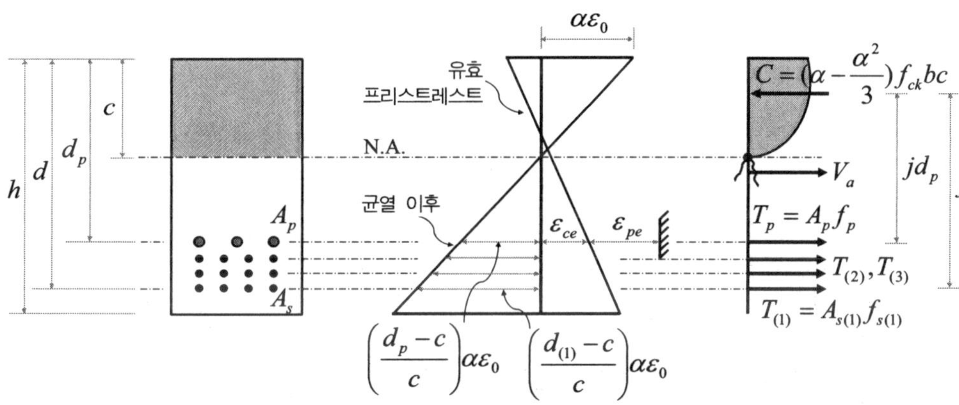

그림 3.35 **프리스트레스트 보 단면의 변형률과 응력 분포**[59]

본 모델의 프리스트레스트 콘크리트 보에서 휨-전단균열면의 전단강도는 식 (3.78)로 정의된다.

$$V_n = V_c + V_s + V_p \tag{3.78}$$

여기서, $V_p[=P_e \sin\theta_p]$: 유효프리스트레스트 힘의 수직 성분의 전단 기여분

θ_p : 경사인장재의 부재 방향 축에 대한 각도

P_e : 유효프리스트레스트 힘

$V_c[= V_{ct} + V_{cc} + V_a]$: 식 (3.54)로 정의되는 콘크리트 압축대의 전단강도

(2) 전단파괴면의 철근 및 콘크리트 변형률과 압축대 깊이

프리스트레스트 콘크리트 보는 일반적인 철근콘크리트 보와 비교하였을 때, 텐던에 의한 압축력(P_e)으로 인하여 부재의 자유물체도가 달라진다(그림 3.36). 따라서 주철근의 변형률($\varepsilon_{s1(1)}$, $\varepsilon_{s2(1)}$)을 구하기 위한 기존의 모멘트 평형식(식 (3.66))이 식 (3.79)로 수정된다.

$$\sum M_{\mathrm{E}} = V_s \frac{d-c}{2} - V_n x_1{}' + \sum_{i=1}^{n} T_{1(i)} jd_{(i)} + \frac{V_a}{\cos\theta}\left(\frac{l_{cr}}{2} + \frac{2}{3} c\cos\theta\right) + P_e jd_p + T_{p1} jd_p = 0 \quad (3.79a)$$

$$\sum M_{\mathrm{F}} = \sum_{i=1}^{n} (T_{2(i)} - T_{1(i)}) jd_{(i)} - V_n (x_2 - x_1{}') - V_s \frac{d-c}{2} - V_a \frac{2-2\sec\theta}{3} c + (T_{p2} - T_{p1}) jd_p = 0 \quad (3.79b)$$

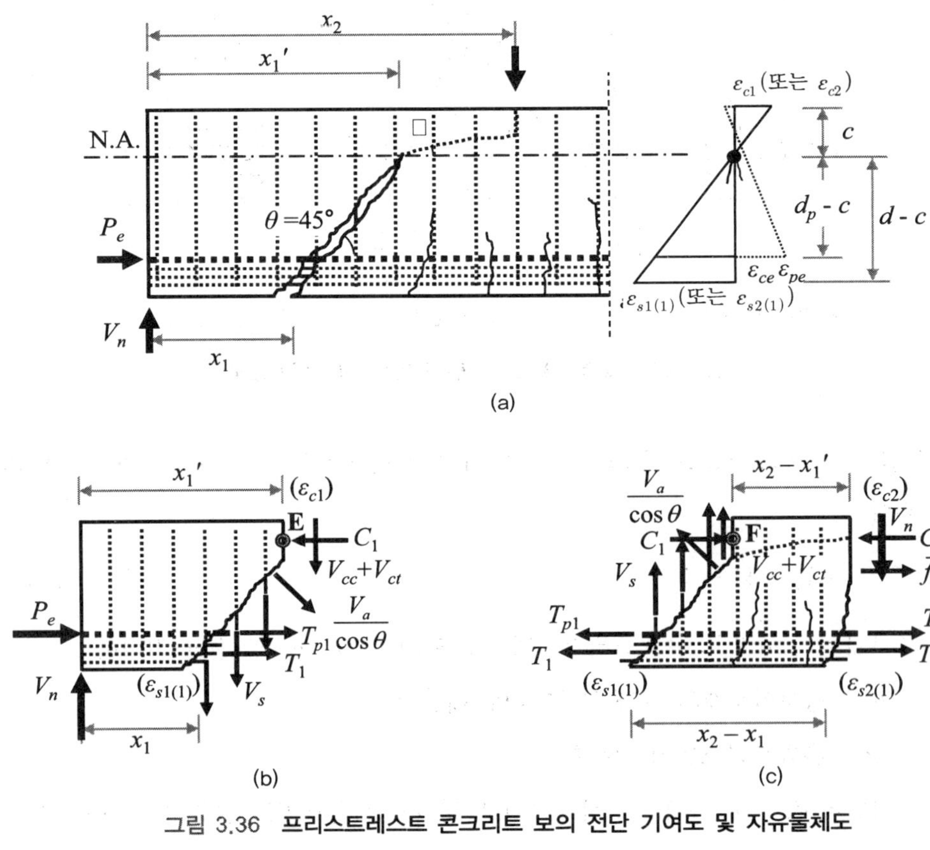

그림 3.36 **프리스트레스트 콘크리트 보의 전단 기여도 및 자유물체도**

여기서, $jd_{(i)}[=d_{(i)}-\dfrac{4-\alpha}{12-4\alpha}c]$: 프리스트레스트를 고려한 다단 배근된 주철근에 대한 모멘트 팔길이

$jd_p[=d_p-\dfrac{4-\alpha}{12-4\alpha}c]$: 텐던에 대한 모멘트 팔길이[61)]

T_{p1}, T_{p2} : x_1, x_2 위치의 텐던에 작용하는 인장

주철근의 인장력($T_{1(i)}$, $T_{2(i)}$)에 대한 식 (3.67)과 부재 단면의 변형적합성(식 (3.81))으로부터 유도된 프리스트레스트 텐던의 인장력(T_{p1}, T_{p2})에 대한 식 (3.80)을 모멘트 평형식(식 (3.79))에 대입하여 인장대 최외단 주철근의 변형률($\varepsilon_{s1(1)}$, $\varepsilon_{s2(1)}$)을 구할 수 있다.

$$T_{p1}=f_{p1}A_p=[(\varepsilon_{p1}-\varepsilon_{ps})E_{ph}+f_{ps}]A_p \tag{3.80a}$$

$$T_{p2}=f_{p2}A_p=[(\varepsilon_{p2}-\varepsilon_{ps})E_{ph}+f_{ps}]A_p \tag{3.80b}$$

$$\varepsilon_{p1}=\varepsilon_{po1}+\varepsilon_{ce}+\varepsilon_{pe}=\frac{d_p-c}{d-c}\varepsilon_{s1(1)}+\varepsilon_{ce}+\varepsilon_{pe} \tag{3.81a}$$

$$\varepsilon_{p2}=\varepsilon_{po2}+\varepsilon_{ce}+\varepsilon_{pe}=\frac{d_p-c}{d-c}\varepsilon_{s2(1)}+\varepsilon_{ce}+\varepsilon_{pe} \tag{3.81b}$$

여기서, f_{p1}, f_{p2} : x_1, x_2 위치의 텐던에 작용하는 인장응력

ε_{p1}, ε_{p2} : 텐던의 변형률

ε_{po1}, ε_{po2} : x_1, x_2 위치의 프리스트레스트 텐던의 수직하중에 의한 변형률

$\varepsilon_{pe}[=P_e/(E_pA_p)]$: 프리스트레스트 텐던에 작용하는 인장력에 의한 텐던의 변형률

$\varepsilon_{ce}[=P_e/E_c(1/(bh)+e^2/I)]$: 프리스트레스트 텐던에 작용하는 인장력에 의한 콘크리트의 압축 변형률

e : 프리스트레스트 텐던의 편심

I : 부재 단면 2차모멘트

A_p : 프리스트레스트 텐던의 면적

d_p : 콘크리트 압축대 연단에서 프리스트레스트 텐던 중심까지의 거리

f_{ps} : 파괴 시 프리스트레스트 텐던의 응력[60)]

$E_{ph}[=E_p$ 혹은 $(f_{pu}-f_{ps})/(\varepsilon_{pu}-\varepsilon_{ps})]$: 프리스트레스트 텐던의 경화를 고려한 탄성계수

E_p : 프리스트레스트 텐던의 탄성계수

f_{pu} : 프리스트레스트 텐던의 인장강도

ε_{pu} : 프리스트레스트 텐던의 인장강도에 대응하는 변형률

$\varepsilon_{ps}(=f_{ps}/E_p)$: 전단파괴 시 프리스트레스트 텐던의 변형률

이때, 텐던의 인장력(T_{p1}, T_{p2}) 산정 시 텐던의 탄성 또는 비탄성 응력을 고려해야 한다.[62)] 하지만 프리스트레스트 텐던은 고강도 재료이기 때문에 탄성한계를 지난 이후에 항복구간이 뚜렷하지 않으므로 일반 강도의 주철근과 달리 항복강도를 면밀하게 정의해야 한다. 따라서 현행 콘크리트구조기준과 도로교설계기준에서 정의하는 프리스트레스트 텐던의 응력(f_{ps})을 사용하여 2선형으로 텐던의 재료성능을 정의하였다(그림 3.37).[60)]

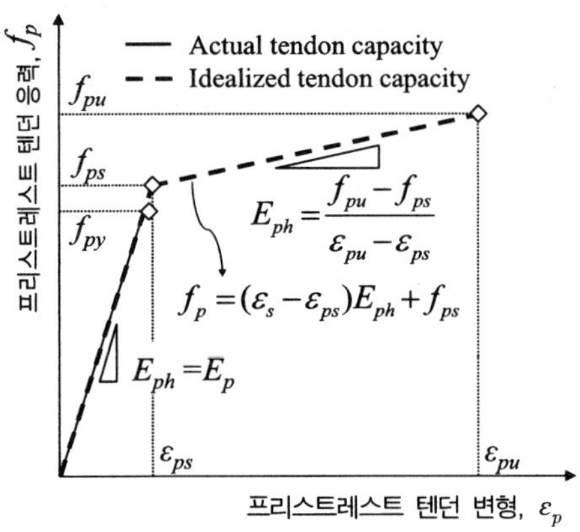

그림 3.37 **프리스트레스트 텐던의 재료성능**

부착 긴장재를 사용하였을 때,

$$f_{ps}=f_{pu}\left(1-\frac{\gamma_p}{\beta_1}[\rho_p\frac{f_{pu}}{f_{ck}}+\frac{d}{d_p}(w-w')]\right) \tag{3.82a}$$

비부착 긴장재를 사용하였을 때 ($l/d \le 35$)

$$f_{ps}=f_{pe}+70+\frac{f_{ck}}{100\rho_p} \tag{3.82b}$$

비부착 긴장재를 사용하였을 때 ($l/d > 35$, 1방향 슬래브, 무량판 구조의 경우)

$$f_{ps}=f_{pe}+70+\frac{f_{ck}}{300\rho_p} \tag{3.82c}$$

여기서, l : 부재의 경간

$\beta_1[0.65 \le 0.85 - 0.007(f_{ck} - 28) \le 0.85]$: 등가응력 블록계수

w, $w'(=\rho_{lt} f_y / f_{ck}$, $\rho_{lb} f_y / f_{ck})$: 각각 압축 및 인장 주철근의 강재 지수

$\rho_{lb}(=A_{sb}/bd)$: 압축 주철근비

γ_p : 프리스트레스트 텐던의 종류에 따른 계수로서

γ_p : 0.55($f_{py}/f_{pu} \ge 0.8$인 경우)

γ_p : 0.40($f_{py}/f_{pu} \ge 0.85$인 경우)

γ_p : 0.28$f_{py}/f_{pu} \ge 0.9$인 경우)로 정의된다.

프리스트레스트 콘크리트의 중립축 깊이(c)는 휨에 의한 단면의 변형률 이외에도 프리스트레스트 텐던의 편심압축력에 의한 단면의 변형률을 고려해야 하므로 일반(non-prestressed) 철근콘크리트 보와 달리 부재 단면의 힘의 평형식을 재유도해야 한다.

$$(\alpha - \frac{\alpha^2}{3}) f_{ck} bc = \sum_{i=1}^{n} f_{s(i)} A_{s(i)} + V_a \tan\theta + f_p A_p \qquad (3.83)$$

이때, 프리스트레스트 텐던의 변형률(ε_{p1}, ε_{p2})은 수직하중에 의한 단면의 변형률(ε_{po1}, ε_{po2})과 프리스트레스트 인장력에 의한 변형률(ε_{ce}, ε_{pe})을 고려하여 산정한다(식 3.84).

$$\varepsilon_{p1} = \varepsilon_{po1} + \varepsilon_{ce} + \varepsilon_{pe} = \frac{d_p - c}{c} \alpha \varepsilon_0 + \varepsilon_{ce} + \varepsilon_{pe} \qquad (3.84a)$$

$$\varepsilon_{p2} = \varepsilon_{po2} + \varepsilon_{ce} + \varepsilon_{pe} = \frac{d_p - c}{c} \alpha \varepsilon_0 + \varepsilon_{ce} + \varepsilon_{pe} \qquad (3.84b)$$

여기서 힘의 평형식(식 (3.83))과 단면의 변형적합성(식 (3.84))을 이용하여 압축대 깊이(c)를 산정할 수 있다.

한편, 주철근이 1단 배근된 경우, 부재 단면의 주철근과 텐던 간의 변형적합성(식 (3.81))과 모멘트 평형식(식 (3.79))을 이용하여 인장대 최외단 주철근의 변형률($\varepsilon_{s1(1)}$, $\varepsilon_{s2(1)}$)을 간단하게 정의할 수 있다.

$$\varepsilon_{s1(1)} = \frac{V_n x_1' - V_s \frac{d-c}{2} - \frac{V_a}{\cos\theta}\left(\frac{l_{cr}}{2} + \frac{2}{3} c\cos\theta\right) - P_e j d_p}{E_s A_s jd + \frac{d_p - c}{d-c} E_{ph} A_p j d_p} - \tag{3.85a}$$

$$\frac{[(\varepsilon_{ce} + \varepsilon_{pe} - \varepsilon_{ps}) E_{ph} + f_{ps}] A_p j d_p}{E_s A_s jd + \frac{d_p - c}{d-c} E_{ph} A_p j d_p}$$

$$\varepsilon_{s2(1)} = \frac{V_n (x_2 - x_1') + V_s \frac{d-c}{2} + T_1 jd + T_{p1} j d_p}{E_s A_s jd + \frac{d_p - c}{d-c} E_{ph} A_p j d_p} + \tag{3.85b}$$

$$\frac{V_a \frac{2 - 2\sec\theta}{3} c - [(\varepsilon_{ce} + \varepsilon_{pe} - \varepsilon_{ps}) E_{ph} + f_{ps}] A_p j d_p}{E_s A_s jd + \frac{d_p - c}{d-c} E_{ph} A_p j d_p}$$

또한 주철근이 1단 배근된 경우의 압축대 깊이(c)는 부재 단면의 힘의 평형식(식 (3.83))과 변형적합성(식 (3.84))을 이용하여 식 (3.86)으로 정의할 수 있다.

$$c = \frac{-[\alpha\varepsilon_0 E_s A_s - V_a \tan\theta + (\varepsilon_p E_{ph} - f_{ps}) A_p]}{2(\alpha - \frac{\alpha^2}{3}) f_{ck} b} + \tag{3.86}$$

$$\frac{\sqrt{[\alpha\varepsilon_0 E_s A_s - V_a \tan\theta + (\varepsilon_p E_{ph} - f_{ps}) A_p]^2 - 4(\alpha - \frac{\alpha^2}{3}) f_{ck} b \alpha \varepsilon_0 (d E_s A_s + d_p E_p A_p)}}{2(\alpha - \frac{\alpha^2}{3}) f_{ck} b}$$

여기서, ε_p : $\alpha\varepsilon_0 + \varepsilon_{ps} - \varepsilon_{ce} - \varepsilon_{pe}$

5) 집중하중을 재하받는 T형 철근콘크리트 보

국내외 현행 설계기준(ACI Building Code, Eurocode 2)에서는 구조계산의 안정성과 간편성을 위하여 T형 보의 전단강도 산정 시 플랜지를 고려하지 않고 복부 두께(b_w)만을 고려한다. 하지만 기존 실험연구 결과에 따르면 T형 보는 플랜지를 고려하지 않는 직사각형 단면($b_w d$)의 철근콘크리트 보보다 큰 전단성능을 발휘한다.[63)]

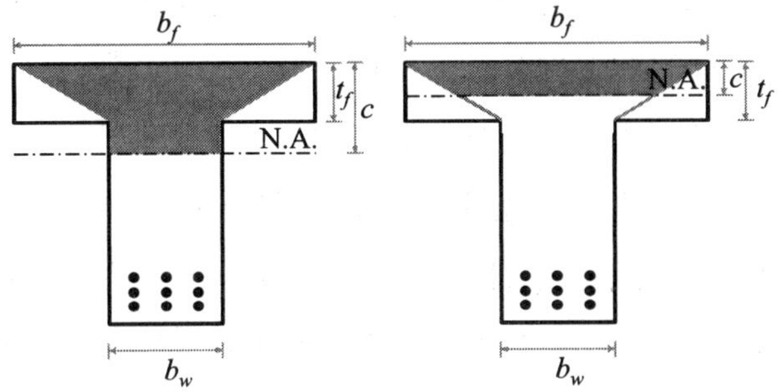

(a) Zarasis et al.[63]이 제안한 유효플랜지 면적

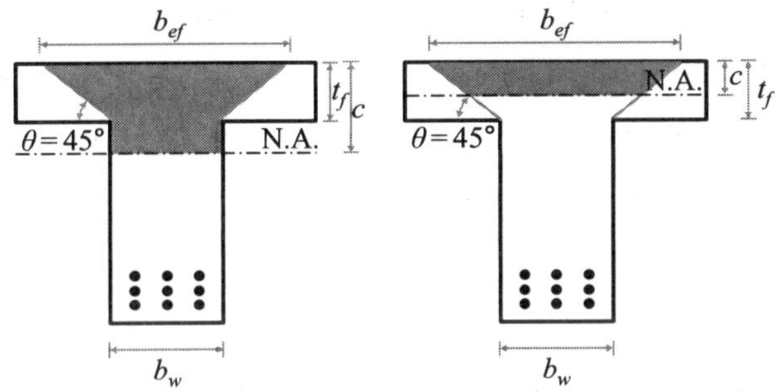

(b) Tureyen et al.[64]이 제안한 유효플랜지 면적

그림 3.38 **기존 연구자들에 의해 제시된 유효플랜지 면적 산정 개념도**

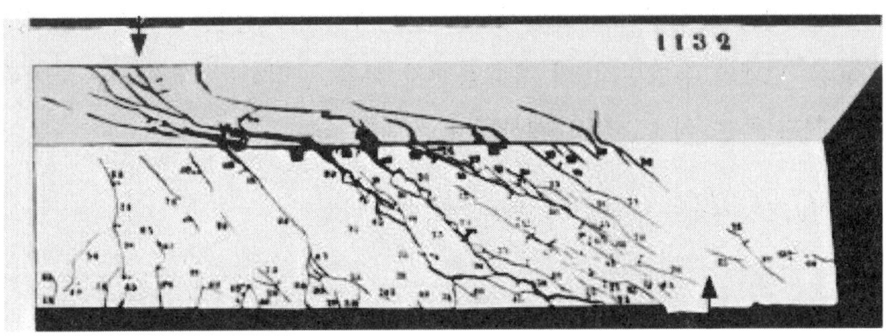

(a)

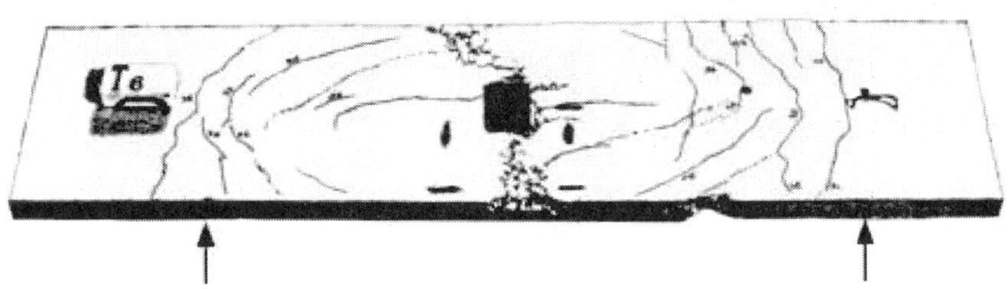

(b)

그림 3.39 **T형 보의 플랜지 전단 경사균열 양상**[66,67]

이러한 이유로 T형 보의 전단강도를 정확하게 산정하기 위하여 많은 연구자들이 유효플랜지 폭(b_f)을 다양하게 제시하고 있다. Zararis et al.[63]은 복부를 지나 플랜지 끝단을 대각선으로 잇는 단면을 전단성능 평가 시 유효플랜지로 제안하였으며(그림 3.36(a) 참조), Tureyen et al.[64]은 플랜지의 유효전단저항 면적을 평가하기 위하여 전단퍼널(shear funnel)(그림 3.38(b) 참조)을 제안하였고, 계산의 편의성을 위하여 복부와 플랜지가 만나는 부분에서 45°각도로 펼쳐지는 유효면적을 제안하였다.

한편, Kotsovos et al.[65]과 여러 연구자들[66,67]의 실험 결과에 따르면, 플랜지에서 경사균열은 부재 길이 방향뿐만 아니라 부재 직교 방향으로도 균열 각도를 가지고 균열이 진전되므로, T형 보에서 경사균열의 길이가 더 길며 하중작용점에 더 가깝게 균열이 진전된다고 보고되었다(그림 3.39). 따라서 T형 보의 파괴 메커니즘 분석과 전단강도 평가 시 경사균열 형태와 각도를 고려해야 한다.

(1) 전단강도 산정

변형률 기반 모델에서 T형 보의 전단강도에 기여하는 유효플랜지는 Tureyen et al.[64]의 연구 결과를 반영하여 복부에서 45°의 각도로 플랜지 상부로 연장되는 면적을 사용하였다. 또한 구조계산의 편의성을 위하여 삼각형 모양의 유효플랜지 대신에 등가의 면적을 갖는 사각형의 유효면적으로 환산하여 유효플랜지 폭(b_{ef})을 정의하였다. 그림 3.40은 모델의 유효면적 및 유효플랜지 폭을 산정하는 개념도를 보여주고 있으며 유효플랜지 폭은 식 (3.87)로 계산된다.

$$(b_f - b_w)/2 \geq t_f \text{인 경우 } b_{ef} = b_w + t_f \qquad (3.87a)$$

$$(b_f - b_w)/2 < t_f \text{인 경우 } b_{ef} = b_w + (2t_f - \frac{b_f - b_w}{2})\frac{b_f - b_w}{2t_f} \qquad (3.87b)$$

여기서, b_{ef} : 유효플랜지 폭

b_w : T형 보의 복부 폭

b_f : T형 보의 플랜지 폭

t_f : T형 보의 플랜지 깊이

변형률 기반 모델에서 압축대 경사인장균열면과 전단압축파괴면의 콘크리트에 의해

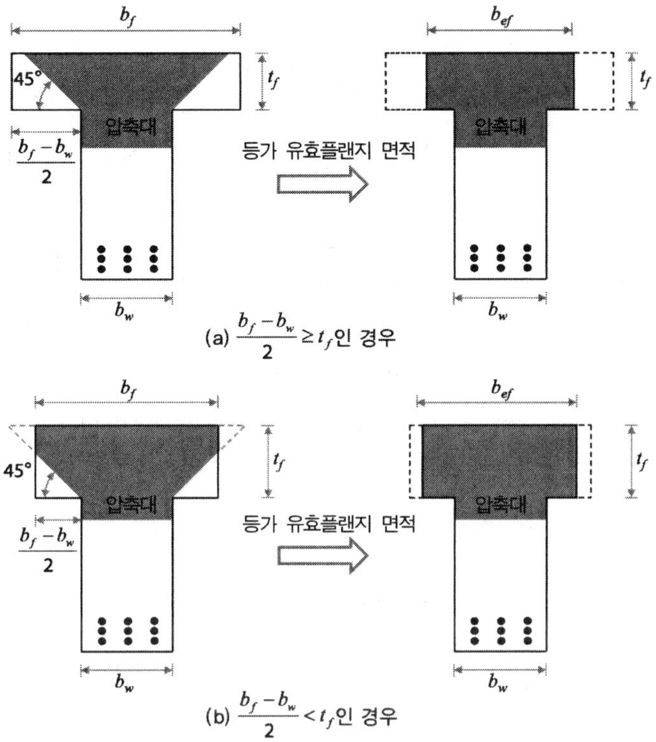

그림 3.40 **변형률 기반 모델의 T형 보 유효면적**

발휘되는 전단강도인 V_{ct}와 V_{cc}는 평균 압축응력($\overline{\sigma_{ct}}$, $\overline{\sigma_{cc}}$)이 작용하는 면의 저항성능으로서 구할 수 있다(식 (3.55), (3.56)). 그러나 T형 보의 경우 압축대의 면적이 플랜지 두께에서 유효플랜지 두께로 변화하므로 압축대의 경사균열 면적을 정확하게 구하기 위해서는 압축대 깊이(c), 전단압축파괴면 깊이(c_c), 플랜지 두께(t_f)의 크기를 비교하여 각 경우별로 면밀하게 산정해야 한다. 그림 3.40에 제시된 바와 같이 압축대 콘크리트의 전단강도(V_{ct}, V_{cc})는 세 가지의 경우로 나눠지며 식 (3.88)~(3.92)로 정의된다.

$c \leq t_f$인 경우

$$V_{ct} = k_s f_{te} b_{ef} (c - c_c) \cot\phi \tag{3.88}$$

$$V_{cc} = \sqrt{f_{ck}(f_{ck} - \overline{\sigma_{cc}})}\, b_{ef} c_c \tag{3.89}$$

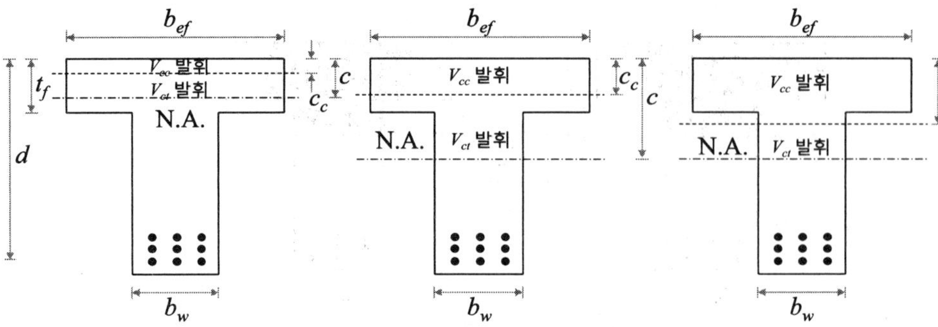

(a) $c \le t_f$　　(b) $c > t_f$와 $c_c \le t_f$　　(c) $c > t_f$와 $c_c \le t_f$

그림 3.41 T형 보 단면의 압축대 깊이와 전단압축파괴면 깊이

$c > t_f$와 $c_c \le t_f$인 경우

$$V_{ct} = k_s f_{te}[b_{ef}(t_f - c_c) + b_w(c - t_f)]\cot\phi \quad (3.90)$$

$$V_{cc} = \sqrt{f_{ck}(f_{ck} - \overline{\sigma_{cc}})}\, b_{ef} c_c \quad (3.89)$$

$c > t_f$와 $c_c > t_f$인 경우

$$V_{ct} = k_s f_{te} b_w (c - c_c)\cot\phi \quad (3.91)$$

$$V_{cc} = \sqrt{f_{ck}(f_{ck} - \overline{\sigma_{cc}})}\,[b_{ef} t_f + b_w(c_c - t_f)] \quad (3.92)$$

여기서, $\cos\phi$: $\sqrt{(f_{te} + \overline{\sigma_{ct}})/f_{te}}$

마찬가지로, T형 보 인장대 경사균열면의 콘크리트 잔류 인장응력에 의해 발휘되는 전단강도(V_a)는 압축대 깊이(c), 플랜지 두께(t_f), 인장대 경사균열면에 작용하는 콘크리트 잔류 인장응력의 분포 너비(l_{cr})의 크기를 비교하여 면밀하게 산정해야 한다. 이를 고려하면 본래 산정식(식 (3.61))은 아래와 같이 세 가지 경우로 정의된다.

$c \le t_f - l_{cr}$인 경우

$$V_a = \frac{\sqrt{2}}{4} f_{te} b_{ef} l_{cr} \quad (3.93)$$

$c > t_f - l_{cr}$ 이며 $c_c \geq t_f$ 인 경우

$$V_a = \frac{\sqrt{2}}{4} f_{te} b_w l_{cr} \tag{3.94}$$

$c > t_f - l_{cr}$ 이며 $c_c < t_f$ 인 경우

$$V_a = \frac{\sqrt{2}}{4} f_{te} [(b_{ef} - b_w)(t_f - c) + b_w l_{cr}] \tag{3.95}$$

(2) 전단파괴면의 철근 및 콘크리트의 변형률과 압축대 깊이

T형 보의 전단 경사균열은 플랜지에서 부재 길이 방향뿐 아니라 부재 직교 방향으로도 균열 각도를 가지고 진전된다[65](그림 3.39). 따라서 직사각형 콘크리트 보에 비하여 경사균열이 더 길고 하중점 근처까지 연장된다(그림 3.42). 본 모델에서는 부재 길이 방향과 직교 방향으로 동시에 성장하는 복잡한 형태의 전단파괴면을 간단하게 정의하기 위하여, 보 직교 방향으로의 압축응력을 무시하고 순수전단응력 상태를 고려하여 부재 직교 방향의 균열 각도를 45°로 가정하였다(그림 3.42).[60]

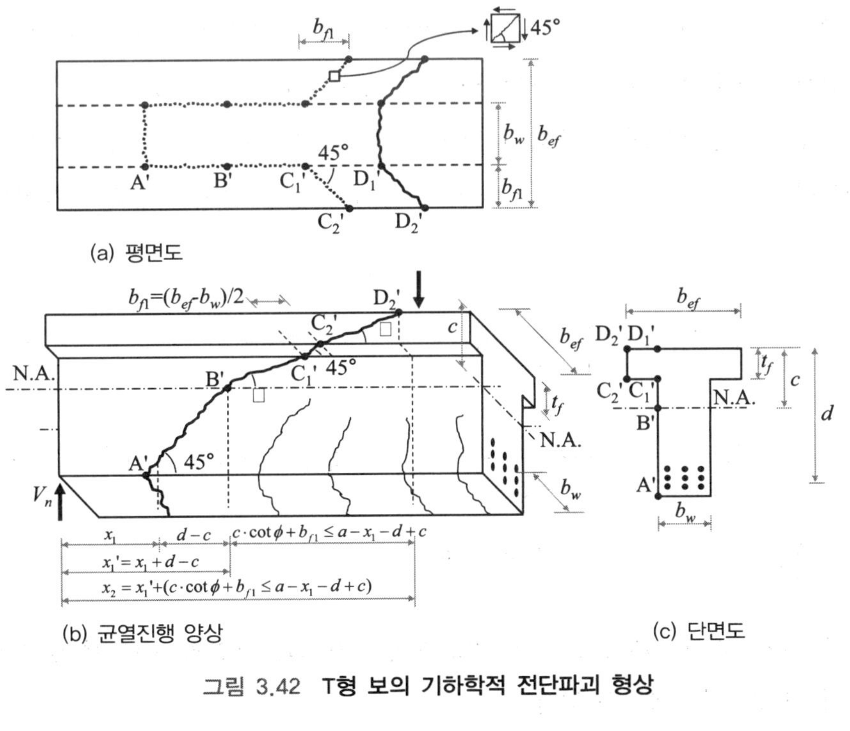

그림 3.42 **T형 보의 기하학적 전단파괴 형상**

주철근의 인장변형률($\varepsilon_{s1(i)}$, $\varepsilon_{s2(i)}$)은 변형적합성과 모멘트 평형을 이용하여 구할 수 있다. T형 보에서는 경사균열이 플랜지 직교 방향 45°각도로 진행되므로 직사각형 콘크리트 보에 비하여 경사균열이 하중 재하점으로 더 멀리 이동하게 된다. 따라서 그림 3.43에서 각 전단강도 기여도에 대한 모멘트 팔길이가 직사각형 콘크리트 보와 달라지므로 모멘트 평형식 산정 시 이를 고려해야 한다.

주철근이 다단 배근된 T형 보의 경우 인장대 최외단 주철근의 변형률($\varepsilon_{s1(1)}$, $\varepsilon_{s2(1)}$)을 구하기 위한 모멘트 평형식을 재유도하였다.

$$\sum M_{\mathrm{E}} = V_s\frac{d-c}{2} - V_n(x_1{}' + b_{f1}/2) + \sum_{i=1}^{n} T_{1(i)} jd_{(i)} + \frac{V_a}{\cos\theta}\left(\frac{l_{cr}}{2} + \frac{2}{3}c\cos\theta\right) = 0 \tag{3.96a}$$

$$\sum M_{\mathrm{F}} = \sum_{i=1}^{n}(T_{2(i)} - T_{1(i)}) jd_{(i)} - V_n(x_2 - x_1{}' + b_{f1}/2) + V_s\frac{d-c}{2} - V_a\frac{2-2\sec\theta}{3}c = 0 \tag{3.96b}$$

여기서, $b_{f1}[=(b_{ef}-b_w)/2]$: 플랜지에서 펼쳐지는 경사균열의 부재 방향 길이

여기서 주철근의 인장력($T_{1(i)}$, $T_{2(i)}$)에 대한 식(3.67)을 모멘트 평형식(식 (3.96))에 대입하여 인장대 최외단 주철근의 변형률($\varepsilon_{s1(1)}$, $\varepsilon_{s2(1)}$)을 구할 수 있다.

T형 보의 압축대 깊이(c)를 산정하기 위해서는 압축대 깊이(c)와 플랜지 두께(t_f)의 크기를 비교하여 두 가지 경우(그림 3.43)로 구분하여 부재 단면의 힘의 평형식을 유도해야 한다.

$$(\alpha - \frac{\alpha^2}{3}) f_{ck} b_{ef} c = \sum_{i=1}^{n}\frac{d_{(i)}-c}{c}\alpha\varepsilon_0 E_s A_{s(i)} + V_a\tan\theta \tag{3.97a}$$

$$(\alpha - \frac{\alpha^2}{3}) f_{ck} b_{ef} c + [\frac{c-t_f}{c}\alpha - \frac{1}{3}(\frac{c-t_f}{c}\alpha)^2] f_{ck}(b_{ef}-b_w)(c-t_f) = \sum_{i=1}^{n}\frac{d_{(i)}-c}{c}\alpha\varepsilon_0 E_s A_{s(i)} + V_a\tan\theta \tag{3.97b}$$

여기서 두 가지 경우에 대하여 힘의 평형식(식 (3.97))과 단면의 변형적합성을 이용하여 압축대 깊이(c)를 구할 수 있다.

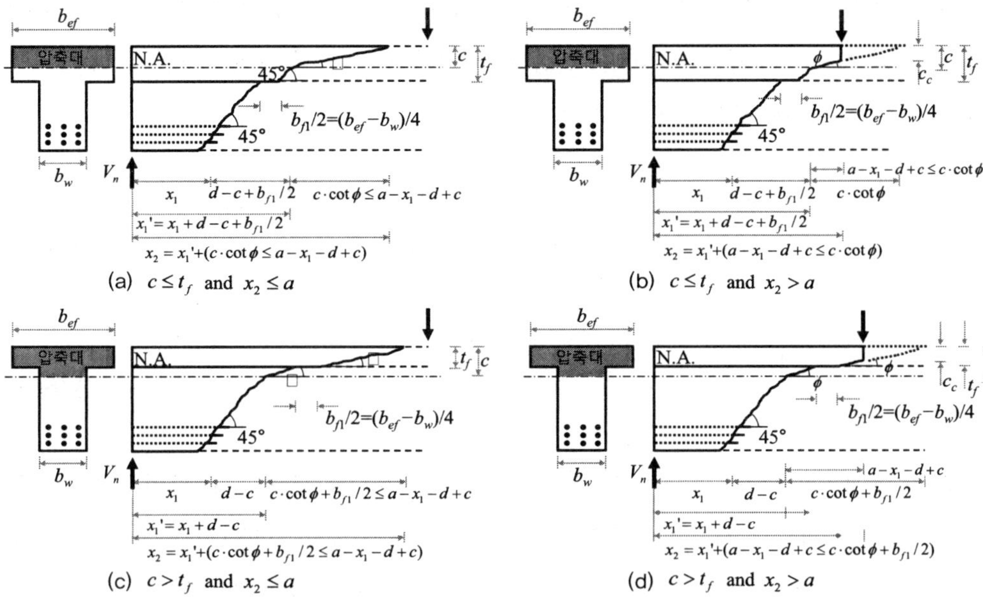

그림 3.43 **집중하중을 지배받는 T형 철근콘크리트 보의 전단 기여도 및 자유물체도**

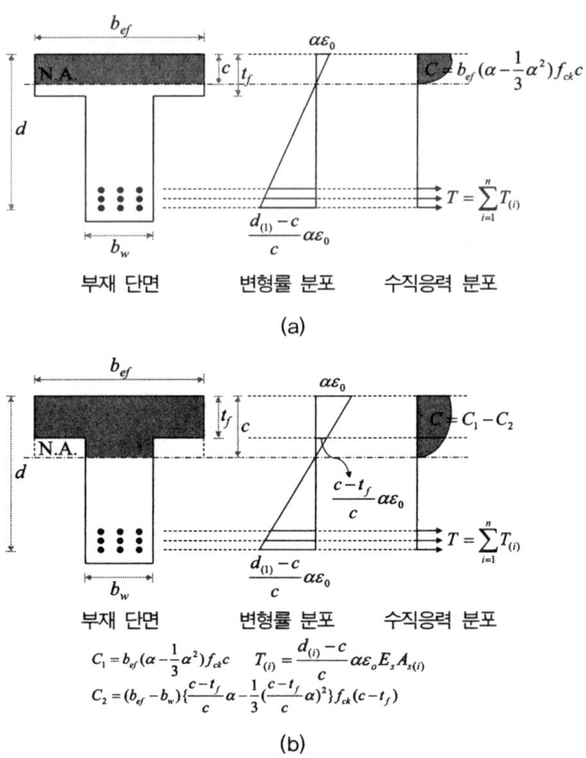

그림 3.44 **T형 보 단면의 압축대 깊이에 따른 변형률 및 응력 분포**

한편, 주철근이 1단으로 배근된 경우, 앞서 정의된 모멘트 평형식(식 (3.96))에 주철근의 인장력(식 (3.67))을 대입하면 인장대 최외단 주철근의 변형률($\varepsilon_{s1(1)}$, $\varepsilon_{s2(1)}$)은 식 (3.98)로 간단하게 정의된다.

$$\varepsilon_{s1(1)} = \frac{V_n(x_1{}' + b_{f1}/2) - V_s\dfrac{d-c}{2} - \dfrac{V_a}{\cos\theta}\left(\dfrac{l_{cr}}{2} + \dfrac{2}{3}c\cos\theta\right)}{A_sE_sjd} \tag{3.98a}$$

$$\varepsilon_{s2(1)} = \frac{V_n(x_2 - x_1{}' + b_{f1}/2) + V_s\dfrac{d-c}{2} + T_1jd + V_a\dfrac{2-2\sec\theta}{3}c}{A_sE_sjd} \tag{3.98b}$$

또한 압축대 깊이(c)는 $c \le t_f$인 경우(그림 3.44(a)), 식 (3.97a)와 단면의 변형적합성을 이용하면 식 (3.73)으로 정의된다. 그리고 $c > t_f$인 경우(그림 3.68(b)), 식 (3.97b)와 단면의 변형적합성을 이용하면 식 (3.99)로 정리되며, 위 식을 이용하여 압축대 깊이(c)를 산정할 수 있다.

$$\begin{aligned} & b_w(\alpha - \frac{1}{3}\alpha^2)f_{ck}c^3 + [(b_{ef} - b_w)(2\alpha - \alpha^2)t_f f_{ck} + A_s\alpha\varepsilon_o E_s - V_a\tan\theta]c^2 \\ & - [(b_{ef} - b_w)(\alpha - \alpha^2)t_f^2 f_{ck} - A_s d\alpha\varepsilon_o E_s]c - (b_{ef} - b_w)\frac{1}{3}\alpha^2 t_f^3 f_{ck} = 0 \end{aligned} \tag{3.99}$$

6) 반복계산 알고리즘

변형률 기반 모델에서 전단강도, 압축응력, 변형률, 압축대 깊이 등이 상호 연관되므로 반복계산이 요구된다. 이를 위하여 본 모델에서는 인장대 경사균열의 시작 위치(x_1) 등 일부 변수의 초기값을 가정하고, 이를 바탕으로 주요 변수를 순차적으로 계산한 후 경사균열의 시작 위치(x_1) 등 초기에 가정한 값을 개선하는 반복계산을 수행하며, 그 결과에 의하여 전단강도가 최종적으로 산정된다. 반복계산 알고리즘은 다음의 단계로 구성된다.

(1) 초기값 가정

(a) 경사균열의 시작 위치(x_1), 압축대 경사균열의 각도(ϕ), 압축대 깊이(c), 전단강도(V_n)의 초기값을 가정 :

$$x_1 = 0.6a - d \qquad (2 \le a/d \le 5) \tag{3.100a}$$

$$x_1 = a - 3d \qquad (a/d > 5) \tag{3.100b}$$

$$\cot\phi = \frac{\sqrt{f_{te}(f_{te} + \sigma_0)}}{f_{te}} \tag{3.101}$$

$$c = 0.3d \tag{3.102}$$

$$V_n = \frac{bh^2}{6}\frac{\sigma_0}{x_1} (= Z\frac{\sigma_0}{x_1}) \tag{3.103}$$

여기서, x_1 : Krefeld와 Thurston[68]이 제안한 값으로서 지점부터 인장대의 경사균열 시작점까지의 거리

Z : 철근콘크리트 보 수직단면에 대한 단면계수 (직사각형 단면에 대하여 $Z = bh^2/6$)

h : 철근콘크리트 보의 깊이

$\sigma_0[= f_r = 0.63\sqrt{f_{ck}}$ (MPa)] : 콘크리트 파괴강도

- 사각단면 프리스트레스트 콘크리트 보 : 철근콘크리트 보의 유효깊이(d) 대신에 텐던까지의 깊이(d_p)를 사용한다. 프리스트레스트 텐던의 위치와 각도가 변화할 때에는 각 단면별로 전단강도를 산정해야 한다.
- 집중하중을 재하받는 T형 보 : 직사각형 보와는 단면 형상을 고려하여 단면계수(Z)를 산정해야 한다.

(2) 콘크리트 및 철근의 변형률 및 압축대 응력 산정

(a) 인장대 최외단 주철근의 변형률($\varepsilon_{s1(1)}$, $\varepsilon_{s2(1)}$) 산정 :

- 집중하중을 재하받는 사각단면 철근콘크리트 보 : 식 (3.72)
- 분포하중을 재하받는 철근콘크리트 보 : 식 (3.76)
- 사각단면 프리스트레스트 콘크리트 보 : 식 (3.85)

  여기서 식 (3.85)에서 사용되는 jd_p의 경우 초기값으로 $jd_p = d_p - c/3$을 사용한다.
- 집중하중을 재하받는 T형 보 : 식 (3.98)

• 이상은 주철근이 1단 배근되었을 때의 계산식이며 다단 배근되었을 경우에는 식 (3.66), (3.67), (3.75), (3.79), (3.80), (3.81), (3.96)을 이용하여 $\varepsilon_{s1(1)}$과 $\varepsilon_{s2(1)}$을 산정한다.

(b) 압축대 단부의 콘크리트 변형률(ε_{c1}, ε_{c2}) 산정 : 식 (3.65)

(c) 압축대 단부의 콘크리트 압축응력(σ_{c1}, σ_{c2}) 산정 : 식 (3.60)

(3) 콘크리트 파괴면의 압축응력과 전단강도 산정

(a) 콘크리트 압축대의 평균 압축응력($\overline{\sigma_{ct}}$, $\overline{\sigma_{cc}}$) 산정 : 식 (3.58)과 (3.59)

(b) 압축대 주경사인장균열각(ϕ), 압축대 콘크리트 깊이(c), 전단압축파괴면 깊이(c_c) 산정 : 식 (3.71), (3.73), (3.70)

• 분포하중을 재하받는 철근콘크리트 보 : 압축대 주경사인장균열각(ϕ) 산정 시 식 (3.71) 대신 식 (3.77)을 사용한다.

• 사각단면 프리스트레스트 콘크리트 보 : 압축대 깊이(c) 산정 시 식 (3.73) 대신에 식 (3.86)을 사용한다.

• 집중하중을 재하받는 T형 보 : 압축대 깊이(c) 산정 시 식 (3.73)과 (3.99)를 사용한다.

• 이상은 주철근이 1단 배근되었을 때의 계산식이며 다단 배근되었을 경우에는 식 (3.68), (3.69), (3.84), (3.97)을 이용하여 c를 산정한다.

(c) 압축대 콘크리트의 전단강도(V_{ct}, V_{cc}) 산정 : 식 (3.55)와 (3.56)

다만 집중하중을 재하받는 T형 보의 경우, 단면의 형상을 고려하여 식 (3.88)~(3.92)를 사용한다.

(d) 인장대 콘크리트의 전단강도(V_a) 산정 : 식 (3.57)

다만 집중하중을 재하받는 T형 보의 경우, 단면의 형상을 고려하여 식 (3.93)~(3.95)를 사용한다.

(e) 전단보강근의 전단강도(V_s) 산정 : 식 (3.64)

다만 집중하중을 재하받는 T형 보의 경우, 콘크리트 보 폭(b) 대신에 웨브의 폭(b_w)을 사용한다.

(f) 전단강도(V_n) 산정 : 식 (3.78)

다만 분포하중을 재하받는 직사각형 철근콘크리트 보의 경우 식 (3.74)를 사용한다.

(4) 변수 개선 및 반복계산

(a) 경사인장균열 시작 위치(x_1) 개선 : 식 (3.103)

$$M_{cr} = \sigma_0 \frac{bh^3}{6} = V_n x_1 \tag{3.104}$$

$$x_1 = \frac{bh^2}{6} \frac{\sigma_0}{V_n} \tag{3.105a}$$

여기서 x_1는 철근콘크리트 보 인장대에서 경사균열이 발생하는 지점에서의 균열모멘트(M_{cr})와 지점에 반력으로 작용하는 전단강도(V_n)의 모멘트 평형식(식 (3.104))을 이용하여 정의하였다.

프리스트레스트 콘크리트 보의 경우, 수직하중과 더불어 텐던에 의한 압축력(P_e)이 부재 단면에 작용하기 때문에, 이를 고려하여 개선된 식은 다음과 같이 정의된다.

$$x_1 = \frac{bh^2}{6} \frac{\sigma_0}{V_n} + \frac{P_e}{V_n}(d_p - \frac{h}{3}) \tag{3.105b}$$

여기서 $x_1 \geq 0.2d$로 제안되며, 텐던에 의한 압축력을 고려한 식은 Naaman[62]의 연구결과를 반영하였다.

3.3.3 간편 설계식

1) 정밀해석에 근거한 주요 변수의 간편 설계식 도출

3.3.2에서 제안된 정밀해석법은 콘크리트 재료파괴기준에 근거하고 있으며 신뢰할 수 있는 전단강도를 예측하지만, 반복계산이 요구되므로 본 장에서는 실무에서의 사용성을 개선하기 위하여 간편식을 개발하였다. 본 모델에서는 전단경간비(a/d)에 따른 주요 변수($\overline{\sigma_{ct}}$, $\overline{\sigma_{cc}}$, c_c)의 변화를 분석하고 이를 바탕으로 간편식을 개발하였다.

그림 3.45(a)는 콘크리트 압축대의 경사인장균열면(그림 3.29(b)의 $\overline{AB}$)에 작용하는 평균 압축응력($\overline{\sigma_{ct}}$), 그림 3.45(b)는 콘크리트 압축대의 전단압축파괴면(그림 3.29(b)의 $\overline{BC}$)에 작용하는 평균 압축응력($\overline{\sigma_{cc}}$)을 각각 나타내고 있다. 그림 3.45(c)에 나타나듯이, 전단경간비(a/d)에 따라서 $a/d \geq 2.2$인 얕은 보의 경우 $c_c = 0$이며, 따라서 인장지배 파괴 메커니즘($\overline{\sigma_{ct}}$, V_{ct})이 발생하며, 반면에 $a/d < 2.2$인 깊은 보의 경우 $c_c > 0$이므로 인장지배 파괴 메커니즘($\overline{\sigma_{ct}}$, V_{ct})과 압축지배 파괴 메커니즘($\overline{\sigma_{cc}}$, V_{cc})이 동시에 발생한다.

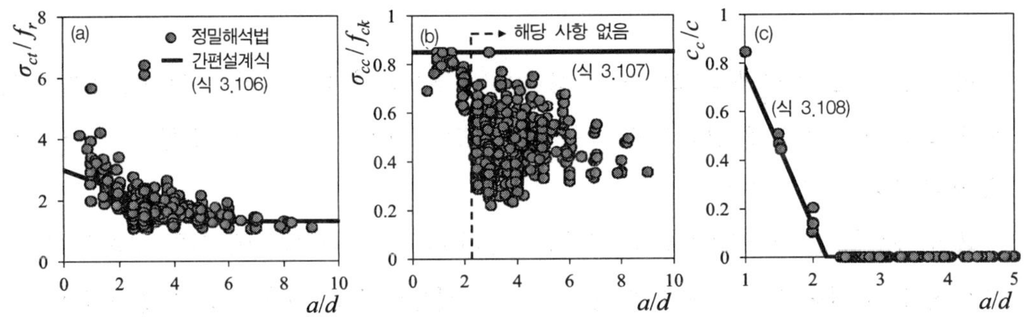

그림 3.45 **정밀해석을 통해 얻은 주요 변수($\overline{\sigma_{ct}}$, $\overline{\sigma_{cc}}$, c_c)와 전단경간비(a/d) 간의 관계(전단무보강 철근콘크리트 보)**

전단경간비(a/d)의 변화에 따른 $\overline{\sigma_{ct}}$, $\overline{\sigma_{cc}}$의 변화는 그림 3.45(a), (b)에 제시되어 있다. 이러한 결과를 바탕으로 $\overline{\sigma_{ct}}$, $\overline{\sigma_{cc}}$, c_c를 a/d의 함수로 간단히 정의하였다.

$$\overline{\sigma_{ct}} = f_r[-0.34(a/d)+3] \geq 1.3f_r \quad (3.106)$$

$$\overline{\sigma_{cc}} = 0.85f_{ck} \quad (3.107)$$

$$c_c = c[-0.65(a/d)+1.43],\ 0 \leq c_c \leq c \quad (3.108)$$

여기서, f_r : $0.63\sqrt{f_{ck}}$ (f_{ck} in MPa)

2) 전단보강된 철근콘크리트 보

그림 3.46은 전단보강된 철근콘크리트 보에서 전단경간비(a/d)에 따른 주요 변수

($\overline{\sigma_{ct}}$, $\overline{\sigma_{cc}}$, c_c)의 변화를 보여주고 있다.

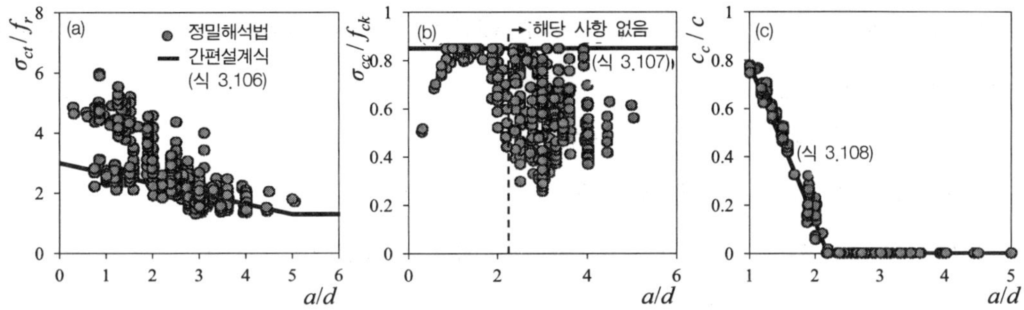

그림 3.46 **정밀해석을 통해 얻은 주요 변수($\overline{\sigma_{ct}}$, $\overline{\sigma_{cc}}$, c_c)와 전단경간비(a/d) 간의 관계(전단보강 철근콘크리트 보)**

그림에서와 같이 주요 변수들은 전단무보강 보에서와 동일한 분포를 보이고 있으며, 따라서 전단무보강 보에서 사용한 간편식(식 (3.106)~(3.108))을 그대로 사용할 수 있다.

3) 분포하중을 재하받는 철근콘크리트 보

그림 3.47은 분포하중을 재하받는 철근콘크리트 보에서 전단경간비(a/d)에 따른 주요 변수($\overline{\sigma_{ct}}$, $\overline{\sigma_{cc}}$, c_c)의 변화를 보여주고 있다. 앞서 정밀식에 의한 강도 평가 결과에 의하면, 분포하중에 의한 수직하중 $\sigma_w(=w_u/b)$은 강도 추정식(식 (3.55))에서 $\overline{\sigma_{ct}}$를

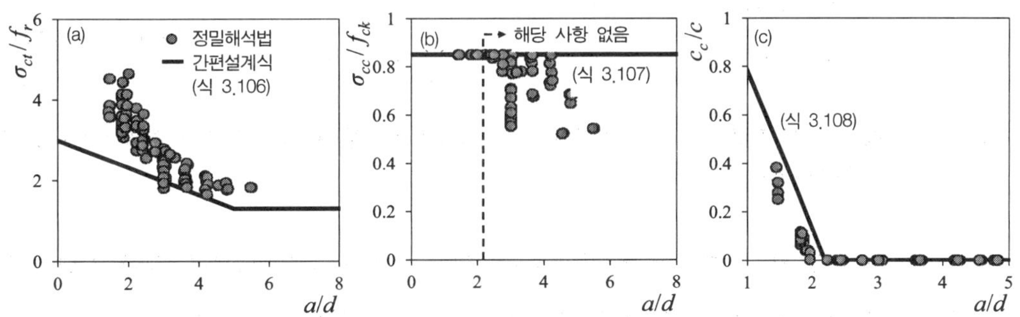

그림 3.47 **정밀해석을 통해 얻은 주요 변수($\overline{\sigma_{ct}}$, $\overline{\sigma_{cc}}$, c_c)와 전단경간비(a/d) 간의 관계(분포하중을 재하받는 철근콘크리트 보)**

증가시키는 반면에 cotϕ를 감소시키므로 그 효과가 상쇄되는 경향을 보였다. 따라서 간편식을 개발하기 위하여 $\overline{\sigma_{ct}}$와 cotϕ 산정 시 분포하중의 영향(σ_w)을 무시하고 앞서 집중하중을 재하받는 콘크리트 보에 대하여 개발된 간편식을 그대로 사용하여 $\overline{\sigma_{ct}}$, $\overline{\sigma_{cc}}$, c_c를 산정하였다.

4) 프리스트레스트 콘크리트 보

그림 3.48은 프리스트레스트 콘크리트 보에서 전단경간비(a/d)에 따른 주요 변수($\overline{\sigma_{ct}}$, $\overline{\sigma_{cc}}$, c_c)의 변화를 보여주고 있다.

프리스트레스트 콘크리트 보의 경우 전단압축파괴면 깊이(c_c)의 분포가 앞서 유도된 간편식에서 크게 벗어난다(그림 3.48(c)). 이는 프리스트레스트 텐던에 작용하는 압축력을 고려하지 않았기 때문이며, 따라서 압축력을 고려하여 변형률 기반 모델의 정밀해석 결과에 전단압축파괴면의 깊이(c_c) 산정식을 재정의하였다.

$$c_c = c\left[-0.65(a/d) + 1.43 + \frac{P_e(d_p - h/3)}{3V_y c}\right] \tag{3.109}$$

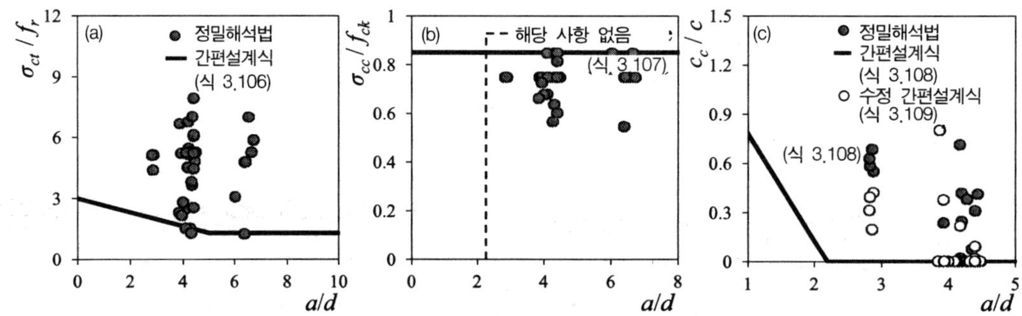

그림 3.48 **정밀해석을 통해 얻은 주요 변수($\overline{\sigma_{ct}}$, $\overline{\sigma_{cc}}$, c_c)와 전단경간비(a/d) 간의 관계(프리스트레스트 콘크리트 보)**

여기서, V_y : 프리스트레스트 텐던 또는 최외각 주철근의 휨 항복에 의한 전단강도

이 식은 앞서 3.3.3 1)~3)에서 다뤄진 부재에도 일반적으로 적용될 수 있다.

5) T형 철근콘크리트 보

그림 3.49는 집중하중을 재하받는 T형 철근콘크리트 보에서 전단경간비(a/d)에 따른 주요 변수($\overline{\sigma_{ct}}$, $\overline{\sigma_{cc}}$, c_c)의 변화를 보여주고 있다. 그림에서와 같이 주요 변수들은 집중하중을 재하받는 철근콘크리트 보에서와 동일한 분포를 보이고 있으며, 따라서 간편식(식 (3.106)~(3.108))을 그대로 사용할 수 있다.

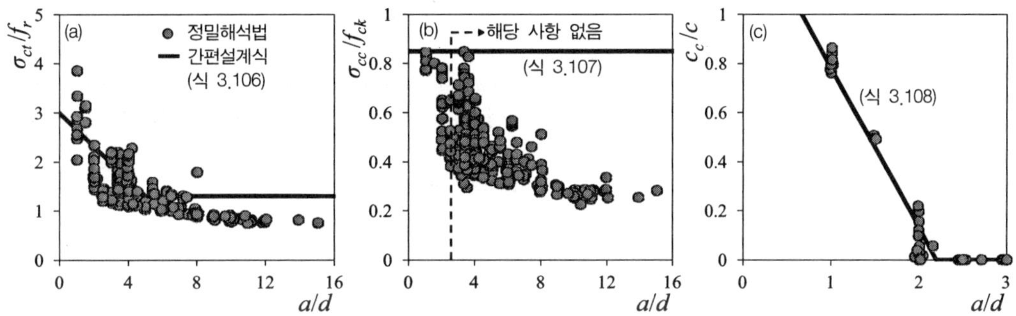

그림 3.49 **정밀해석을 통해 얻은 주요 변수($\overline{\sigma_{ct}}$, $\overline{\sigma_{cc}}$, c_c)와 전단경간비(a/d) 간의 관계(T형 철근콘크리트 보)**

6) 간편식을 이용한 전단강도

최종적으로 프리스트레스트 또는 일반 철근콘크리트 보의 전단강도 산정식은 다음과 같다.

$$V_n = V_c + V_s + V_p \tag{3.78}$$

$$V_{pred.} = V_n + w_u \min(a, 2d) \quad \text{(분포하중의 경우 사용)} \tag{3.110}$$

$$V_c = V_{ct} + V_{cc} + V_a \tag{3.54}$$

$$V_{ct} = k_s f_{te} \cot\phi A_{ct} \tag{3.111}$$

$$V_{cc} = \sqrt{f_{ck}(f_{ck} - \overline{\sigma_{cc}})}\, A_{cc} \tag{3.112}$$

$$V_a = \frac{\sqrt{2}}{4} f_{te} b_w l_{cr} \tag{3.113}$$

$$V_s = \rho_v b_w (d - c) f_{yt} \tag{3.114}$$

$$\overline{\sigma_{ct}} = f_r[-0.34(a/d)+3] \geq 1.3f_r \tag{3.106}$$

$$\overline{\sigma_{cc}} = 0.85f_{ck} \tag{3.107}$$

$$c_c = c[-0.65(a/d)+1.43+\frac{P_e(d_p-h/3)}{3V_y c}] \tag{3.109}$$

$$c = \frac{-[\alpha\varepsilon_0 E_s\rho_{lt}d - V_a/b_w + \{(\alpha\varepsilon_0+\varepsilon_p)E_{ph} - f_{ps}\}\rho_p d_p]}{2(\alpha-\frac{\alpha^2}{3})f_{ck}} + \frac{\sqrt{[\alpha\varepsilon_0 E_s\rho_{lt}d - V_a/b_w + \{(\alpha\varepsilon_0+\varepsilon_p)E_{ph} - f_{ps}\}\rho_p d]^2 - 4(\alpha-\frac{\alpha^2}{3})f_{ck}\alpha\varepsilon_0(dE_s\rho_{lt}d + d_pE_p\rho_p d_p)}}{2(\alpha-\frac{\alpha^2}{3})f_{ck}} \tag{3.115}$$

$$\alpha = \frac{2\overline{\sigma_{ct}}}{\varepsilon_o E_c} + \frac{4P_e}{f_{ck}A_g} \leq 1.5 \tag{3.116}$$

$$\cot\phi = \frac{\sqrt{f_{te}(f_{te}+\overline{\sigma_{ct}})}}{f_{te}} \tag{3.77}$$

$$l_{cr} = \frac{2G_f}{f_{te}}\frac{c}{\alpha\varepsilon_0} \tag{3.117}$$

$$G_f = G_{Fo}(f_{cm}/f_{cmo})^{0.7} \tag{3.62}$$

여기서, f_{te} : $= 0.21\sqrt{f_{ck}}$ (f_{ck} in MPa)

$E_c[= 8{,}500\sqrt[3]{f_{ck}}]$: 콘크리트 탄성계수

$A_g[= bh]$: 콘크리트 단면의 면적

V_y : 프리스트레스트 텐던 또는 최외각 주철근의 휨 항복에 의한 전단강도

V_p : 유효프리스트레스트 힘의 수직 성분에 의한 전단강도

ε_p : $\varepsilon_{ps} - \varepsilon_{pe} - \varepsilon_{ce}$

α : 압축대 단부 콘크리트의 평균 압축 변형률비로서 휨에 의한 압축응력의 선형 분포와 프리스트레스트 유효압축력에 의한 부재 단면의

힘의 균형을 이용하여 정의되었다. 주철근이 다단 배근된 경우에 압축대 깊이(c) 산정 시 평균 인장 주철근비(ρ_{lt})와 평균 유효깊이(d)를 사용할 수 있다.

A_{ct}, A_{cc} : 압축대 경사인장균열면과 전단압축파괴면의 단면적으로서 단면 형상(사각형, T형)에 따라 아래와 같이 정의된다.

- 사각단면 : $A_{ct} = b(c - c_c)$, $A_{cc} = bc_c$
- T형 단면 :

$c \le t_f$인 경우 $A_{ct} = b_{ef}(c - c_c)$, $A_{cc} = b_{ef}c_c$

$c > t_f$, $c_c \le t_f$인 경우 $A_{ct} = b_{ef}(t_f - c_c) + b_w(c - t_f)$,

$A_{cc} = b_{ef}c_c$

$c > t_f$, $c_c > t_f$인 경우 $A_{ct} = b_w(c - c_c)$,

$A_{cc} = b_{ef}t_f + b_w(c_c - t_f)$

참/고/문/헌

1) Lee, J.-Y., Kim, S.-W., and Mansour, M. Y., "Nonlinear Analysis of Shear-Critical Reinforced Concrete Beams Using Fixed Angle Theory," Journal of Structural Engineering, ASCE, Vol.137, No.10, Oct. 2011, pp.1017~1029.

2) 김상우, 변형률 적합조건을 고려한 트러스 모델에 의한 철근콘크리트 부재의 전단거동 예측, 성균관대학교, 박사학위논문, 2004. 08, p.244.

3) Vecchio, F. J. and Collins, M. P., "The Modified Compression-Field Theory for Reinforced Concrete Elements Subjected to Shear," ACI Structural Journal, Vol. 83, No. 2, Mar.-Apr. 1986, pp.219~231.

4) Collins, M. P. and Mitchell, D., "PrestressedConcrete Structures," Prentice Hall, Inc., Englewood Cliffs, New Jersey, 1991, p.766.

5) Hsu, T. T. C., "Softened Truss Model Theory for Shear and Torsion," ACI Structural Journal, Vol. 85, No. 6, Nov.-Dec. 1988, pp.624~635.

6) Hsu, T. T. C., "Nonlinear Analysis of Concrete Membrane Elements," ACI Structural Journal, Vol. 88, No. 5, Sep.-Oct. 1991, pp.552~561.

7) Pang, X. B. and Hsu, T. T. C., "Fixed Angle Softened Truss Model for Reinforced Concrete," ACI Structural Journal, Vol. 93, No. 2, Mar.-Apr. 1996, pp.197~207.

8) Hsu, T. T. C. and Zhang, L. X., "Nonlinear Analysis of Membrane Elements by Fixed-Angle Softened-Truss Model," ACI Structural Journal, Vol. 97, No. 5, Sep.-Oct. 1997, pp.483~492.

9) Li, B., Maekawa, K., and Okamura, H., "Contact Density Model for Stress Transfer Across Cracks in Concrete," Journal of the Faculty of Engineering, Vol. 40, No. 1, 1989, pp.9~52.

10) Li, B., "Shear Transfer Behavior of Cracked Concrete Under Cyclic Loading," Ph. D dissertation, University of Tokyo, 1988, p.121.

11) Kupfer, H. and Baumann, T., "Versuche zur Schubsicherung und Momentendeckung von profilierten Stahlbetonbalken," Heft 218 Deutscher Ausschub fur Stahlbeton, Ernst und Sohn, Berlin, 1972(in German).

12) Kupfer, H. and Guckenberger, K., "Versuche zur Schubtragwirkung von Profilierten Stahlbeton-und Spannbetontragern mit uberdruckten Gurtplatten," Heft 377 DeutscherAusschub fur Stahlbetonbau, Ernst und Sohn, Berlin, 1986(in German).

13) Belarbi, A. and Hsu, T. T. C., "Constitutive Laws of Concrete in Tension and Reinforcing Bars Stiffened by Concrete," ACI Structural Journal, Vol. 91, No. 4, July-Aug. 1994, pp.465~474.

14) Zhu, R. R. H., Hsu, T. T. C., and Lee, J.-Y., "Rational Shear Modulus for Smeared Crack Analysis of Reinforced Concrete," ACI Structural Journal, Vol. 98, No. 4, July-Aug. 2001, pp.443~450.

15) Belarbi, A. and Hsu, T. T. C., "Constitutive Laws of Softened Concrete in Biaxial Tension-Compression," ACI Structural Journal, Sep.-Oct. 1995, pp.562~573.

16) Taub, J. and Neville, A. M. "Resistance to Shear of Reinforced Concrete Beams," ACI Journal, Proceedings Vol. 57, Aug. 1960, pp.193~220.

17) Wilby, C. B. "The Strength of Reinforced Concrete Beams in Shear," Magazine of Concrete Research(London), No. 7, Aug. 1951, pp.23~30.

18) Al-Alusi, A. F., "Diagonal Tension Strength of Reinforced Concrete T-Beams with Varying Shear Span," ACI Journal, Proceedings Vol. 53, No. 11, May 1957, pp.1067~1077.

19) Bernander, K. G., "An Investigation of the Shear Strength of Concrete Beams Without Stirrups or Diagonal Bars, Reinforced with High Tensile Steel with Various Rib Patterns," RILEM Symposium on Bond and Crack Formation in Reinforced Concrete, Stockholm, 1957, pp.211~214.

20) Kong, P. Y. L. and Rangan, B. V., "Shear Strength of High-Performance Concrete Beams," ACI Structural Journal, Vol. 95, No. 6, Nov.-Dec. 1998, pp.677~688.

21) ASCE-ACI Committee 445, "Recent approaches to shear design of structural concrete," Journal of Structural Engineering, ASCE, Vol. 124, No. 5, 1998, pp.1375~1417.

22) ASCE-ACI Committee 426, "The shear strength of reinforced concrete members," Journal of Structural Division, ASCE, Vol. 99, No. 6, 1973, pp.1091~1187.

23) ACI Committee 318, "Building Code Requirement for Reinforced Concrete and Commentary (318R-99)," ACI, Detroit, M.I. 1999, p.391.

24) Commission of the European Communities, Eurocode No. 2 : Design of Concrete Structures, Part 1 : General rules and Rules for Buildings, ENV 1992-1-1, 1991, p.253.

25) Comite Euro International Du Beton (CEB/FIP), CEB-FIP Model Code for Concrete Structures, Bulletin d'Information No. 124/125, 1990, p.437.

26) Ramirez, J. A., and Breen, J. A., "Evaluation of a modified truss-model approach for beams in shear," ACI Structural Journal, Vol. 88, No. 5, Sept.-Oct. 1991, pp.562~571.

27) Lorentsen, M., "Theory for the Combined Action of Bending Moment and Shear in Reinforced Concrete and Prestressed Concrete Beams," ACI Journal, Vol. 62, No. 4, April 1965, pp.403~419.

28) Leonhardt, F., "Reducing the shear reinforcement in reinforced concrete beams and slabs," Magazine of Concrete Research, Vol. 17, No. 53, December 1965, pp.187~198.

29) Kani, G. N. J., "The riddle of shear failure and its solution," ACI Journal, Vol. 61, No. 4, April 1964, pp.441~467.

30) Marti, P., "Basic tools of reinforced concrete beam design," ACI Journal, Vol. 82, No. 1, Jan.-Feb. 1985, pp.46~56.

31) Walraven, J., and Lehwalter, N., "Size effect in short beams loaded in shear," ACI Journal, Vol. 91, No. 5, Sept.-Oct. 1994, pp.585~593.

32) Niwa,, J., "Lattice model with concrete tension members for shear resisting mechanism of concrete beams," CEB Bulletin d'Information No. 237, 1997, pp.159~170.

33) Vecchio, F. J., and Collins, M. P., "The modified compression field theory for reinforced concrete elements subjected to shear," ACI Journal, Vol. 83, No. 2, Mar.-Apr. 1986, pp.219~231.

34) Hsu, T. T. C., Unified theory of reinforced concrete, CRC Press, Boca Raton, Fla. 1993.

35) Park, R., and Paulay, T., Reinforced concrete structures, Wiley, N. Y., 1975.

36) Bazant, Z. P., and Kim, J. K., "Size effect in shear failure of longitudinally reinforced beams," ACI Journal, Vol. 81, No.5, Sept.-Oct. 1984, pp.456~468.

37) Belarbi, A., and Hsu, T. T. C., "Constitutive laws of softened concrete in biaxial tension-compression, ACI Structural Journal, Vol. 92, No. 5, Sept.-Oct. 1995, pp.562~573.

38) Belarbi, A., and Hsu, T. T. C., "Constitutive laws of concrete in tension and reinforcing bars stiffened by concrete," ACI Structural Journal, Vol. 91, No. 4, July-Aug. 1994, pp.465~474.

39) Kim, D.-J., Kim, W., and White, R. N., "Prediction of Reinforcement Tension Produced by Arch Action in RC Beams," ASCE Journal of Structural Engineering, Vol. 124, No.6, June 1998, pp.611~ 622.

40) Kotsovos, M. and Pavlović, M., Ultimate Limit-State Design of Concrete Structures : A New Approach, Thomas Telford, London, 1998, p.208.

41) Tureyen, A. and Frosch, R., "Concrete Shear Strength : Another Perspective," ACI Structural Journal, V. 100, No. 5, Sept.-Oct. 2003, pp.609~615.

42) Zararis, P. and Papadakis, G., "Diagonal Shear Failure and Size Effect in RC Beams without Web Reinforcement," Journal of Structural Engineering, ASCE, V. 127, No. 7, 2001, pp.733~742.

43) Zararis, P., "Shear Compression Failure in Reinforced Concrete Deep Beams," Journal of Structural Engineering, ASCE, V. 129, No. 4, 2003, pp.544~553.

44) Leonhardt, F. and Walther, R., "Schulversuche an Einfeldrigen Stahlbetonbalken mit und ohne Schubbewehrung zur Ermittlung der Schubtragfahigkeit und der Oberen Schubspannungsgrenze," DAfStb, Berlin, Germany, 1962. (in German)

45) Clark, A., "Diagonal Tension in Reinforced Concrete Beams," ACI JOURNAL, Proceedings V. 48, No. 10, Oct. 1951, pp.145~156.

46) Aguilar, G., Matamoros, A., Parra-Montesinos, G., Ramirez, J., and Wight, J., "Experimental Evaluation of Design Procedures for Shear Strength of Deep Reinforced Concrete Beams," ACI Structural Journal, V. 99, No. 4, July-Aug. 2002, pp.539~548.

47) Jelic, I., Pavlovic, M., and Kotsovos, M., "A Study of Dowel Action in Reinforced Concrete Beams," Magazine of Concrete Research, V. 51, No. 2, 1999, pp.131~141.

48) Choi, K., Park, H., and Wight, J., "Unified Shear Strength Model for Reinforced Concrete Beams-Part I : Development," ACI Structural Journal, V. 104, No. 2, Mar.-Apr. 2007, pp.142~152

49) Choi, K. and Park, H., "Unified Shear Strength Model for Reinforced Concrete Beams-Part II : Verification and Simplified Method," ACI Structural Journal, V. 104, No. 2, Mar.-Apr. 2007, pp.153~161.

50) Chen, W., Plasticity in Reinforced Concrete, McGraw-Hill, New York, 1982, p.474.

51) ACI Committee 224, Cracking of Concrete Members in Direct Tension (ACI 224.2R-92), USA, 1997, p.12.

52) Mehta, P. and Monteiro, P., "CONCRETE : Microstructure, Properties, and Materials," McGraw-Hill, NY, 2004, p.659.

53) Mörsch, E., Der Eisenbetonbau, Seine Anwendung und Theorie, 1st Edition, Im Selbstverlag der Firma, Neustadt, 1902, p.119.

54) Bazant, Z. P. and Oh, B. H., "Crack Band Theory for Fracture of Concrete," Materials and Structures, RILEM, V. 16, 1983, pp.155~177.

55) Comite Euro-International du Beton, CEB-FIP Model Code 1990 : Design Code, Thomas Telford, London, 1993.

56) Zararis, P. and Zararis, L., "Shear Strength of Reinforced Concrete Beams under Uniformly Distributed Loads," ACI Structural Journal, V. 105, No. 6, Nov.-Dec. 2008, pp.711~719

57) Iguro, M., Shioya, T., Nojiri, Y., and Akiyama, H., "Experimental Studies on Shear Strength of Large Reinforced Concrete Beams under Uniformly Distributed Load," Japan Society of Civil Engineers (JSCE), Concrete Library, No. 5, Aug. 1985, pp.137~154. (translation from Proceedings of JSCE, No. 345/V-1, Aug. 1984)

58) Kani, G. N., J, "Basic Facts Concerning Shear Failure," ACI JOURNAL, Proceedings V. 63, No. 6, June 1966, pp.675~692.

59) Sozen, M., Zwoyer, E., and Siess, C., "Investigation of Prestressed Concrete for Highway Bridge, Part1-Strength in Shear of Beams without Web Reinforcement," Engineering

Experiment Station Bulletin, No. 452, University of Illinois, Urbana, 1959, p.69.

60) 이정윤, "프리스트레스트 콘크리트 구조," 동화기술, 2013, p.830.

61) Park, H., Kang, S., and Choi, K., "Analytical model for shear strength of ordinary and prestressed concrete beams," Engineering Structures, V. 46, 2013, pp.94~103.

62) Naaman, A., "Prestressed Concrete Analysis and Design(Fundamentals)," Techno Pr 3000, 2004, p.1176.

63) Zararis, L., Karaveziroglou, M., and Zararis, P., "Shear Strength of Reinforced Concrete T-Beams," ACI Structural Journal, V. 103, No. 5, Sep.-ct. 2006, pp.693~700.

64) Tureyen, A., Wolf, T., and Frosch, R., "Shear Strength of Reinforced Concrete T-eams without Transverse Reinforcement," ACI Structural Journal, V. 103, No. 5, Sep.-Oct. 2006, pp.656~663.

65) Kotsovos, M., Bobrowski, J., and Eibl, J., "Behavior of Reinforced Concrete T-Beams in Shear,"The Structural Engineer, V. 65B, No. 1, Mar. 1987, pp.1~10.

66) Leonhardt, F. and Walther, R., "Schubversuche an Einfeldringen Stahlbetonbalken mit und ohne Schubbewehrung zur Ermittlung der Schubtragfähigkeit und der Oberen Schubspannungsgrenze,"Heft 151, Deutcher Ausschuss für Stahlbeton, W. Ernst & Sohn, Berlin, 1962, p.68.in German)

67) Placas, A., "Shear Failure of Reinforced Concrete Beams," PhD thesis, University of London, London, 1969, p.160.

68) Krefeld, W. and Thurston, C., "Studies of the Shear and Diagonal Tension Strength of Simply Supported Reinforced Concrete Beams," ACI Journal, Proceedings V. 63, No. 4, Apr. 1966, pp.451~476.

제 4 장 고강도 전단보강 철근

4.1 고강도 전단보강 철근의 적용성에 대한 평가

4.1.1 일반사항

최근 초고층 건물 및 장대교량, 원자력 구조물 등과 같은 대형 구조물 건설이 증가함에 따라 구조재료의 고강도화에 대한 관심이 늘어나고 있다. 특히 전 세계적으로 원자재가 부족하고 이로 인하여 철근의 가격이 상승하여 고강도 철근의 적용에 대한 필요성이 커지고 있다. 고강도 철근을 사용할 경우에 철근의 물량이 감소하고, 철근의 배근 간격을 넓힐 수 있어 타설된 콘크리트의 품질을 향상시킬 수 있다. 또한 고강도 콘크리트와 함께 사용될 때 두 재료의 상호 보완효과를 통하여 구조물의 구조성능과 내구성을 향상시키고 경제성을 확보할 수 있다.

고강도 철근을 사용하기 위해서는 재료의 성질, 구조성능 및 사용성 측면에서의 검토가 필요하다. 특히 항복강도가 너무 큰 철근을 사용하는 경우, 철근콘크리트 구조물에 과도한 균열이나 처짐이 발생할 수 있고 연성능력, 피로저항성능, 전단 및 비틀림 저항성능, 정착 성능, 내진저항성능 등이 저하될 수 있기 때문에 이에 대하여 검토해야 한다.

각 기준에 적용되고 있는 전단이나 비틀림 보강 철근의 항복강도는 다양하다. 우리나라의 콘크리트구조설계기준 2007[1]에서는 전단보강 철근의 항복강도를 ACI318 기준식과 유사하게 400MPa로 제한하였지만, 개정된 콘크리트구조설계기준 2012[2]에서는 휨철근의 항복강도를 550MPa에서 600MPa로 상향하였으며, 전단보강 철근은 400MPa에서 500MPa로 상향하였다(표 4.1 참조). 그러나 도로교설계기준에서는 여전히 전단보강 철근의 항복강도는 400MPa로 제한되어 있다. ACI318-11기준에서는[3] 전단보강 철근의 항복강도를 약 420MPa까지 제한하고 있지만, EC2-02기준에서는[4] 600MPa까지 허용하고 있으며 CSA-04 기준에서도[5] 전단보강 철근의 항복강도를 500MPa까지 허용하고 있다. 특히 JSCE-02 기준에서는[6] 60MPa 이상의 고강도 콘크리트를 사용할 경우에 전단보강 철근의 항복강도를 800MPa까지 허용하고 있다. 이와 같이 각 기준에서 전단보강 철근의 항복강도를 제한하는 이유는 다음과 같이 세 가지 이유에 근거한다.

(a) 전단보강 철근의 항복 유도 : 전단보강 철근의 항복강도가 증가하면 철근의 항복 변형률과 전단보강 철근의 전단저항력이 커지게 되어 전단보강 철근이 항복하기 이전에 콘크리트에 의한 압축파괴가 선행될 수 있다. 이 경우에는 전단보강 철근이 항복하지 않으므로 소성설계에 기본을 둔 현행 전단보강 철근 내력 평가식에서 전단보강 철근의 항복강도를 사용할 수 없다.

(b) 사인장균열폭의 제어 : 전단내력은 콘크리트에 의한 저항력과 전단보강 철근에 의한 저항력으로 구분할 수 있다. 콘크리트에 의한 저항분이 일정한 상태에서 전단보강 철근의 강도가 증가할 경우 전단철근의 간격이 넓어지고, 이로 인해 사인장균열의 폭이 증가할 우려가 있다. 따라서 ACI318-11의 11.4.2 (5)에는 사인장균열폭을 조절하기 위하여 전단보강 철근의 항복강도를 제한한다고 명시되어 있다.

(c) 경제성 : 현재 우리나라에서는 45° 트러스 모델에 기초한 전단설계기준식을 사용하고 있으나, 유럽 등 다른 나라에서는 소성 트러스 모델에 기초한 전단설계기준식을 사용하고 있다. 이에 따르면 전단보강 철근의 항복강도가 증가할 때 전단저항능력은 비례적으로 커지지 않으며, 이러한 이유로 경제성을 고려해 전단보강 철근의 항복강도를 제한하고 있다.[7,8]

근년에 고강도 철근의 적용성에 대하여 다양한 연구가 활발하게 진행되었다. Aruna Munikrishna[9] 등은 철근콘크리트 보에 고강도 전단보강 철근을 사용하여 사용하중 단계에서의 균열폭을 검토하였다. 실험 결과에 의하면 550MPa과 690MPa의 고강도 전단 철근을 사용하였을 경우에도 평균 균열폭은 크게 증가하지 않고 ACI318-11(1) 허용기준을 만족하는 것으로 나타났다. 일본에서도 고강도 철근의 적용성에 대한 연구가 진행되었다.[10,11,12] 이 연구에서는 보나 기둥의 휨철근으로 사용하기 위하여 철근을 항복강도 약 685MPa(USD685A and 685B)과 약 980 MPa(USD980)의 두 종류로 구분하고 철근콘크리트 구조물에 대한 적용성을 검토하였다. USD685A와 685B 철근은 부재가 파괴될 때 항복 변형률에 도달할 수 있도록 설계되었지만, USD980 철근은 탄성영역만을 사용하도록 설계하였다. 또한 전단보강 철근이나 횡보강 철근으로는 항복강도 약 750MPa(USD785)과 항복강도 약 1,200MPa(USD1275)을 철근콘크리트 부재에 사용하여 파괴모드와 강도 증가를 검토하였다. 연구 결과에 의하면 항복강도가 600MPa 이상인 전단보강 철근을 사용한 철근콘크리트 보의 경우에도 콘크리트의 강도가 50MPa 이상인 경우에는 부재파괴 시에 철근은 항복 변형률에 도달하였다.[11] Lee 등[7,8,12]은 750MPa의 고강도 전단보강 철근을 사용한 철근콘크리트 보의 전단거동을 평가하였다. 실험 결과에 의하면 전단보강 철근의 항복은 콘크리트의 압축강도와 밀접한 관계가 있으며 콘크리트의 압축강도가 증가함에 따라서 사용가능한 전단보강 철근의 항복강도도 증가하였다.

철근콘크리트 부재의 전단거동을 예측하기 위하여 수많은 실험적 또는 해석적 연구가 진행되었다. 이러한 연구의 성과로 20세기 초에 Ritter와 Morch[13]에 의해 개발된 고전 트러스 모델(classic truss model)은 소성 트러스 모델, 변환각 트러스 모델, MCFT[14], RA-STM[15]등으로 발전되었다. 이와 같이 철근콘크리트 부재의 전단강도 예측에 대해서는 다양한 연구가 진행되고 있지만, 철근콘크리트 부재의 사인장균열의 폭에 대한 연구는 매우 부족한 편이다. Regan 등[16]은 철근콘크리트 부재의 전단파괴모드에 대한 연구를 통하여 사용하중 단계에서의 사인장균열폭 예측에 대한 연구를 진행하였다. Regan의 사인장균열폭 평가식에 의하면 전단보강 철근의 강도가 증가함에 따라 최대 허용균열폭이 선형적으로 증가하였다. Regan의 제안식은 Leonhard and Walther[17]의 철근콘크리트 보의 전단파괴 실험에서 측정한 사인장균열폭을 유사하게 예측하였다. 그러나 이러한 연구의 대부분은 보통강도 전단보강 철근을 사용한 철근콘크리트 보에 대한 연구 결과에 근거한 것이며, 전단보강 철근의 항복강도가 증가할 경우에 사인장균열의 폭에 어떠한 변화가 있을지에 대한 연구는 아직 부족한 편이다.

표 4.1 **주요 기준식의 전단보강 철근의 항복강도 제한값**

현행 설계기준	KCI-12	ACI318-11[3]	EC2-02[4]	CSA-04[5]	JSCE[6]
전단보강 철근 항복강도	500MPa	420MPa	600MPa	550MPa	콘크리트 압축강도의 함수

4.1.2 파괴모드에 대한 평가

전단보강된 철근콘크리트 부재의 전단거동을 트러스 모델에 의하여 분석하면, 파괴모드는 대각선 콘크리트의 압축파괴, 전단보강 철근의 인장파괴, 주철근의 부착파괴로 구분할 수 있다. 기준에서는 전단보강 철근의 항복 이후에 대각선 콘크리트의 압축파괴를 유도하고 있다. 고강도 전단보강 철근을 사용하거나 전단보강 철근의 양이 많아질 경우에 철근이 항복하지 않고 콘크리트가 압축파괴할 가능성이 있으므로 이에 대한 검토가 필요하다.

고강도 전단보강 철근을 사용한 철근콘크리트 보 131개[7,18,19]실험 결과에 대하여 파괴모드를 평가하였다. 실험체 단면은 180×400mm, 200×400mm, 250×450mm, 150×300mm 등 이며 전단보강 철근의 항복강도 f_{wy}는 232.4~1,453.9MPa, 콘크리트의 압축강도 f_{ck}는 13.8~111.8MPa이다. 주요 변수는 전단보강 철근의 항복강도와 철근비이며 전단보강 철근이 항복한 실험체와 항복하지 않은 실험체를 나누어 분석하였다. 예제 실험체의 상세는 표 4.3에 표시하였다. 대부분의 실험에서는 전단보강 철근에 게이지를 부착하여 전단보강 철근의 항복 여부를 판단하였다.

그림 4.1은 수집한 고강도 전단보강 철근을 사용한 철근콘크리트 보의 파괴모드를 나타낸 것이다. 그림의 실험체는 부재가 최대 내력에 도달할 때까지 전단보강 철근이 항복하거나 항복하지 않은 경우로 구분하고 있다. 그림 4.1(a)는 전단보강 철근의 항복강도와 파괴모드의 관계를 나타내며, 그림 4.1(b)는 콘크리트의 압축강도와 파괴모드의 관계를 나타내고 있다. 그림 4.1(a)에서 전단보강 철근이 약 750MPa 이하에서는 모든 부재가 전단보강 철근 항복 후에 파괴되었음을 알 수 있다. 또한 전단보강 철근이 항복하지 않은 경우에도 그림 4.1(b)와 같이 콘크리트의 압축강도가 40MPa 이하인 경우에 전단보강 철근이 항복하지 않았으며, 콘크리트의 압축강도가 40MPa을 초과한 경우에는 모든 부재의 전단보강 철근이 항복하였음을 알 수 있다.

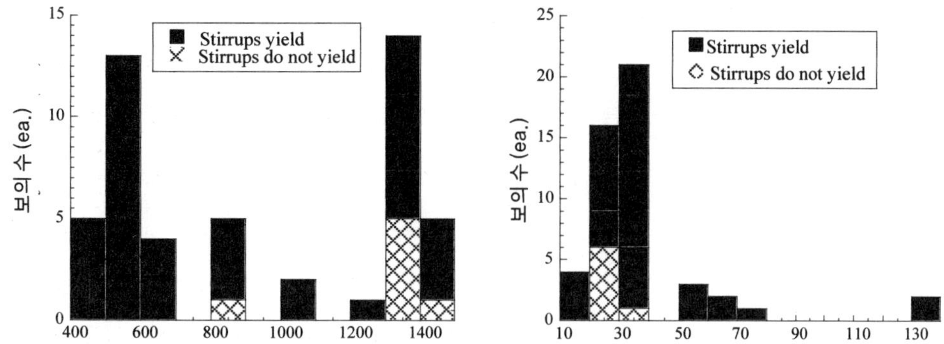

(a) 전단보강 철근의 항복강도, f_{vt}(MPa)　　(b) 콘크리트의 압축강도, f_c'(MPa)

그림 4.1　**전단파괴모드**

수집한 실험 결과에 대하여 ACI318-08, EC2-02, CSA-04 기준의 전단강도를 계산하여 실제 실험값과 비교 분석하였다. 예제 실험체의 전단강도를 각 기준별로 계산하였고, 전단보강 철근이 항복한 실험체의 경우 전단보강 철근의 항복강도 및 철근비를 제한하지 않은 경우와 전단보강 철근 항복강도를 제한한 경우, 전단보강 철근의 항복강도 및 철근비를 제한한 경우 세 가지로 나누어 분석하였다. ACI318-08에 의한 전단강도 계산에서 콘크리트에 의한 전단강도 V_c는 정산식을 이용하였고, EC2-02에서의 경사각 θ는 V_{sd}와 $V_{d,\max}$가 같을 때의 θ, 즉 적용 가능 각도의 범위 안에서 내력이 최대가 될 수 있는 각도를 적용하였다. 또한 CSA-04에 의한 전단강도 계산 시 필요한 단면 중앙에서의 축방향 변형률 ε_x는 예제 실험체 상세만으로는 구할 수 없어 0.001과 0.002 두 가지로 가정하여 계산하였고, 두 경우의 결과 차이가 크지 않아 ε_x가 0.001을 적용한 값을 기준으로 분석하였다.[13)]

1) 전단설계 제한을 두지 않는 경우

전단보강 철근의 항복강도 및 철근비 제한을 두지 않고 각 기준의 전단설계식을 바탕으로 예제 실험체의 전단강도를 계산하였다. 예제 실험체의 전단강도 실험값을 각 기준을 이용하여 구한 전단강도 계산결과로 나눈 수치의 평균과 표준편차, 변동계수를 표 4.2에 나타냈다.

실험값에서 계산값을 나눈 $V_{test}/V_{analysis}$의 평균값을 살펴보면 V_{test}/V_{aci}와 V_{test}/V_{csa}는 각각 1.37과 1.33으로 실험값과 약 35%의 차이를, V_{test}/V_{eu}는 1.11로

실험값과 11%가량 차이를 보였다. 평균값만을 살펴보면 EC2-02가 가장 1에 가까운 수치를 나타냈지만, 변동계수는 ACI318-08이 0.21로 가장 낮은 값을 보였고 EC2-02의 경우 0.29로 나머지 두 경우보다 다소 높은 값으로 나타났다. 전체적인 수치만을 보았을 때 세 가지 기준 모두 $V_{test}/V_{analysis}$값이 1에서 크게 벗어나지 않아 계산값이 실험값을 잘 예측한다고 볼 수 있다. 이러한 경향은 전단철근비 ρ_w와 전단보강 철근 항복강도 f_{wy}를 곱한 값과 실험값/기준값의 관계를 나타낸 그림 4.2의 그래프를 통해서도 알 수 있다. ACI318-08과 CSA-04, EC2-02의 그래프 모두 y축의 1에 집중되어 분포되어 있음을 확인할 수 있으며, 이는 계산값이 실험값을 잘 예측하고 있다는 것을 말해준다. 다만 $\rho_w f_{wy}$값이 작아질 경우에 $V_{test}/V_{analysis}$값이 증가하는 것은 철근의 인장경화효과에 의한 결과로 판단된다.

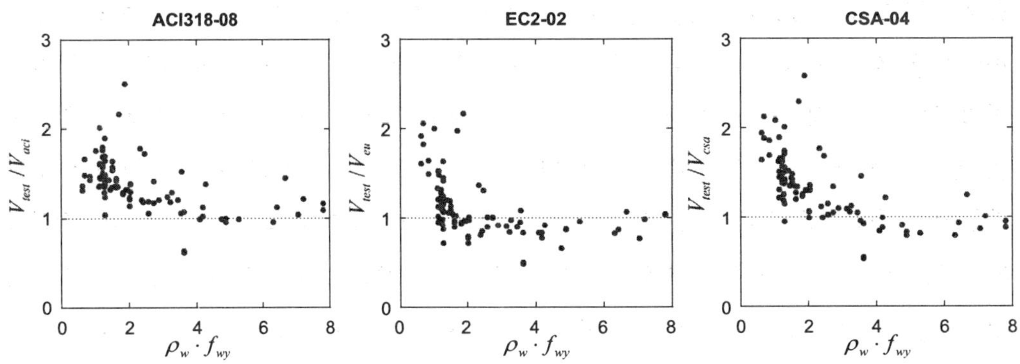

그림 4.2 **전단력에 대한 비교(기준의 설계 제한이 없는 경우)**[13)]

2) 전단보강 철근 항복강도를 제한한 경우

전단보강 철근의 항복강도를 표 4.1과 같이 제한하고 각 기준의 전단설계식을 바탕으로 예제 실험체의 전단강도를 계산하였다. 표 4.2를 통하여 평균값을 살펴보면 V_{test}/V_{aci}는 1.70, V_{test}/V_{csa}는 1.65로 거의 유사한 값을 나타내며, 이는 실험값이 계산에 의한 전단강도인 V_{aci}와 V_{csa}에 비하여 각각 70%와 65% 큰 값이라는 것을 나타낸다. V_{eu}의 경우 이보다 낮은 1.32로 32%의 오차율을 보였다. 전단보강 철근 항복강도를 제한하지 않았을 경우와 비교하면, 오차율이 전체적으로 30% 가량 증가한 것을 알 수 있다. 변동계수는 변화가 없거나 근소한 차이로 증가한 것을 확인할 수 있으며, 이는 1을 기준으로 한 변동계수값이 아닌 전체적인 그래프상에서의 변동계수이기 때문인 것으로 판단된다.

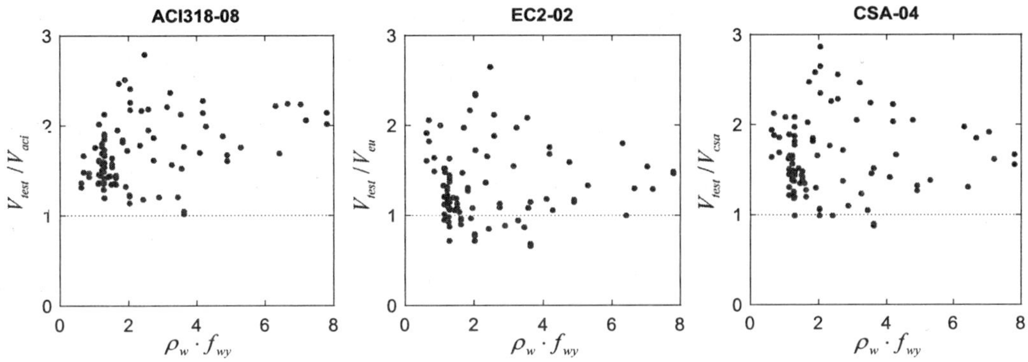

그림 4.3 **전단력에 대한 비교(전단보강 철근의 항복강도를 제한하는 경우)**[13)]

표 4.2 **기준식과 실험식의 전단강도 분석 결과**

강도 산정시 고려사항	실험값과 전단강도 비율	평균	표준편차	변동계수
기준식의 설계 제한이 없는 경우	V_{test}/V_{aci}	1.37	0.29	0.21
	V_{test}/V_{eu}	1.11	0.32	0.29
	V_{test}/V_{csa}	1.33	0.37	0.27
전단보강 철근의 항복강도 제한이 있는 경우(f_{wy})	V_{test}/V_{aci}	1.70	0.36	0.21
	V_{test}/V_{eu}	1.32	0.41	0.31
	V_{test}/V_{csa}	1.65	0.45	0.27
전단보강 철근의 항복강도와 철근비의 제한이 있는 경우 (f_{wy} & ρ_w)	V_{test}/V_{aci}	1.73	0.41	0.23
	V_{test}/V_{eu}	1.32	0.41	0.31
	V_{test}/V_{csa}	1.65	0.45	

또한 그림 4.3의 그래프를 살펴보면 $V_{test}/V_{analysis}$값이 1에 근접하여 집중되어 있던 그림 4.2의 그래프와는 다르게 2를 중심으로 분포되어 있으며 넓은 간격으로 분산되어 있는 것을 확인할 수 있다.

3) 전단보강 철근 항복강도 및 최대최소 철근비를 제한한 경우

전단보강 철근의 항복강도와 철근비를 제한하고 각 기준의 전단설계식을 바탕으로 예제실험체의 전단강도를 계산하였다. 실험체 중 ACI318-08을 제외한 나머지 EC2-02와 CSA-04에서는 최소 및 최대 철근비 제한에 해당되는 사항은 없었다. 따라서 표 4.2의 V_{test}/V_{eu}와 V_{test}/V_{csa}값은 전단보강 철근 항복강도만을 제한하였을 때의 값과 모두 같다. V_{test}/V_{aci}의 평균값은 1.73으로 전단보강 철근의 항복강도만 제한하였을 경우의 평균값인 1.70보다 약 2%의 근소한 값이 증가하였다. 비교 결과를 그래프로 나타내면 그림 4.4와 같다. EC2-02와 CSA-04의 결과는 그림 4.3과 같으며, ACI318-08에 의한 결과에서 $\rho_w f_{wy}$가 4 이상일 때의 결과가 근소하게 달라진 것을 확인할 수 있다.

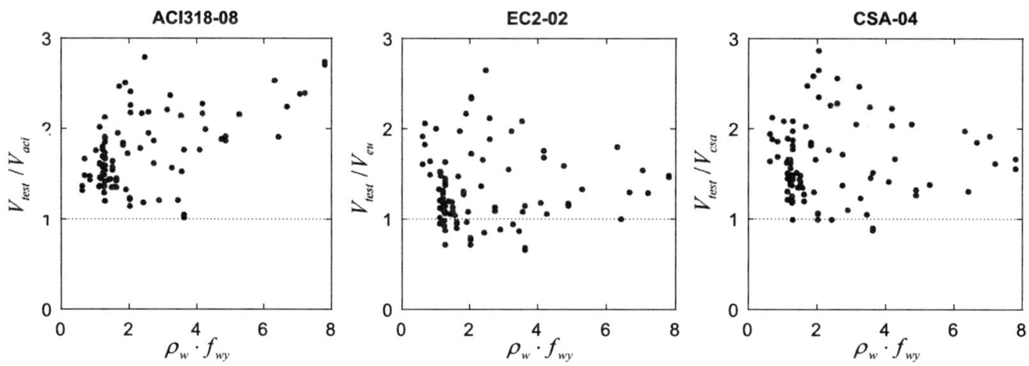

그림 4.4 **전단력에 대한 비교(전단보강 철근의 항복강도와 철근비를 제한하는 경우)**[13]

표 4.3 **비교 실험체의 재료 특성 및 전단강도**[7,18,19]

No.	B	D	d	a	전단보강				종방향 인장철근		콘크리트		V_{max}
					s (mm)	ds	ρ_w (%)	f_{wy} (MPa)	ρ_l (%)	f_{ly} (MPa)	f_{ck} (MPa)	f_t (MPa)	
1	180	400	360	600	100	4.1	0.147	1392.2	3.2	798	37.5	2.92	302.1
2	180	400	360	600	100	5.1	0.227	1421.7	3.2	798	37.5	2.92	348.1
3	180	400	360	600	100	6	0.314	1333.3	3.2	798	37.5	2.92	365.8
4	180	400	360	600	100	4.1	0.147	1392.2	3.2	798	53.8	3.25	300.1
5	180	400	360	600	100	6	0.314	1333.3	3.2	798	53.8	3.25	416.8
6	180	400	360	600	100	7.4	0.444	1421.7	3.2	798	53.8	3.25	485.4
7	200	400	360	800	110	8	0.455	349.1	3.09	931.4	32.8		268.6
8	200	400	360	800	65	10	1.208	285.3	3.09	931.4	35.4		403
9	200	400	360	800	75	6	0.295	492.2	3.09	931.4	32.6		249.3
10	200	400	360	800	85	8	0.588	553.9	3.09	931.4	32.9		410.5

표 4.3 비교 실험체의 재료 특성 및 전단강도[7,18,19] (계속)

No.	B	D	d	a	전단보강				종방향 인장철근		콘크리트		V_{max}
					s (mm)	ds	ρ_w (%)	f_{wy} (MPa)	ρ_l (%)	f_{ly} (MPa)	f_{ck} (MPa)	f_t (MPa)	
11	200	400	360	800	145	6	0.193	865.7	3.09	931.4	33.3		277.5
12	200	400	360	800	145	6	0.221	823.5	3.09	931.4	33.6		274.4
13	200	400	360	800	110	8	0.455	901	3.09	931.4	33.6		377.6
14	200	400	360	800	85	8	0.582	841.2	3.09	931.4	33.7		418.3
15	200	400	360	800	85	8	0.588	901	3.09	931.4	33.7		462.2
16	200	400	360	800	145	6	0.193	1061.8	3.09	931.4	34.5		324.1
17	200	400	360	800	95	6	0.295	1061.8	3.09	931.4	34.8		386.7
18	200	400	360	800	145	6	0.193	1235.3	3.09	931.4	34.9		311.6
19	200	400	360	800	145	6	0.221	823.5	3.09	931.4	35.3		281.4
20	200	400	360	800	85	8	0.582	841.2	3.09	931.4	35.4		439.1
21	200	400	360	800	110	6	0.19	683.3	2.88	1028.4	22.9	1.86	254
22	200	400	360	800	110	6	0.4	683.3	2.88	1028.4	22.9	1.86	320.7
23	200	400	360	800	110	6	0.19	679.4	2.88	947.1	37	2.45	258.9
24	200	400	360	800	110	6	0.4	683.3	2.88	1028.4	65.9	4.02	441.3
25	200	400	360	800	110	10	0.59	722.5	2.88	1028.4	65.9	4.02	584.5
26	200	400	360	800	110	10	0.89	722.5	2.88	1028.4	65.9	4.02	652.2
27	200	400	360	800	110	8	0.41	886.3	3.15	937.3	36.9		374.6
28	200	400	360	800	110	8	0.41	886.3	3.15	937.3	36.9		222.6
29	200	400	360	800	110	8	0.41	886.3	3.15	937.3	36.9		215.8
30	250	450	400	400	110	6	0.304	559.8	1.44	976.5	92.1		756.1
31	250	450	400	400	110	6.4	0.204	1212.7	1.44	976.5	89		730.6
32	250	450	400	400	110	10	0.542	349	1.44	976.5	92.1		921.9
33	250	450	400	400	110	7.4	0.563	1252.9	1.44	976.5	89		921.9
34	150	300	270	450	100	5.5	0.31	376.5	2.94	973.5	55.7	4.09	157.9
35	150	300	270	450	50	6.4	0.84	929.4	2.94	973.5	55.7	4.09	411.9
36	150	300	270	450	100	5.5	0.31	376.5	2.94	973.5	64	5.25	161.8
37	150	300	270	450	120	5.5	0.44	232.4	2.94	973.5	64	5.25	186.3
38	150	300	270	450	50	6.4	0.84	929.4	2.94	973.5	64	5.25	444.3
39	150	300	270	450	75	6	0.498	297.1	3.06	952.9	50.7		160.9
40	150	300	270	450	75	6	0.569	411.3	3.06	952.9	73.5		291.2
41	150	300	270	450	100	6	0.85	846.3	3.06	952.9	73.5		438.3
42	150	300	270	450	100	6	0.85	419.6	4.16	1000	111.8		352.1
43	150	300	270	450	100	6	0.85	783.3	4.16	1000	111.58		516.8
44	120	300	270	400	100	5.1	0.327	1453.9	3.9	959.8	139.5	4.65	227.5
45	180	400	360	600	120	6	0.28	250	3.21	367.6	31.7		210
46	180	400	360	600	120	6	0.28	250	3.21	367.6	31.7		186.3
47	180	400	360	600	120	6	0.28	250	3.21	367.6	31.7		245.2
48	180	400	360	600	60	6	0.56	250	3.21	367.6	31.7		245.2
49	180	400	360	600	90	6	0.75	254.9	3.21	367.6	31.7		270
50	180	400	360	600	60	6	1.13	254.9	3.21	367.6	31.7		323.6
51	180	400	360	600	120	6	0.29	673.5	3.21	367.6	31.7		274.6

표 4.3 비교 실험체의 재료 특성 및 전단강도[7,18,19] (계속)

No.	B	D	d	a	전단보강				종방향 인장철근		콘크리트		$V_{\max}$
					s (mm)	ds	ρ_w (%)	f_{wy} (MPa)	ρ_l (%)	f_{ly} (MPa)	f_{ck} (MPa)	f_t (MPa)	
52	180	400	360	600	160	6	0.19	329.4	3.21	343.1	27.5		174.6
53	180	400	360	600	160	6	0.19	1362.7	3.21	343.1	27.5		270.7
54	180	400	360	600	160	6	0.19	1362.7	3.21	343.1	27.5		304
55	180	400	360	600	114	6	0.26	329.4	3.21	343.1	27.5		205
56	180	400	360	600	114	6	0.26	1362.7	3.21	343.1	27.5		336.5
57	180	400	360	600	89	6	0.34	329.4	3.21	343.1	27.5		217.7
58	180	400	360	600	160	6	0.19	329.4	3.21	343.1	27.5		147.1
59	180	400	360	600	114	6	0.26	329.4	3.21	343.1	27.5		186.3
60	180	400	360	600	100	6	0.314	1333.3	3.2	798	20.4	2.01	241.2
61	180	400	360	600	100	7.4	0.444	1421.7	3.2	798	20.4	2.01	279.5
62	180	400	360	600	100	9.2	0.711	1402	3.2	798	20.4	2.01	321.7
63	180	400	360	600	100	11	1	1431.4	3.2	798	20.4	2.01	356
64	180	400	360	600	100	7.4	0.444	1421.7	3.2	798	37.5	2.92	367.8
65	180	400	360	600	100	9.2	0.711	1402	3.2	798	37.5	2.92	460
66	180	400	360	600	100	11	1	1431.4	3.2	798	37.5	2.92	510
67	180	400	360	600	100	9.2	0.711	1402	3.2	798	53.8	3.25	549.2
68	180	400	360	600	100	11	1	1431.4	3.2	798	53.8	3.25	593.3
69	200	400	360	800	65	10	1.1	802.9	3.09	931.4	33.8		527.8
70	200	400	360	800	65	10	1.208	898	3.09	931.4	33.8		507.3
71	200	400	360	800	85	8	0.588	1060.8	3.09	931.4	34.7		474.8
72	200	400	360	800	65	10	1.208	1065.7	3.09	931.4	34.8		540.6
73	200	400	360	800	65	10	1.1	802.9	3.09	931.4	35.5		531.4
74	200	400	360	800	110	10	0.4	829.9	2.88	853.6	20.4		270.6
75	200	400	360	800	85	10	0.59	829.9	2.88	853.6	20.4		291.1
76	200	400	360	800	70	10	0.89	829.9	2.88	853.6	21.2		370.5
77	200	400	360	800	110	10	0.4	829.9	2.88	853.6	29.3		333.7
78	200	400	360	800	85	10	0.59	829.9	2.88	853.6	32.6		440
79	200	400	360	800	70	10	0.89	829.9	2.88	853.6	29.3		456
80	200	400	360	800	110	10	0.59	722.5	2.88	1028.4	22.9	1.86	329.5
81	200	400	360	800	110	10	0.89	722.5	2.88	1028.4	22.9	1.86	377.6
82	200	400	360	800	110	10	1.18	722.5	2.88	1028.4	22.9	1.86	423.6
83	200	400	360	800	110	10	0.89	722.5	2.88	947.1	37	2.45	461.9
84	200	400	360	800	110	10	1.18	722.5	2.88	947.1	37	2.45	514.9
85	150	300	270	450	100	8	0.66	902	3.06	952.9	50.7		338.3
86	150	300	270	450	50	6	1.71	846.3	3.06	952.9	50.7		478.6
87	120	300	270	400	50	5.1	0.655	1453.9	3.9	959.8	139.5	4.65	320.7
88	120	300	270	400	50	5.1	0.982	1453.9	3.9	959.8	139.5	4.65	350.1
89	120	300	270	400	40	5.1	1.228	1453.9	3.9	959.8	139.5	4.65	357
90	180	400	360	600	120	6	0.28	250	3.21	367.6	31.7		210
91	180	400	360	600	120	6	0.28	1323.5	3.21	367.6	31.7		327.6

표 4.3 비교 실험체의 재료 특성 및 전단강도[7,18,19] (계속)

No.	B	D	d	a	전단보강				종방향 인장철근		콘크리트		$V_{\max}$
					s (mm)	ds	ρ_w (%)	f_{wy} (MPa)	ρ_t (%)	f_{ly} (MPa)	f_{ck} (MPa)	f_t (MPa)	
92	180	400	360	600	89	9	0.34	1362.7	3.21	343.1	27.5		346.2
93	180	400	360	600	62	9	0.49	1362.7	3.21	343.1	27.5		402.1
94	180	400	360	600	145	9	0.48	1392.2	3.21	343.1	27.5		372.7
95	180	400	360	600	62	9	1.12	1392.2	3.21	343.1	27.5		447.2
96	177.8	387.4	306.1	914.4	146.1		0.243	526.4	2.47	526.4	18.1		167.1
97	177.8	387.4	309.6	914.4	146.1		0.243	526.4	4.38	526.4	34		225.1
98	177.8	387.4	306.1	914.4	146.1		0.243	526.4	2.47	526.4	34		217.7
99	177.8	387.4	306.1	914.4	146.1		0.243	526.4	2.47	526.4	18.1		169.3
100	177.8	387.4	309.7	914.4	146.1		0.243	526.4	4.38	526.4	34		258.7
101	177.8	387.4	306.1	914.4	146.1		0.243	526.4	2.47	526.4	18.1		137.2
102	177.8	387.4	307.8	914.4	146.1		0.243	526.4	1.41	526.4	16.8		112.7
103	177.8	387.4	309.7	914.4	146.1		0.243	526.4	4.38	526.4	38.1		181.7
104	177.8	387.4	306.1	914.4	146.1		0.243	526.4	2.47	526.4	38.1		180.1
105	203.2		389.9	914.4	182.9		0.382	331.2	0.03	320.7	24.7		221.8
106	203.2		389.9	914.4	182.9		0.382	331.2	0.03	320.7	23.7		209.2
107	203.2		389.9	914.4	182.9		0.382	331.2	0.03	320.7	23.4		222.6
108	203.2		389.9	914.4	182.9		0.382	331.2	0.03	320.7	24.8		244
109	203.2		389.9	762	190.5		0.367	331.2	0.03	320.7	23.4		278.1
110	203.2		389.9	762	190.5		0.367	331.2	0.03	320.7	25.4		255.9
111	203.2		389.9	762	190.5		0.367	331.2	0.03	320.7	23.7		284.4
112	203.2		389.9	762	190.5		0.367	331.2	0.03	320.7	23.3		267
113	203.2		389.9	762	190.5		0.367	331.2	0.03	320.7	24.6		240.9
114	203.2		389.9	762	95.25		0.734	331.2	0.03	320.7	23.2		301.1
115	203.2		389.9	609.6	203.2		0.344	331.2	0.02	320.7	23.9		245.6
116	203.2		389.9	609.6	203.2		0.344	331.2	0.02	320.7	14.1		223.4
117	203.2		389.9	609.6	203.2		0.344	331.2	0.02	320.7	13.8		200.5
118	203.2		389.9	609.6	203.2		0.344	331.2	0.02	320.7	13.9		187.8
119	203.2		389.9	609.6	203.2		0.344	331.2	0.03	320.7	24.5		309
120	152.4		314.5	609.6	203.2		0.459	331.2	0.03	320.7	27.7		174.9
121	152.4		314.5	609.6	203.2		0.459	331.2	0.03	320.7	28		179.3
122	152.4		314.5	609.6	203.2		0.459	331.2	0.03	320.7	27.8		186
123	152.4		314.5	762	152.4		0.611	331.2	0.03	320.7	29.5		168.7
124	152.4		314.5	762	152.4		0.611	331.2	0.03	320.7	28.4		157.2
125	152.4		314.5	762	152.4		0.611	331.2	0.03	320.7	26.1		168.2
126	152.4		314.5	762	190.5		0.489	331.2	0.03	320.7	27.4		168.2
127	152.4		314.5	762	190.5		0.489	331.2	0.03	320.7	25.7		157.2
128	152.4		314.5	762	190.5		0.489	331.2	0.03	320.7	22.1		165.4
129	152.4		314.5	762	254		0.367	331.2	0.03	320.7	27.7		146.2
130	152.4		314.5	762	254		0.367	331.2	0.03	320.7	29		157.2
131	152.4		314.5	762	254		0.367	331.2	0.03	320.7	27.1		157.2

표 4.3 비교 실험체의 재료 특성 및 전단강도[7,18,19] (계속)

No.1~59[7], 96~104[8], 105~131[9] : after the yielding of the stirrups, the beam shows its maximum strength
No.60~95[7] : concrete compressive failure prior to the yielding of the stirrups
B : width of section, D : depth of section, d : effective depth of section, a : length of shear span, s : stirrup spacing, ds : diameter of shear reinforcement, ρ_w : shear reinforcement ratio, f_{wy} : yield strength of stirrup, ρ_{tw} : tensile longitudinal reinforcement ratio, f_{ly} : yield strength of tensile longitudinal bar, f_c' : compressive strength of concrete, f_t' : tensile strength of concrete

4.1.3 사인장균열폭에 대한 평가

전단보강 철근의 항복강도를 제한하는 또 다른 이유 중의 하나는 사용성(사인장균열의 폭과 수)과 관련이 있다. 전단보강 철근의 항복강도가 높아질 경우에 사인장균열의 수 및 폭이 증가할 가능성이 높다. Regan 등[17]은 철근콘크리트 부재의 전단파괴모드에 대한 연구를 통하여 사용하중 단계에서의 사인장균열폭 예측에 대한 연구를 진행하였다. Regan의 사인장균열폭 평가식에 의하면 전단보강 철근의 강도가 증가함에 따라 최대 허용균열폭이 선형적으로 증가하였다. 그러나 전단균열폭의 크기는 다양한 변수에 의한 영향을 받는 것으로 나타났다. 특히 전단철근의 양($\rho_s f_{ys}$), 콘크리트 압축강도(f_{ck})에 따라 균열폭의 크기가 달라질 수 있다.

ACI 318-11 기준의 Commentary에서는 사용성의 한계를 설계강도를 사용하여 계산한 내력의 60% 단계로 보고 있으며, 사용목적에 손상을 주지 않도록 균열폭을 0.41mm 이내로 제한하고 있다. 특히 고강도 전단보강 철근을 사용할 경우에 전단보강 철근의 간격이 넓어지며, 그 결과 사인장균열의 폭이 증가할 우려가 있다. 선행연구자는 고강도 전단보강 철근을 사용한 철근콘크리트 보의 사인장균열폭을 측정하였다. 실험에서는 LVDT, 균열게이지, 균열확대경 등 총 세 가지 방법으로 보 복부부분의 사인장균열폭과 수를 측정하였다.

그림 4.5는 LVDT를 이용하여 측정한 균열폭이다. 실험에서는 340MPa, 460MPa, 530MPa, 670MPa의 전단보강 철근을 사용하였다. 모든 실험체에서 사용하중 단계에서의 평균 균열폭을 살펴보면, 한계 균열폭인 0.41mm보다 적은 값이 나타났다. 항복강도 340MPa과 460MPa의 보통강도 철근을 사용한 경우, 전단보강 철근의 간격이 증가

균열폭 측정기

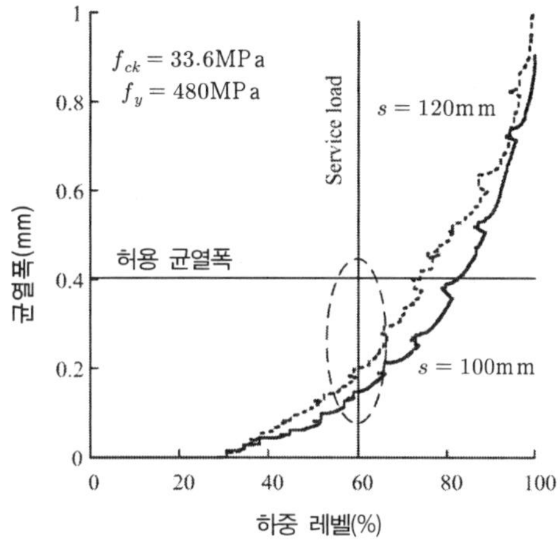

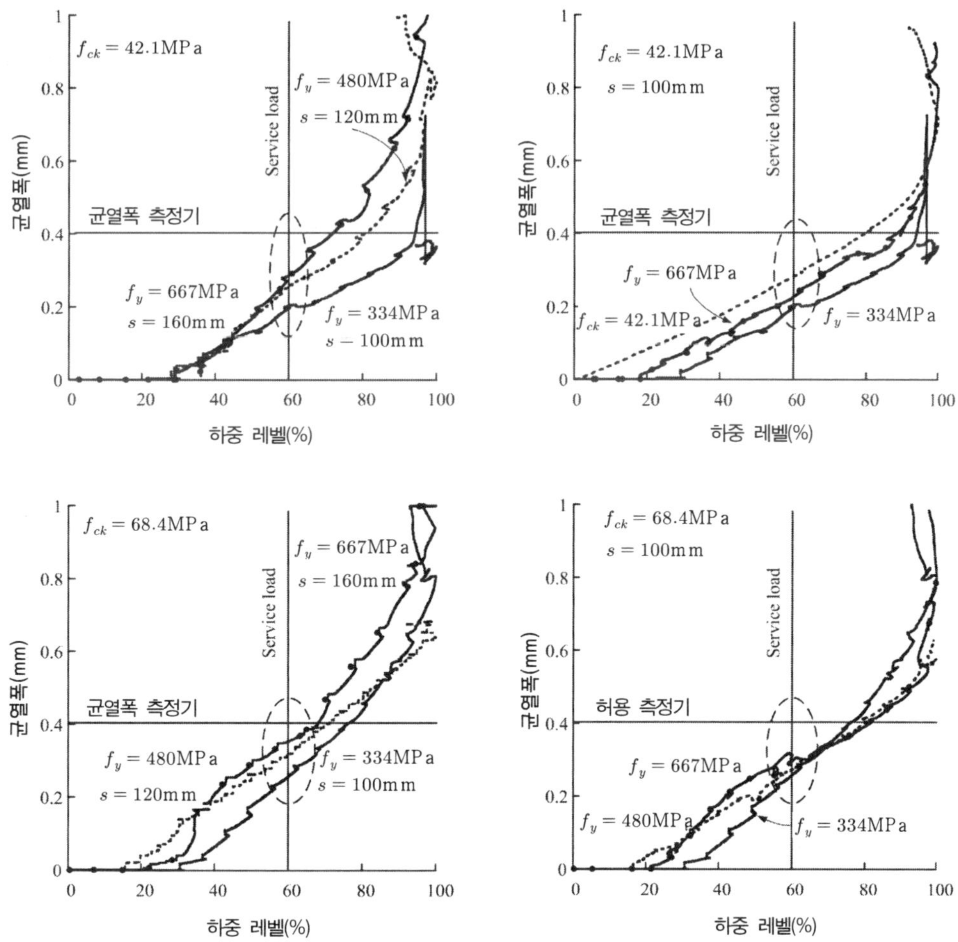

그림 4.5 LVDT를 이용한 균열폭 측정 결과[20]

함에 따라 균열폭이 증가한 반면, 항복강도 530MPa과 670MPa의 고강도 전단철근을 사용할 경우 전단철근의 간격이 증가해도 사용하중 단계에서의 균열폭의 크기는 유사한 것으로 나타났다. 간격이 넓은 실험체의 균열폭이 급격히 증가하는 시기는 고강도 철근을 사용할수록 사용하중 단계 이후로 나타나는데, 이는 고강도 전단철근을 적용함에 있어 더 유리한 결과라고 할 수 있으며, 이러한 경향은 Munikrishma[9] 등의 실험 결과에서도 나타났다.

그림 4.6은 균열확대경을 이용하여 측정한 균열폭을 나타낸 것으로, 전단보강 철근의 간격이 증가함에 따라 최대 균열폭은 증가하였다. 그림 4.6은 최대 균열폭으로 그림 4.5의 평균 균열폭을 상회하였으며, 사인장균열의 폭이 하중비의 증가에 따라 커지는 것을 알 수 있다. 또한 약간의 차이는 있지만, 하중의 관점에서 보면 균열폭이 달라지지만 하중비의 관점에서 보았을 때의 모든 실험체는 전단보강 철근의 항복강도와 무관하게 거의 일정한 균열의 최대 폭을 나타냈다.

그림 4.7은 기존 문헌[8,9,20]에서 측정된 균열의 폭을 나타낸 것이다. 실험에서는 전단보강 철근의 항복강도, 철근비, 전단보강 철근의 간격, 콘크리트의 입축강도를 주요 변수로 하였다. 균열폭은 최대 균열폭 또는 평균 균열폭 등으로 측정 시의 기준이 달라 각 실험에서 측정된 균열폭의 크기는 달랐지만, 세 그룹의 전단균열폭은 유사한 경향으로 증감하였다. 즉, $\rho_v f_{yt}/f_{ck}$가 증가할수록 전단균열폭은 감소하는 경향을 보인다. 이러한 경향은 부재 복부에 발생한 전단균열의 숫자와 밀접한 관련이 있는 것으로 판단된다.

그림 4.8은 동일 실험체의 좌·우측에서 측정된 사인장균열의 수와 전단보강 철근의 양의 관계를 나타낸 것이다. 사인장균열은 지점에서 가력점 사이의 복부에 발생한 사인장균열의 수이다. 그림에서 사인장균열의 수는 $\rho_v f_{yt}/f_{ck}$가 증가함에 따라서 늘어난 것을 알 수 있다. 예를 들어 전단보강 철근의 양이 약 2.5MPa인 실험체의 사인장균열의 수는 약 10개이지만 전단보강 철근의 양이 약 4.8MPa인 실험체의 사인장균열의 수는 14개였다. 이와 같이 $\rho_v f_{yt}/f_{ck}$가 증가할수록 전단균열의 숫자가 증가하므로 사인장균열의 폭이 감소한 것으로 판단된다.

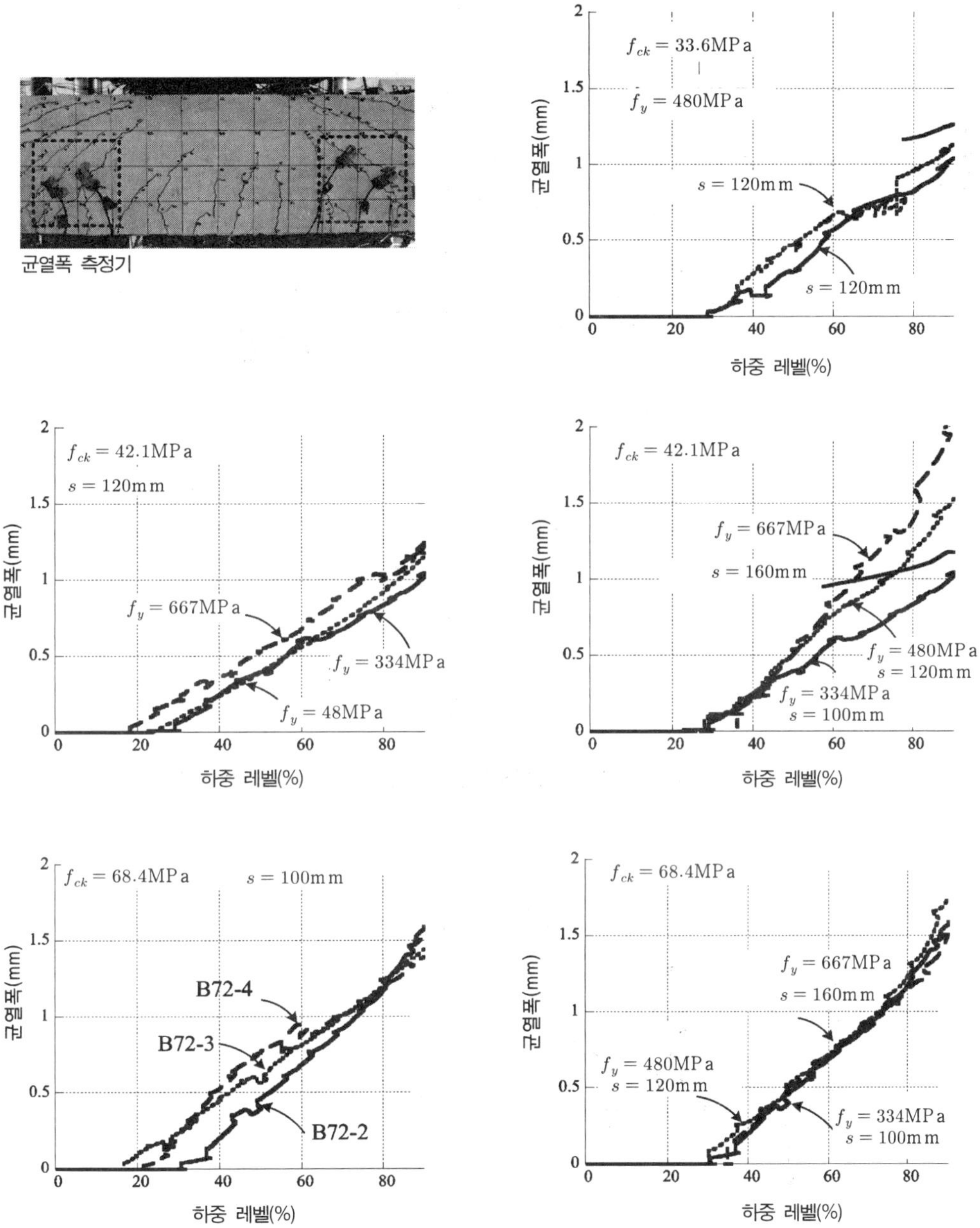

그림 4.6 **균열확대경을 이용한 균열폭 측정 결과**[20]

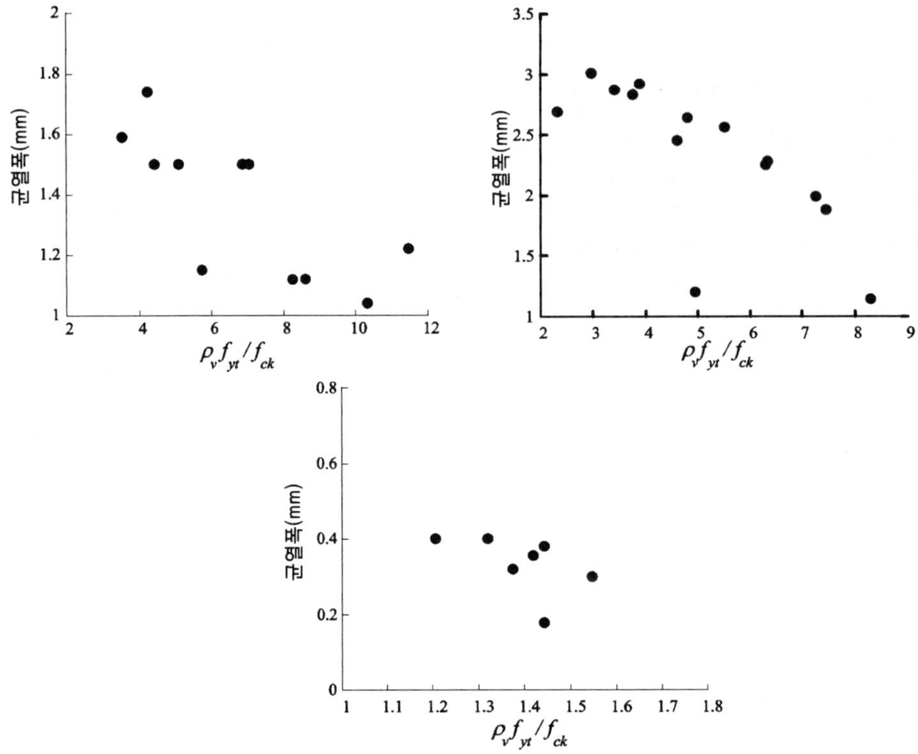

그림 4.7 균열폭과 전단보강 철근의 양 및 콘크리트 압축강도의 관계[20]

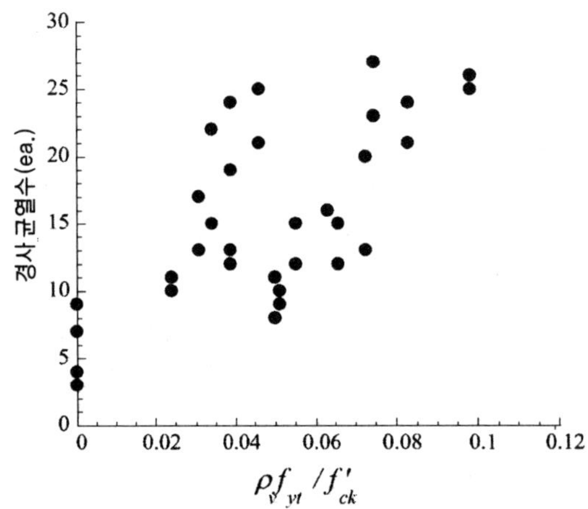

그림 4.8 균열 수와 전단보강 철근의 양 및 콘크리트 압축강도의 관계[20]

4.1.4 맺음말

전 세계적으로 원자재가 부족하고 이로 인하여 철근의 가격이 상승하여 고강도 철근의 적용에 대한 필요성이 커지고 있다. 고강도 철근을 사용하기 위해서는 재료의 성질, 구조성능 및 사용성 측면에서의 검토가 필요하다. 특히 항복강도가 큰 철근을 전단보강 철근으로 사용하는 경우에는 파괴모드와 사용성에 대해 검토해야 한다. 고강도 철근을 전단보강 철근으로 사용한 기존 연구를 분석한 결과를 정리하면 다음과 같다.

(a) 전단보강 철근의 항복강도는 콘크리트의 압축강도와 밀접한 관련이 있었다. 즉, 콘크리트의 압축강도가 40MPa을 초과할 경우에는 항복강도 약 700MPa의 고강도 전단보강 철근도 항복강도에 도달하였지만, 콘크리트의 압축강도가 40MPa 이하인 경우에는 700MPa의 고강도 전단보강 철근은 항복강도에 도달하지 않았다. 보통강도 콘크리트를 사용한 경우에도 항복강도 550MPa 이하의 전단보강 철근은 항복 변형률에 도달한 이후에 복부 콘크리트가 파괴되었다.

(b) 전단보강 철근이 항복한 모든 실험체의 경우에 전단보강 철근의 항복강도가 증가함에 따라서 전단여유분(실험에서 측정한 전단강도/기준에서 계산한 전단강도)이 감소하여 고강도 전단보강 철근을 사용할 경우에 대한 안전율에 대해서는 좀 더 검토가 필요가 있다고 사료된다.

(c) 고강도 전단보강 철근을 사용하였을 경우에 사용하중 상태의 사인장균열의 폭은 기준에서 규정하는 0.41mm 이하로 측정되었으며, 전단균열의 폭은 전단보강 철근의 양과 함께 콘크리트의 압축강도에 의하여 영향을 받았다. 전단보강 철근의 배근 간격이 동일한 경우, 전단보강 철근의 항복강도가 증가함에 따라 전단내력은 증가하였고 균열의 수도 증가하였지만 균열폭은 비슷한 결과를 나타냈다. 또한 전단보강 철근의 간격, 양 및 콘크리트의 압축강도를 고려한 전단균열폭을 예측할 수 있는 평가식의 제안이 필요하다.

4.2 최소 전단철근비

국내·외 콘크리트 관련 구조설계기준에서는 철근콘크리트 부재의 최소 전단철근비 및 전단철근의 최대 간격을 제시함으로써 전단력에 지배를 받는 철근콘크리트 부재의 취성적인 파괴를 방지하고 있다.[21-23] 즉, 철근콘크리트 부재의 복부에 사인장균열이 발생함과 동시에 부재가 급격하게 전단파괴되는 것을 방지하기 위하여 사인장균열이 발생하는 순간의 전단력을 지지할 수 있는 전단철근의 최소량을 제시한 것이다.[22,23] 또한 전단철근의 최대 간격은 특정 균열각을 갖는 사인장균열을 최소한 한 개 이상의 전단철근이 지지할 수 있도록 함으로써 균열 발생과 동시에 취성적인 파괴가 발생하는 것을 방지하기 위한 것이다.[23]

전단철근이 최소 전단철근비 이하로 배치된 부재에서는 그림 4.9의 ①과 같이 부재의 복부에 사인장균열이 발생함과 동시에 부재가 파괴되어 사실상 전단철근의 효과가 없게 된다.[22,23] 따라서 균열 이후의 충분한 여유강도의 확보와 균열폭의 억제를 위하여 최소 전단철근비 및 최대 간격기준이 반드시 필요하며, 이를 통하여 그림 4.9의 ②와 같이 부재가 연성적인 거동을 가지도록 유도할 수 있다.[21-23]

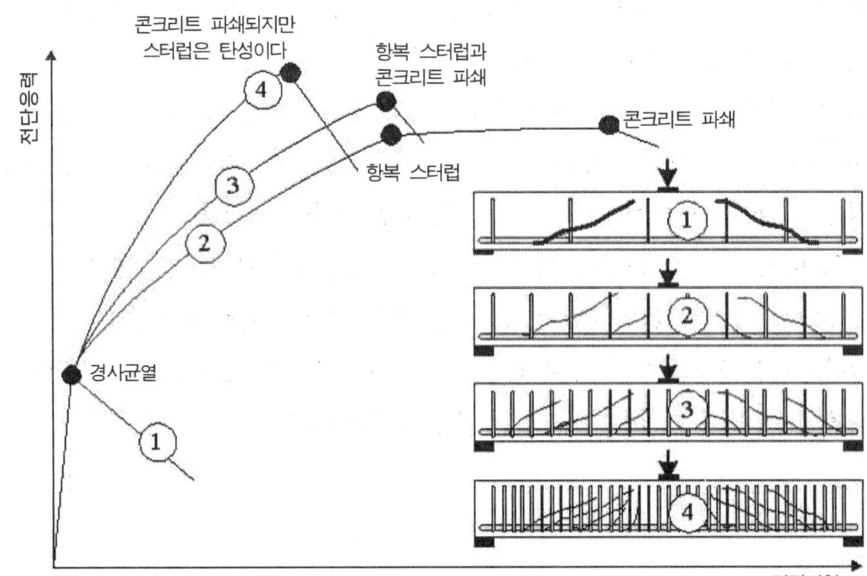

그림 4.9 **철근콘크리트 부재의 전단파괴모드**[23]

1) 각국의 설계기준

표 4.4는 국내 · 외 여러 국가의 설계기준들에서 제시하는 최소 전단철근비를 나타낸 것이다. 각국의 설계기준에서 제시하는 최소 전단철근비는 콘크리트 압축강도(f_{ck})와 전단철근의 항복강도(f_{yt})를 반영한 유사한 형태로 이루어져 있으며, 다만 계수의 차이에 의하여 다소 다른 값을 보인다. 국내 콘크리트 설계기준(KCI 2012)[21]의 경우 ACI 318-11[24] 설계기준을 기반으로 하고 있으나 계수값에서 약간의 차이가 있다. 또한 ACI 318-11 기준이 전단철근의 항복강도를 420MPa로 제한하고 있는 것에 비하여 국내 기준(KCI 2012)에서는 최근 콘크리트학회에서 수행된 '콘크리트 구조물에 대한 고장력 철근의 적용성 연구'[25]에 근거하여 전단철근의 항복강도를 500MPa까지 사용할 수 있도록 허용하였다. 캐나다 기준(CSA-04)[26]은 ACI 318-11 및 KCI 2012 기준과 거의 유사하지만 다소 작은 값을 제시하고 있으며, AASHTO-LRFD[27]와 EC2[28] 기준은 이보다 다소 큰 최소 전단철근비를 제시하고 있다. 참고로 EC2 기준은 경사진 전단철근을 고려한 최소 전단철근비를 제시하고 있다. Model Code(CEB-FIP MC 2010)[30]는 EC2와 동일한 최소 전단철근비를 제시하고 있으며, 다른 기준식들에 비하여 다소 큰 값을 요구했던 MC-90[29]에 비하여 하향 조정되었다.

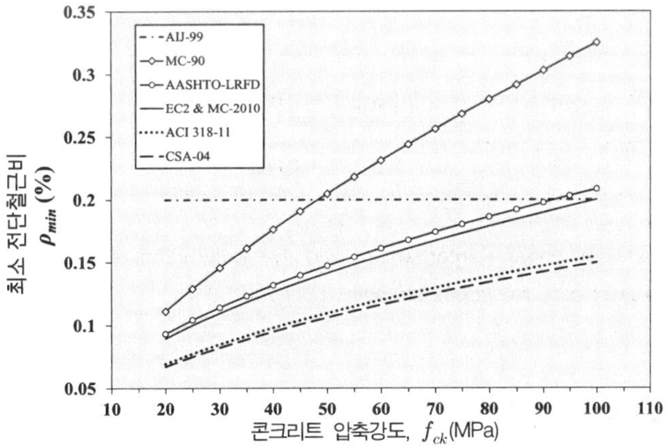

그림 4.10 **최소 전단철근비 기준식 비교($f_{yt}=400$MPa, $\alpha=90^{\circ}$)**

그림 4.10에 나타낸 것과 같이 MC-90에서는 상당히 큰 최소 전단철근비가 제시되었으며, 콘크리트 압축강도(f_{ck})의 증가에 따라 다른 기준식들에서 제시된 최소 전단철근비와의 격차가 점점 커지는 경향을 나타냈다.

일본건축학회(AIJ-99[31])에서는 콘크리트 압축강도(f_{ck})나 전단철근의 항복강도(f_{yt})와 관계없이 0.2%의 일정한 전단철근비를 사용하고 있으며, 현재 사용되는 기준들 중에서 가장 보수적인 값을 제시하고 있다. 또한 AIJ-99 기준은 100MPa 이하의 콘크리트에 대해서는 상당히 보수적인 전단철근비를 제공하고 있으나, 최근 사용이 늘어나고 있는 100MPa 이상의 고강도 콘크리트를 사용한 부재에 대해서는 비안전 측의 전단철근비를 제시할 수 있다.

표 4.4 설계기준에서 제시하는 최소 전단철근비

설계 코드	최소 전단철근비
ACI 318-11[24] and KCI 2012[21]	* $\rho_{v,\min} = 0.062\frac{\sqrt{f_{ck}}}{f_{yt}} \geq \frac{0.35}{f_{yt}}$
CSA-04[26]	$\rho_{v,\min} = 0.06\frac{\sqrt{f_{ck}}}{f_{yt}}$
AASHTO-LRFD[27]	$\rho_{v,\min} = 0.083\frac{\sqrt{f_{ck}}}{f_{yt}}$
EC2[28]	** $\rho_{v,\min} = 0.08\frac{\sqrt{f_{ck}}}{f_{yt}} sin\alpha$
CEB-FIP MC 90[29]	*** $\rho_{v,\min} = \frac{0.2}{f_{yt}} f_{ctm}$
CEB-FIP MC 2010[30]	$\rho_{v,\min} = 0.08\frac{\sqrt{f_c'}}{f_{yt}}$
AIJ-99[31]	$\rho_{v,\min} = 0.002$

* KCI-07[21] specify $\rho_{v,\min}$ as $0.0625\sqrt{f_{ck}}/f_{yt} \geq 0.35/f_{yt}$

** α : the angle between shear reinforcement and the longitudinal axis, $(45° \leq \alpha \leq 90°)$

*** f_{ctm} : Mean value of concrete tensile strength, $1.4(f_{ck}/10)^{2/3}$

2) 기존 연구자들의 제안식

앞서 언급한 바와 같이 각국의 최소 전단철근비는 콘크리트 압축강도(f_{ck})와 전단철근의 항복강도(f_{yt})만이 변수로 결정되지만, 사인장균열의 발생은 전단경간비(a/d) 혹은 길이방향 주인장철근의 다월력과 큰 관계가 있다.[32] 또한 각국의 기준에 의해 산정된 최소 전단철근비들은 그림 4.10과 같이 일반강도 콘크리트 부재에서는 서로 3배 이상의 큰 차이를 나타냈으며, 고강도 콘크리트 부재에서는 25% 정도의 차이를 보여주고 있다.

이처럼 현행 기준들에 규정된 최소 전단철근비가 서로 상이한 결과를 주는 경우가 많기 때문에 보다 합리적이고 안전한 최소 전단철근비를 제시하기 위하여 여러 연구가 최근까지도 진행되고 있다. 표 4.5는 그중 대표적인 연구 결과를 요약하여 나타낸 것이다.

Ozcebe et al.[33]은 콘크리트 균열강도의 30% 이상의 강도 여유율을 확보할 수 있도록 콘크리트 균열강도의 0.3배를 최소 전단철근비($\rho_{v,\min}f_{yt}$)로 제시하였으며, 표 4.5의 하단에 나타낸 바와 같이 콘크리트 압축강도(f_{ck})만을 반영하거나 주인장철근비(ρ)와 전단경간비(a/d)를 함께 고려하는 콘크리트 균열강도를 사용하도록 제시하였다. Zararis[32]는 다른 최소 전단철근비 제안식들과는 달리 콘크리트 압축강도(f_{ck})와 전단보강근의 항복강도(f_{vy})를 고려하지 않은 반면에 주인장철근비(ρ)와 전단경간비(a/d)를 고려하는 형태의 최소 전단철근비를 제시하였다.

표 4.5 **연구자들에 의하여 제시한 최소 전단철근비**

출처	최소 전단철근비
Ozcebe et al.[33]*	$^{*}\rho_{v,\min} = 0.3\dfrac{v_c}{f_{yt}}$
Zararis[32]	$\rho_{v,\min} = \dfrac{\rho_l}{1.75}\dfrac{d}{a}$
Lee and Yoon[22]	$\rho_{v,\min} = 0.035\dfrac{\sqrt{f_{ck}}}{f_{yt}}\left(\dfrac{a}{\rho_l d}\right)^{0.1}$
Kim et al.[23]	$\rho_{\min} = \dfrac{0.642}{f_{yt}}\left[\dfrac{f_{ck}\,\rho_l}{(a/d)}\right]^{\frac{1}{3}}$
Choi et al.[36]	$^{**}\rho_{v,\min} = (0.167-5.56\rho)\dfrac{\sqrt{f_{ck}}}{f_{yt}} \geq \rho_{v,\min,KCI}$

* v_c : $0.17\sqrt{f_{ck}}$ or $0.16\sqrt{f_{ck}}+17\rho_l V_n d/M_u$

** $\rho_{v,\min,KCI}$: $0.0625\sqrt{f_{ck}}/f_{yt} \geq 0.35/f_{yt}$

최소 전단철근비에 대한 국내 연구에서는 모두 주인장철근비(ρ)를 중요한 변수로 반영하였으며, Lee et al.[22]과 Kim et al.[23]은 전단경간비(a/d)의 영향까지 함께 고려한 최소 전단철근비를 제안하였다. 특히 Lee et al.과 Kim et al.의 연구에서는 휨 부재의 전단균열강도(v_c) 이상의 전단강도(v_n)가 확보되도록 최소 전단철근비를 유도하였으며, 콘크리트 균열강도(v_c)로서 Zsutty[34,35]의 제안식을 사용하여 간략한 형태로 콘크리트 압축강도(f_{ck}), 주인장철근비(ρ) 및 전단경간비(a/d)의 영향을 고려하고자 하였다.

Choi et al.[36]의 연구에서는 현행 기준의 콘크리트 목표전단강도 확보를 위하여 필요한 최소 전단철근비를 제안하였으며, 주인장철근비(ρ)가 낮은 경우에서 현행 기준의 전단강도 산정식이 충분한 여유강도를 확보하지 못한다는 점에 착안하여 주인장철근비(ρ)가 낮을수록 큰 최소 전단철근비를 갖도록 제안하였다.

그림 4.11과 그림 4.12에는 기존 연구자들이 제시한 최소 전단철근비를 서로 비교하였다. 여기서 Ozcebe et al.의 제안식에서 콘크리트 균열강도(v_c)는 $0.17\sqrt{f_{ck}}$를 사용하였으며, 기준식과의 비교를 위하여 ACI 318-11[24] 기준식을 그래프에 함께 나타냈다. 또한 그림 4.11은 전단철근의 항복강도가 $f_{yt}=400$MPa인 경우에 대한 최소 전단철근비를 나타낸 것이며, 그림 4.11(a)에서는 주인장철근비(ρ)를 1.5%로 가정하고 전단경간비가 3과 5인 경우에 대하여 나타낸 것이다. 콘크리트 압축강도의 영향을 반영하지 않는 Zararis[32]의 제안식을 제외한 모든 제안식들은 콘크리트 압축강도의 증가에 따라 더 많은 최소 전단철근량을 요구한다. 또한 전단경간비(a/d)의 증가에 따라 Zararis[32]와 Kim et al.[23]의 제안식은 더 큰 최소 전단철근비를, Lee et al.[22]의 제안식은 더 작은 최소 전단철근비를 요구하고 있으며, Zararis[32]의 제안식은 전단경간비(a/d)의 영향을 매우 크게 받는 것을 알 수 있다. Choi et al.[36]과 Zararis[32]의 제안식을 제외한 모든 제안식들은 ACI 318-11보다 작은 최소 전단철근비를 제시하고 있으며, Choi et al.[36]의 제안식에서는 표 4.5에 나타낸 것과 같이 주인장철근비(ρ)가 1.87% 이상일 경우 ACI 318-11과 동일한 최소 전단철근비를 제시하게 된다.

그림 4.11(b)는 전단경간비(a/d)를 5로 가정한 상태에서 주인장철근비(ρ)가 1%와 3%인 경우에 대한 것이다. Zararis[32]와 Kim et al.[23]의 제안식은 주인장철근비(ρ)가 증가할수록 더 큰 최소 전단철근비를 제시하였으며, Lee et al.[22]과 Choi et al.[36]의 제안식은 반대의 경향을 보였다. Lee et al.[22]의 제안식은 ACI 318-11[24]과 매우 유사한 최소 전단철근비를 보이며 전단경간비(a/d)나 주인장철근비(ρ)의 영향이 상대적으로 적게 나타나는 것을 알 수 있다. 또한 Choi et al.[36]의 제안식은 주인장철근비(ρ)가 1.87%를 넘는 경우에는 ACI 318-11[24]의 경우와 동일한 최소 전단철근비를 제시하며, 그림 4.11(b)에 나타낸 것과 같이 주인장철근비(ρ)가 3%인 경우에 ACI 318-11[24]과 동

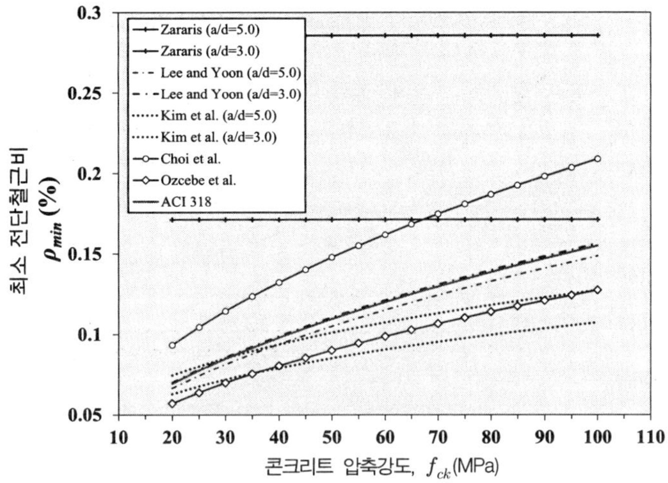

(a) 콘크리트 압축강도와 전단경간비의 영향 ($\rho = 1.5\%$)

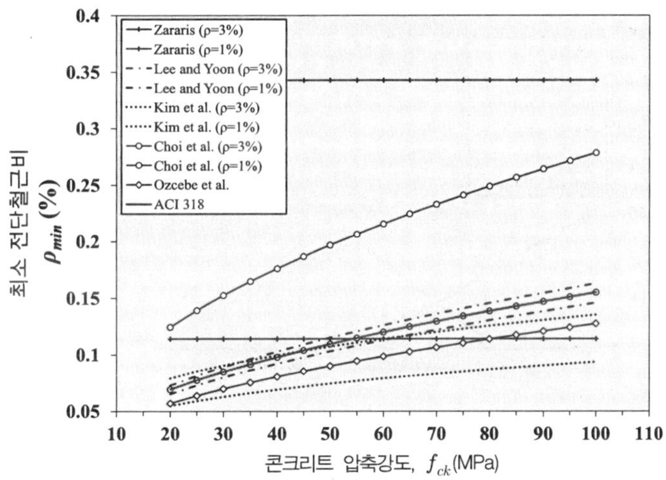

(b) 콘크리트 압축강도와 인장철근비의 영향($a/d = 5$)

그림 4.11 **압축강도에 따른 최소 전단철근비 비교($f_{yt} = 400\,\mathrm{MPa}$)**

일한 최소 전단철근비를 나타내는 것을 확인할 수 있다.

그림 4.12는 전단경간비(a/d)와 주인장철근비(ρ)가 최소 전단철근비 제안식에 미치는 영향을 좀 더 자세히 살펴보기 위하여 콘크리트 압축강도(f_{ck})를 40MPa, 전단철근 항복강도(f_{yt})를 400MPa로 가정하고 전단경간비(a/d)와 주인장철근비(ρ)에 따른 최소 전단철근비를 나타낸 것이다. 그림 4.12(a)는 주인장철근비가 1.5%일 때 전단경간비의 변화에 따른 최소전단철근비를 나타낸 것으로서 앞서 언급된 바와 같이 Zararis[32]의

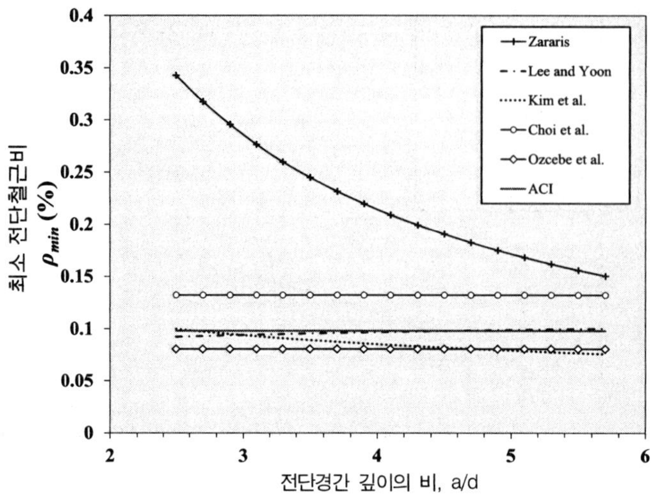

(a) 전단경간비에 따른 최소 전단철근비($f_{ck}=40\,\mathrm{MPa}$, $\rho=1.5\%$)

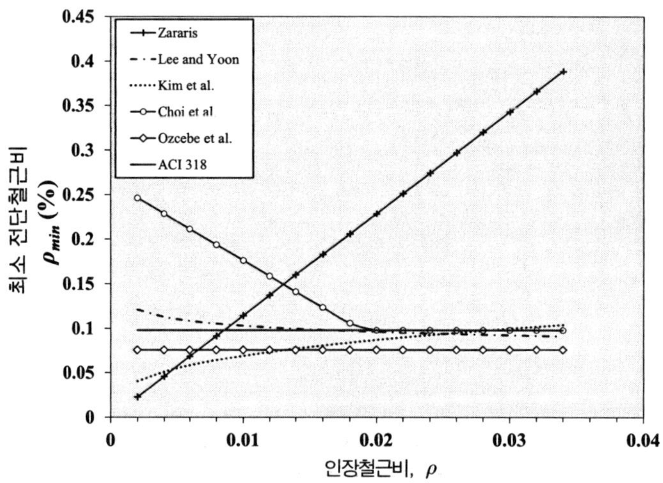

(b) 인장철근비에 따른 최소 전단철근비($f_{ck}=40\,\mathrm{MPa}$, $a/d=5$)

그림 4.12 **인장철근비 및 전단경간비에 따른 최소 전단철근비 비교($f_{yt}=400\,\mathrm{MPa}$)**

제안식이 전단경간비의 영향을 가장 크게 받는 것을 확인할 수 있다. 반면에 Choi et al.[36]과 Ozcebe et al.[33]의 제안식은 전단경간비(a/d)를 고려하지 않는다. 또한 Kim et al.[23]의 제안식은 전단경간비의 증가에 따라 최소 전단철근비가 감소하는 경향을 보이지만, Lee et al.[22]의 제안식은 전단경간비의 증가에 따라 최소 전단철근비가 미세하게 증가하는 경향이다. 다만 주어진 주인장철근비(ρ)에 대해서는 두 가지 제안식에 의한 최소 전단철근비가 ACI 318-11[24]의 최소 전단철근비와 거의 유사하거나 다소 작은 값을 보이고 있다.

그림 4.12(b)에는 전단경간비(a/d)가 5일 때 주인장철근비(ρ)의 변화에 따른 각 제안식의 최소 전단철근비를 나타냈다. Zararis[32]의 제안식이 주인장철근비(ρ)에 따라 가장 큰 영향을 받는 것을 알 수 있으며, 주인장철근비(ρ)가 증가할수록 최소 전단철근비가 크게 증가하였다. Kim et al.[23]의 제안식 역시 주인장철근비(ρ)의 증가에 따라 최소 전단철근비가 증가하였으나 증가 폭은 Zararis[32]의 제안식에 비하여 매우 작게 나타났다. Ozcebe et al.[33]과 ACI 318[24]의 최소 전단철근비는 주인장철근비(ρ)의 영향이 반영되지 않아 일정한 값을 보인다. Lee et al.[22]의 제안식은 낮은 주인장철근비(ρ)에서 ACI 318-11[24]보다 다소 큰 최소 전단철근비를 나타내었으며, 주인장철근비(ρ)의 증가에 따라 ACI 318-11[24]의 경우와 거의 유사하거나 다소 낮은 최소 전단철근비를 제시하였다. Choi et al.[36]의 제안식은 주인장철근비(ρ)가 낮은 경우에는 다른 제안식들에 비하여 상당히 큰 최소 전단철근비를 제시하며, 주인장철근비가 1.87% 이상인 경우에는 ACI 318-11[24]과 동일한 값을 나타낸다.

3) 최소 전단철근비 산정식의 비교

여기서는 이 지침서의 5장에 소개될 KCI DB를 활용하여 앞서 소개한 최소 전단철근비 기준식과 여러 제안식들을 평가해 보고자 한다. 그림 4.13과 그림 4.14는 각각 기준식들과 기존 연구자들이 제시한 최소 전단철근비에 대한 평가 결과를 나타낸 것이다. 가로축은 각 기준식 혹은 제안식에서 제시하는 최소 전단철근비($\rho_{v,\min}$)에 대한 실험체에 실제 배치된 전단철근비(ρ_v)의 비율이며, 세로축은 실험체의 전단균열강도(V_c)에 대한 전단강도($V_{\exp.}$)의 비율이다. V_c는 실험에서 측정된 전단균열강도를 사용해야 더 정확한 분석을 할 수 있겠지만(실험에서 보고되지 않은 경우가 많음), KCI DB에 수록되어 있지 않기 때문에 여기서는 ACI 318-11[24] 및 KCI 2012[21] 기준에서 제시하는 간략식($1/6\sqrt{f_{ck}}\,b_w d$)을 사용하였다. $V_{\exp.}$는 각 실험체의 실험값이며, $V_{\exp.}/V_c$가 1보다 크면 전단균열강도 이상의 전단강도가 발현되었다는 것을 의미한다.

여러 연구[33,36]에서 제안한 것과 같이 $V_{\exp.}/V_c$가 1.3보다 큰 경우에 충분한 여유강도를 확보한 것으로 가정하면, $V_{\exp.}/V_c \geq 1.3$을 만족하는 실험체는 최소 전단철근비 이상의 적절한 전단보강근이 배근된 것으로 간주될 수 있을 것이다. 또한 가로축에 나타낸 $\rho_v/\rho_{v,\min}$이 1보다 큰 경우는 각 기준이나 제안식들에서 제시하는 최소 전단철근비 이상의 전단철근이 실험체에 배근된 것을 의미한다. 각 그래프의 내부에 나타낸 가로선은 $V_{\exp.}/V_c=1.3$을 나타낸 것이며 세로선은 $\rho_v/\rho_{v,\min}=1.0$을 나타낸 것으로 그래프를 4개의 영역으로 나누어 표현하였다. 여기서 $\rho_v/\rho_{v,\min}\geq 1$인 실험체들에 대하여 $V_{\exp.}/V_c\geq 1.3$을 만족하면 전단균열 발생 이후에 적절한 여유강도를 확보한 것으로 판단할 수 있을 것이다. 이를 만족시키지 않는 경우는 최소 전단철근비가 비안전 측(unconservative side)인 것으로 판단할 수 있으며, 이러한 경우는 그림 4.13

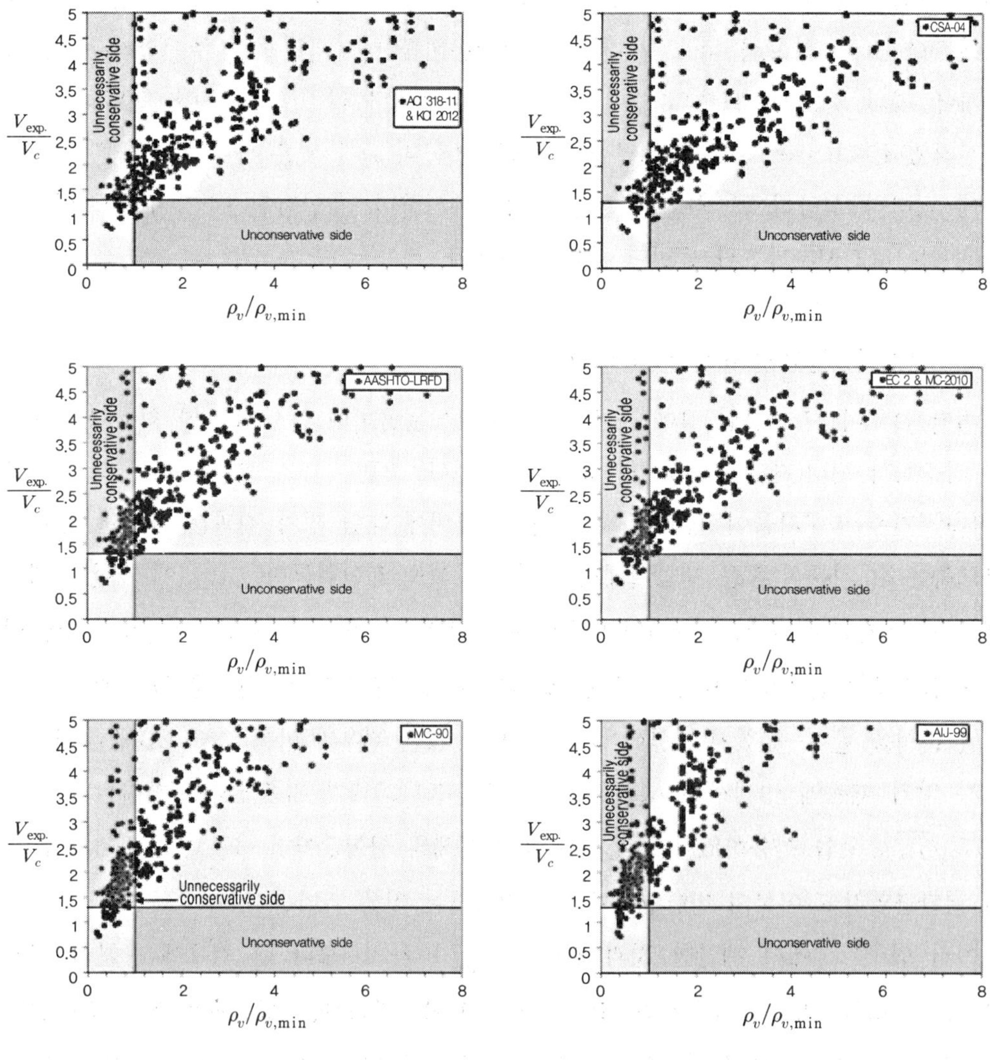

그림 4.13 각 기준의 최소 전단철근비에 따른 전단강도

과 그림 4.14의 각 그래프에서 우측 하단영역에 해당된다. 또한 좌측 상단영역은 각 식에서 제시한 최소 전단철근비보다 적은 양의 전단철근이 배치되었음에도 불구하고 여유 전단강도가 확보된 경우로서, 최소 전단철근비 산정식이 보수적일수록 이 영역(unnecessarily conservative side)에 위치하는 실험체의 수가 많게 된다.

그림 4.13에 나타낸 각 기준들의 평가 결과를 살펴보면, ACI 318-11[24] 및 KCI 2012[21] 기준과 CSA-04[26] 기준에 의한 결과가 매우 유사하게 나타나는 것을 알 수 있으며, 기준식의 최소 전단철근비보다 많은 전단철근이 배치된 소수의 실험체들에서

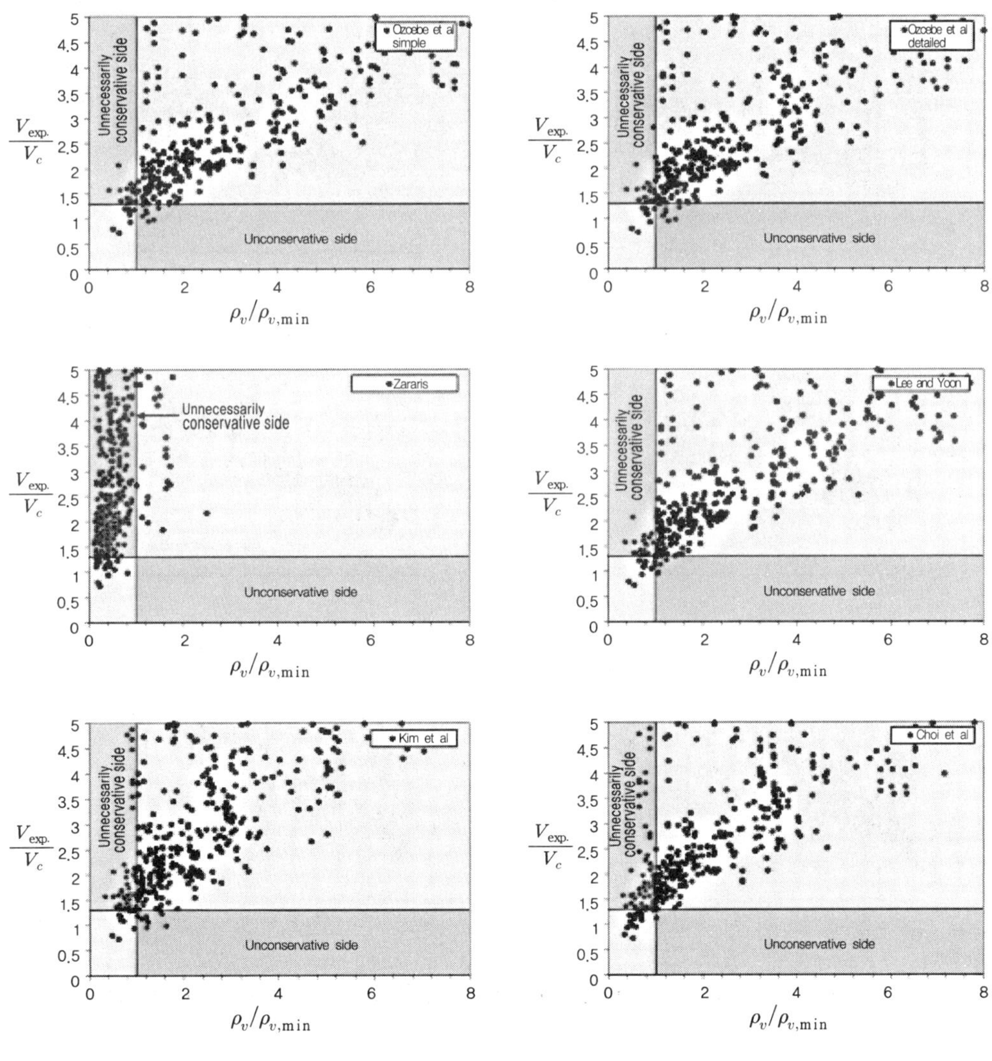

그림 4.14 제안식들의 최소 전단철근비에 따른 전단강도

다소 비안전 측의 결과를 보이기도 하였지만 전반적으로 합리적인 수준에서 안전 측의 최소 전단철근비를 제시하고 있는 것으로 판단된다. AASHTO-LRFD[27)]와 EC2[28)] 및 MC-2010[30)] 기준은 거의 모든 실험체의 최소 전단철근비를 안전 측으로 제시하고 있는 것을 볼 수 있으며, KCI와 CSA에 비하여 다소 보수적인 결과를 나타냈다. AIJ-99[31)]과 MC-90[29)]의 경우는 기준에서 제시된 최소 전단철근비보다 적은 전단철근이 배치된 다수의 실험체가 여유강도를 확보한 것을 볼 수 있으며, 이는 다른 기준에 비하여 상당히 보수적인 최소 전단철근비를 제시한다는 것을 의미한다.

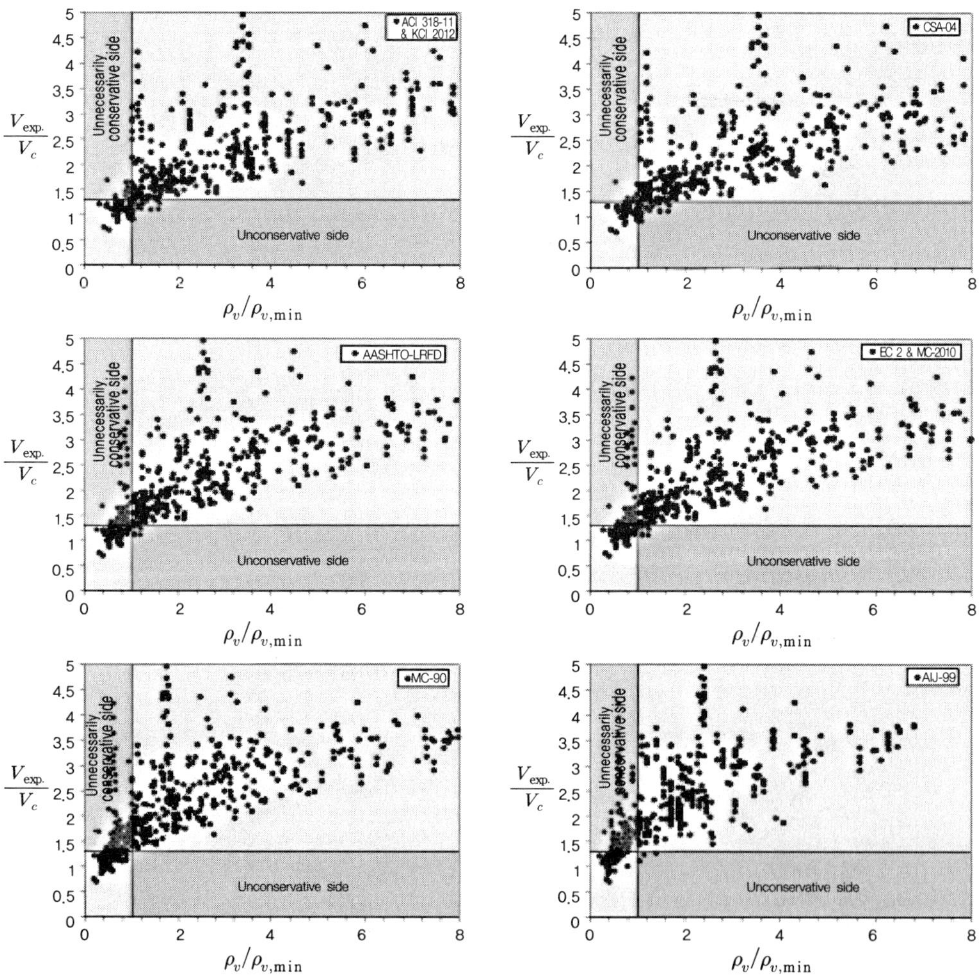

그림 4.15 **각 기준의 최소 전단철근비에 따른 전단강도(V_c by Zustty's equation)**

그림 4.14에는 기존 연구자들의 제안식들에 대한 평가 결과를 나타냈다. Ozcebe et al.[33]의 제안식에 의한 최소 전단철근비는 소수 실험체들에 대하여 비안전 측으로 평가하였으나, 앞서 언급한 기준식들에 비하여 보수적으로 평가한 실험체들의 수가 적다. 즉, 그래프의 좌측 상단영역에 해당하는 실험체들의 수가 적게 나타난 것이다. Zararis[32]의 모델에서는 최소 전단철근비 이하의 대다수 실험체가 충분한 여유강도를 나타냈으며, 이는 최소 전단철근비를 과도하게 큰 값으로 제시한다는 것을 의미한다. Lee et al.[22]과 Kim et al.[23] 및 Choi et al.[36]의 제안식들은 Ozcebe et al.[33]의 제안식과 유사한 경향을 나타냈다. Zararis[32]의 제안식을 제외한 기존 연구자들의 제안 모델

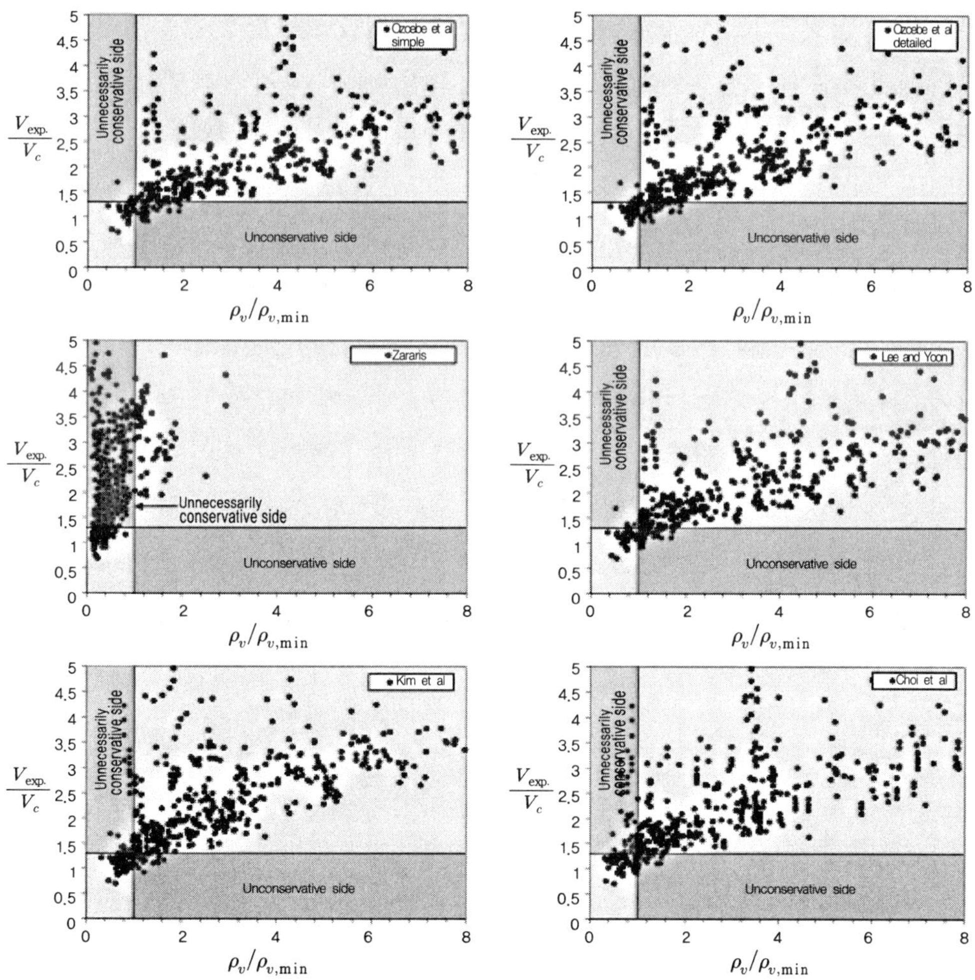

그림 4.16 제안식들의 최소 전단철근비에 따른 전단강도(V_c by Zustty's equation)

들은 소수의 실험체에 대하여 비안전 측의 결과를 주었지만, 기준식들에 비하여 보수적인 실험체의 수가 적기 때문에 비교적 합리적인 최소 전단철근비를 제시하고 있는 것으로 판단할 수 있다. 이는 기준식들이 고려하지 못하는 주인장철근비(ρ) 혹은 전단경간비(a/d)의 영향을 고려하고 있기 때문인 것으로 판단된다.

앞서 언급된 바와 같이 최소 전단철근비를 평가할 때 사용된 전단균열강도(V_c)가 실험에서 측정된 값이 아니므로 ACI 318-11[24] 및 KCI 2012[21]에서 제시하는 전단균열강도 산정식 보다 더 정확한 V_c를 사용하여 평가해보는 것도 의미가 있을 것이다. 따라서 주인장철근비(ρ)와 전단경간비(a/d)를 반영하여 보 부재의 균열전단강도(V_c)를 비교적 정확히 예측한다고 알려진 Zsutty[34,35]의 전단균열강도 산정식을 적용하여 보 부재의 여유전단강도($V_{\text{exp.}}/V_c$)를 평가해보고자 이를 이용한 기준식과 기존 연구자들의 제안식에 대한 평가결과를 그림 4.15와 그림 4.16에 각각 나타냈다.

전반적인 경향은 KCI 2012[21] 또는 ACI 318-11[24]의 간략식을 콘크리트의 전단균열강도(V_c)로 적용한 경우와 크게 다르지 않았지만, 그림 4.13 및 그림 4.14의 결과와 비교하였을 때, 보수적인 결과(unnecessarily conservative side)의 실험체들이 줄어들었으며 비안전 측인 결과(Unconservative side)의 실험체들이 다소 늘어났다. 즉, KCI 2012의 전단균열강도(V_c)를 적용한 경우에 비하여 Zsutty의 전단균열강도(V_c)를 적용한 경우에 실험체들의 분포가 전반적으로 가로축($\rho_v/\rho_{v,\min}$)에 가깝게 기울어지는 경향을 보인다. 따라서 Zsutty의 전단균열강도(V_c)가 KCI 2012 기준보다 정확하다[34,35]는 전제하에서 실제 부재에서 전단균열이 발생한 이후에 확보할 수 있는 전단강도 여유율($V_{\text{exp.}}/V_c$)이 KCI 2012 기준의 전단균열강도를 바탕으로 산정된 경우에 비해 다소 낮을 수 있다는 점을 유의하여 앞선 평가 결과들을 판단할 필요가 있을 것이다.

4.3 크기효과

콘크리트 공시체의 크기가 증가함에 따라 강도가 감소한다는 크기효과(size effect)는 1925년 Gonnerman에 의해 최초로 실험에 의해 밝혀진 바 있다. 그 후에도 많은 연구자들에 의해 이 현상의 타당함이 실험적으로 입증되었다.

한편, 이론적 연구(Weibull의 weakest link theory, Tucker의 strength summation theory, Nielson의 surface theory 등)도 많이 이루어졌는데, 이러한 이론들은 초기균열 진전 후의 상당한 안정적 균열 성장과 이로 인한 응력 재분배의 영향을 고려할 수 없는 결점이 있다. 따라서 이러한 Weibull-type의 크기효과에 대한 모순을 해결하기 위하여 파괴역학을 적용한 크기효과에 관한 연구가 Bazant에 의해 시도되었으며, 지금까지 이 분야에 대한 연구실적은 상당한 수준에 이르렀다. 그리고 근래에 들어서는 구조물의 해석 및 설계에 이들을 적용하는 데 더욱 관심이 집중되고 있다.

그동안 콘크리트의 크기효과에 대한 연구는 주로 전단파괴를 포함한 인장파괴에 집중되어 왔다. 이는 인장파괴의 경우 크기효과가 압축파괴에 비해 매우 크게 나타나서 보다 중요하게 인식되었기 때문이다.

4.3.1 전단강도에 대한 기존 설계기준의 모델식

현재까지도 세계 각국의 설계기준에는 몇몇 경우를 제외하고는 크기효과를 반영하지 않고 있다. 철근콘크리트 보의 전단강도에 대한 크기효과는 파괴역학 개념을 도입하기 전부터 많은 연구가 수행되어 왔으며, 이에 대해서는 크기효과를 도입한 예측식들이 제시되어 있다. 따라서 본 절에서는 전단강도에 대해 각 나라에서 채택하고 있는 크기효과 법칙을 살펴보고자 한다.

(1) CEB-FIP(유럽)

$$v_c = 0.12(1+\sqrt{\frac{200}{d}})(100\rho_w f_{cu})^{1/3} \tag{4.1}$$

여기서 $\rho_w = A_s / b_w d$ 이고 d 와 f_{cu} 의 단위는 각각 mm 및 MPa이다.

위 식은 Carpinteri의 크기효과 법칙과 유사한데, 유효깊이에 대해 살펴보면 유효깊이가 매우 작은 보의 경우 어느 일정한 값의 전단강도를 나타내게 되며 매우 큰 보의 경우에는 점점 감소하여 일정한 값에 수렴하게 된다.

(2) BS 8110(영국)

BS 8110 설계기준에는 다음과 같이 전단강도 예측식을 제시하고 있다.

$$v_c = 0.79\left(\frac{100A_s}{b_v d}\right)^{\frac{1}{3}}\left(\frac{400}{d}\right)^{\frac{1}{4}} \times \frac{\left(\frac{f_{cu}}{25}\right)^{\frac{1}{3}}}{\gamma_m} \tag{4.2}$$

(3) 일본토목학회(일본)

일본토목학회의 콘크리트표준시방서에는 콘크리트의 크기효과를 고려한 전단강도 예측식이 다음과 같이 제시되어 있는데, 식의 형태가 BS 8110과 매우 유사하다.

$$v_u = 0.20\sqrt[4]{\frac{100}{d}}\ \sqrt[3]{100\rho_w}\ \frac{\sqrt[3]{f_{cd}{}'}}{\gamma_b} \tag{4.3}$$

여기서 $\rho_w = A_s / b_w d$ 이며 b_w 와 d 는 각각 복부의 폭 및 유효깊이를 의미하며 단위는 cm이다. v_u 와 $f_{cd}{}'$ 의 단위는 N/mm^{2}이고, γ_b 로는 일반적으로 1.3의 값을 사용한다.

(4) ACI(미국)

ACI 설계기준에서는 크기효과를 고려하지 않고 있으나 논문집에 수록된 많은 논문에는 크기효과가 존재함이 실험적으로 증명되고 있으며, 다양한 경우에 대한 예측식들이 제시되어 있다. 또한 ACI 설계기준의 해설에서는 크기효과가 나타나고 있음을 지적하고 있다.

4.3.2 압축강도에 대한 모델식

최근에는 콘크리트의 압축강도에도 크기효과가 존재한다는 사실이 밝혀졌으며, 특히 콘크리트 압축강도는 구조물 설계 시 사용되는 매우 중요한 재료상수이므로 이 강도를 정확하게 산정함에 있어 크기효과를 고려해야 하는 것은 매우 중요한 일이다. 특히 설계 시 사용하는 콘크리트의 압축강도는 $\phi 100\times 200$mm나 $\phi 150\times 300$mm 크기의 원주공시체에 의한 것으로 대형 구조물일수록 실제 구조물에서 콘크리트의 압축강도는 이보다 작을 가능성이 높다. 김진근 등은 파괴 시 C형 공시체의 휨압축강도를 예측할 수 있는 모델 식을 얻기 위해 수정된 크기효과 법칙으로 20개의 실험 자료에 대한 회귀분석을 수행하여 식 (4.4)를 얻었다.

$$f_{cu}(c) = \frac{0.70 f_{cu}}{\sqrt{1+\frac{c}{2.60}}} + 0.47 f_{cu} \tag{4.4}$$

여기서 $f_{cu}(c)$는 P_u/bc를, f_{cu}는 원주공시체($\phi 100\times 200$mm)에 대한 압축강도를 나타내는데, 단위는 MPa이고 특성 길이인 c는 부재의 중립축으로부터 압축연단까지의 거리를 나타내며 단위는 cm이다.

또한 Bazant의 크기효과 법칙과 위의 실험 자료를 이용한 회귀분석에 의하여 다음 식 (4.5)를 얻었다.

$$f_{cu}(c) = \frac{0.96 f_{cu}}{\sqrt{1+\frac{c}{22.27}}} \tag{4.5}$$

한편, 김진근 등은 수정된 크기효과 법칙을 이용하여 파괴 진행영역에 미치는 최대 골재 크기의 영향을 고려하고 특성 길이의 개념을 새로이 도입하여 다양한 직경과 길이/직경의 값을 가지는 콘크리트 원주공시체의 축압축강도를 얻기 위한 다음의 식 (4.6)을 제안한 바 있다.

$$f_{cu}(h, d_c) = \frac{0.4 f_{cu}}{\sqrt{1+\frac{(h-d_c)}{5}}} + 0.8 f_{cu} \tag{4.6}$$

여기서 $f_{cu}(h,d_c)$는 임의 크기의 원주공시체에 대한 압축강도를 나타내며 단위는 MPa이고, h와 d_c는 각각 임의 크기의 원주공시체의 길이와 직경으로서 단위는 cm이다.

그림 4.17에는 $f_{cu}(c)/f_{cu}$와 부재의 중립축으로부터 압축연단까지의 거리인 c의 관계가 로그함수로 나타나 있는데, c가 큰 경우에는 실험 결과로부터의 강도비가 일정한 값에 수렴하게 됨을 알 수 있다.

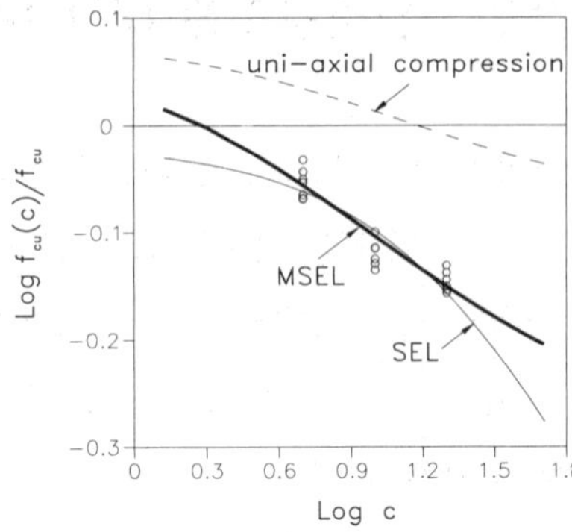

그림 4.17 $f_{cu}(c)/f_{cu}$와 부재의 중립축으로부터 압축연단까지의 거리인 c의 관계

4.3.3 맺음말

위에서 살펴본 바와 같이 압축을 받는 콘크리트에서도 부재의 크기에 따른 강도 감소효과가 분명히 나타나는데, 이보다 그 영향이 더 뚜렷할 것으로 예상되는 전단강도의 경우 우리 실정에 맞는 강도의 예측식을 개발하는 것이 반드시 필요할 것이다.

참/고/문/헌

1) 한국콘크리트학회, "콘크리트구조설계기준," 한국콘크리트학회, 2007.

2) 한국콘크리트학회, "콘크리트구조설계기준," 한국콘크리트학회, 2012.

3) ACI Committee 318-11, "Building Code Requirements for Structural Concreted and Commentary(ACI 318-11),"American Concrete Institute, Detroit, 2011, p.503.

4) Comete European de Normalisation(CEN), "Eurocode 2 : Design of Concrete Structures. Part 1-General Rules and Rules for Buildings," prEN 1992-1, 2002, p.211.

5) CSA Committee A23.3-04, "Design of Concrete Structures for Buildings CAV3-A23.3-04," Canadian Standards Association, Canada, 2004, p.232.

6) Japan Society of Civil Engineering, "Standard Specifications for Concrete Structures," Japan Society of Civil Engineering, Japan, 2002, p.257.

7) Lee, J.-Y. and Hwang, H.-B., "Maximum Shear Reinforcement of Reinforced Concrete Beams," ACI Structural Journal, Vol. 107. No. 5, 2010, pp.580~588.

8) Lee, J.-Y. and Choi, I-J., "Shear Behavior of Reinforced Concrete Beams with High-Strength Stirrups," ACI Structural Journal, Vol.108, No.5, 2011.09, pp.620~629.

9) Munikrishma, A., Hosny, A., Rizkalla, S, and Zia, P, "Behavior of Concrete Beams Reinforced with ASTM A1035 Grade 100 Stirrups Under Shear," ACI Structural Journal, Vol.108. No.4, 2011, pp.34~41.

10) Aoyama, H., "Design of Modern Highrise Reinforced Concrete Structures," Imperial College Press, 2001, p.442.

11) Fukuhara, M., and Kokusho, S., "Effectivenss of High Tension Shear Reinforcement in RC Members," Journal of Structural Construction Engineering, Architectural Institute of Japan, No.320, 1982, pp.12~20.

12) Iwai, I., Enomoto, H., Watanabe, F., and Muguruma, H., "Shear Strength of High Strength Concrete Beams," Summaries of Technical Papers of Annual Meeting, Architectural Institute of Japan, 1991, pp.269~272.

13) 이진은 · 이정윤, "철근콘크리트보에 사용된 전단보강 철근의 항복강도 제한에 대한 평가," 콘크리트학회 논문집, Vol.24 No.6, 2012.12, pp.685~693.

14) Morsch, E., "Der Eisenbetonbau, Seine Anwendung und Theorie," 1th Edition, Im Selbstverlag der Firma, Neustadt, 1902, p.118.

15) Vecchio, F. J., and Collins, M. P., "The Modified Compression Field Theory for Reinforced Concrete Elements Subjected to Shear," ACI Journal, Vol.83, No.2, 1986, pp.219~231.

16) Hsu, T. T. C., "Softened Truss Model Theory for Shear and Torsion." ACI Structural Journal, Vol.85, No.6, 1988, pp.624~635.

17) Regan, P. L. and Baker, A. L. L., "Shear Failure of Reinforced Concrete Beams," ACI Structural Journal, Vol.68 .NO.10, 1971, pp.763~773.

18) Leonhardt, F. and Walther, R., "Beitrage zur Behandlung der Schubprobleme im Sthalbetonbau," Beton-und Stahlbetonbau, Heft 8,9,1963, p.184, pp.216~224.

19) Clark, A. P. "Diagonal tension in reinforced concrete beams", ACI Journal, Vol.48, No.10, 1951, pp.145~156.

20) Lee, J.-Y., Lee, D.-H., Lee, J.-E, and Choi, S.-H., "Shear Behavior and Diagonal Crack Width for RC Beams with High Strength Shear Reinforcement," ACI Structural Journal, 2013.

21) 한국콘크리트학회, 콘크리트구조기준, 2012년, p.342.

22) 이정윤 · 윤성현, "철근콘크리트 부재의 최소 전단보강근비의 평가," 한국콘크리트학회 논문집, 제16권 제1호, 2003년, pp.43~53.

23) 김강수 · 이득행 · 주현진, "철근콘크리트 부재의 최소 및 최대 전단철근비," 대한건축학회논문집 구조계, 제27권 제2호, 2011년, pp.63~72.

24) ACI Committee 318, Building Code Requirements for Reinforced Concrete and Commentary(ACI 318-11), American Concrete Institute, Detroit, 2011, p.503.

25) 한국콘크리트학회, 콘크리트 구조물에 대한 고장력 철근의 적용성 연구, 2010년, p.390.

26) CSA Committee A23.3-04, Design of Concr4te Structures(CAN/CSA-A23.3-04), Canadian Standards Association, Canada, 2004, p.214.

27) American Association of State Highway and Transportation Officials, AASHTO LRFD Bridge Design Specifications, third edition, AASHTO, Washington, DC, 2010, p.1450.

28) Comete European de Normalisation(CEN), Eurocode 2 : Design of Concrete Structures. Part 1-General Rules and Rules for Buildings, prEN 1992-1, 2004, p.225.

29) Comite Euro-International du Beton, CEB-FIP MODEL CODE 90, Thomas Telford, London, 1990.

30) Comite Euro-International du Beton, CEB-FIP MODEL CODE 2010, Thomas Telford, London, 2010.

31) Architectural Institute of Japan, Standard for Structural Calculation of Reinforced Concrete Structures, Architectural Institute of Japan, 1999, p.412.
32) Zararis, P. D., "Shear Strength and Minimum Shear Reinforcement of Reinforced Concrete Slender Beams," ACI Structural Journal, Vol. 100, No. 2, 2010, pp.203~214.
33) Ozcebe, G., Ersoy, U., and Tankut, T., "Evaluation of Minimum Shear Reinforcement Requirements for Higher Strength Concrete," ACI Structural Journal, Vol. 96, No. 3, 1999, pp.361~369.
34) Zsutty, T. C., "Beam Shear Strength prediction by Analysis of Existing Data," ACI Journal, Proceedings, Vol. 65, No. 11, 1968, pp.943~951.
35) Zsutty, T. C., "Shear Strength Prediction for Separate Categories of Simple Beam Tests," ACI Journal, Proceedings, Vol. 65, No. 15, 1971, pp.138~143.
36) 최경규 · 박홍근 · 양근형, "철근콘크리트 보의 최소전단보강근비," 대한건축학회 논문집 구조계, 제28권 제4호, 2012년, pp.11~18.

제 5 장

기존 실험연구 결과

5.1 일반사항

철근콘크리트(이하 RC) 보의 전단파괴는 전단력, 휨모멘트 또는 축력, 비틀림 등이 복합적으로 작용하여 발생하는 조합응력에 기인한다. 이러한 전단파괴는 그림 5.1에서 보이는 바와 같이 사인장균열에 의해 매우 갑작스럽고 취성적인 파괴가 발생하며, 이러한 파괴는 구조물의 강도와 연성을 현저히 떨어뜨리게 된다.

휨모멘트가 작용하는 전단경간-깊이 비(a/d)가 2.5 이상인 세장한 RC 보의 복부에

그림 5.1 **철근콘크리트 보의 전단파괴(a/d=2.9)**

전단응력(shear stress)이 증가하게 되면 수직응력(normal stress)과 전단응력의 조합응력이 발생하게 되며, 주응력 방향(principal direction)이 경사진 방향으로 바뀌어 경사진 균열(inclined crack), 즉 사인장균열(diagonal tension failure)을 유발하게 된다. 전단경간-깊이 비(a/d)가 1 이하인 깊은 보(deep beam)의 경우 하부 주철근의 항복이나 정착부의 파괴 또는 압축부 콘크리트의 파쇄(crushing)가 발생한다.

그림 5.2는 전단철근이 없는 RC 보의 전단파괴 유형을 보여준다. a/d가 1 이상 2.5 이하($1 \leq a/d \leq 2.5$)인 깊은 보는 콘크리트가 큰 압축력을 받아 파쇄되는 전단-압축파괴(shear-compression failure)와 인장철근의 부착과 정착능력이 상실되어 발생하는 전단-인장파괴(shear-tension failure)로 구분된다. 그리고 a/d가 2.5 이상인 보의 파괴는 휨 또는 전단에 기인한다. 특히 $2.5 \leq a/d \leq 6$인 보에서 휨균열은 초기 하중 단계에서부터 발생하며 휨내력을 발휘하기 이전에 휨-전단 사인장균열에 의해 파괴가 발생한다. 전단철근이 없는 경우, 이러한 파괴는 매우 취성적인 양상을 나타내므로 전단철근을 추가 배치하여 전단-압축 또는 휨파괴를 유도해야 한다.

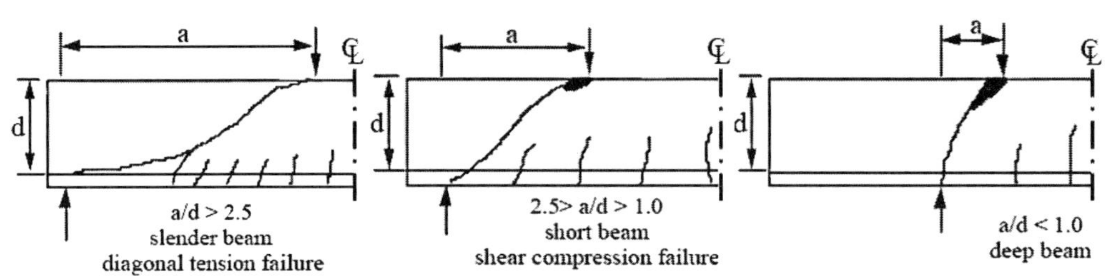

그림 5.2 **전단철근이 없는 철근콘크리트 보의 전단파괴 유형**

이러한 RC 보의 전단거동은 콘크리트 재료의 비균질성(nonhomogeneity) 및 비선형성(nonlinearity), 균열 및 보강근의 존재, 조합응력의 효과 등 수많은 요인의 영향을 받기 때문에 정확한 모델링의 설정과 전단저항성능의 예측이 어렵다. 이러한 이유로 철근콘크리트 보의 전단에 대한 이해 및 기준상의 설계 방법은 주로 통합된 합리적인 이론보다는 실험적 결과에 크게 의존하고 있는 실정이다.

이 장에서는 국·내외의 기존 실험연구 결과를 정리하였다. 집중하중을 받는 전단무보강 RC 보와 전단보강 RC 보로 구분하여 실험변수, 실험 방법, 실험 결과 등을 간략히 기술하였다. 단, 분포하중과 축력이 작용하는 보는 분석에서 제외되었다.

5.2 전단철근이 없는 보의 전단강도

전단철근이 없는 RC 보는 보 중앙에서 발생하는 수직응력에 의해 보의 중앙부에서 휨-인장균열이 먼저 발생한 뒤 지점 방향으로 진전된 후 복부에서 발생하는 수직응력과 전단응력의 조합에 의한 조합응력에 의해 경사 방향으로 발전하는 휨-전단균열로 최종 파괴된다. 이러한 보의 전단강도는 콘크리트 강도(f_c'), 주철근비(ρ), 전단경간-깊이 비(a/d), 유효깊이(d), 그리고 축력 등 다양한 변수에 영향을 받는다.

그림 5.3은 전단철근이 없는 보의 균열 후 내력을 보여준다. 휨-전단균열이 발생했을 때 전단강도는 균열이 생기지 않은 압축영역에서 콘크리트에 의해 발생하는 전단력 V_c와 균열면에서 골재의 맞물림(interlock) 작용에 의해 전달되는 전단력 V_{ay} 및 인장철근의 장부작용(dowel action)에 의한 전단력 V_d의 조합에 의해 지지되므로 수직 방향으로 작용하는 힘의 평형방정식으로부터 다음과 같이 구할 수 있다.

$$V_{ext} = V_c + V_{ay} + V_d \tag{5.1}$$

여기서 V_{ay}는 골재의 맞물림에 의해 발생하는 전단력 V_a의 수직 성분이다.

실험 결과에 의하면 주철근(longitudinal reinforcement)이 적절하게 보강되어 있을 때, 사인장균열 직후 V_{ay}와 V_d는 전체 전단력의 40~60%를 차지하지만 인장철근의 인장력(T)이 증가하여 균열면에서의 상대적인 횡변위가 증가하게 되면 V_{ay}와 V_d는 급격히 감소한다.

실험 결과에서 관찰된 다양한 파괴모드와 보의 전단강도에 영향을 끼치는 여러 가지 인자를 고려하여 1950년대부터 전단철근이 없는 철근콘크리트 보의 전단강도 평가를 위해 다양한 강도 평가 모델이 많은 연구자들에 의해 지속적으로 제시되고 있다. 하지만 콘크리트 재료의 비균질성과 전단파괴를 일으키는 여러 가지 설계변수의 영향으로 인해 대부분 실험 결과에 의존한 경험식

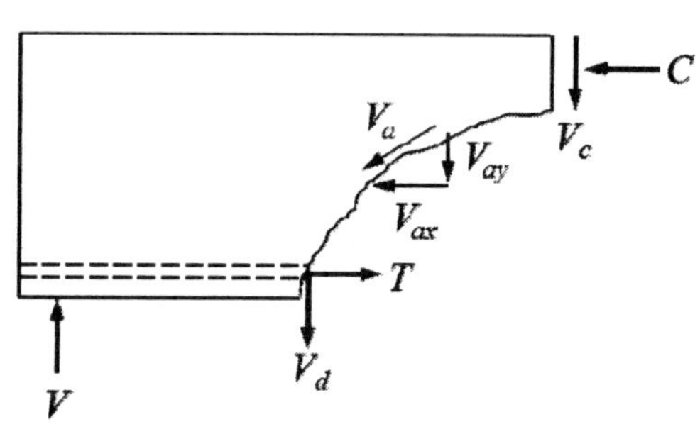

그림 5.3 전단철근이 없는 보의 균열 후 내력

을 제시하고 있는 실정이다.

이 장에서는 전단철근이 없는 RC 보의 전단강도 평가를 위해 수행된 실험연구의 결과를 분석하고, 제안된 전단강도 모델에 대해 주요 변수별 연구 결과를 간략히 기술하고자 한다.

5.2.1 전단 실험 데이터베이스

표 5.1은 분석에 사용된 전단철근이 없는 철근콘크리트 보의 전단 실험 데이터베이스를 보여준다. 수집된 자료는 총 942개이며 전단철근이 없는 RC 보의 전단강도에 관한 연구는 Kani[1)] , Moody et al.[2)], Van Den Berg[3)], Mphonde[4)] Bresler et al.[5)], Xie et al.[6)], Yoon et al.[7)], Leonhardt et al.[8)], Kani[9)], Bhal[10)], Mattock[11)], Taylor[12)], Walraven[13)], Chana[14)], Papadakis[15)], Collins et al.[16)], Ahmad et al.[17,18)], Angelakos et al.[19)], Elzanaty et al.[20)], Kim et al.[21)], Krefeld et al.[22)], Kulkarni et al.[23)], Mathey et al.[24)], Morrow et al.[25)], Pendyala et al.[26)], Placas et al.[27)], Ahmad et al.[28)], Cossio et al.[29)], Kani et al.[30)], Foster et al.[31)], Tan et al.[32)], Taub et al.[33)], Acharya et al.[34)], Clark[35)], Adebar[36,37,38)], Aster et al.[39)], Lubell et al.[40)], Sherwood[41)], Bernander[42)], Bernhardt et al.[43)], Cladera et al.[44)], Cao[45)], Cederwall et al.[46)], Chang et al.[47)], Drangsholt et al.[48)], Feldman et al.[49)], Ferguson[50)], Gabrielsson[51)], Ghannoum[52)], Grimm[53)], Hallgren[54,55,56)], Hamadi[57)], Hanson[58,59)], Hedmann et al.[60)], Islam et al.[61)], Johnson et al.[62)], Kawano et al.[63)], Kim et al.[64)], Kung[65)], Kuhlmann et al.[66,67)], Laupa et al.[68)], Marti et al.[69)], Niwa et al.[70)], Podgorniak-Stanik[71)], Rajagopalan et al.[72)], Regan[73,74,75)], Rehm et al.[76)], Reineck et al.[77)], Remmel[78)], Rosenbusch[79)], Rusch et al.[80)], Salandra et al.[81)], Salandra et al.[81)], Scholz[82)], Shin et al.[83)], Taylor[84)], Yoshida et al.[85)], Lubell[86)], Thiele[87,88)], Injaganeri[89)], Winkler[90)], Tureyen et al.[91,92)], Bentz et al.[93)], Tanimura et al.[94)], Sneed et al.[95,96,97)] 등 총 97명의 연구자들에 의해 수행되었다.

표 5.1 전단철근이 없는 철근콘크리트 보의 전단 실험 데이터베이스

연구자	실험체 번호	f_c' (MPa)	b (mm)	d (mm)	a/d	ρ	f_y (MPa)
Kani[1]	11	24.5~30.3	153	273	2.99~6.45	0.019~0.028	337.8~490.9
Moody[2]	13	15.4~41.2	152~178	262~268	3.05~3.41	0.016~0.024	310.0
Van Den Berg[3]	30	22.5~58.6	229	359	2.76~4.88	0.043	310.3
Mphonde[4]	14	22.6~101.8	152	298	2.41~3.60	0.023~0.034	414.0
Bresler[5]	3	22.6~37.6	305	461~466	3.97~6.93	0.018~0.027	552.0~555.0
Xie[6]	2	39.7~104.2	127	198	3.26~3.27	0.016	421.0
Yoon[7]	3	36.0~87.0	375	655	3.28	0.029	400.0
Leonhardt[8]	32	13.3~37.7	50~500	70~600	2.48~8.00	0.013~0.021	413.0~465.0
Kani[9]	40	25.1~30.8	151~612	132~1097	2.46~9.00	0.026~0.029	335.0~417.0
Bhal[10]	8	22.8~29.1	240	297~1200	3.00	0.006~0.013	422.0~426.0
Mattock[11]	7	16.2~46.9	152	254	2.74~5.14	0.010~0.031	–
Taylor[12]	15	20.8~32.1	60~400	139~930	3.00	0.014	420.0
Walraven[13]	3	27.4~27.8	200	125~720	3.00	0.007~0.008	440.0
Chana[14]	27	25.3~41.7	60~203	106~356	3.00	0.017~0.018	421~504
Papadakis[15]	20	10.5~52.6	140~200	175~350	3.00~4.00	0.008~0.018	–
Collins[16]	15	36.0~98.8	300	110~925	2.92~3.07	0.005~0.010	483~550
Ahmad[17,18]	18	66.1~72.8	127	184.2~208.0	2.70~4.00	0.018~0.066	414.0
Angelakos[19]	15	18.6~99.0	300	895~925	2.88~2.92	0.005~0.021	550.0
Elzanaty[20]	13	20.7~79.2	177.8	266.7	4.00	0.006~0.033	434.0
Kim[21]	3	19.6	100	255	3.00~4.00	0.011~0.019	–
Krefeld[22]	66	12.2~39.0	152.4~254.0	237.7~482.6	3.16~8.52	0.013~0.043	366.0~394.0
Kulkami[23]	14	41.5~45.0	102	152	3.50~4.50	0.014	518
Mathey[24]	9	25.1~30.5	203.2	402.8	2.84~3.79	0.005~0.025	505~707
Morrow[25]	13	13.8~41.3	304.8~308.1	355.6~374.7	2.76~7.86	0.006~0.038	330.0~471.0
Pendyala[26]	3	34.0~87.0	80	140	5.00	0.020	–
Placas[27]	5	24.8~30.3	152.4	271.8	3.36	0.010~0.015	–
Ahmad[28]	4	42.8~79.3	102	178	3.70	0.014	413
Cossio[29]	10	17.1~36.7	152.4	252.5~254.0	3.02~6.04	0.010~0.034	314.0~469.0
Kani[30]	74	13.0~34.2	115.3~150.6	267.0~287.0	0.99~5.97	0.005~0.028	330.0~508.0
Leonhardt[8]	4	34.8~81.0	190.0	270.0	1.00~2.48	0.028~0.046	343.3
Moody[2]	11	17.3~25.0	178.0	533.0	1.52	0.027~0.044	–
Mathey[24]	16	21.9~27.0	203.0	403.0	1.51	0.008~0.031	–
Kani[30]	17	25.5~31.5	151.0~157.0	132.0~1097.0	1.00~2.50	0.026~0.028	338.0~381.0
Papadakis[15]	8	24.9~25.3	140.0	200.0	1.50~2.50	0.008~0.012	–
Krefeld[22]	2	29.8~30.6	203.2	390.1	2.34	0.021~0.031	–
Foster[31]	2	62.7	125.0	624.0	1.32~1.88	0.024	–
Morrow[25]	24	13.8~41.3	304.8~308.1	352.6~374.7	0.95~2.02	0.006~0.038	–
Tan[32]	3	37.4~49.1	140.0	444.0	0.56~1.13	0.026	–
Taub[33]	1	59.9	101.6	171.5	2.37	0.045	–
Acharya[34]	4	36.8~57.2	101.6	93.7~120.7	1.89~2.53	0.021~0.042	–
Clark[35]	12	21.5~26.2	203.2	388.6	1.18~2.35	0.010	–
Adebar[36,37,38]	5	46.9~56.5	290.0~360.0	178.0~278.0	2.92~4.56	0.010~0.030	484.0~536.0
Aster[39]	5	22.2~28.0	1000	250~750	3.65~3.68	0.004~0.009	525.0~543.0
Lubell[40]	11	25.3~62.2	250.0~3005.0	306.0~916.0	2.87~3.27	0.008~0.009	465.0
Bemander[42]	6	25.2~26.7	100	168	4.17	0.010~0.012	667.0~910.0
Bemhardt[43]	5	79.7~94.7	150	159	2.52~3.46	0.026~0.053	510.0

표 5.1 전단철근이 없는 철근콘크리트 보의 전단 실험 데이터베이스(계속)

연구자	실험체 번호	f_c' (MPa)	b (mm)	d (mm)	a/d	ρ	f_y (MPa)
Cladera[44]	6	47.5~84.6	200.0	360	2.9	0.022	500
Cao[45]	2	25.1~27.7	300	1845~1925	2.77~2.89	0.004~0.015	436
Cederwall[46]	1	26.9	135	234	3.42	0.011	818
Chang[47]	15	15.3~36.2	101.6	136.7	2.60~4.09	0.019~0.029	328
Drangsholt[48]	14	51.6~95.3	150~300	207~442	3.00~4.00	0.018~0.032	485
Feldman[49]	8	19.1~34.3	152.4	252.5	2.87~6.04	0.034	283~331
Ferguson[50]	1	26.9	100.8	189.0	3.23	0.021	310.0
Gabrielsson[51]	4	105.6~136.6	200	200~260	4.00~4.23	0.030~0.040	652~686
Ghannoum[52]	22	31.8~56.2	400	65.0~889.0	2.50	0.012~0.020	385~648
Grimm[53]	11	87.7~108.5	300	146~746	3.53~3.90	0.013~0.042	469~660
Hallgren[54,55]	20	28.7~82.8	150~163	191.3~196.1	3.58~3.66	0.022~0.041	443~651
Hallgren[56]	3	82.6~90.0	262~337	208~211	2.61~2.64	0.007~0.011	604~632
Hamadi[57]	4	18.6~27.9	100	372	3.37~5.90	0.011~0.017	400~800
Hanson[58]	5	23.1~71.3	152.4	266.7	2.48	0.025~0.050	333.0
Hanson[59]	5	18.5~28.6	152.4	266.7	2.48~4.95	0.012~0.035	334.0~611.0
Hedmann[60]	4	17.5~26.9	152	267	4.95	0.012~0.022	611~645
Islam[61]	5	24.2~80.9	150	203~207	3.86~3.94	0.020~0.032	320~554
Johnson[62]	1	53.5	304.8	538.7	3.10	0.025	525
Kawano[63]	8	18.3~24.9	105~600	300~2000	3.00	0.012~0.014	360~370
Kim[64]	18	49.6	170~300	142~915	3.00~6.00	0.010~0.047	477
Kung[65]	7	16.0~19.3	140	200	2.50	0.008~0.018	492~507
Kuhlmann[66]	2	47.2	402	250	2.86~4.48	0.016	579
Kuhlmann[67]	4	51.0~45.2	400	250	2.86~4.86	0.016~0.019	554~559
Laupa[68]	6	12.4~29.9	152.4	261.9~268.7	4.82~4.95	0.019~0.040	284~410
Marti[69]	2	26.9~27.1	400	167	3.83	0.014~0.018	542
Niwa[70]	3	22.2~24.7	300~600	1000~2000	2.98	0.001~0.003	999
Podgorniak[71]	8	34.6~96.6	300	225~925	0.39~0.97	0.005~0.031	437~550
Rajagopalan[72]	10	21.3~34.2	150.9~153.9	258.6~268.5	3.83~4.27	0.003~0.017	524~1779
Regan[73~75]	5	22.1~27.5	152	272	3.27	0.015	630
Rehm[76]	1	21.3	900	313	3.19	0.012	564
Reineck[77]	3	22.2~23.4	500	226	2.50~3.50	0.008~0.014	441~501
Remmel[78]	4	80.5~82.7	150	160~165	3.06~4.00	0.019~0.041	523~554
Rosenbusch[79]	6	37.2~41.0	200	260~262	2.40~3.94	0.007~0.036	555
Rusch[80]	3	20.6~21.8	90~180	111~262	3.60~3.62	0.026~0.027	407~481
Salandra[81]	4	50.6~67.7	101.6	171.5	2.59~3.63	0.015	414
Scholz[82]	7	78.2~94.4	200	362~372	3.00~4.00	0.019~0.034	500
Shin[83]	2	49.6~70.6	125	215	2.45	0.038	410
Taylor[84]	8	24.5~30.8	203.2	369.9	2.47~3.50	0.010~0.015	350
Yoshida[85]	1	31.2	300	1890	2.82	0.007	457
Lubell[86]	7	34.5~38.6	249~1170	287~538	2.91~3.57	0.003~0.017	413~900
Sherwood[41]	21	26.7~74.9	122~300	280~1450	2.77~2.87	0.008	452~880
Thiele[87,88]	5	22.2~40.1	400	167~297	3.47~4.97	0.014~0.024	580~632
Injaganeri[89]	3	48~56.1	150	161~536	2.88~2.97	0.023~0.031	521~595
Winkler[90]	5	32.7	150~450	200~900	3.91~3.94	0.012	566~590
Tureyen[91,92]	3	37.4~39.7	457.2	360.4	3.28	0.004~0.019	524~745
Bentz[93]	9	31.9~33.7	101~106	84~333	2.80~2.94	0.016	400
Tanimura[94]	1	94.8	300	400	2.50	0.022	750
Sneed[95~97]	8	62.6~70.5	203.2~612.9	233.3~822.1	2.87~2.91	0.012~0.016	431~483
합계	**942**	**10.5~136.6**	**100~3005**	**65~2000**	**0.39~9.00**	**0.001~0.066**	**283~1779**

수집된 전단 실험 데이터는 전단파괴되었다고 보고된 실험체를 대상으로 하였다. 콘크리트 강도는 $10.5 \leq f_{ck} \leq 136.6$MPa, 보의 유효깊이는 $65 \leq d \leq 2{,}000$mm, 전단경간-깊이 비는 $0.39 \leq a/d \leq 9.00$, 주철근비($\rho = A_s/bd$)는 $0.001 \leq \rho \leq 0.066$, 그리고 $283 \leq f_y \leq 1{,}779$MPa이다. 여기서 A_s는 주철근의 총 단면적(mm^2), b는 보의 폭(mm), f_y는 주철근의 항복강도(MPa)를 뜻한다.

그림 5.4와 표 5.2.~5.7은 연구연도, 콘크리트 강도(f_{ck}), 주철근비(ρ), 주철근의 항복강도(f_y), 유효깊이(d), 그리고 전단경간-깊이 비(a/d)에 대한 실험체 분포가 나타나 있다. 참고문헌에 있는 실험 데이터를 최대한 사용하였으며 원문에 언급되어 있지 않은 부분은 분석에서 제외되었다.

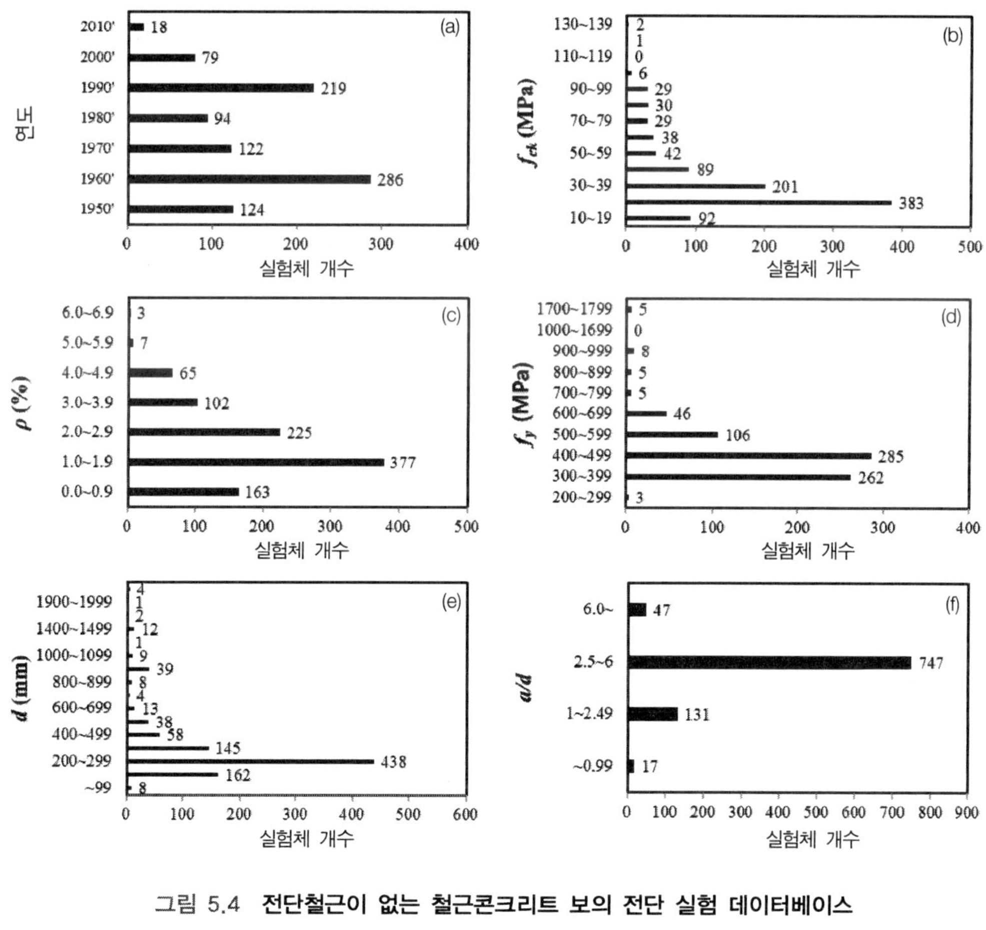

그림 5.4 **전단철근이 없는 철근콘크리트 보의 전단 실험 데이터베이스**

전단 실험은 1950년대부터 현재까지 많은 연구자들에 의해 수행되고 있으나, 그림 5.4(a)와 같이 1990년대 이후 실험 연구의 숫자는 감소하고 있는 것으로 나타났다. 실험체에 사용된 콘크리트 압축강도의 범위는 $10.5 \leq f_{ck} \leq 136.6$MPa이었으며, 주로 20~39MPa인 일반강도 콘크리트가 전단강도 실험에 사용되었다(그림 5.4(b) 참조). 콘크리트 강도가 20MPa 미만인 실험체는 92개였으며, 특히 ACI 기준식을 적용할 수 있는 허용범위를 초과하는 80MPa 이상의 실험체는 68개로 전체 실험체의 약 7%를 차지하였다. 100MPa을 초과하는 초고강도 콘크리트에 대한 전단 실험에 대한 연구는 Gabrielsson[51], Grimm[53], Xie et al.[6], Mphonde[4], Angelakos et al.[19] 등에 의해 수행되었다.

그림 5.3(c)와 같이 실험체에 사용된 주철근비는 대부분 1.0~2.9%에 분포하고 있었으며 4% 이상의 주철근비에 대한 연구는 Ahmad et al. (1996), Bernhardt et al.[43], Krefeld et al.[22], Leonhardt et al.[8], Moody et al.[2], Taub et al.[33], Acharya et al.[34], Hanson[58,59], Van Den Berg[3], Kim et al.[21], Remmel[78], Hallgren[54,55,56], Grimm[53], Gabrielsson[51] 등에 의해 수행되었다. 주철근의 항복강도(f_y)는 300~399MPa인 경우가 36.1%, 400~499MPa인 실험체가 39.3%로 전체 실험체의 75.4%를 차지하였다(그림 5.4(d) 참조). 항복강도가 600MPa인 경우도 약 9.5%를 차지하였으며 실험에 사용된 주철근의 최대 항복강도는 $f_y = 1{,}779$MPa이었다. 실험체의 유효깊이(d)는 200~499mm였다. 1960년대에 Kani[9]와 Bhal[10]의 연구 이후 Niwa et al.[70], Kawano et al.[63], Cao[45], Yoshida et al.[85], Sherwood et al.[41] 등이 유효높이가 1,000mm 이상인 실험체에 대한 관심이 높아지고 있는 실정이다(그림 5.4(e) 참조). 실험체의 전단경간-깊이 비(a/d)는 $0.39 \leq a/d \leq 9.0$이었으며 $a/d < 1$인 경우는 17개(1.8%), $1 \leq a/d < 2.5$인 경우는 131개(13.9%), $2.5 \leq a/d < 6.0$인 경우는 747개(79.3%), $a/d \geq 6.0$(5.0%)인 경우는 47개로써 전단 실험에 사용된 실험체의 전단경간-깊이 비는 대부분 $2.5 \leq a/d < 6.0$에 집중되어 있었다.

표 5.2 전단철근이 없는 보에 대한 연도별 전단 실험체 개수

연도	1950 ~1959	1960 ~1969	1970 ~1979	1980 ~1989	1990 ~1999	2000 ~2009	2010~	합계
실험체 개수	124	286	122	94	219	79	18	942
비율(&)	13.2	30.4	13.0	10.0	23.2	8.4	1.9	100

표 5.3 **전단철근이 없는 보에 대한 콘크리트 강도(f_{ck})별 전단 실험체 개수**

f_{ck} (MPa)	10 ~19	20 ~29	30 ~39	40 ~49	50 ~59	60 ~69	70 ~79	80 ~89	90 ~99	100 ~109	110 ~119	120 ~129	130 ~139	합계
실험체 개수	92	383	201	89	42	38	29	30	29	6	0	1	2	942
비율(&)	9.8	40.7	21.3	9.4	4.5	4.0	3.1	3.2	3.1	0.6	0	0.1	0.2	100

표 5.4 **전단철근이 없는 보에 대한 주철근비(ρ)에 따른 실험체 개수**

ρ(%)	~0.9	1.0~1.9	2.0~2.9	3.0~3.9	4.0~4.9	5.0~5.9	6.0~6.9	합계
실험체 개수	163	377	225	102	65	7	3	942
비율(&)	17.3	40.0	23.9	10.8	6.9	0.7	0.3	100

표 5.5 **전단철근이 없는 보에 대한 주철근 항복강도(f_y)별 실험체 개수**

f_y (MPa)	200 ~299	300 ~399	400 ~499	500 ~599	600 ~699	700 ~799	800 ~899	900 ~999	1,000 ~1,699	1,700 ~1,799	합계
실험체 개수	3	262	285	106	45	5	5	8	0	5	725
비율(&)	0.4	36.1	39.3	14.6	6.3	0.7	0.7	1.1	0.0	0.7	100

표 5.6 **전단철근이 없는 보에 대한 보의 유효깊이(d)별 실험체 개수**

d (mm)	~99	100 ~199	200 ~299	300 ~399	400 ~499	500 ~599	600 ~699	700 ~799	800 ~899
실험체 개수	8	162	438	145	58	38	13	4	8
비율(&)	0.8	17.2	46.5	45.4	6.2	4.0	1.4	0.4	0.8
d (mm)	900 ~999	1,000 ~1,099	1,200 ~1,299	1,400 ~1,499	1,800 ~1,899	1,900 ~1,999	2,000 ~		합계
실험체 개수	39	9	1	12	2	1	4		942
비율(&)	4.1	1.0	0.1	1.3	0.2	0.1	0.4		100

표 5.7 **전단철근이 없는 보에 대한 전단경간-깊이 비(a/d)에 따른 실험체 개수**

a/d	~0.99	1.00~2.49	2.50~6.00	6.0~	합계
실험체 개수	17	131	747	47	942
비율(&)	1.8	13.9	79.3	5.0	100

표 5.8은 보고된 전단 실험의 하중 가력 방법을 보여준다. 82명의 연구자 중 34명의 연구자들이 수행한 전단 실험에서의 하중 가력 방법을 조사한 결과 3점 가력(three point loading), 4점 가력(four point loading), 그리고 6점 가력(six point loading) 방법이 주로 사용되었다. Moody et al.[2], Pendyala et al.[26]은 3점 가력과 4점 가력을 모두 사용하였으며, Ferguson[50]은 4점 가력과 6점 가력을 사용하였다. 중복된 방법을 모두 포함하여 총 33건 중 3점 가력은 13건, 4점 가력은 19건, 그리고 6점 가력은 1건으로 조사되었다.

표 5.8 **전단철근이 없는 철근콘크리트 보의 하중 가력 방법**

하중 가력 방법	연구자	건수
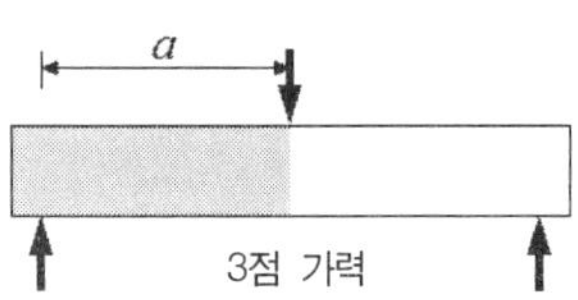	Kani (1964), Moody et al. (1954), Mphonde (1989), Bresler et al. (1963), Xie et al. (1994), Yoon et al. (1994), Krefeld et al. (1966), Morrow et al. (1957), Pendyala et al. (2000), Shin et al. (1999), Tureyen et al. (2001), Bentz et al. (2005), Sneed et al. (2010)	13
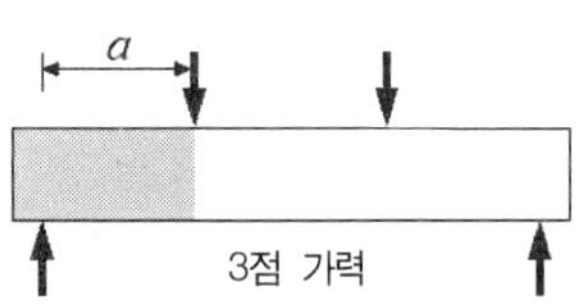	Moody et al. (1954), Van Den Berg (1962), Leonhardt et al. (1962), Taylor (1972), Ahmad et al. (1996), Elzanaty et al. (1986), Kim et al. (1999), Kulkarni et al. (1998), Mathey et al. (1963), Pendyala et al. (2000), Kani (1967), Foster et al. (1998), Tan et al. (1999), Ferguson (1956), Hanson (1958, 1961), Johnson et al. (1989), Rajagopalan et al. (1968), Salandra et al. (1989)	19
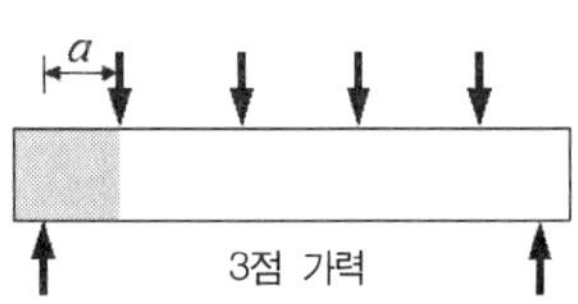	Ferguson (1956)	1
계		33

그림 5.5는 주요 변수별 전단파괴된 전단철근이 없는 RC 보의 기존 실험 결과를 보여준다. 실험 결과는 KCI 선정 전단데이터베이스(KCI103DB)를 사용하였으며, 실험체 개수는 총 942개이다. 해당 자료에서 전단파괴로 파괴된 대상 실험체의 콘크리트 강도의 범위는 $10.5 \le f_{ck} \le 136.6$MPa, 주철근비는 $0.001 \le \rho \le 0.066$, 전단경간-깊이비는 $0.39 \le a/d \le 9.0$, 그리고 유효깊이는 $65 \le d \le 2{,}000$mm이다. 일반적으로 콘크리트 강도가 커지면 전단강도는 증가하며, 전단경간비(a/d)와 유효깊이(d)가 증가하면 전단강도는 감소하는 경향이 있다.

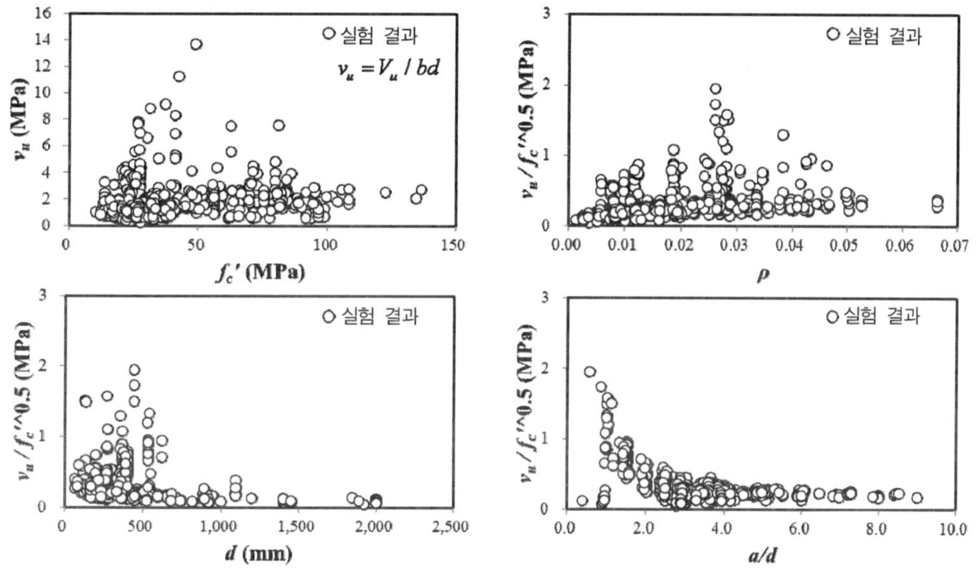

그림 5.5 전단철근이 없는 경우 전단강도에 영향을 미치는 주요 변수의 영향

5.2.2 기존 실험 연구

Elzanaty 등[20]은 전단철근이 없는 보의 전단강도를 평가하기 위해 고강도 철근콘크리트 보에 대해 실험연구를 수행하였다. 실험체는 사각형 단면을 가진 15개의 보로 구성되어 있으며 실험체 단면의 크기는 모두 178×305mm이다. 실험변수는 콘크리트 강도(f_c'), 전단경간비(a/d), 그리고 주철근비(ρ)이다. 콘크리트 압축강도는 f_{ck}= 20.7~79.3MPa이고 실험체에 사용된 주철근의 항복강도는 f_y=434MPa이다. 모든 실험

체는 하중제어 방식으로 4점 가력(4-point loading)을 하였으며, 하중은 예측된 극한하중의 약 70%까지 약 17.8kN씩 증가시키고 그 이후로 8.9kN씩 증가시켰다.

그림 5.6은 실험 결과와 ACI 318[98]에서 제시하는 전단응력(v)을 비교한 것이다. 여기서 전단응력은 $v = V/bd\sqrt{f_c'}$ 이다. 분석 결과 ACI 318[98]에서 제시하고 있는 전단응력은 콘크리트 강도와는 상관없이 일정한 값을 나타냈으며, 콘크리트 강도가 약 65MPa 이상일 경우에는 실험값에 비해 과대평가하는 경향을 보여주었다. 또한 ACI 318[98]은 전단철근이 없는 보의 전단강도에 대해 콘크리트 강도와 전단경간비(a/d)가 낮을수록, 그리고 주철근비가 높을수록 보수적으로 평가하였다. 그리고 전단철근이 없는 깊은 보에 대해서는 콘크리트 강도와는 상관없이, 심지어 주철근비가 작더라도 ACI 기준[98]에서 제시하고 있는 전단강도는 실험값에 대해 보수적으로 평가하는 것으로 나타났다.

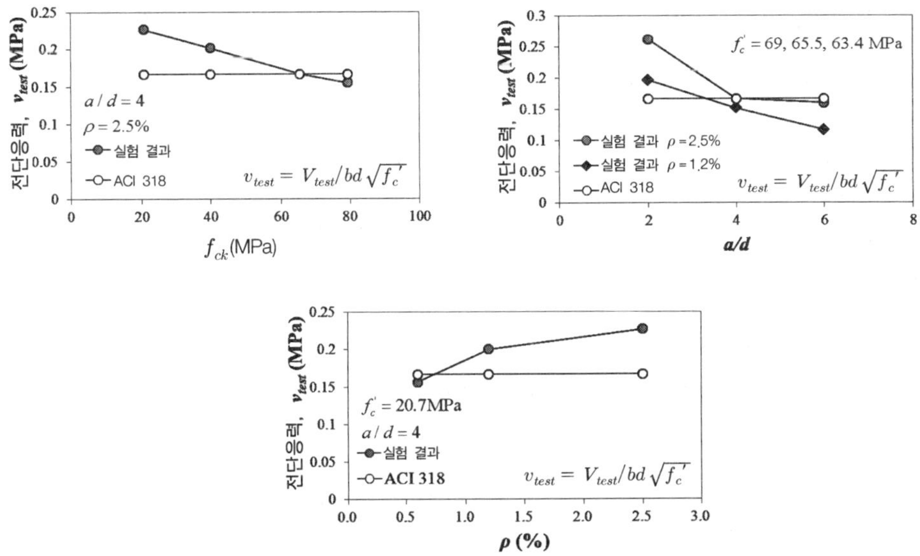

그림 5.6 **전단강도에 대한 f_c', a/d, ρ에 대한 영향**

Mphonde와 Frantz[99]는 전단경간-깊이 비(a/d)가 3.6인 9개의 전단철근이 없는 고강도와 일반강도 RC 보에 대해 실험연구를 수행하였다. 사각형 단면을 가진 단순 지지된 실험체 단면의 크기는 152×298mm이다. 콘크리트 강도는 f_{ck} =20.8~93.7MPa이고 실험체에 사용된 주철근의 항복강도는 f_y =400MPa이다.

실험 결과, 모든 실험체는 사인장 파괴(diagonal tension failure)로 최종 파괴되었으며, 콘크리트 강도가 증가할수록 전단강도는 증가하는 것으로 나타났다. $a/d=3.6$인 실험체에 대해 ACI 기준에서 제시하고 있는 전단강도는 실험값에 대해 보수적으로 평가하는 것으로 나타났다. 실험 결과를 바탕으로 콘크리트 강도(f_{ck})에 대한 전단철근이 없는 RC 보의 극한전단응력이 다음 식 (5.2)와 같이 제시되었다.

$$v_u = 0.366\sqrt[3]{f_c'} + 0.49 \tag{5.2}$$

식 (5.2)에서 보이는 바와 같이 Mphonde 등[99]이 제안한 RC 보의 극한전단응력은 기존의 기준식들이 제안하고 있는 전단강도가 콘크리트 강도의 1/2제곱에 비례하는 것에 반해 콘크리트 강도의 1/3제곱에 비례하는 것으로 나타났다. 그림 5.7은 Mphonde 등이 제안한 식 (5.2)와 실험값을 비교한 것이다. 제안된 극한전단응력은 실험 결과와 잘 일치하는 것으로 나타났다.

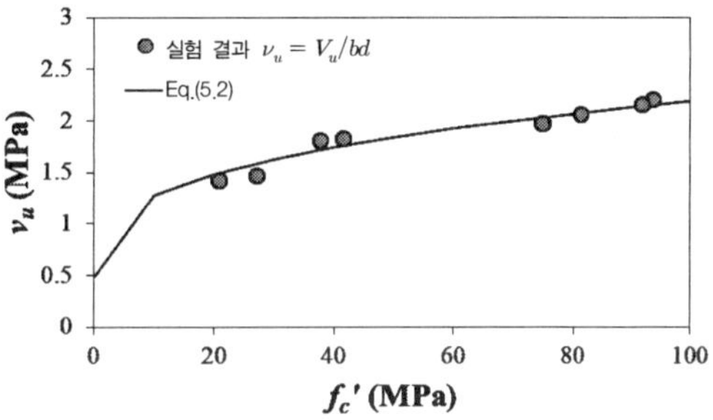

그림 5.7 **콘크리트 강도에 대한 전단강도**

Ahmad 등[18]은 다양한 주철근비(ρ)를 갖는 전단철근이 없는 36개의 철근콘크리트 보에 대해 실험 연구를 수행하였다. 주요 실험변수는 주철근비(ρ)와 전단경간-깊이비(a/d)이다. 실험체 단면의 크기는 127×203.2mm이다. 하중제어 방식을 이용하여 4점 가력을 하였다.

그림 5.8은 전단경간비에 따른 고강도 콘크리트 보의 전단강도를 보여준다. 여기서 A그룹(A1~A12)의 콘크리트 강도는 $f_{ck(A)}=66.1$MPa, B그룹(B1~B12)은 $f_{ck(B)}=72.8$MPa, 그리고 C그룹(C1~C12)은 $f_{ck(C)}=69.9$MPa이다. 사용된 주철근의 항복강도는 $f_y=413.7$MPa이다. 실험 결과, ACI 기준은 깊은 보($1<a/d<2.5$)의 전단강도에 대해 보수적인 것으로 나타났으며, 특히 주철근비가 낮아질수록 정확하게 평가하지 못하는 것으로 나타났다.

실험 결과를 바탕으로 Ahmad 등[18]은 고강도 콘크리트 보의 크기효과(size effect)를 나타내는 깊이 계수(η, depth factor)를 적용한 극한전단응력 식을 다음 식 (5.3)과 같이 제안하였다.

$$v_u = \eta(f_c{}'\rho d/a)^{0.333} \tag{5.3}$$

여기서, $3 \le a/d \le 6$일 때 $\eta = 1 - 0.00265\left[(d-135.9)^{0.85}/(a/d)^{0.63}\right]$

$a/d \le 3$일 때 $\eta = 1 - 0.03985\left[(d-135.9)^{0.8}/(a/d)^{2.84}\right]$

하지만 고강도 콘크리트 보의 크기효과를 검증할 수 있는 실험 자료의 부재로 인해 위 식은 콘크리트 최대 압축강도가 26MPa인 Kani[1]의 실험 결과를 사용하여 고강도 콘크리트 보에 대한 타당성을 규명하진 못하였다.

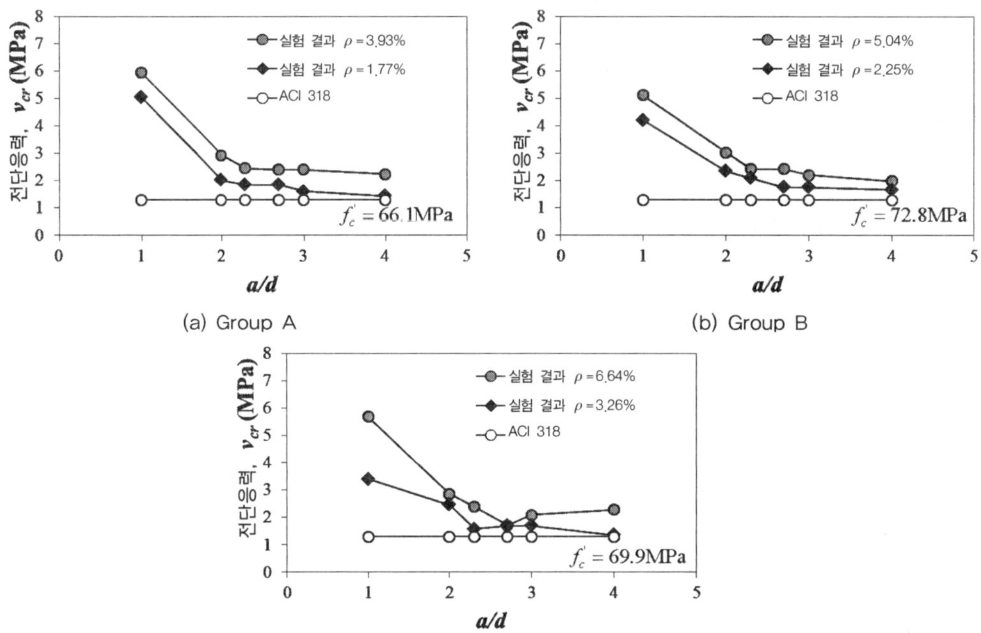

그림 5.8 **전단경간-깊이 비(a/d)에 대한 전단강도**

Mathey et al.[24]은 주철근의 항복강도에 따른 보의 전단강도 평가를 위해 25개의 실험체를 대상으로 실험연구를 수행하였다. 실험체에 사용된 주철근의 항복강도는 f_y= 505MPa, 690MPa, 696MPa, 707MPa이다. 실험체 단면은 203×403mm이고 콘크리트 강도는 21.9~30.5MPa이다.

실험 결과, 보의 전단강도는 동일한 전단경간-깊이 비에 대해 주철근의 응력이 증가할수록 대략 선형으로 감소하였다. 그리고 사인장균열이 발생할 때의 전단강도는 주철근의 인장강도와는 무관한 것으로 나타났다. 즉, 사인장균열 하중에서 철근의 응력은 주철근의 항복강도와 상관없이 탄성 상태를 유지하는 것으로 나타났다.

Kim et al.[64]은 고강도 콘크리트를 사용한 철근콘크리트 보의 거동 및 전단강도 특성을 분석하기 위해 주철근비(ρ), 전단경간비(a/d) 및 보의 유효깊이(d)를 변수로 하여 총 22개의 전단철근이 없는 실험체를 제작하여 실험을 수행하였다. 사각형 단면을 가진 표준 실험체 단면의 크기는 170×300mm이고 주철근비(ρ)는 0.019, 전단경간비(a/d)는 3.0이다. 사용된 콘크리트의 압축강도는 f_{ck}=53.7MPa이며 주철근의 항복강도는 f_y=477MPa이다. 하중은 보의 중앙으로부터 각각 $d/2$만큼 떨어진 지점에서 하중제어 방식으로 4점 가력하였다. 실험 결과는 ACI[98], Zsutty[100], 그리고 Bazant and Kim[101]의 강도 모델식의 예측값들과 함께 비교, 분석되었다. Zsutty[100]와 Bazant and Kim[101]은 기존 실험 자료를 바탕으로 다음과 같은 강도 모델식을 제안하였다.

$$\text{Zsutty : } V_{cr} = 2.2\left(f_c{'}\rho\frac{a}{d}\right)^{1/3} bd \tag{5.4}$$

$$\text{Bazant : } v_u = \frac{10\sqrt[3]{\rho}}{\sqrt{1+\dfrac{d}{25d_a}}}\left(0.833\sqrt{f_c{'}} + 207\sqrt{\frac{\rho}{(a/d)^5}}\right) \tag{5.5}$$

그림 5.9는 실험값과 기존 강도 모델의 각 변수별 전단강도를 보여준다. ACI 기준[98]은 주철근비 및 전단경간-깊이 비의 효과를 과소평가할 뿐만 아니라 유효깊이가 915mm인 큰 보의 경우 안전측이 아니어서 이에 대한 고려가 필요한 것으로 판단된다. Zsutty 식[6]은 주철근비의 효과를 적절하게 평가하는 것으로 나타났으며 Bazant & Kim 식[101]은 유효깊이 증가에 따른 전단강도 감소 경향을 잘 예측하는 것으로 나타났다. 또한 다른 연구자들의 실험값과 비교 분석한 결과 주철근비 및 전단경간비의 효과는 콘크리트 압축강도 수준에 따라 큰 변화가 없는 것으로 나타났다.

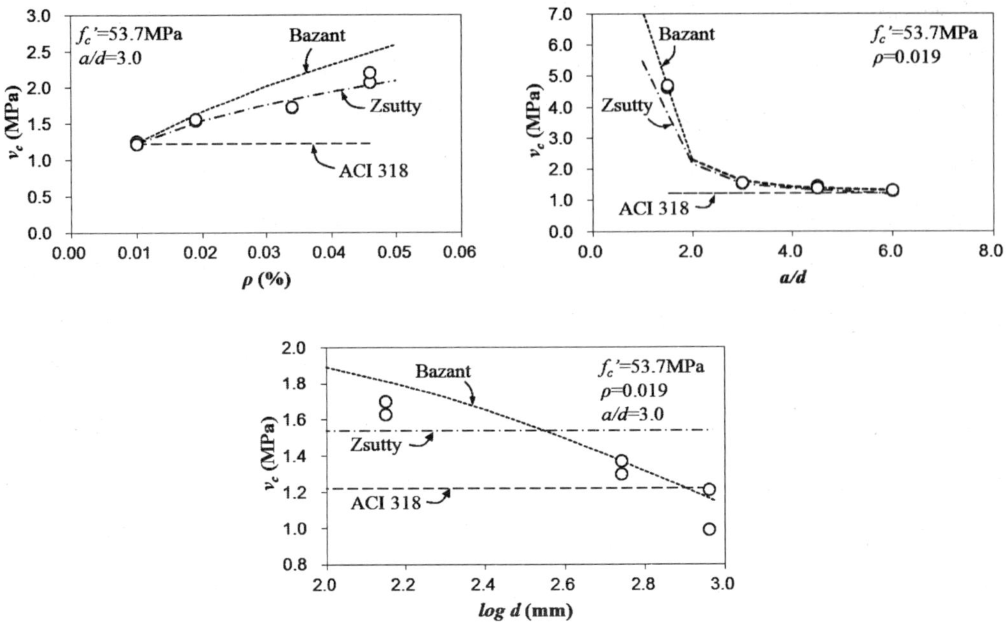

그림 5.9 **전단강도에 대한 ρ, a/d, 그리고 d의 영향**

그림 5.10은 보의 유효깊이(d)에 따른 전단강도의 크기효과(size effect)를 보여준다.[8] 여기서 크기효과란 보의 유효깊이가 커질수록 전단강도가 감소하는 현상을 말하며, 이러한 크기효과는 물체 내부에 생긴 균열에 발생하는 응력 집중현상과 재료의 유한한 변형능력 때문에 나타난다.

그림 5.10에서는 유효깊이에 따른 전단강도의 감소와 함께 ACI 318과 Collins 등[102]이 제안한 MCFT 이론을 적용한 General method와의 비교를 보여준다. 분석에 사용된 실험체의 콘크리트 강도는 $f_{ck}=24.1$MPa, 주철근의 항복강도는 $f_y=386$MPa이고 주철근비는 $\rho=0.004$이다. 실험 결과, 보의 유효깊이가 증가할수록 전단강도는 감소하였다. 이때, ACI 318에서 제시하고 있는 전단강도는 보의 깊이와 상관없이 일정한 값을 나타낸 반면에 General method는 보의 크기효과를 잘 표현하는 것으로 나타났다.

Zsutty[6]는 실험값을 바탕으로 회귀 분석을 통한 모델식을 식 (5.6)과 같이 제안하였다.

$$V_{cr} = 2.2\left(f_c'\rho\frac{d}{a}\right)^{1/3} bd \tag{5.6}$$

이 식은 콘크리트의 전단강도를 평가하는 데 f_c', ρ와 a/d의 효과를 보다 실제에

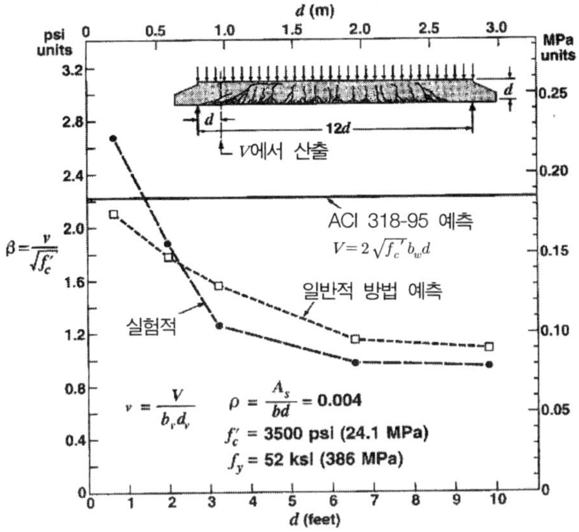

그림 5.10 **전단강도에 대한 보의 크기와 최대 골재 크기의 영향**[8)]

더 가깝게 나타내고 있다. 아울러 식 (5.6)은 a/d의 역수를 사용함으로써 보의 크기 효과도 나타낼 수 있는 장점을 가지고 있다.

Zararis et al.[103)]은 콘크리트 압축대의 깊이를 구하고 압축대의 파괴를 콘크리트 인장파괴로 가정하였다. 전단철근이 없는 보의 전단강도는 콘크리트 압축대에서의 인장파괴와 관계가 있다고 하였다. 크기효과를 나타내기 위해 콘크리트 인장 실험값(splitting test)에서 구한 계수값을 적용하였다.

$$V_c=\left(1.2-0.2\frac{a}{d}d\right)\frac{c}{d}f_{ct} \tag{5.7}$$

여기서 콘크리트 인장강도 $f_{ct}=0.3f_c'^{2/3}$이며, 콘크리트 압축대의 깊이 c는 다음 식 (5.8)과 같다.

$$\left(\frac{c}{d}\right)^2+600\frac{\rho}{f_c'}\frac{c}{d}-600\frac{\rho}{f_c'}=0 \tag{5.8}$$

Hong et al.[104)]은 스트럿-타이 모델을 이용하여 전단경간-깊이 비가 2.5 이상, 6 이하인 보의 전단파괴는 스트럿의 압축파괴로 인해 발생하는 것으로 가정하였다. 인장영역에서의 파괴로 인해 스트럿의 크기는 감소하게 되며, 결국 이러한 스트럿 크기의 감소는 전단강도에 영향을 끼치게 된다. 기하학적인 조건을 이용하여 감소된 스트럿의 폭을 결정하였으며 콘크리트의 압축응력 분포를 포물선으로 가정함으로써 다음 식 (5.9)와 같이 콘크리트 압축강도에 관계된 전단강도식이 제안되었다.

$$V_c = \frac{3}{4} f_c{}' \frac{\zeta^2(1-\zeta)(1+\zeta-\zeta^2)}{\alpha} bh \tag{5.9}$$

여기서 $\zeta = c_n/h = 1.53\sqrt[3]{\rho}$, c_n은 중립축 깊이, 그리고 $\alpha = a/h$이다.

Jenq et al.[105]은 선형파괴 역학(Linear Elastic Fracture Mechanics, LEFM)을 이용해 콘크리트와 주철근에 의한 강도의 합으로 전단강도를 나타냈다. 하지만 콘크리트에 의한 전단강도의 경우 임계응력 확대 계수를 사용함에 있어서 보의 높이(h)에 대한 균열의 수직 높이(a_c)의 비인 a_c/h가 4인 경우에만 적용 가능한 기하학적 인자(geometry factor)인 $g_1(a_c/h)$를 사용하였다.

축인장력(axial tensile forces)은 사인장균열 강도를 감소시키는 경향이 있다. 보에 축압축력이 작용하는 경우에는 휨인장균열의 발생이 억제되고 균열이 발생한 경우에도 보의 상부로 깊이 침투하지 못하기 때문에 콘크리트의 전단강도는 증가하나 축인장력은 이에 반대되는 효과를 가진다. 콘크리트의 전단강도에 영향을 끼치는 축인장력과 축압축력의 영향에 대한 시험 결과는 그림 5.11과 같으며, 이 시험 결과에 따라 ACI 설계기준[98]에는 다음과 같이 규정되어 있다.

(a) 축압축력이 작용하는 부재

$$V_c = \frac{1}{6}\left(1 + \frac{N_u}{14A_g}\right)\lambda\sqrt{f_c{}'}\,bd \tag{5.10}$$

(b) 축인장력이 작용하는 부재

$$V_c = \frac{1}{6}\left(1 + \frac{N_u}{3.5A_g}\right)\lambda\sqrt{f_c{}'}\,bd \tag{5.11}$$

위의 식에서 N_u는 축력으로 압축 시 양의 기호를 가지며 A_g는 전 단면적이다. N_u/A_g의 단위는 N/mm^{2}이다.

골재 크기가 증가할수록 균열면의 거친 정도가 증가하게 되고, 균열면을 따라 전단응력이 전달되기 위해서는 더 큰 전단응력이 요구된다. 그림 5.12는 전단강도에 대한 보의 깊이와 최대 골재 크기의 영향을 보여준다.[102] 그림 5.12에서 보이는 바와 같이 유효깊이가 증가할수록 전단응력은 감소하였다. 특히 최대 골재 크기가 25mm이고 보의 유효깊이가 1,000mm인 보의 전단강도는 최대 골재 크기가 2.5mm이고 보의 유효깊이가 1,000mm인 보의 전단강도보다 150% 정도 증가하는 것으로 나타났다. 골재의 크기가 커질수록 전단강도가 증가하는 것은, 고강도 철근콘크리트 보의 경우 균열이 골재를 직접 관통하기 때문에 일반 강도 보의 균열면보다 매끄러운 균열면을 형성하기 때문이다.

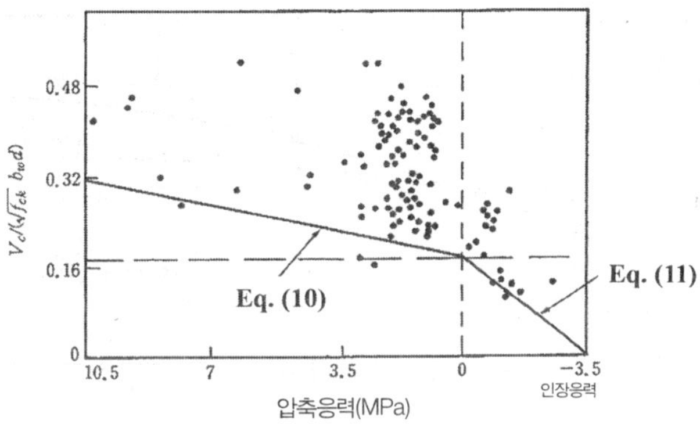

그림 5.11 **전단강도에 대한 축압축력의 영향**[12)]

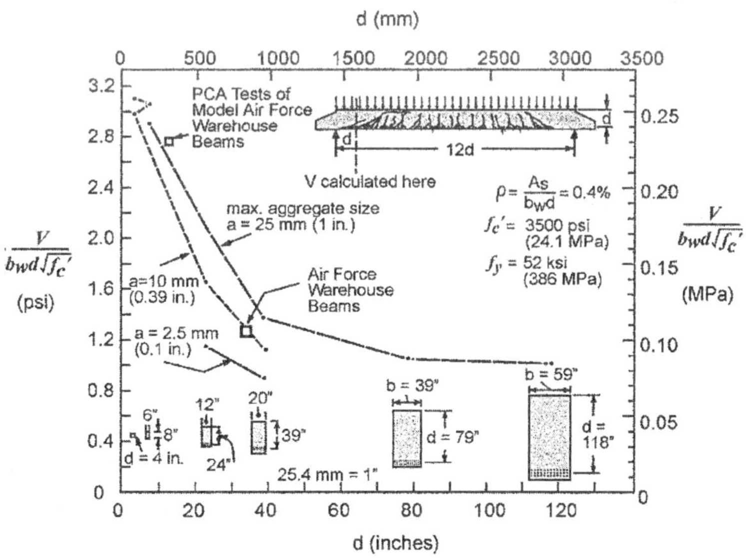

그림 5.12 **전단강도에 대한 보의 깊이와 최대 골재 크기의 영향**[13)]

5.3 전단철근이 있는 보의 전단강도

전단보강되지 않은 보의 강도는 사인장균열에 의하여 휨인장강도 이하로 떨어지므로 보의 휨인장 지지능력을 충분히 발휘하게 하기 위해서는 보의 복부를 보강하는 것이 바람직하다. 전단철근은 사인장균열이 발생되기 전에는 콘크리트와 동일하게 거동하므로 보강효과가 현저하게 나타나지 않는다. 그러나 사인장균열이 발생하면 전단철근의 인장저항성능으로 전단저항을 증진시킬 뿐만 아니라 균열의 벌어짐을 억제하여 골재 맞물림 작용의 효율을 높이고 인장철근을 수직으로 지지하여 장부작용에 의한 전단저항성능을 크게 하는 역할을 한다.

전단철근으로 보강된 보에 사인장균열이 발생했을 때 힘의 분포는 그림 5.13과 같다. 따라서 전단철근으로 보강된 철근콘크리트 보의 전단강도는 수직 방향에 대한 힘의 평형 조건식을 이용하여 다음 식 (5.12)와 같이 구할 수 있다.

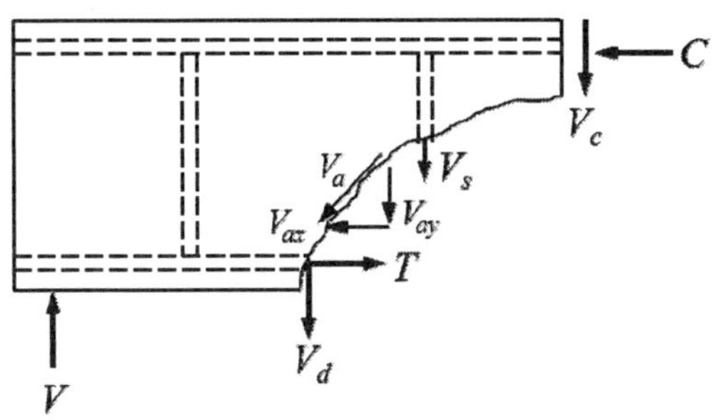

그림 5.13 **전단철근이 있는 철근콘크리트 보의 균열 후 내력**

$$V = V_c + V_{ay} + V_d + V_s \tag{5.12}$$

여기서, V_s : 수직 전단철근에 의한 전단강도$(= A_v f_{yv} d/s)$

A_v : 전단철근의 단면적(mm^2)

f_{yv} : 전단철근의 항복강도(MPa)

s : 전단철근의 간격(mm)

전단보강 콘크리트 보의 전단강도 역시 전단철근이 없는 경우와 마찬가지로 많은 연구자들에 의해 다양한 강도 모델이 제시되고 있지만 아직까지 실험값을 사용한 경험식에 의존하고 있는 실정이다.

이 장에서는 전단보강 콘크리트 보에 대해 주요 변수별 전단 실험 결과를 분석하고 주요 실험내용에 대해 기술한다. 단, 분포하중과 축하중이 작용하는 실험 결과는 분석에서 제외되었다.

5.3.1 전단 실험 데이터베이스

표 5.9는 전단보강 RC 보의 전단 실험 데이터베이스를 보여준다. 전단보강 RC 보의 전단강도 평가를 위한 연구는 Rodriguez et al.[106], Hsiung et al.[107], Delbaiky et al.[108], Mphonde et al.[99], Elzanaty et al.[20], Johnson et al.[109], Bresler et al.[5], Yoon et al.[7], Peng[110], Xie et al.[6], Kriski[111], Narayanan et al.[112], Leonhardt et al.[8], Bhal[10], Placas et al.[27], Swamy et al.[113], Anderson et al.[114], Sarsam[115], McGormley et al.[116], Kong et al.[117], Zararis et al.[118], Karayiannis et al.[119], Collins et al.[16], Angelakos et al.[19], Roller et al.[120], Krefeld et al.[22], Tompos et al.[121], Clark[35], Shin et al.[83], Cho[122], Foster et al.[31], Tan et al.[123], Smith et al.[124], Rogowsky et al.[125], Oh et al.[126], Mau et al.[127] 등에 의해 수행되었다. 실험체의 총 개수는 510개이며 실험체에 사용된 콘크리트 강도는 $12.8 \le f_{ck} \le 125.3$MPa, 보의 유효깊이는 $95 \le d \le 1200$mm, 전단경간-깊이 비는 $0.28 \le a/d \le 5.05$, 상부 주철근비($\rho_{tp} = A_{st}/bd$)는 $0.5 \le \rho_{tp} \le 6.97\%$, 하부 주철근비($\rho_{bp} = A_{sb}/bd$)는 $0.05 \le \rho_{bt} \le 2.61\%$, 주철근의 항복강도는 $279.7 \le f_y \le 593.0$ MPa, 전단철근의 항복강도는 $179.4 \le f_{vy} \le 844.4$MPa이다. 여기서 A_{st}와 A_{sb}는 상·하부 주철근의 총 단면적 (mm^2)이다.

그림 5.14와 표 5.10~5.17은 전단보강 RC 보 전단 실험체의 주요 변수별 실험체 데이터베이스를 보여준다. 전단철근이 있는 철근콘크리트 보의 전단강도에 대한 연구는 1950년대부터 시작되었으며 1980~1990년대에 걸쳐 많은 실험연구가 수행되었다. 실험에 사용된 콘크리트 강도의 범위는 f_{ck}=20~29MPa이 33.3%를 차지하였고 f_{ck}=30~49MPa도 약 24%를 차지하였다. f_{ck}=100MPa 이상의 초고강도 콘크리트는 12개의 실험체에서 사용되었으며 Roller et al.(1990), Xie et al.(1994)에 의해 실험연구가 수행되었다. 압축철근이 배근된 실험체의 경우 보의 하단에 설치된 주철근의 비는 ρ_{bt}=0.0~0.9%가 전체의 92.2%를 차지하였고 보의 상단에 배근된 주철근의 비는 대부분 ρ_{tp}=1.0~3.9%였다. 전단철근강도는 $\rho_v f_{vy}$=0~1.99%에 집중되어 있으며 최대 강도비는

8.94였다. 주철근의 항복강도는 f_y=400~499MPa인 경우가 약 71.3%를 차지하였고 고강도 철근은(f_y=500MPa 이상) 43개 실험체에서 사용되었다. 주철근의 최대 항복강도는 f_y=593MPa이었다. 전단철근은 주철근에 비해 다양한 항복강도를 가지고 있었으며 주로 사용된 전단철근의 항복강도는 f_{vy}=300~499MPa이었다. 항복강도가 500MPa 이상인 경우도 89개였으며 최대 전단철근의 항복강도는 f_y=844.4MPa이었다. 실험체의 유효깊이는 주로 d=200~399mm(60%)였으며 Bhal(1968)과 Foster et al.(1998)은 유효높이가 각각 1,200mm인 경우와 1,124mm인 실험체에 대해 실험연구를 수행하였다. 전단경간-깊이 비(a/d)는 깊은 보와 세장한 보에 대해 거의 같은 비율로 실험연구가 수행되었으며, 실험에 사용된 실험체의 최소, 최대 전단경간-깊이 비는 0.28과 5.05였다.

표 5.9 **전단철근이 있는 철근콘크리트 보의 전단 실험 데이터베이스**

연구자	실험체 개수	f_c' (MPa)	b (mm)	d (mm)	a/d	ρ_{tp} %	ρ_{bt} %	ρ_v %	f_y (MPa)	f_{vy} (MPa)
Rodriguez	9	19.3 ~28.8	152	305	2.46 ~3.92	1.60 ~2.66	–	0.38 ~1.13	317.8 ~413.7	317.8 ~353.7
Hsiung	4	43.0	152 ~305	419	2.76	1.82	–	0.21 ~0.34	444.8	282.7 ~303.4
Delbaiky	7	20.2 ~31.4	120	260	2.88	1.92 ~2.86	–	0.20 ~0.42	452.2	313.9 ~387.3
Mphonde	12	22.1 ~81.9	150	298	3.16	3.36	0.31	0.12 ~0.38	448.2	265.8 ~302.7
Elzanaty	3	20.0 ~62.7	178	267	3.62	2.50 ~3.30	0.13	0.17	434.4	379.2
Johnson	7	36.4 ~72.3	305	539	2.80	2.50	0.79	0.08 ~0.16	524.7	479.2 ~544.0
Bresler	9	21.1 ~38.8	152 ~305	457	3.46 ~4.46	1.80 ~3.66	–	0.10 ~0.20	555.0	325.4
Yoon	9	26.0 ~87.0	375	655	3.05	2.80	0.06	0.08 ~0.24	400.0	430.0
Peng	7	29.3 ~33.0	280	273	3.11	2.70	–	0.05 ~0.29	477.7	456.4 ~586.7
Xie	11	37.7 ~108.7	127	189 ~216	2.74 ~3.00	2.07 ~4.54	0.78 ~0.95	0.51 ~0.81	421.0	324.1
Kriski	4	28.9 ~77.0	360	345	2.62	2.01	–	0.09	433.0	600.0
Narayanan	8	36.1 ~50.2	85	126 ~130	2.50 ~3.10	2.00 ~5.72	–	0.17 ~1.19	530.0	600.0
Leonhardt	4	28.2 ~30.4	190	270	2.78	2.47	0.33	0.41 ~0.58	–	261.0 ~388.1
Bresler	11	23.2 ~26.7	152 ~305	457 ~462	3.95 ~4.01	1.67 ~2.34	0.18 ~0.36	0.10 ~0.20	–	340.0 ~350.0
Bhal	4	25.1 ~26.8	240	300 ~1200	3.00	1.26	0.05 ~0.20	0.15	–	440.0
Placas	18	12.8 ~48.1	152	272	3.36 ~4.05	0.98 ~4.16		0.21 ~0.84	–	267.4 ~276.2
Swamy	10	25.9 ~29.4	76	95 ~132	3.00 ~5.00	1.97 ~3.95	0.16 ~0.22	0.12 ~0.43	–	179.4 ~283.3

표 5.9 전단철근이 있는 철근콘크리트 보의 전단 실험 데이터베이스(계속)

연구자	실험체 개수	f_c' (MPa)	b (mm)	d (mm)	a/d	ρ_{tp} %	ρ_{bt} %	ρ_v %	f_y (MPa)	f_{yv} (MPa)
Anderson	4	29.2~33.8	406	345	2.65	2.31	1.02	0.39	434.4	544.0~548.7
Sarsam	4	40.4~75.7	180	235	4.00	2.23~3.51	0.37	0.09	495.0~543.0	844.4
McGormley	12	35.3~56.7	203	419	3.27	3.03	1.02	0.34	420.0	426.5
Kong	21	63.6~89.4	250	292~346	2.49~3.30	1.66~4.47	0.11~0.26	0.10~0.26	433.0~452.0	553.8~640.0
Zararis	10	20.8~24.9	140	235	3.60	0.68~1.37	0.28	0.06~0.27	–	263.2~270.6
Karayiannis	10	26.0	200	260	2.77~3.46	1.47~1.96	0.59	0.04~0.25	–	242.9~268.8
Collins	4	70.0~75.0	169~295	459~920	2.50~2.72	1.03~1.36	1.03~1.36	0.13~0.16	522.0~593.0	500.0
Angelakos	6	21.0~80.0	300	925	2.92	0.50~1.01	0.14	0.08	483.0~550.0	500.0
Roller	10	72.4~125.3	355.6~457.2	558.8~762.0	2.50~3.00	1.65~6.97	–	0.07~1.75	430.9~483.2	406.7~457.8
Krefeld	28	15.7~48.4	254	455.7	4.01	2.22	–	0.07~0.25	–	237.0~516.8
Tompos	5	35.8~42.7	228.6~457.2	425.5~850.9	3.00	1.00~1.05	–	0.08~0.33	482.3~551.2	482.3
Clark	50	13.8~47.6	152.0~203.2	314.0~389.0	1.17~2.43	1.63~3.42	0.00~0.94	0.34~1.22	320.6~335.3	331.3
Shin	24	52.0~73.0	125.0	215.0	1.50~2.50	3.77	0.50	0.25~1.81	414.0	414.0
Rodriguez	4	22.6~28.8	152.0	318.0	2.36~2.45	2.66	–	0.90~1.13	395.8	317.8~330.9
Delbaiky	1	24.5	120.0	260.0	2.11	2.89	–	0.20	395.8	318.3
Anderson	3	29.2~32.3	406.0	345.0	2.35	2.30	–	0.41	395.8	544.0
Kriski	4	30.1~77.8	360.0	345.0	2.18	2.01	–	0.19	395.8	600.0
Cho	24	52.0~73.0	125.0	215.0	1.40~2.40	3.80	0.50	0.20~1.80	417.0	388.0
Foster	2	65.5~73.2	125.0	624.0	1.32	2.42	–	0.47	440.0	590.0
Tan	14	64.6~71.2	110.0	397.5~448.2	0.28~2.38	2.00~5.80	–	0.48	498.9~538.0	353.2~385.0
Smith	21	16.1~21.9	102.0	305.0	1.34~2.01	1.94	–	0.00~0.77	431.0	437.4
Rogowsky	7	42.4~43.2	200.0	455.0~535.0	1.87~2.20	0.88~1.13	–	0.00~0.15	452.0	570.0
Foster	12	51.3~80.0	125.0	624~1124	0.76~1.88	1.34~2.42	–	0.45~1.51	440.0	590.0
Oh	39	23.7~73.6	120~130	500	0.85~2.00	1.29~1.56	–	0.00~0.34	420.0	413.4
Mau	54	16.1~22.7	76.2~101.6	203.2~304.8	0.74~1.50	1.09~2.58	0.10	0.18~2.45	279.7~430.6	279.7 437.0
Total	510	12.8~125.3	76.0~457.2	95.0~1200	0.28~5.05	0.50~6.97	0.05~2.61	0.04~2.45	279.7~593.0	179.4~844.4

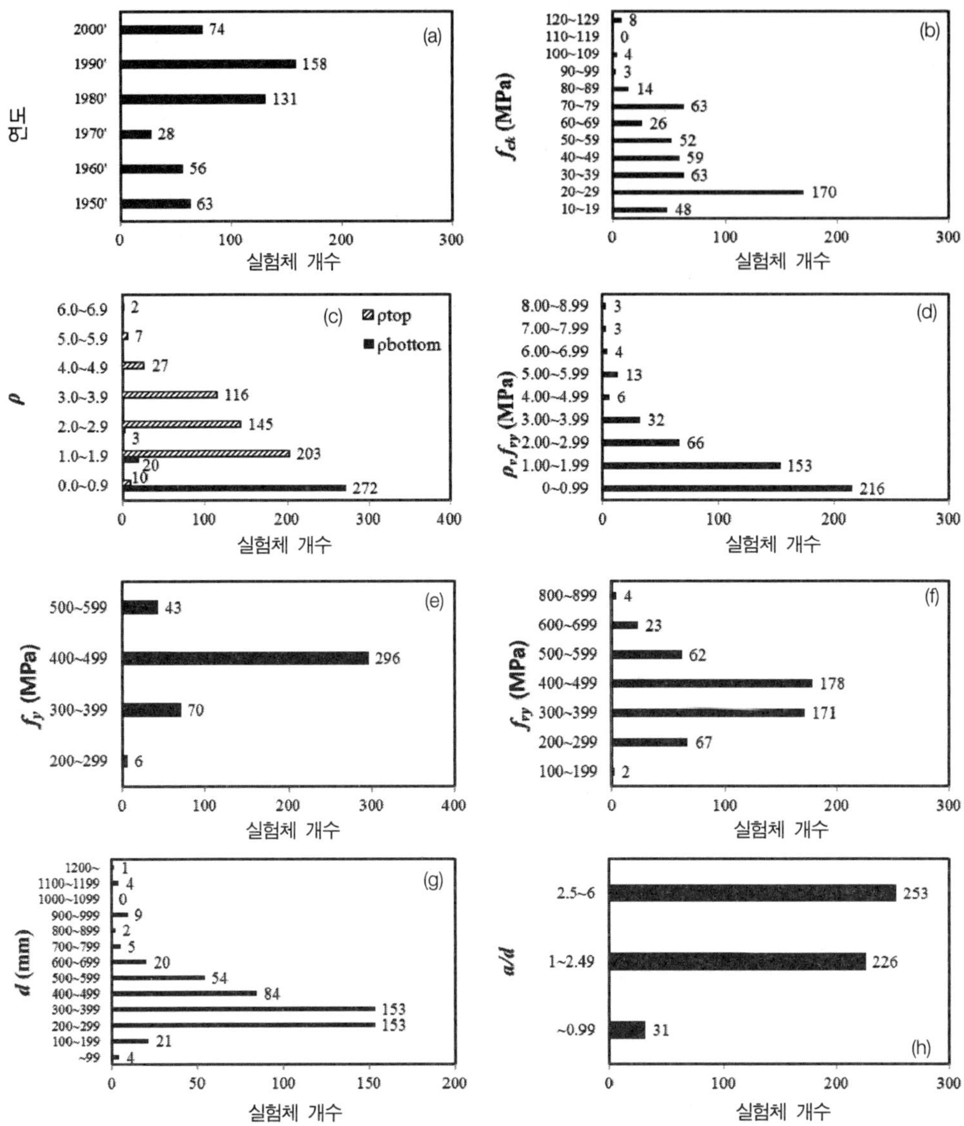

그림 5.14 **전단보강 철근콘크리트 보의 전단 실험 데이터베이스**

표 5.10 **전단철근이 있는 보에 대한 연도별 전단 실험체 개수**

연도	1950~1959	1960~1969	1970~1979	1980~1989	1990~1999	2000~2009	합계
실험체 개수	63	56	28	131	158	74	510
비율(&)	12.4	11.0	5.5	25.7	31.0	14.5	100

표 5.11 **전단철근이 있는 보에 대한 콘크리트 강도(f_{ck})별 전단 실험체 개수**

f_{ck} (MPa)	10 ~19	20 ~29	30 ~39	40 ~49	50 ~59	60 ~69	70 ~79	80 ~89	90 ~99	100 ~109	110 ~119	120 ~129	합계
실험체 개수	48	170	63	59	52	26	63	14	3	4	0	8	510
비율(&)	9.4	33.3	12.4	11.6	10.2	5.1	12.4	2.7	0.6	0.8	0	1.6	100

표 5.12 **전단철근이 있는 보에 대한 주철근비(ρ_{bt}, ρ_{tp})별 실험체 개수**

ρ_{bt} (%)	0~0.9	1.0~1.9	2.0~2.9	–	–	–	–	합계
실험체 개수	272	20	3	–	–	–	–	295
비율(&)	92.2	6.8	1.0	–	–	–	–	100
ρ_{tp} (%)	0~0.9	1.0~1.9	2.0~2.9	3.0~3.9	4.0~4.9	5.0~5.9	6.0~6.9	합계
실험체 개수	10	203	145	116	27	7	2	510
비율(&)	2.0	39.8	28.4	22.7	5.3	1.4	0.4	100

표 5.13 **전단철근이 있는 보에 대한 전단철근강도($\rho_v f_{vy}$)별 실험체 개수**

$\rho_v f_{vy}$ (MPa)	0.00 ~0.99	1.00 ~1.99	2.00 ~2.99	3.00 ~3.99	4.00 ~4.99	5.00 ~5.99	6.00~ 6.99	7.00 ~7.99	8.00 ~8.99	합계
실험체 개수	10	203	145	116	27	7	2	3	3	510
비율(&)	2.0	39.8	28.4	22.7	5.3	1.4	0.4	0.6	0.6	100

표 5.14 **전단철근이 있는 보에 대한 주철근 항복강도(f_y)별 실험체 개수**

f_y (MPa)	200 ~299	300 ~399	400 ~499	500 ~599	합계
실험체 개수	6	70	296	43	415
비율(&)	1.4	16.9	71.3	10.4	100

표 5.15 **전단철근이 있는 보에 대한 전단철근 항복강도(f_{vy})별 실험체 개수**

f_{vy}(MPa)	200 ~299	300 ~399	400 ~499	500 ~599	600 ~699	700 ~799	800 ~899	합계
실험체 개수	2	67	171	178	62	23	4	
비율(&)	0.4	13.2	33.7	35.1	12.2	4.5	0.8	100

표 5.16 **전단철근이 있는 보에 대한 유효깊이(d)별 실험체 개수**

d (mm)	~99	100 ~199	200 ~299	300 ~399	400 ~499	500 ~599	600 ~699	700 ~799	800 ~899
실험체 개수	4	21	153	153	84	54	20	5	2
비율(&)	0.8	4.1	30.0	30.0	16.5	10.6	3.9	1.0	0.4
d (mm)	900 ~999	1,000 ~1,099	1,100 ~1,199	1,200 ~1,299	–	–	–	–	합계
실험체 개수	9	0	4	1	–	–	–	–	510
비율(&)	1.8	0	0.8	0.2	–	–	–	–	100

표 5.17 **전단철근이 있는 보에 대한 전단경간-깊이 비(a/d)별 실험체 개수**

a/d	~0.99	1.00~2.49	2.50~6.00	합계
실험체 개수	31	226	253	510
비율(&)	6.1	44.3	49.6	100

표 5.18은 보고된 전단철근이 있는 철근콘크리트 보의 전단 실험의 하중 가력 방법을 보여준다. 36명의 연구자 중 32명의 연구자들이 수행한 전단 실험에서의 하중 가력 방법을 조사한 결과 3점 가력(three point loading), 4점 가력(four point loading), 그리고 6점 가력(six point loading) 방법이 주로 사용되었다. Rodriguez et al.[106]은 3점 가력과 4점 가력을 모두 사용하였으며, Kong et al.[117]은 3점 가력, 4점 가력, 그리고 6점 가력을 모두 사용하였다. 중복된 방법을 모두 포함하여 총 32건 중 3점 가력은 15건, 4점 가력은 15건, 그리고 6점 가력은 1건으로 조사되었다.

표 5.18 **전단철근이 있는 철근콘크리트 보의 하중 가력 방법**

하중 가력 방법	연구자	건수
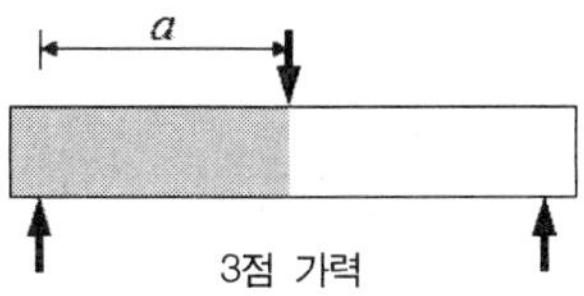	Rodriguez et al.(1959), Hsiung et al.(1985), Mphonde et al.(1984), Bresler et al.(1963), Yoon et al.(1963), Xie et al.(1994), Kriski(1996), Kong et al.(1998), Collins et al.(1999), Angelakos et al.(2001), Roller et al.(1990), Krefeld et al.(1966), Tompos et al.(2002), Shin et al.(1999), Cho (2003)	15
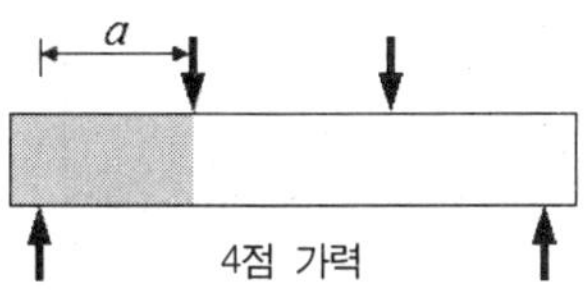	Rodriguez et al.(1959), Elzanaty et al.(1986), Johnson et al.(1989), Peng(1999), Narayanan et al.(1987), Leonhardt et al.(1962), Anderson et al.(1989), Sarsam(1962), McGormley et al.(1996), Kong et al.(1998), Clark(1951), Foster et al.(1998), Tan et al.(1997), Oh et al.(2001), Mau et al.(1989)	15
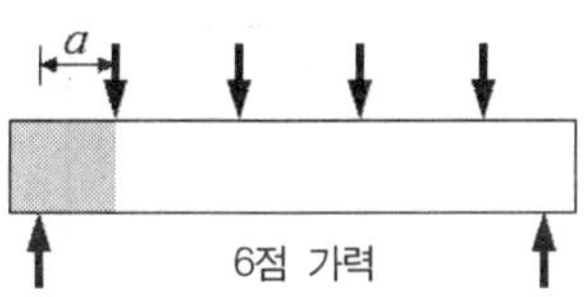	Kong et al.(1998)	1
계		

그림 5.15는 전단철근이 있는 철근콘크리트 보의 주요 변수별 전단강도를 보여준다. 분석에 사용된 전단 실험체의 개수는 총 510개이다. 실험체에 사용된 콘크리트 강도의 범위는 $12.8 \le f_{ck} \le 125.3$MPa이고 유효 깊이는 $95.0 \le d \le 1200.0$mm, 전단경간-깊이 비는 $0.28 \le a/d \le 5.05$, 주철근의 철근비는 $0.05 \le \rho \le 2.61$%이고 전단철근비는 $0.04 \le \rho_v \le 2.45$%이다.

Elzanaty 등[1]은 콘크리트 강도(f_{ck})가 증가하면 보의 전단강도가 증가하는 것으로 보고되고 있으나 그림 5.15(a)에서 보이는 바와 같이 전단철근이 있는 경우 콘크리트 강도의 증가에 따른 전단강도의 증가가 뚜렷하게 나타나지 않았다. Mphonde[99]의 연구에 따르면, 전단철근강도가 증가하면 보의 전단강도도 증가한다고 하였으나 그림 5.15(b)에서 보이는 바와 같이 전단강도의 증가가 분명하게 보이지 않았다. Kong 등[117]은 $a/d \ge 2.5$인 경우 전단철근이 있는 보의 전단강도는 a/d의 영향이 크게 미치지 않는다고 하였다. 그림 5.15(c)에서 보이는 바와 같이 전단경간-깊이 비(a/d)의 증가에 따른 전단강도의 증가는 뚜렷이 나타나지 않았다. 하지만 그림 5.15(d)에서 보이는 바와 같이 전단철근이 있는 경우에도 전단철근이 없는 경우와 마찬가지로 보의 유효깊이(d)

가 증가할수록 전단강도는 감소하였다. 따라서 네 가지 주요 변수 중 보의 유효깊이가 전단철근이 있는 보의 전단강도에 가장 큰 영향을 끼치는 것으로 나타났다.

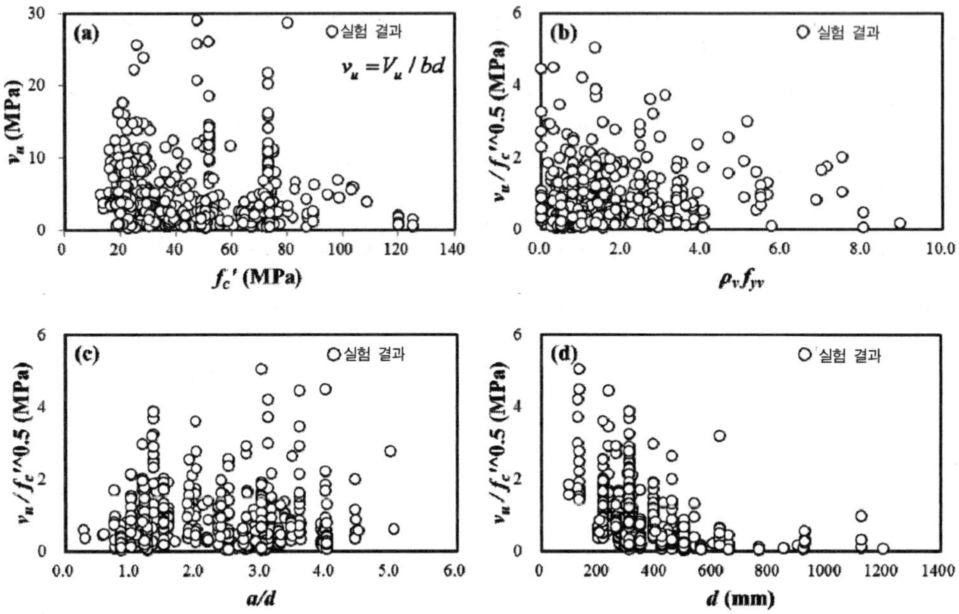

그림 5.15 **전단철근이 있는 경우 전단강도에 영향을 미치는 주요 변수의 영향**

5.3.2 기존 실험 연구

Elzanaty 등[20]은 콘크리트 압축강도가 전단강도에 미치는 영향을 알아보기 위해 전단철근이 있는 3개의 사각형 단면을 가진 철근콘크리트 실험체에 실험연구를 수행하였다. 실험체의 변수는 콘크리트 강도이며, f_{ck}=20.7~62.7MPa까지이다. 모든 실험체의 전단경간-깊이 비는 a/d=4.0으로 일정하고 전단철근비는 ρ_v=0.017, 철근의 항복강도는 f_{yv}=379MPa로 모두 동일하다.

실험 결과, 전단철근은 사인장균열 강도에는 영향이 없는 것으로 나타났다. 전단철근의 변형률은 사인장균열이 발생할 때까지 무시할 수 있으나 이후 급격하게 증가하였다. 전단철근이 있는 보의 경우, ACI 기준은 콘크리트 강도와는 상관없이 전단강도를 보수적으로 평가하는 것으로 나타났다. 콘크리트 강도가 증가할수록 ACI 기준에 의해 예측된 강도에 대한 실험값의 비는 증가하였다.

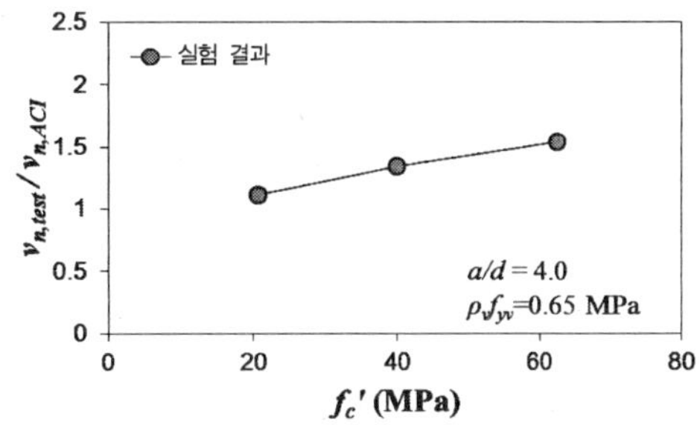

그림 5.16 **콘크리트 강도(f_c')에 따른 전단강도**

Mphonde[99]는 전단철근이 있는 12개의 RC 실험체의 전단강도를 알아보았다. 모든 실험체의 전단경간-깊이 비는 $a/d=3.6$이며 단면의 크기는 152×298mm, 주철근비는 $\rho=3.36\%$이다. 실험체 변수는 전단철근의 강도(v_s)와 콘크리트 강도(f_c')이며 $v_s = A_v f_{vy}/(bs)$가 $\rho_v=0.12\%$일 때 0.34MPa, $\rho_v=0.26\%$일 때 0.69MPa, $\rho_v=0.38\%$일 때 1.03MPa이다. 그리고 $f_c'=22.1$~83.0MPa까지이다. 여기서 s는 전단철근의 간격이다.

그림 5.17은 콘크리트 강도와 전단철근강도에 대한 전단응력의 변화를 보여준다. 실험 결과 콘크리트 강도가 증가할수록 전단응력은 증가하였으며 전단철근강도가 증가할수록 전단응력 또한 증가하였다. Mponde[99]는 이러한 실험 결과를 바탕으로 회귀 분석을 이용해 전단철근이 있는 RC 보의 전단강도를 다음 식 (5.13)과 같이 제안하였다.

$$v_n = 0.125\sqrt{f_c'} + 0.62 + 1.6\frac{A_v f_{vy}}{bs} \tag{5.13}$$

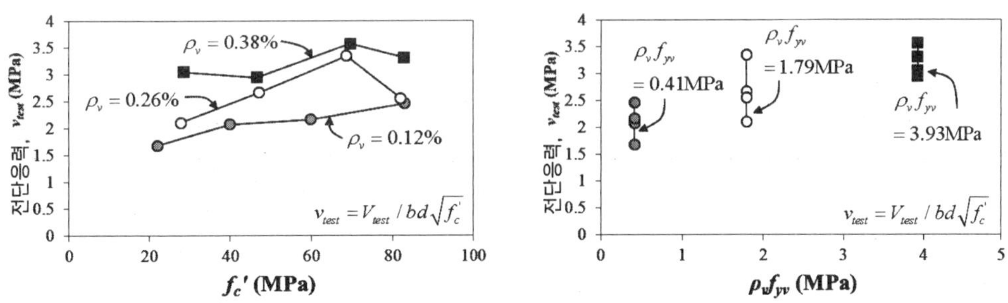

그림 5.17 **콘크리트 강도(f_{ck})와 전단철근강도($\rho_v f_{uv}$)에 따른 전단강도**

그림 5.18은 식 (5.13)에 의해 예측된 전단강도에 대한 실험값의 비를 나타낸다. 예측된 전단강도에 대한 측정된 값의 비율은 0.88~1.21로 나타났으며, 평균값은 1.01, 표준편차는 0.09였다. 따라서 예측된 전단강도는 실험값과 잘 일치하는 것으로 나타났다.

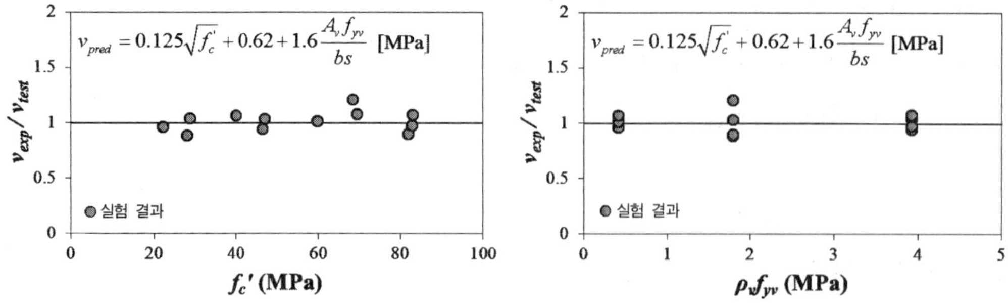

그림 5.18 **예측강도에 대한 실험 결과 비**

Roller와 Russell[120]은 150개 실험체에 대해 ACI 기준에서 제시하고 있는 설계식의 타당성을 알아보았다. 그리고 콘크리트 강도 f_c'가 72~124MPa인 10개의 고강도 철근 콘크리트 보 실험체에 대해 추가 실험을 하였다. 1번~5번 실험체의 전단경간-깊이 비는 a/d=2.5이고 6번~10번 실험체의 a/d=3.0이다.

그림 5.19는 전단철근강도에 대한 ACI 기준에서 제시하고 있는 전단강도에 대한 실험값의 비를 보여준다. 실험 결과 전단과 휨이 작용하는 부재의 경우, ACI 기준은 콘크리트 강도가 117MPa보다 클 경우 콘크리트 기여분에 의한 공칭전단강도를 과대평가하였다. 그리고 콘크리트 강도가 69MPa 이상일 경우 ACI 기준의 최소 전단철근량을 증가시키는 것이 필요한 것으로 나타났다.

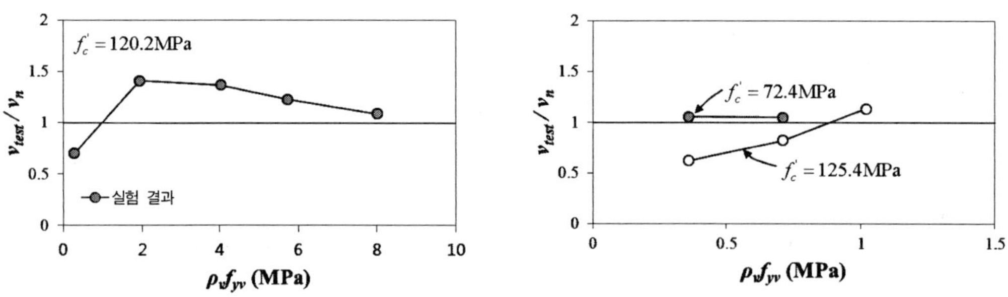

그림 5.19 **전단철근강도에 대한 전단강도비**

Johnson과 Ramirez[109]는 콘크리트 강도가 f_{ck}=34~72MPa의 사각형 단면을 가진 8개의 실험체에 대해 전단강도와 고강도 콘크리트 사용 시 기준에서 요구하고 있는 최소 전단철근량의 적절성을 알아보았다.

실험 결과, 경사인장균열 발생 후 최소 전단철근이 있는 보에 한 결과를 보였다. 보유 전단강도의 감소에 대한 해결책은 콘크리트 강도가 증가함대해 콘크리트 강도가 증가할수록 보유 전단강도(reserve shear strength)가 감소하였다. 이러한 현상은 전단경간비 a/d가 증가할수록, 그리고 주철근의 양이 적을수록 유사에 따라 최소 전단철근량을 증가시키는 것이다.

Sarsam[115]은 전단철근이 파괴되는 14개의 실험체와 기존 연구의 107개 자료를 바탕으로 일반강도와 고강도 철근콘크리트 보에 대한 전단강도를 다음 식 (5.14)와 같이 제안하였다.

$$V_r = 0.85\left[1.8(f_c{}'\rho V_u d/M_u)^{0.38}\right]bd + A_v f_{yv} d/s \tag{5.14}$$

여기에는 $f_c{}'$=83MPa인 고강도 콘크리트를 사용한 실험체뿐만 아니라 $f_c{}'$<41MPa인 일반강도 콘크리트를 사용한 실험체 역시 포함되어 있다. 실험체 단면의 크기는 b=180mm, h=270mm, d=245mm이다. 콘크리트 압축강도는 f_{ck}=39~80.1MPa이며 주인장철근의 항복강도는 f_y=525MPa(D16), 495MPa(D20), 543MPa(D25)이다.

기존 실험 결과와 107개의 실험 자료를 이용하여 Sarsam[115]의 제안식과 기존 강도 모델식을 상호 비교하였다. 기존 강도 모델식은 ACI[98], CSA[129], NZS[130], BSI[131], Zsutty[100]의 식이다.

$$\text{ACI}: V_{rACI} = 0.85\left[\sqrt{f_c{}'} + 120(\rho_w V_u d/M_u)\right]bd/7 + \frac{0.85 A_v f_{vy} d}{s} \tag{5.15}$$

$$\text{Canadian}: V_{rCAN} = 0.60\left[0.2\sqrt{f_c{}'}\,bd\right] + \frac{0.85 A_v f_{vy} d}{s} \tag{5.16}$$

$$\text{New Zealand}: V_{rNZ} = 0.85\left[(0.07+10\rho)\sqrt{f_c{}'}\,bd + \frac{A_v f_{vy} d}{s}\right] \tag{5.17}$$

$$\text{British}: V_{rBS} = 0.79(100\rho)^{1/3}\left(\frac{f_c{}'}{20}\right)^{1/3}\left(\frac{400}{d}\right)^{1/4} bd/1.25 + \frac{0.87 A_v f_{vy} d}{s} \tag{5.18}$$

$$\text{Zsutty's equation}: V_{rZST} = 0.85\left[2.2\left(f_c{}'\rho\frac{d}{a}\right)^{1/3} bd + \frac{A_v f_{vy} d}{s}\right] \tag{5.19}$$

표 5.19와 5.20은 실험값과 기존 강도 모델식과의 비교 결과를 보여준다. 각 제안식은 일반강도 실험체에 대해서는 비교적 정확하게 전단강도를 평가하는 것으로 나타났다. 하지만 고강도 콘크리트를 사용한 실험체의 경우 기존의 강도 모델식은 실험값에 대해 매우 보수적으로 평가하였다. Sarsam 등[116]에 의하면 ACI 설계기준[98]은 콘크리트 강도가 83MPa까지 적용 가능한 것으로 나타났다.

표 5.19 **33개 고강도 RC 보에 대한 V_{TEST}와 V_{rDES}의 비교**

비율		$\frac{V_{TEST}}{V_{ACI}}$	$\frac{V_{TEST}}{V_{CAN}}$	$\frac{V_{TEST}}{V_{NZ}}$	$\frac{V_{TEST}}{V_{BS}}$	$\frac{V_{TEST}}{V_{ZST}}$	$\frac{V_{TEST}}{V_{prop}}$
식		ACI	CAN	NZ	BS	ZST	Sarsam
평균		1.77	1.93	1.54	1.74	1.41	1.63
표준 편차		0.523	0.586	0.490	0.535	0.401	0.414
COV(%)		29.6	30.4	31.8	30.8	28.5	25.4
범위	낮다	1.00	1.09	0.84	0.93	0.81	1.00
	높다	3.16	3.57	2.85	3.13	2.35	2.57

표 5.20 **121개 RC 보에 대한 V_{TEST}와 V_{rDES}의 비교**

비율		$\frac{V_{TEST}}{V_{ACI}}$	$\frac{V_{TEST}}{V_{CAN}}$	$\frac{V_{TEST}}{V_{NZ}}$	$\frac{V_{TEST}}{V_{BS}}$	$\frac{V_{TEST}}{V_{ZST}}$	$\frac{V_{TEST}}{V_{prop}}$
식		ACI	CAN	NZ	BS	ZST	Sarsam
평균		1.63	1.78	1.48	1.47	1.32	1.56
표준 편차		0.391	0.441	0.361	0.389	0.297	0.322
COV(%)		23.9	24.8	24.5	26.5	22.4	20.7
범위	낮다	1.00	1.09	0.84	0.93	0.81	1.00
	높다	3.16	3.57	2.85	3.13	2.35	2.68

Kong과 Rangan[117]은 휨과 전단이 작용하고 전단철근이 있는 고강도 콘크리트 보 48개를 실험하였다. 모든 실험체는 폭이 $b=250$mm인 사각형 단면이다. 실험의 주요 변수는 전단철근비(ρ_v), 주철근비(ρ), 유효높이(d), 전단경간비(a/d), 콘크리트 압축강도(f_{ck})이다. 실험체의 전단철근비는 $\rho_v=0.01$~0.26%, 주철근비는 $\rho=1.7$~4.5%, 유효높이는 $d=198$~542mm, 전단경간비는 $a/d=1.51$~3.30, 콘크리트 압축강도는 $f_{ck}=$

63.6~89.4MPa이다. 주철근의 항복강도는 f_y=433~452MPa, 전단철근의 항복강도는 f_{vy}=569~632MPa이다. 모든 실험체는 최종파괴 시까지 하중제어 방식으로 가력을 하였으며, 1,2,3,4,5,8 시리즈의 실험체는 4점 가력을, 6 시리즈는 6점 가력을, 그리고 7 시리즈는 3점 가력을 하였다. 초기에는 350kN이 될 때까지 50kN씩 증가시키면서 가력하였고 이후 약 10kN에서 25kN 사이 값을 증가시키면서 가력하였다.

그림 5.20은 주요 변수에 따른 실험체별 전단강도를 보여준다. 실험 결과, 43개의 실험체는 전단파괴되었고 S2-6, S4-5, S5-6, S6-1 그리고 S6-2는 휨파괴되었다. 실험 결과, RC 보의 전단강도는 전단철근비가 증가할수록 증가하였고 주철근비의 증가와 함께 증가하였다. 반면에 보의 유효높이가 증가하면 공칭응력은 감소하였다. 전단경간비는 $a/d \geq 2.5$일 때는 전단강도에 미치는 영향이 적었으나 $a/d < 2.5$일 때는 아치작용의 영향으로 인해 전단강도가 증가하였다.

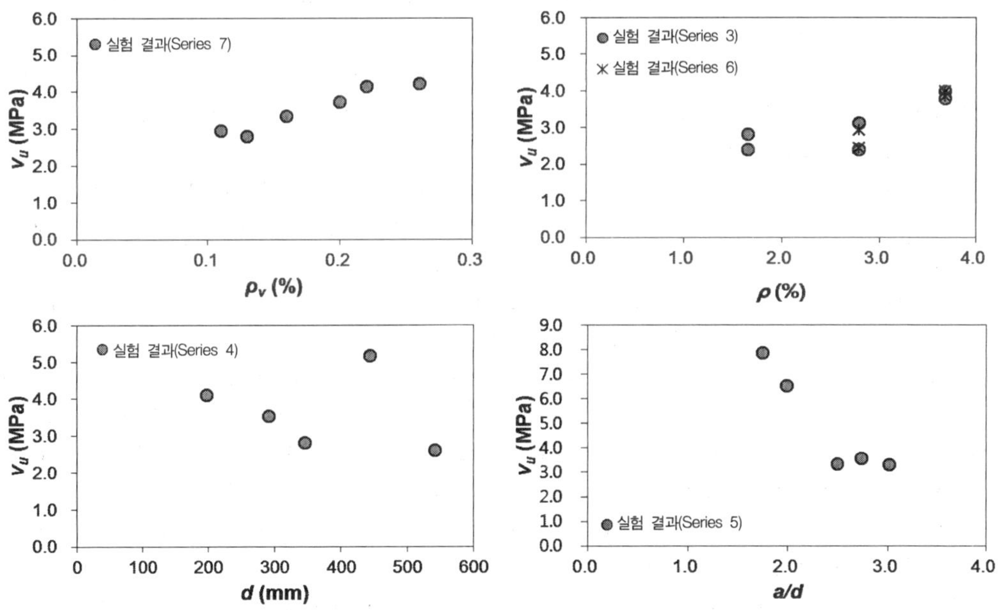

그림 5.20 **전단강도에 대한 변수 영향**

참/고/문/헌

1) Kani, G. N. J., "The Riddle of Shear Failure and its Solution," ACI JOURNAL, Proceedings V. 61, No. 4, Apr. 1964, pp.441~468.

2) Moody, K. G.; Viest, I. M.; Elstner, R. C. and Hognestad, E., "Shear Strength of Reinforced Concrete Beams, Part 1-Tests of Simple Beams," ACI JOURNAL, Proceedings V. 51, No. 12, Dec. 1954, pp.317~332.

3) Van Den Berg, F. J., "Shear Strength of Reinforced Concrete Beams without Web Reinforcement," ACI JOURNAL, Proceedings V. 59, No. 11, Nov. 1962, pp.1587~1600.

4) Mphonde, A. G., "Use of Stirrup Effectiveness in Shear Design of Concrete Beams," ACI Structural Journal, V. 86, No. 5, Sept.-Oct. 1989, pp.541~545.

5) Bresler, B.; Scordelis, A.C. (1963) : Shear strength of reinforced concrete beams. ACI-Journ. V.60(1963), No.1, pp.51~74.

6) Xie, Y.; Ahmad, S. H.; Yu, T.; Hino, S. and Chung, W., "Shear Ductility of Reinforced Concrete Beams of Normal and High-Strength Concrete," ACI Structural Journal, V. 91, No. 2, Mar.-Apr. 1994, pp.140~149.

7) Yoon, Y.S.; Cook, W. D.; and Mitchell, D., "Minimum Shear Reinforcement in Normal, Medium, and High-Strength Concrete Beams," ACI Structural Journal, V. 93, No. 5, Sept.-Oct. 1996, pp.576~584.

8) Leonhardt, F. and Walther, R., "Schubversuche an Einfeldrigen Stahlbetonbalken mit und ohne Schubbewehrung zur Ermittlung der Schubtragfahigkeit und der Oberen Schubspannungsgrenze," DAfStb, Berlin, Germany, 1962.(in German)

9) Kani, G. N. J., "How Safe are Our Large Reinforced Concrete Beams," ACI JOURNAL, Proceedings V. 64, No. 3, Mar. 1967, pp.128~141.

10) Bhal, N.S.(1968) : über den Einfluβ der Balkenöe auf die Schubtragägkeit von einfeldrigen Stahlbetonbalken mit und ohne Schubbewehrung. Otto-Graf-Institut, H.35, Stuttgart, 1968.

11) Mattock, A. H., "Diagonal Tension Cracking in Concrete Beams with Axial Forces," Journal of the Structural Division, ASCE, V. 95, No. 9, 1969, pp.1887~1900.

12) Taylor, H. P. J., "Shear Strength of Large Beams," Journal of the Structural Division, ASCE, V. 98, No. 11, 1972, pp.2473~2490.

13) Walraven, J. C, "The Influence of Depth on the Shear Strength of Lightweight Concrete Beams without Shear Reinforcement," Stevin Laboratory Report No. 5-78-4, Delft University of Technology, Delft, The Netherlands, 1978.

14) Chana, P. S., "Some Aspects of Modeling the Behaviour of Reinforced Concrete under Shear Loading," Technical Report No. 543, Cement and Concrete Association, Wexham Springs, UK, 1981, p.22.

15) Papadakis, G., “Shear Failure of Reinforced Concrete Beams without Stirrups,” PhD dissertation, Department of Civil Engineering, Aristotle University of Thessaloniki, Greece, 1996.(in Greek)
16) Collins, M. P. and Kuchma, D., “How Safe are our Large, Slightly Reinforced Concrete Beams, Slabs, and Footings?” ACI Structural Journal, V. 96, No. 4, July-Aug. 1999, pp.482~490.
17) Ahmad, P. and Collins, M. P., “Shear Strength of Members without Transverse Reinforcement,” Canadian Journal of Civil Engineering, V. 23, No. 1, 1996, pp.30~41.
18) Ahmad, S.H.; Khaloo, A.R.; Poveda, A. (1986) : Shear Capacity of Reinforced High-Strength Concrete Beams. ACI JOURNAL, Proceeding V.83, No.2, Mar. 1986, pp.297~305.
19) Angelakos, D.; Bentz, E. C. and Collins, M. P., “Effect of Concrete Strength and Minimum Stirrups on Shear Strength of Large Members,” ACI Structural Journal, V. 98, No. 3, May-June 2001, pp.291~300.
20) Elzanaty, A. H.; Nilson, A. H. and Slate, F. O., “Shear Capacity of Reinforced Concrete Beams using High-Strength Concrete,” ACI JOURNAL, Proceedings V. 83, No. 2, Mar.-Apr. 1986, pp.290~296.
21) Kim, D.; Kim, W. and White, R. N., “Arch Action in Reinforced Concrete Beams-A Rational Prediction of Shear Strength,” ACI Structural Journal, V. 96, No. 4, July-Aug. 1999, pp.586~593.
22) Krefeld, W. J. and Thurston, C. W., “Studies of the Shear and Diagonal Tension Strength of Simply Supported Reinforced Concrete Beams,” ACI JOURNAL, Proceedings V. 63, No. 4, Apr. 1966, pp.451~476.
23) Kulkarni, S. M. and Shah, S. P., “Response of Reinforced Concrete Beams at High Strain Rates,” ACI Structural Journal, V. 95, No. 6, Nov.-Dec. 1998, pp.705~715.
24) Mathey, R. G. and Watstein, D., “Shear Strength of Beams without Web Reinforcement Containing Deformed Bars of Different Yield Strengths,” ACI JOURNAL, Proceedings V. 60, No. 2, Feb. 1963, pp.183~208.
25) Morrow, J. and Viest, I. M., “Shear Strength of Reinforced Concrete Frame Members without Web Reinforcement,” ACI JOURNAL, Proceedings V. 53, No. 3, Mar. 1957, pp.833~869.
26) Pendyala, R. S. and Mendis, P., “Experimental Study on Shear Strength of High-Strength Concrete Beams,” ACI Structural Journal, V. 97, No. 4, July-Aug. 2000, pp.564~571.
27) Placas, A. and Regan, P. E., “Shear Failure of Reinforced Concrete Beams,” ACI JOURNAL, Proceedings V. 68, No. 10, Oct. 1971, pp.763~773.
28) Ahmad, S. H.; Park, F. and El-Dash, K., “Web Reinforcement Effects on Shear Capacity of Reinforced High-Strength Concrete Beams,” Magazine of Concrete Research, V. 47, No. 172, 1995, pp.227~233
29) Diaz de Cossio, R. and Siess, C. P., “Behavior and Strength in Shear of Beams and Frames without Web Reinforcement,” ACI JOURNAL, Proceedings V. 56, No. 2, Feb.

1960, pp.695~736.

30) Kani, M. W.; Huggins, M. W. and Wittkopp, P. F., "Kani on Shear in Reinforced Concrete," Department of Civil Engineering, University of Toronto, Toronto, Ontario, Canada, 1979.

31) Foster, S. J. and Gilbert, R. I., "Experimental Studies on High-Strength Concrete Deep Beams," ACI Structural Journal, V. 95, No. 4, July-Aug. 1998, pp.382~390.

32) Tan, K. H. and Lu, H. Y., "Shear Behavior of Large Reinforced Concrete Deep Beams and Code Comparisons," ACI Structural Journal, V. 96, No. 5, Sept.-Oct. 1999, pp.836~846.

33) Taub, J. and Neville, A. M., "Resistance to Shear of Reinforced Concrete Beams Part I-Beams without Web Reinforcement," ACI JOURNAL, Proceedings V. 57, No. 8, Aug. 1960, pp.193~320.

34) Acharya, D. N. and Kemp, K. O., "Significance of Dowel Forces on the Shear Failure of Rectangular Reinforced Concrete Beams without Web Reinforcement," ACI JOURNAL, Proceedings V. 62, No. 10, Oct. 1965, pp.1265~1280.

35) Clark, A. P., "Diagonal Tension in Reinforced Concrete Beams," ACI JOURNAL, Proceedings V. 48, No. 10, Oct. 1951, pp.145~156.

36) Adebar, P.E.(1989) : Shear Design of Concrete Offshore Structures. A Thesis submitted in conformity with the requirements for the Degree of Doctor of Philosophy, University of Toronto 1989.

37) Adebar, P.; Collins, M.P. 1994) : Shear design of concrete offshore structures. ACI Structural Journ., V. 91, No. 3, May-June 1994, pp.324~335.

38) Adebar, P.; Collins, M.P.(1996) : Shear Strength of members without transverse reinforcement. Canadian Journal of Civil Engineering 23(1996), No. 1, pp.30~41.

39) Aster, H.; Koch, R.(1974) : Schubtragfähigkeit dicker Stahlbetonplatten. BuStb 69(1974), H.11, pp.266~270.

40) Lubell, A.; Sherwood, T.; Bentz, E.; Collins, M.(2004) : Safe Shear Design of Large Wide Beams. Concrete International 26, January (2004), No.1, pp.62~78.

41) Sherwood, E. G.(2008) : One-way shear behaviour of large, lightly-reinforced concrete beams and slabs. Dr.-thesis, Dep. of Civil Engineering, University of Toronto, 2008. p.547.

42) Bernander, K.(1957) : An investigation of the shear strength of concrete beams without stirrups or diagonal bars. RILEM-Symp., Stockholm, Vol.1, 1957.

43) Bernhardt, C.J.; Fynboe, C.C.(1986) : High strength concrete beams. Nordic Concrete Research, Norske Betongforening, Oslo 1986.

44) Cladera Bohigas, A.(2002) : Shear design of reinforced high-strength concrete beams. Dr.-thesis, Dep. dénginyeria de la Construcció, 2002. p.168 and pages A.1-A.96, B.1-B3, C.1-C12, D.1-D.2; E.1-E.6Universitat Politécnica de Catalunya, Barcelona, December.

45) Cao, Shen(2000) : Size Effect and the Influence of Longitudinal Reinforcement on the Shear Response of Large Reinforcement Concrete Members. A Thesis in conformity with

the requirements for the degree of Masters of Applied Science Graduate Department of Civil University of Toronto, 2000 Engineering.
46) Cederwall, K.; Hedman, O.; Losberg, A.(1974) : Shear strength of partially prestressed beams with pretensioned reinforcement of high grade deformed bars. SP 42-9
47) Chang, T.S.; Kesler, C.E.(1958) : Static and fatigue strength in shear of beams with tensile reinforcement, ACIJournal, June 1958.
48) Drangsholt, G.; Thorenfeldt, E.(1992) : High Strength Concrete. SP2 - Plates and Shells. Report 2.1, Shear Capacity of High Strength Concrete Beams. SINTEF Structural Engineering - FCB, August 1992, STF70 A92125.
49) Feldman, A.; Siess, C.P.(1955) : Effect of Moment Shear Ratio on Diagonal Tension Cracking and Strength in Shear of Reinforced Concrete Beams. Univ. of Illinois Civil Eng. Studies, Struct. Research Series No. 107, 1955.
50) Ferguson, P. M.(1956) : Some Implications of Recent Diagonal Tension Tests. ACI Journal V. 28, No. 2, Aug., 1956.
51) Gabrielsson, H.(1993) : High Performance Concrete Beams Tested in Shear. Comparison Between the Traditional Approach and the Modified Compression Field Theory. 169-176 in : Holand, I.; Sellevold, E.(Editors) : Utilization of High Strength Concrete, 3rd Symp. in Lillehammer, Norway, 20.-23. June 1993, Proc. V.1. Norwegian Concrete Assoc., Oslo 1993. ISBN 82-91341-00-1
52) Ghannoum, W. M.(1998) : Size Effect on Shear Strength of Reinforced Concrete Beams. Department of Civil Engineering and Applied Mechanics, McGill University Montréal, Canada, November 1998.
53) Grimm, R.(1996/97) : Einfluβ bruchmechanischer Kenngröβen auf das Biege-und Schubtragverhalten hochfester Betone. Diss., Fachb. Konstr. Ingenieurbau der TH Darmstadt, 1996 und DafStb H.477, Beuth Verlag GmbH, Berlin 1997.
54) Hallgren, M.(1994) : Flexural and Shear Capacity of Reinforced High Strength Concrete Beams without Stirrups. KTH, Stockholm, TRITA-BKN. Bull.9, 1994, pp.1~49
55) Hallgren, M.(1994) : Shear Tests on Reinforced High and Normal Strength Concrete Beams without Stirrups. Royal Institute of Technology, Stockholm, February 1994.
56) Hallgren, M.(1996) : Punching shear capacity of reinforced high strength concrete slabs. Doctoral thesis, KTH Stockholm und TRITA-BKN : Bulletin 23, Stockholm, 1996.
57) Hamadi, Y. D.(1976) : Force transfer across cracks in concrete structures. PhD-thesis, Polytechnic of Central London, 1976.
58) Hanson, J.A.(1958) : Shear Strength of Ligthweight Reinforced Concrete Beams. ACI, Title No. 55-24, (1958), pp.387~403
59) Hanson, J.A.(1961) : Tensile Strength and Diagonal tension resistance of Structural lightweight Concrete. ACI-Journ. V.58(1961), No.1, July, pp.1~39
60) Hedmann, O.; Losberg, A.(1978) : Design of Concrete structures with regard to shear forces. 184-209 in : CEB-Bull. 126, Paris, June 1978.

61) Islam, M.S.; Pam, H.J.; Kwan, A.K.H.(1998) : Shear Capacity of high-strength concrete beams with their point of inflection within the shear span. Proc. Instn Civ. Engrs Structs & Bldgs. 128(Feb. 1998), pp.91~99.

62) Johnson, M.K.; Ramirez, J.A.(1989) : Minimum Shear Reinforcement in Beams with Higher Strength Concrete. ACI-Struct. Journ. V.86 (1989), No.4, pp.376~382.

63) Kawano, H.; Watanabe, H.(1998) : Shear strength of reinforced concrete columns - Effect of specimen size and load reversal. 141-154 in : Concrete Under Severe Conditions 2. Proceedings of the 2nd International Conference on CONSEC '98. Vol. III. Editors : Gjørv, O.E.; Sakai, K., Banthia, N.(1998), E & FN Spon, London and New York.

64) Kim, J.-K.; Park, Y.-D.(1994) : Shear strength of reinforcement high strength concrete beams without web reinforcement. Magazine of Concrete research 46(1994), No. 166, pp.7~16

65) Küng, R.(1985) : Ein Beitrag zur Schubsicherung im Stahlbetonbau. Betonstahl in Entwicklung, H.33, TOR-ISTEG Steel Corp., Luxemburg

66) Kuhlmann, U. Ehmann, J.(2001) : Versuche zur Ermittlung der Querkrafttragfähigkeit von Verbundplatten unter Längszug ohne Schubbewehrung-Versuchsbericht. Institut für Konstruktion und Entwurf Stahl-, Holz-, und Verbundbau, Universität Stuttgart, Nr. 2001-6X, Februar 2001.

67) Kuhlmann, U.; Zilch, K.; Ehmann, J.; Jähring, A.; Spitra, F.(2002) : Querkraftabtragung in Verbundträgern mit schlaff bewehrter und aus Zugbeanspruchung gerissener Stahlbeton-platte ohne Schubbewehrung-Mitteilungen. Institut für Konstruktion und Entwurf Stahl-, Holz-, und Verbundbau, Universität Stuttgart, Nr. Feb. 2002

68) Laupa, A.; Siess, C.P.; Newmark, N.M.(1953) : The shear strength of simple-span reinforced concrete beams without web reinforcement. Univ. of Illinois, Struct. Research Series, No.52, 1953.

69) Marti, P.; Pralong, J.; Thürlimann, B.(1977) : Schubversuche an Stahlbeton-Platten. IBK-Bericht Nr. 7305-2, ETH Zürich, Sept. 1977.

70) Niwa, J.; Yamada, K.; Yokozawa, K.; Okamura, M.(1987) : Revaluation of the equation for shear strength of r.c.-beams without web Translation in : Concrete Library of JSCE, No. 9, June 1987reinforcement. Proc. JSCE No.372/V-5 1986 Aug. 1986

71) Podgorniak-Stanik, B.A.(1998) : The Influence of Concrete Strength, Distribution of Longitudinal Reinforcement, Amount of Transverse Reinforcement and Member Size on Shear Strength of Reinforced Concrete Members. University of Toronto(1998)

72) Rajagopalan, K.S.; Ferguson, P.M.(1968) : Exploratory shear tests emphasizing percentage of longitudinal reinforcement. ACI-Journ. V.65 (1968), No.8, pp.634~638

73) Regan, P.E.(1971 a) : Shear in Reinforced Concrete - an analytical study. CIRIA-Report, a report to the Construction Research and Information Association. Imperial College of Science and Technology, Dep. of Civil Engineering, Concrete Section. April 1971.

74) Regan, P.E.(1971 b) : Shear in Reinforced Concrete - an experimental study. CIRIA-Report, a report to the Construction Research and Information Association. Imperial College of

Science and Technology, Dep. of Civil Engineering, Concrete Section. April 1971.

75) Regan, P.E.(1971 c) : Behaviour of reinforced and prestressed concrete subjected to shear forces. Institution of civil engineers, Proceedings, Paper 7441S

76) Rehm, G.; Eligehausen, R.; Neubert, B.(1978) : Rationalisierung der Bewehrungstechnik im Stahlbetonbau－Vereinfachte Schubbewehrung im Balken. Betonwerk + Fertigteil－Technik(1978), H.3, 147-155 u. H. 4, pp.222~227

77) Reineck, K.-H.; Koch, R.; Schlaich, J.(1978) : Shear Tests on Reinforced Concrete Beams with axial compression for Offshore Structures - Final Test Report. Stuttgart, July 1978, Institut für Massivbau, Univ. Stuttgart(unveröffentlicht)

78) Remmel, G.(1991) : Zum Zugtragverhalten hochfester Betone und seinem Einfluβ auf die Querkrafttragfähigkeit von schlanken Bauteilen ohne Schubbewehrung. Diss., TH Darmstadt, 1992.

79) Rosenbusch, J.; Zur Querkrafttragfähigkeit von Balken aus stahlfaserverstärkten Stahlbeton. Diss., Fachbereich Bauingenieurwesen, TU Braunschweig, Institut für Baustoffe, Massivbau und Brandschutz, Juni 2003. p.199.

80) Rüsch, H.; Haugli, F.R.; Mayer, H.(1962) : Schubversuche an Stahlbeton-Rechteckbalken mit gleichmäβig verteilter Belastung. DafStb H.145, W. Ernst & Sohn, Berlin, pp.1~30

81) Salandra, M.A.; Ahmad, S.H.(1989) : Shear Capacity of reinforced Lightweight High-Strength Concrete Beams. ACI Structural Journal, V.86, .No. 6, pp.697~704

82) Scholz, H.(1994) : Ein Querkrafttragmodell für Bauteile ohne Schubbewehrung im Bruchzustand aus normalfestem und hochfestem Beton. Berichte aus dem Konstruktiven Ingenieurbau Heft 21, Technische Universität Berlin 1994.

83) Shin, S-W.; Lee, K-S; Moon, J-I; Ghosh, S. K.(1999) : Shear Strength of Reinforced High-Strength Concrete Beams with Shear Span-to-Depth Ratios between 1.5 and 2.5. ACI-Struct. Journ. V.96-S61 (1999), July-August, pp.549~556

84) Taylor, H.P.J.(1968) : Shear stress in reinforced concrete beams without shear reinforcement. Cement and Concrete Ass., Techn. Rep. No.407, Febr. 1968.

85) Yoshida, Y.; Bentz, E.; Collins, M.P.(2000) : Results of Large Beam Tests. University of Toronto (2000)

86) Lubell, A.(2006) : Shear in wide reinforced concrete beams. Dr.-thesis, Graduate Dep. of Civil Engineering, University of Toronto, 2006, p.455.

87) Thiele, C.(2010) : Bemessung von Stahlbetondecken ohne Querkraftbewehrung mit integrierten Leitungsführungen. 12 pp.in : Doktorandensymposium 2010-51. Forschungskolloquium des DAfStb, 11. und 12. November 2010, Kaiserslautern. DAfStb e.V., Berlin

88) Thiele, C.(2010) : Zum Tragverhalten von Stahlbetonplatten ohne Querkraftbewehrung mit integrierten Leitungsführungen. Diss., Fachbereich Architektur/Raum-und Umweltplanung/ Bauingenieurwesen, TU Kaiserslautern. D 386, 2010.

89) Injaganeri, S. S.(2007) : Studies on size effect on design strength and ductility of reinforced concrete beams in shear. Thesis Doctor of Philosophy, Indian Institute of Technology, April 2007.

90) Winkler, K.(2011) : Querkraftversuche an maβstäblich skalierten, schubunbewehrten Stahlbetonbalken. Versuchsbericht 2011-1. Lehrstuhl für Massivbau, Ruhr Universität Bochum. 3. Feb. 2011. p.105.
91) Tureyen, A.K.(2001) : Influence of longitudinal reinforcement type on the shear strength of reinforced concrete beams without transverse reinforcement. Diss. Purdue University, West Lafayette, IN. December 2001.
92) Tureyen, A.K.; Frosch, R. J.(2002) : Shear tests of FRP-reinforced concrete beams without stirrups. ACI Structural Journal 99 (2002), July-August, pp.427~434
93) Bentz, E. C.; Buckley, S.(2005) : Repeating a classic set of experiments on size effect in shear of members without stirrups. ACI Structural Journal 102 (2005), Nov.-Dec., pp.832~838
94) Tanimura, Y.; Sato, T.(2005) : Evaluation of Shear Strength of Deep Beams with Stirrups. Quarterly Report of the Railway Technical Research Institute, V. 46(2005), No. 1, Feb., pp.53~58
95) Sneed, L.H.(2007) : Influence of member depth on the shear strength of concrete beams. Dr. Dissertation, Fac. Of Civil Engineering of Purdue University, West Lafayette, Indiana. December 2007. p.258.
96) Sneed, L. H.; Ramirez, J.A.(2008) : Effect of depth on the shear strength of concrete beams without shear reinforcement-experimental study. PCA Research and Development Information, PCA R&D SN2921. Portland cement Assoc., Skokie, Illinois, 2008. p.173
97) Sneed, L.H.; Ramirez, J.A.(2010) : Influence of effective depth on shear strength of concrete beams -experimental study. ACI Structural Journal 107(2010), Sept.-Oct., pp.554~562
98) ACI Committee 318, Building Code Requirements for Reinforced Concrete (ACI 318-08), American Concrete Institute, Detroit, 2007, p.473.
99) Mphonde, A. G., and Frantz, G. C, "Shear Tests of High and Low Strength Concrete Beams without Stirrups," ACI Journal, V. 81, No. 4, July-August 1984, pp.350~357.
100) Zsutty, T. C.,"Beam Shear Strength Prediction by Analysis of Existing Data," ACI Journal, Proceedings, Vol. 65, No. 11, Nov. 1968, pp.943~951.
101) Bazant, Z. P., and Kim, J. K., "Size Effect in Shear Failure of Longitudinally Reinforced Beams," ACI Journal, Vol. 81, No. 5, Sep.-Oct. 1984, pp.456~467.
102) Collins, M. P., Mitchell, D., Adebar, P., and Vecchio, F. J., "A General Shear Design Method," ACI Structural Journal, V. 93, No. 1, January-Feburary 1996, pp.36~45.
103) Zararis, P. D., and Papadakis, G. Ch., "Diagonal Shear Failure and Size Effect in RC Beams without Web Reinforcement," Journal of Structural Engineering, ASCE, V. 127, No. 7, July 2001, pp.733~742.
104) Hong, S. G., and Ha, T. H., "Effective Capacity of Diagonal Strut for Shear Strength of Reinforced Concrete Beams without Shear Reinforcement," ACI Structural Journal, V. 109, No. 2, March-April 2012, pp.139~148.

105) Jenq, Y. S., and Shah, S. P., "Shear Resistance of Reinforced Concrete Beams-A Fracture Mechanics approach," in Fracture Mechanics : Application to concrete, edited by Li, V. C., and Bazant, Z. P., SP-118, American Concrete Institute, Detroit, MI, 1989, pp.237~258.
106) Rodriguez, J. J.; Bianchini, A. C.; Viest, I. M.; and Kesler, C. E., "Shear Strength of Two-Span Continuous Reinforced Concrete Beams," ACI JOURNAL, Proceedings V. 55, No. 4, Apr. 1959, pp.1089~1130.
107) Hsiung, W., and Frantz, G. C., "Transverse Stirrup Spacing in R/C Beams," Journal of Structural Engineering, ASCE, V. 111, No. 2, 1985, pp.353~362.
108) Delbaiky, S. Y., and Elniema, E. I., "Behavior and Strength of Reinforced Concrete Haunched Beams in Shear," ACI JOURNAL, Proceedings V. 79, No. 3, May-June 1982, pp.184~194.
109) Johnson, M. K., and Ramirez, J. A., "Minimum Shear Reinforcement in Beams with Higher Strength Concrete," ACI Structural Journal, V. 86, No. 4, July-Aug. 1989, pp.376~382.
110) Peng, L., "Shear Strength of Beams by Shear-Frictions," MSc thesis, Department of Civil Engineering, the University of Calgary, Calgary, Alberta, Canada, 1999.
111) Kriski, W., "Shear Strength of Reinforced Concrete Beams," MSc thesis, Department of Civil Engineering, the University of Calgary, Calgary, Alberta, Canada, 1996.
112) Narayanan, R., and Darwish, I. Y. S., "Use of Steel Fibers as Shear Reinforcement," ACI Structural Journal, V. 84, No. 3, May-June 1987, pp.216~227.
113) Swamy, R. N., and Andriopoulos, A. D., "Contribution of Aggregate Interlock and Dowel Forces to the Shear Resistance of Reinforced Beams with Web Reinforcement," Shear in Reinforced Concrete, SP-42, American Concrete Institute, Farmington Hills, Mich., 1974, pp.129~168.
114) Anderson, N. S., and Ramirez, J. A., "Detailing of Stirrup Reinforcement," ACI Structural Journal, V. 86, No. 5, Sept.-Oct. 1989, pp.507~515.
115) Sarsam, K. F., and Al-Musawi, J. M. S., "Shear Design of High-and Normal-Strength Concrete Beams with Web Reinforcement," ACI Structural Journal, V. 89, No. 6, Nov.-Dec. 1992, pp.658~664.
116) McGormley, J. C.; Creary, D. B.; and Ramirez, J. A., "The Performance of Epoxy-Coated Shear Reinforcement," ACI Structural Journal, V. 93, No. 5, Sept.-Oct. 1996, pp.531~537.
117) Kong, P. Y. L., and Rangan, B. V., "Shear Strength of High-Performance Concrete Beams," ACI Structural Journal, V. 95, No. 6, Nov.-Dec. 1998, pp.677~688.
118) Zararis, P. D., and Papadakis, G., "Influence of Arrangement of Reinforcement on Shear Strength of RC Beams," Proceedings of the 13th Hellenic Conference on Concrete, V. 1, Rethymnon, Greece, 1999, pp.110~119.(in Greek)
119) Karayiannis, C. G., and Chalioris, C. E., "Experimental Investigation of the Influence of Stirrups on the Shear Failure Mechanism of Reinforced Concrete Beams," Proceedings of

the 13th Hellenic Conference on Concrete, V. 1, Rethymnon, Greece, 1999, pp.133~141.(in Greek)

120) Roller, J. J., and Russell, H. G., "Shear Strength of High-Strength Concrete Beams with Web Reinforcement," ACI Structural Journal, V. 87, No. 2, Mar.-Apr. 1990, pp.191~198.

121) Tompos, E. J., and Frosch, R. J., "Influence of Beam Size, Longitudinal Reinforcement, and Stirrup Effectiveness on Concrete Shear Strength," ACI Structural Journal, V. 99, No. 5, Sept.-Oct. 2002, pp.559~567.

122) Cho, S. H., "Shear Strength Prediction by Modified Plasticity Theory for Short Beams," ACI Structural Journal, V. 100, No. 1, Jan.-Feb. 2003,pp.105~112.

123) Tan, K. H.; Teng, S.; Kong, F. H.; and Lu, H. Y., "Main Tension Steel in High Strength Concrete Deep and Short Beams," ACI Structural Journal, V. 94, No. 6, Nov.-Dec. 1997, pp.752~768.

124) Smith, K. M., and Vantsiotis, A. S., "Shear Strength of Deep Beams," ACI JOURNAL, Proceedings V. 79, No. 3, May-June 1982, pp.201~213.

125) Rogowsky, D. M.; MacGregor, J. G.; and Ong, S. Y., "Tests of Reinforced Concrete Deep Beams," ACI JOURNAL, Proceedings V. 83, No. 4, July-Aug. 1986, pp.614~623.

126) Foster, S. J., and Gilbert, R. I., "Experimental Studies on High-Strength Concrete Deep Beams," ACI Structural Journal, V. 95, No. 4, July-Aug. 1998, pp.382~390.

127) Oh, J. K., and Shin, S. W., "Shear Strength of Reinforced High-Strength Concrete Deep Beams," ACI Structural Journal, V. 98, No. 2, Mar.-Apr. 2001, pp.164~173.

128) Mau, S. T., and Hsu, C. T., "Formula for Shear Strength of Deep Beams," ACI Structural Journal, V. 86, No. 5, Sept.-Oct. 1989, pp.516~523.

129) "Design of Concrete Structures for Buildings," (CAN3-A23.3-M84), Canadian Standards Association, Rexdale, 1984.

130) "Code of Practice & Commentary on : The Design of Concrete Structures(NZS 3101 : 1982, Parts 1 and 2)," Standards Association of New Zealand, Wellington, 1982.

131) "Structural Use of Concrete"(BS 8110 : 1985), British Standards Institution, London, 1985.

제6장 실험 결과와 각국 설계기준과의 비교 분석

6.1 KCI 2012와 ACI 318-11

2.1장에 제시된 KCI 2012와 ACI 318-11의 전단강도 모델을 사용하여 KCI 선정 전단 데이터베이스(KCI 103DB)에 수록된 실험체의 전단강도를 평가하고 이를 실험 결과와 비교하였다. 총 다섯 종류의 KCI103DB 중에서 검증에 사용된 데이터베이스는 가장 기본적인 하중 및 단면형상에 대한 두 가지(DB1, DB2)이며, 표 6.1에 실험 데이터 및 적용 범위와 강도추정 결과를 정리하였다. 등분포하중(DB3), 프리스트레스(DB4), T형 보(DB5)의 경우는 생략하였다.

표 6.1 **비교 분석에 사용된 실험 데이터베이스와 강도 모델의 적용 범위**

구분	사용 DB	적용 범위	실험 데이터	강도 추정 결과 ($V_{expr.}/V_{pred.}$)
전단무보강	KCI 103DB1-2013	$a/h > 2.0$ $f_{ck} < 70\,\text{MPa}$	736개	평균 : 1.39 변동계수 : 0.28
전단보강	KCI 103DB2-2013	$a/h > 2.0$ $f_{vy} \le 500\,\text{MPa}$	223개	평균 : 0.95 변동계수 : 0.26

(1) 집중하중을 받는 전단무보강 철근콘크리트 보

KCI103DB1-2013에는 집중하중을 받는 전단무보강 철근콘크리트 보 942개에 대한 실험 데이터가 있지만, 여기서는 그중 스트럿-타이 모델 또는 춤이 깊은 보의 설계 방법을 따라야 하는 실험체($a/h \leq 2.0$) 및 기준에서 규정한 $\sqrt{f_{ck}}$가 8.4MPa을 초과하는 실험체 206개를 제외한 736개 실험체를 대상으로 하였다.

기준에 근거한 예측강도($V_{pred.}$)를 실험강도($V_{expr.}$)와 비교하여 그래프로 표현하면 그림 6.1과 같으며, $V_{expr.}/V_{pred.}$의 평균과 변동계수(COV)는 각각 1.39와 0.28이다. 그림 6.1의 왼쪽 그래프를 보면 실험체의 전체 강도 범위로 보았을 때 예측강도가 더 큰 것으로 판단하기 쉽지만, 거의 대부분의 실험체가 존재하는 강도 범위인 0.5MN 이내로 국한시켜 그림 6.1의 오른쪽 그래프를 다시 그려보면 전체적으로 실험강도가 예측강도에 비해 더 큰 것을 알 수 있다. 다만 데이터 값의 크기가 커질수록 실제 강도를 과대평가하는 경우가 빈번하게 발생하는 것을 확인할 수 있다.

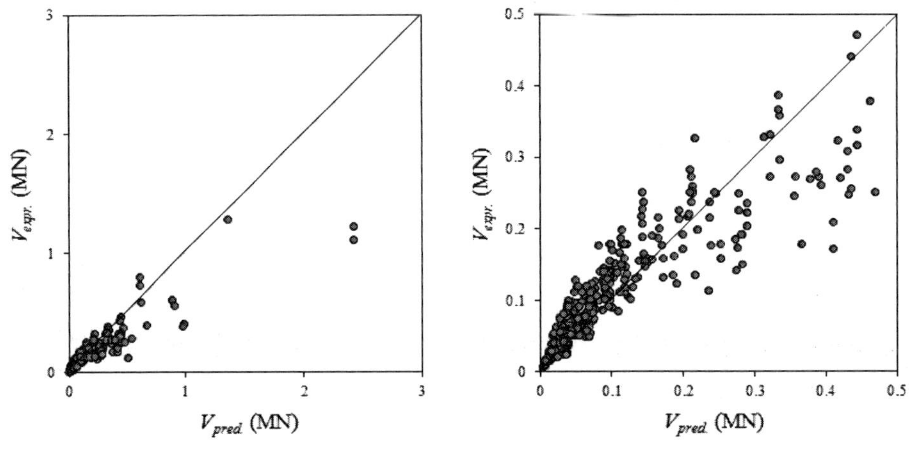

그림 6.1 집중하중을 받는 전단무보강 철근콘크리트 보의 실험강도와 예측강도 비교 (왼쪽 : 전체 강도 범위, 오른쪽 : 강도 범위 0.5MN 제한, 13개 데이터 제외)

그림 6.2는 전단강도에 영향을 미치는 다양한 변수에 따른 예측강도/실험강도비의 변화를 나타낸 것이다. 이 변수 중에 전단강도 모델에 사용된 것은 콘크리트의 압축강도(f_{ck})가 유일하지만(식 (2.3) 참조) 실험체의 강도비에 별다른 영향을 주지 않으며, 전단경간비(a/d) 역시 춤이 깊은 보를 제외한 구간에서는 강도비에 큰 영향을 주지

않고 있다. 그러나 전단강도 모델에서 고려하고 있지 않은 주철근비(ρ_t)가 낮아지고 보의 유효깊이가 커질수록 강도비가 명확히 줄어드는 경향을 보여주고 있어, 모델의 한계점을 보여주고 있다.

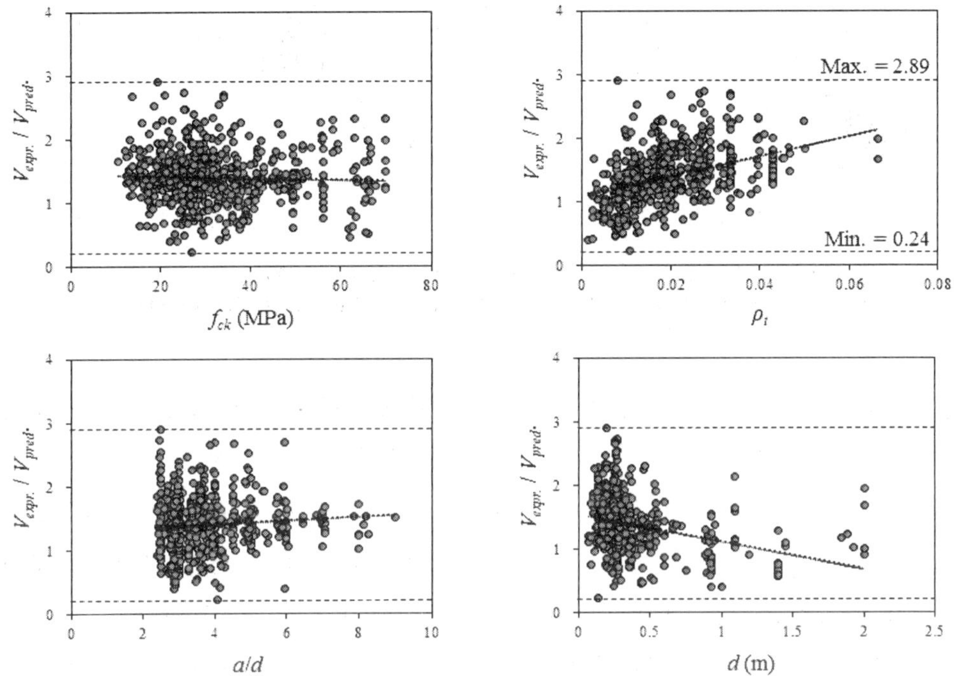

그림 6.2 **집중하중을 받는 전단무보강 철근콘크리트 보의 다양한 변수에 따른 실험강도와 예측강도비**

(2) 집중하중을 받는 전단보강 철근콘크리트 보

KCI103DB2-2013에는 집중하중을 받는 전단보강 철근콘크리트 보 510개에 대한 실험 데이터가 있지만, 여기서는 그중 스트럿-타이 모델 또는 춤이 깊은 보의 설계 방법을 따라야 하는 실험체($a/h \leq 2.0$) 및 기준에서 규정한 f_{vy}가 500MPa을 초과하는 실험체 287개를 제외한 223개 실험체만을 대상으로 하였다.

기준에 근거한 예측강도와 실험강도를 비교하여 그래프로 표현하면 그림 6.3과 같으며, $V_{expr.} / V_{pred.}$의 평균과 변동계수는 각각 0.95와 0.26으로 전단무보강 철근콘크리트 보와는 달리 전단강도 모델이 실제 강도를 전체적으로 과대평가하고 있다. 이러한 경향은 데이터 값의 크기가 커질수록 더욱 빈번하게 발생하는 것을 그래프에서 확인할 수 있다.

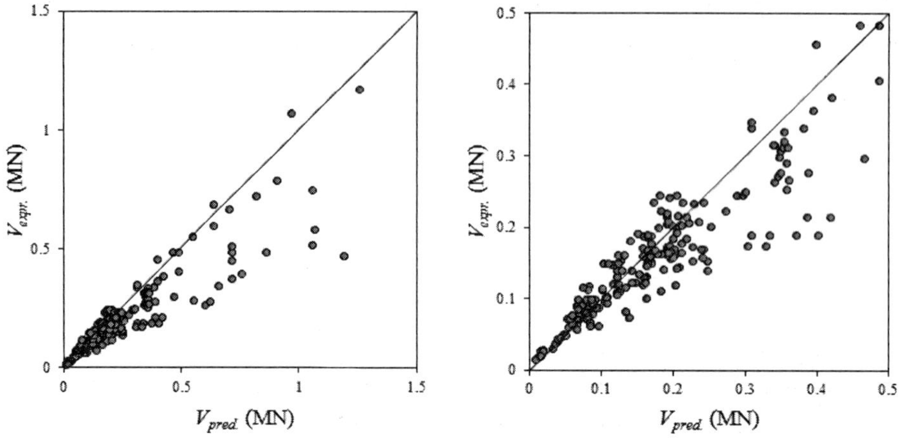

그림 6.3 **집중하중을 받는 전단보강 철근콘크리트 보의 실험강도와 예측강도 비교 (왼쪽 : 전체 강도 범위, 오른쪽 : 강도 범위 0.5MN 제한, 22개 데이터 제외)**

그림 6.4~6.6은 전단강도에 영향을 미치는 다양한 변수에 따른 예측강도/실험강도비의 변화를 나타낸 것이다. 먼저 콘크리트 압축강도가 증가할수록 실제 강도를 과대평가하는 경향이 보이지만, 전체적으로는 전단무보강의 경우에서와 같이 실험체의 강도비에 큰 영향을 주지는 않는다(그림 6.4). 부재의 형상과 관련된 전단경간비 및 보의 유효깊이가 미치는 영향을 보면(그림 6.5), 전단무보강의 경우 강도비에 영향을 주지 않았던 전단경간비가 작아질수록 전단강도 모델이 실제 강도를 과대평가하며, 보의 유효깊이가 증가함에 따라 발생하는 크기효과는 전단무보강의 경우보다 훨씬 더 명확한 상관관계를 나타내고 있다.

마지막으로 주철근 및 전단철근의 영향을 보면 흥미롭다(그림 6.6). 전단철근이 강도에 기여하게 되면서 주철근비와 강도비의 상관관계가 감소하였다. 그러나 전단철근은 그 철근비 또는 항복강도가 증가할수록 전단강도 모델(식 (2.2), (2.3), (2.9) 참조)이 실제 강도를 과대평가하고 있음을 알 수 있다. 이는 기준에서 사인장 균열폭을 억제하기 위해 전단철근의 설계

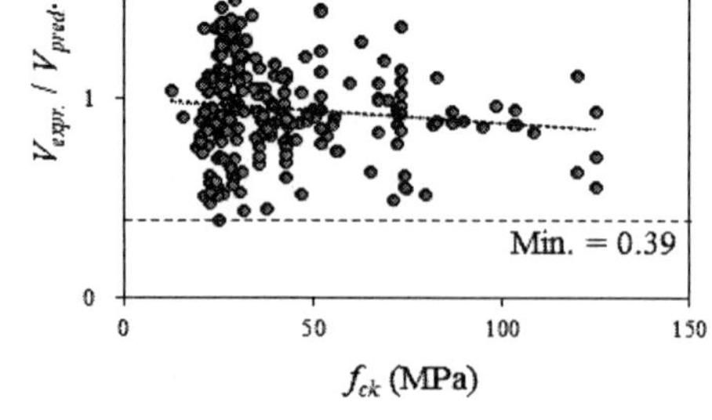

그림 6.4 **집중하중을 받는 전단보강 철근콘크리트 보의 콘크리트 강도에 따른 실험강도와 예측강도비**

기준 항복강도 및 전단강도 V_s의 상한값을 두어 제한하는 것과 연관 지을 수 있다.

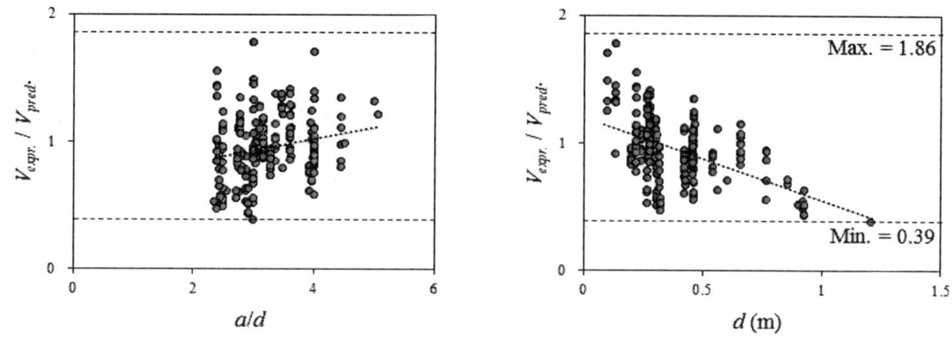

그림 6.5 **집중하중을 받는 전단보강 철근콘크리트 보의 형상에 따른 실험강도와 예측강도비**

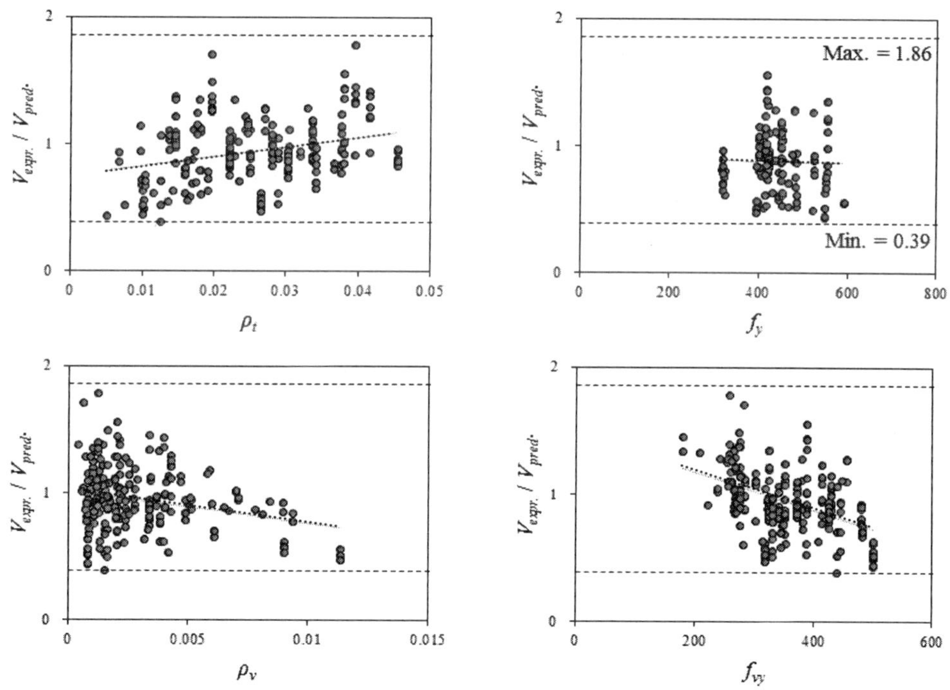

그림 6.6 **집중하중을 받는 전단보강 철근콘크리트 보의 철근비 및 항복강도에 따른 실험강도와 예측강도비**

6.2 EC 2

본 절에서는 한국콘크리트학회 전단 실험 데이터베이스(KCI103DB-2013)에 수집된 실험체들을 대상으로 EC 2로부터 예측되는 전단강도와 실험에서 측정된 전단강도를 비교 및 검토하였다. KCI103DB-2013 중 본 절에서 사용된 실험체 그룹은 다음과 같다. 단, KCI103DB-2013 중 '(4) 프리스트레스 철근콘크리트 보' 및 '(5) 집중하중을 받는 철근콘크리트 T형 보'의 경우 본 절에서의 비교에서는 제외하였다.

(1) KCI103DB1-2013 : 집중하중을 받는 전단무보강 철근콘크리트 보

(2) KCI103DB2-2013 : 집중하중을 받는 전단보강 철근콘크리트 보

(3) KCI103DB3-2013 : 분포하중을 받는 철근콘크리트 보

EC2에 제시된 전단강도 모델 적용 시 가정된 조건들은 다음과 같다.

■ 재료강도 감소계수

EC2에 제시된 전단강도 모델들을 이용하여 각 실험체들의 전단강도 산정 시 EC2에 제시되어 있는 콘크리트와 철근에 대한 재료강도 감소계수는 고려하지 않았다.

■ 전단경간비(a/d)에 따른 아치작용

EC 2에서는 전단경간비(a/d)에 따라 설계 전단력을 감소시킬 수 있다. 이는 전단경간비가 낮을 경우 아치작용이 지배적이게 되는 것을 고려하기 위함이다. 이때, 설계 전단력 감소계수 $\beta = a/2d$는 0.5~1.0 사이의 값이다. 따라서 본 절에서는 이를 고려하기 위해 전단강도 모델로부터 산정된 전단강도를 β로 나누어 줌으로써 아치작용에 의해 증가되는 전단강도를 고려하였다.

■ 전단보강 유무 판단기준

전단보강 유무에 따른 분류는 최소 전단철근비를 기준으로 할 수 있다. 하지만 최소 전단철근비보다 적게 배근된 전단보강 RC 보 부재에 대해 전단무보강 철근콘크리트 보 전단설계기준을 적용하게 될 경우, 콘크리트 기여도만을 고려하게 되어 실제의 전단강도를 과소평가하게 될 우려가 있다. 따라서 본 절에서는 KCI103DB2-2013에 수

록된 부재 중 전단철근이 없는 경우를 제외한 나머지 전 부재에 대해 전단보강 철근콘크리트 보 전단설계기준을 적용하였다.

(1) KCI103DB1-2013 : 집중하중을 받는 전단무보강 철근콘크리트 보

KCI103DB1-2013에 수록된 집중하중을 받는 전단무보강 철근콘크리트 보 942개에 대해 EC2에 제시된 전단강도 모델을 사용하여 전단강도를 산정하였다. 그림 6.7, 6.8과 표 6.2는 실험체들의 실제 전단강도와 모델들에 의해 예측된 전단강도를 비교한 것이다. 그림에서 보는 바와 같이 전반적으로 콘크리트에 의한 전단강도를 보수적으로 평가하는 것으로 나타났으며, 실험 결과/모델의 비가 평균 1.22, 변동계수 0.41로 나타났다.

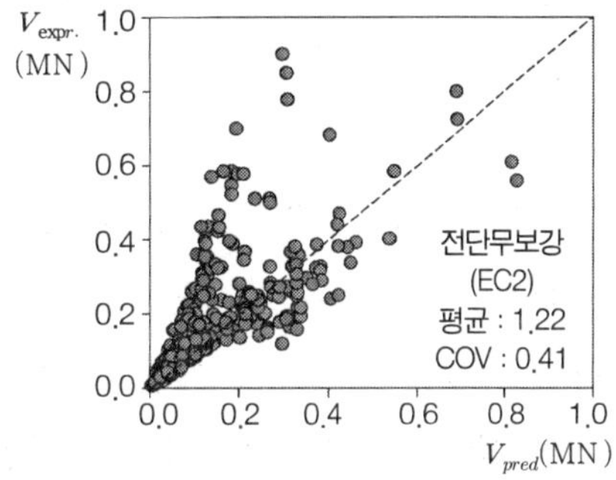

그림 6.7 **실험 결과 및 EC2와의 비교(집중하중을 받는 전단무보강 철근콘크리트 보)**

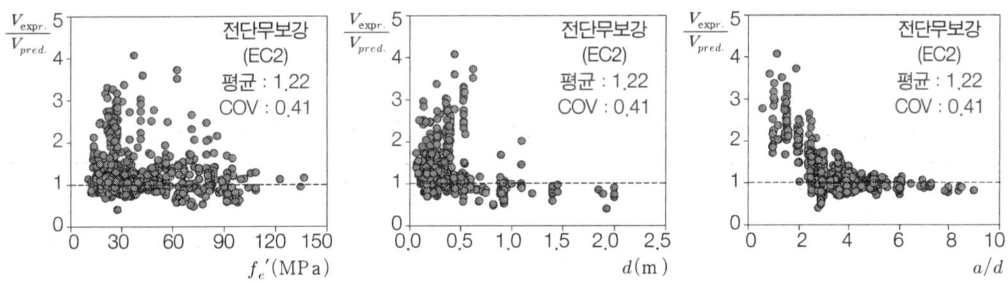

(a) 콘크리트 압축강도 (b) 부재 유효깊이 (c) 전단경간비

그림 6.8 **주요 변수의 변화에 따른 전단강도 비교 결과(집중하중을 받는 전단무보강 철근콘크리트 보)**

표 6.2 **실험 결과와 EC2의 전단강도 비교(집중하중을 받는 전단무보강 철근콘크리트 보)**

강도 모델	적용 범위	사용 DB	실험 데이터	강도 추정 결과(V_{test}/V_{pred})
전단무보강 모델	전체	KCI103DB1-2013	942개	평균 : 1.22, 변동계수 : 0.41

그림 6.8은 콘크리트 압축강도, 부재 유효깊이, 전단경간비 등 주요 변수의 변화에 따른 전단강도 예측 결과를 나타낸 것이다. 그림에서 보는 바와 같이 콘크리트 압축

강도가 작을수록 전단강도를 보수적으로 평가하는 것으로 나타났다. 또한 부재 유효깊이가 0.5m 이하인 실험체에 대해 예측 결과의 분포가 다른 구간에 비해 큰 것으로 나타났으며, 이 경우 상당수의 실험체에 대해 전단강도를 상당히 보수적으로 평가하는 것으로 나타났다. 한편, 전단경간비가 작은 실험체에 대해 아치효과를 고려한 보정과정이 있으나 그림에서와 같이 여전히 아치작용에 따른 효과를 보수적으로 평가하는 것으로 나타났다.

(2) KCI103DB2-2013 : 집중하중을 받는 전단보강 철근콘크리트 보

KCI103DB2-2013에 수록된 집중하중을 받는 철근콘크리트 보 510개 중 전단철근이 보강되지 않은 실험체 24개를 제외한 나머지 전단보강 철근콘크리트 보 486개에 대해 EC 2에 제시된 전단강도 모델을 사용하여 전단강도를 산정하였다. 그림 6.9와 표 6.3과 같이 전단보강 철근콘크리트 보의 전단강도에 대해 전반적으로 보수적으로 평가하는 경향이 있는 것으로 나타났으며, 실험 결과/모델의 비에 대해 전단무보강 철근콘크리트 보에 대한 값들보다 조금씩 증가한 것으로 나타났다. 이는 EC2에서 전단보강 철근콘크리트 보에 대한 전단강도 산정 시 콘크리트의 기여도를 무시한 데 따른 것으로 판단된다.

표 6.3 **실험 결과와 EC2의 전단강도 비교(집중하중을 받는 전단보강 철근콘크리트 보)**

강도 모델	적용 범위	사용 DB	실험 데이터	강도 추정 결과(V_{test}/V_{pred})
전단보강 모델	$\rho_v > 0$	KCI103DB2-2013	486개	평균 : 1.37, 변동계수 : 0.46

그림 6.10은 콘크리트 압축강도, 부재 유효깊이, 전단경간비, 그리고 전단철근비 등 주요 변수의 변화에 따른 전단강도 예측 결과를 EC 2의 예측값과 비교한 것이다. 그림에서 보는 바와 같이 실험 결과/모델의 비에 대해 콘크리트 압축강도 및 유효깊이의 영향이 뚜렷하지 않은 것으로 나타났으며, 이로부터 EC 2가 콘크리트 압축강도, 유효깊이, 그리고 전단경간비의 영향에 대해서 일관되게 평가하는 것으로 판단할 수 있다. 특히 전단경간비의 영향과 관련하여 전단무보강 콘크리트 보에서 전단경간비가 낮을 경우 부재의 전단강도를 과소평가하는 경향이 뚜렷하였지만, 전단보강 콘크리트 보에 대해 이러한 경향이 나타나지 않은 것이 특이한 사항이라고 볼 수 있다.

또한 유효깊이의 영향에 대한 분석 결과를 볼 때, 전단철근이 보강될 경우 부재 크기의 영향이 미미하다는 것을 유추할 수 있다. 하지만 전단철근비가 낮을수록 EC 2가 부재의 전단강도를 과소평가하는 것으로 나타났다. 이는 전단보강 철근콘크리트 보에 대한 전단강도 산정 시 EC 2에서는 콘크리트 기여도를 무시한 데 따른 것으로서, 전단철근비가 낮을수록 전단강도에서의 콘크리트 기여도가 상당하다는 것을 유추할 수 있다.

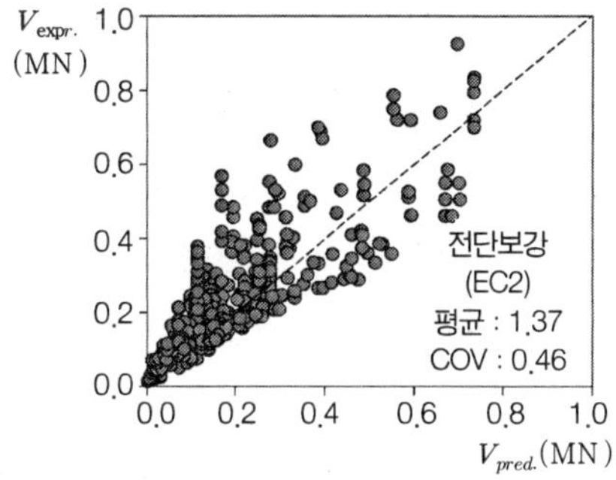

그림 6.9 **실험 결과 및 EC2와의 비교(집중하중을 받는 전단보강 철근콘크리트 보)**

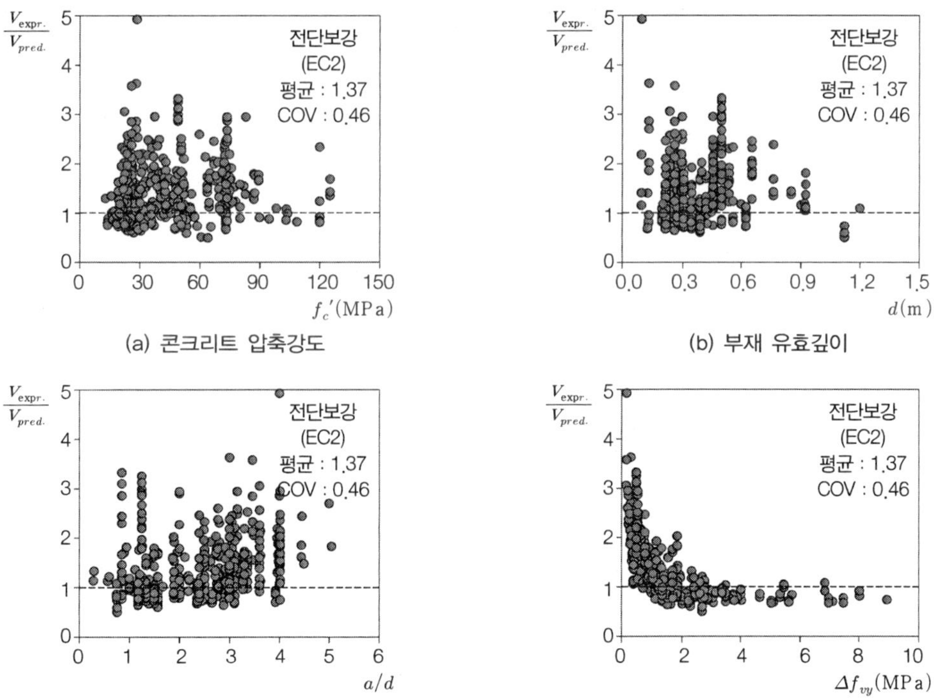

그림 6.10 **주요 변수 영향-집중하중을 받는 전단보강 철근콘크리트 보**

(3) KCI 103DB3-2013 : 분포하중을 받는 철근콘크리트 보

KCI 103DB3-2013에 수록된 분포하중을 받는 철근콘크리트 보 119개에 대해 EC 2에 제시된 전단강도 모델들을 사용하여 전단강도를 산정하였다. 데이터베이스에 수록된 119개 실험체 중 전단무보강인 96개의 부재에 대해서는 전단무보강 철근콘크리트 보에 대한 전단강도 모델을, 전단보강된 23개의 부재에 대해서는 전단보강 철근콘크리트 보에 대한 전단강도 모델을 사용하였다.

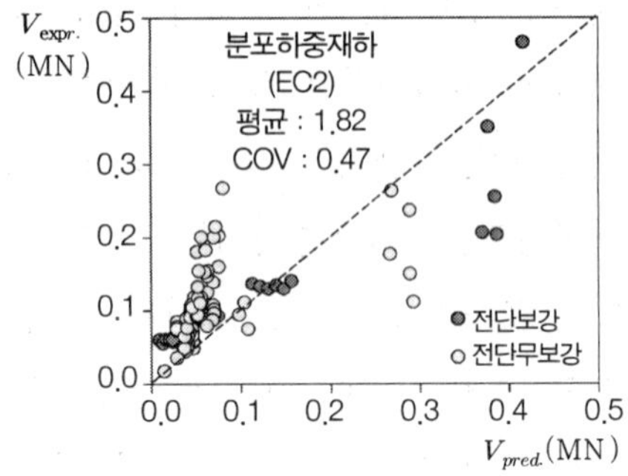

그림 6.11 실험 결과 및 EC 2와의 비교(분포하중을 받는 철근콘크리트 보)

그림 6.11, 표 6.4와 같이 집중하중을 받는 철근콘크리트 보의 경우보다 분포하중을 받는 철근콘크리트 보에 대해 더욱 보수적으로 평가하는 것으로 나타났다. 그림 및 표에서와 같이 실험 결과/모델의 비가 전단보강 유무에 관계없이 1.8 정도로 비슷하게 나왔으나, 분포하중을 받는 전단무보강 철근콘크리트 보에 대한 전단강도 예측의 편차가 분포하중을 받는 전단보강 철근콘크리트 보에 비해 큰 것으로 나타났다.

표 6.4 실험 결과와 EC 2의 전단강도 비교(분포하중을 받는 철근콘크리트 보)

강도 모델	적용 범위	사용 DB	실험 데이터	강도 추정 결과(V_{test}/V_{pred})
전단무보강 모델	$\rho_v = 0$	KCI 103DB3-2013	96개	평균 : 1.81, 변동계수 : 0.78
전단보강 모델	$\rho_v > 0$		23개	평균 : 1.82, 변동계수 : 0.38
전체			119개	평균 : 1.82, 변동계수 : 0.47

그림 6.12는 콘크리트 압축강도, 부재 유효깊이, 전단경간비, 그리고 전단철근비 등 주요 변수의 변화에 따른 전단강도 예측 결과를 EC 2에 대해 비교한 것이다. 그림에서 보는 바와 같이 전단철근비를 제외한 주요 변수의 영향에 대한 전반적인 경향은 집중하중을 받는 철근콘크리트 보와 유사하게 나타났다. 전단철근비의 영향은 비교된 실험체의 수가 상대적으로 작아 분석이 어려운 것으로 판단된다.

6.3 일본 기준

2장 3절(2.3)에서 소개된 AIJ-Ⅰ, AIJ-Ⅱ, JSCE 전단강도식을 사용하여 우리 학회의 전단 데이터베이스(KCI 103DB)에 수록된 실험 결과에 대하여 전단강도를 평가하였다.

KCI 103DB-2013 중 본 절에서 사용된 실험체 그룹은 다음과 같다. 표 6.5는 검증에 사용된 실험 데이터와 강도 추정 결과를 데이터베이스(KCI 103DB)의 종류별로 제시하고 있다. 표 6.5와 같이 학회 데이터베이스 중 휨 항복이 선행하거나 제시된 실험체에 대한 정보가 제한적인 실험체는 비교에서 제외하였다.

(1) KCI 103DB1-2013 : 집중하중을 받는 전단무보강 철근콘크리트 보

(2) KCI 103DB1-2013 : 집중하중을 받는 전단보강 철근콘크리트 보

(3) KCI 103DB3-2013 : 분포하중을 받는 철근콘크리트 보

(4) KCI 103DB4-2013 : 프리스트레스 철근콘크리트 보

(5) KCI 103DB5-2013 : 집중하중을 받는 철근콘크리트 T형 보

표 6.5 **검증에 사용된 데이터베이스(KCI103DB) 종류**

	사용 DB		실험 데이터
(1)	KCI 103DB1-2013	집중하중을 받는 전단무보강 철근콘크리트 보	669개
(2)	KCI 103DB2-2013	집중하중을 받는 전단보강 철근콘크리트 보	288개
(3)	KCI 103DB3-2013	등분포하중을 받는 철근콘크리트 보	32개
(4)	KCI 103DB4-2013	프리스트레스 철근콘크리트 보	32개
(5)	KCI 103DB5-2013	집중하중을 받는 T형 철근콘크리트 보	229개

(1) KCI 103DB1-2013 : 집중하중을 받는 전단무보강 철근콘크리트 보

KCI 103DB1-2013에 수록된 집중하중을 받는 전단무보강 철근콘크리트 보 669개에 대해 AIJ-Ⅰ, AIJ-Ⅱ, JSCE 기준을 이용하여 기존 실험 결과와 비교 분석하였다.

그림 6.12와 표 6.6은 실험체들의 실제 전단강도와 모델들에 의해 예측된 전단강도를 비교한 것이다. 그림에서와 같이 AIJ-Ⅱ와 JSCE 기준의 경우, 일부 실험체들을 제외한 대부분의 실험체들에 대해 콘크리트에 의한 전단강도를 약 30% 보수적으로 평가하는 것으로 나타났으나 실험 결과를 안전 측으로 예측하였다. 반면, AIJ-Ⅰ 기준에

서는 전단강도에 대한 실험 결과/해석 결과의 비에 대해 평균 0.92와 변동계수 41%로 해석 결과가 실험 결과를 과대평가하는 것으로 나타났다.

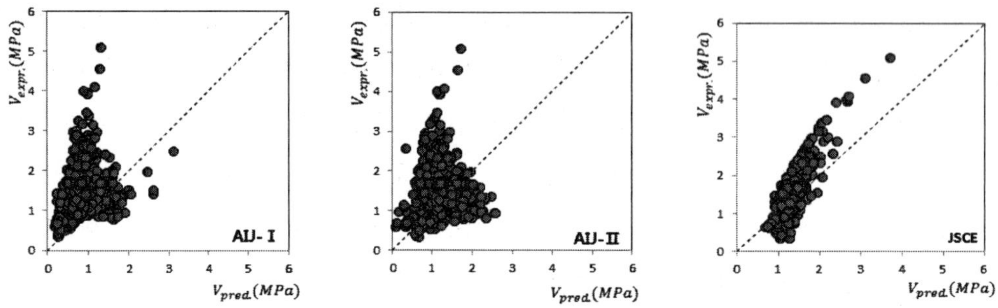

그림 6.12 **실험 결과와 해석 결과 비교 - 집중하중을 받는 전단무보강 철근콘크리트 보**

그림 6.13은 콘크리트 압축강도, 부재 유효깊이, 전단경간비 등 주요 변수의 변화에 따른 전단강도 예측 결과를 AIJ-Ⅰ, AIJ-Ⅱ, JSCE 기준을 이용한 해석 결과와 비교한 것이다. 그림과 같이 콘크리트 압축강도에 대하여 JSCE 기준은 콘크리트 강도가 증가하더라도 대부분의 실험 결과와 해석 결과를 상회하고 있어 안전 측으로 예측하였다. 반면 AIJ-Ⅱ 기준과 AIJ-Ⅰ 기준의 경우 콘크리트 압축강도가 60MPa을 초과하는 경우 해석 결과가 실험 결과를 과대평가하였다. AIJ-Ⅰ 기준의 경우 콘크리트 압축강도가 60MPa 이하인 경우 $\nu_0 = 0.7 - f_B/200$, 60MPa을 초과하는 경우 CEB-FIP 기준의 $\nu_0 = 1.698 f_B^{-0.333}$을 이용하였다.

또한 그림 6.13과 같이 부재 유효깊이가 0.4m 이하인 실험체에 대하여 모든 해석 결과에서 실험 결과를 보수적으로 예측하였으며, AIJ-Ⅱ 기준과 AIJ-Ⅰ 기준은 유효깊이가 증가할수록 실험 결과를 안전 측으로 예측하지 못하였다. 이는 AIJ-Ⅱ 기준의 경우 보의 유효깊이에 대한 크기효과를 150~400mm까지만 고려하기 때문이다. 한편, AIJ-Ⅰ 기준과 AIJ-Ⅱ의 경우 전단경간비가 작은 실험체에 대하여 실험 결과를 과대평가하는 경향을 나타냈으며 전단경간비가 증가할수록 보수적으로 예측하였다.

표 6.6 **실험 결과와 해석 결과 비교-집중하중을 받는 전단무보강 철근콘크리트 보**

강도 모델	사용 DB	실험 데이터	강도 추정 결과(V_{test}/V_{pred})
AIJ-Ⅰ	KCI 103DB1-2013	699개	평균 : 0.92, 변동계수 : 41.0%
AIJ-Ⅱ			평균 : 1.27, 변동계수 : 33.0%
JSCE 규준식			평균 : 1.29, 변동계수 : 22.0%

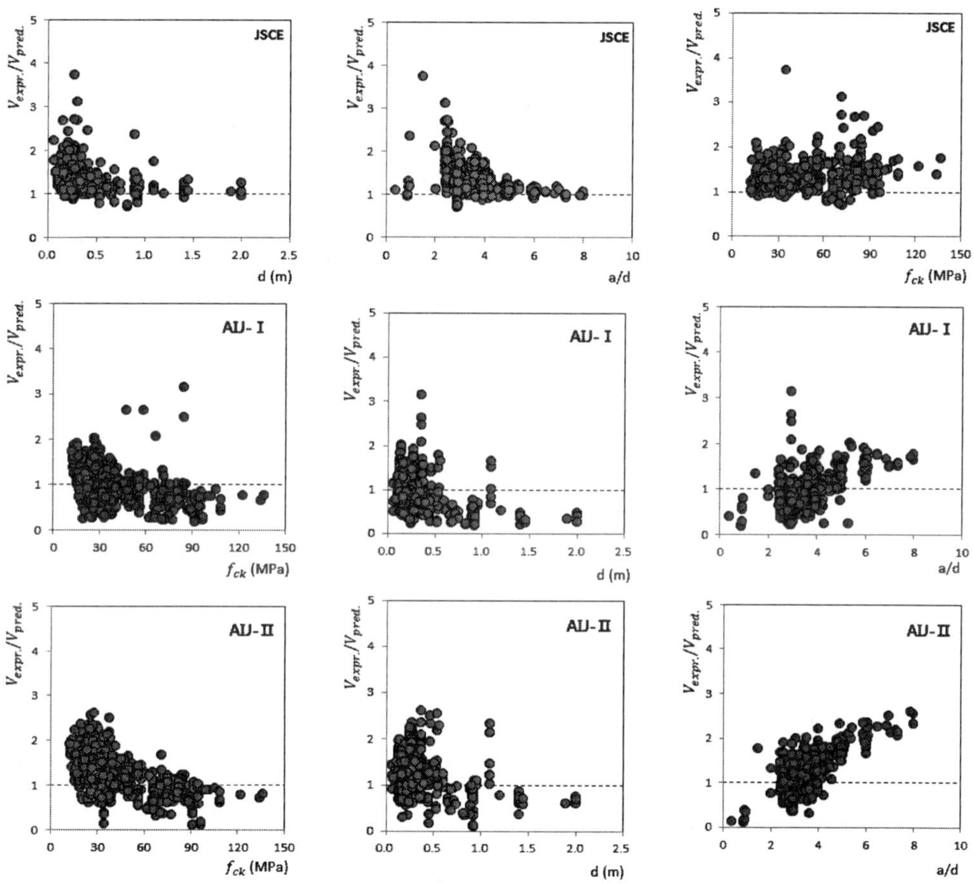

(a) 콘크리트 압축강도 (b) 부재 유효깊이 (c) 전단경간비

그림 6.13 **주요 변수 영향-집중하중을 받는 전단무보강 철근콘크리트 보**

(2) KCI 103DB2-2013 : 집중하중을 받는 전단보강 철근콘크리트 보

KCI 103DB2-2013에 수록된 집중하중을 받는 전단무보강 철근콘크리트 보 288개에 대해 AIJ-Ⅰ, AIJ-Ⅱ, JSCE 기준을 이용하여 기존 실험 결과와 비교 분석하였다.

그림 6.14, 표 6.7과 같이 전단보강 철근콘크리트 보의 전단강도에 대해 AIJ-Ⅱ 기준은 평균 1.25, 변동계수 24.5%로 세 기준식 중 실험 결과를 가장 잘 예측하였으며, JSCE 규준식은 평균 1.70, 약 70% 보수적으로 평가하는 경향을 나타냈다. AIJ-Ⅰ 기준의 경우 평균 0.94와 변동계수 34.6%로 실험 결과를 과대평가하는 경향을 나타냈다.

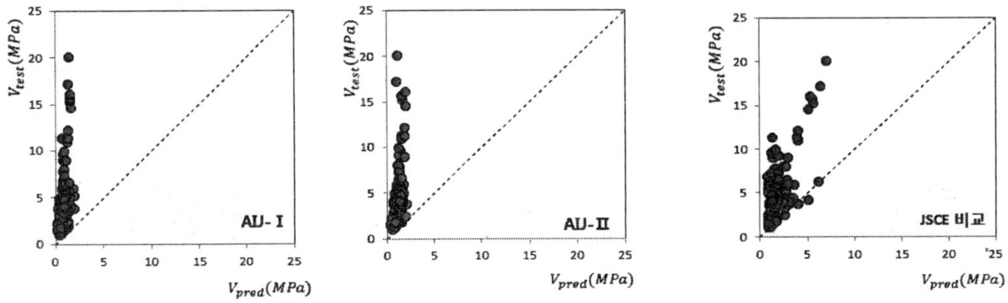

그림 6.14 **실험 결과와 해석 결과 비교-집중하중을 받는 전단보강 철근콘크리트 보**

표 6.7 **실험 결과와 해석 결과 비교-집중하중을 받는 전단보강 철근콘크리트 보**

강도 모델	사용 DB	실험 데이터	강도 추정 결과(V_{test}/V_{pred})
AIJ-Ⅰ	KCI 103DB2-2013	288개	평균 : 0.94, 변동계수 : 34.6%
AIJ-Ⅱ			평균 : 1.25, 변동계수 : 24.5%
JSCE 규준식			평균 : 1.70, 변동계수 : 53.7%

그림 6.15는 콘크리트 압축강도, 부재 유효깊이, 전단경간비, 그리고 전단철근비 등 주요 변수의 변화에 따른 전단강도 예측 결과를 AIJ-Ⅰ, AIJ-Ⅱ, JSCE 기준에 대해 비교한 것이다. 보의 유효깊이에 대한 해석 결과는 전단보강하지 않은 실험체와 다르게 보의 유효깊이가 증가할수록 전단강도가 감소하는 크기효과가 나타나지 않았다. 반면에 콘크리트 압축강도는 전단보강하지 않은 실험체와 같이 60MPa 이후로 실험 결과/해석 결과의 비가 감소하는 경향이 나타났다. 전단경간비는 2.5를 기준으로 모든 규준식에서 실험 결과를 과소 및 과대평가하는 것을 확인할 수 있다.

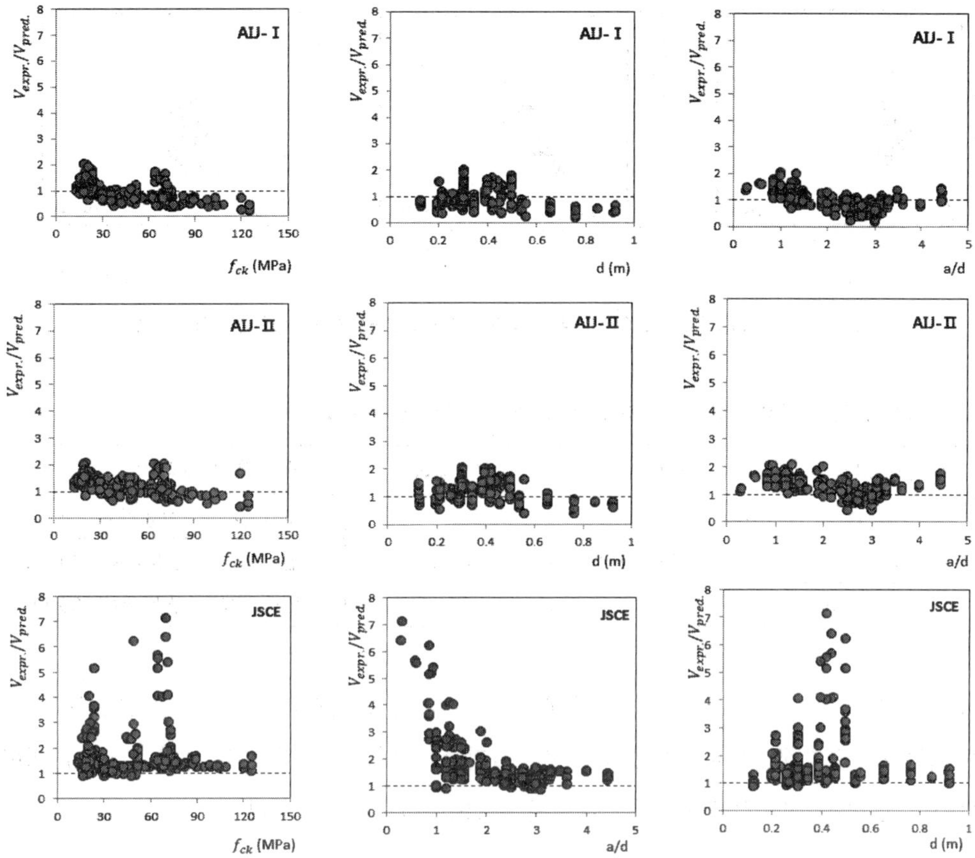

(a) 콘크리트 압축강도 (b) 부재 유효깊이 (c) 전단경간비

그림 6.15 **주요 변수 영향-집중하중을 받는 전단보강 철근콘크리트 보**

(3) KCI 103DB3-2013 : 분포하중을 받는 철근콘크리트 보

KCI 103DB3-2013에 수록된 분포하중을 받는 철근콘크리트 보 32개에 대해 MC10에 제시된 전단강도 모델들을 사용하여 전단강도를 산정하였다.

그림 6.16, 표 6.8과 같이 AIJ-Ⅱ 기준과 JSCE 기준은 실험 결과를 평균 1.84와 1.74, 변동계수 30.0%와 30.1%로 예측하였으며, AIJ-Ⅰ은 실험 결과를 평균 1.29와 변동계수 36.1%로 예측하였다. 그림 6.16, 표 6.8과 같이 세 전단 기준식은 실험 결과를 과소평가하는 경향을 나타냈으나 안전 측으로 예측하였다.

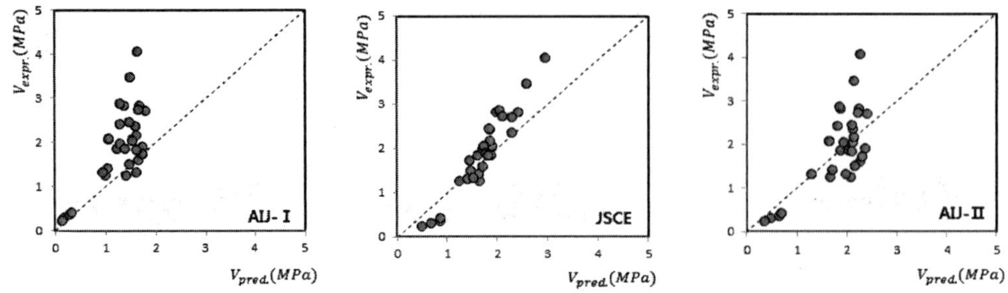

그림 6.16 **실험 결과와 해석 결과 비교-분포하중을 받는 철근콘크리트 보**

표 6.8 **실험 결과와 해석 결과 비교-분포하중을 받는 철근콘크리트 보**

강도 모델	사용 DB	실험 데이터	강도 추정 결과(V_{test}/V_{pred})
AIJ- I	KCI 103DB3-2013	32개	평균 : 1.29, 변동계수 : 36.1%
AIJ- II			평균 : 1.84, 변동계수 : 30.0%
JSCE 규준식			평균 : 1.74, 변동계수 : 30.1%

그림 6.17은 콘크리트 압축강도, 부재 유효깊이, 전단경간비, 그리고 전단철근비 등 주요 변수의 변화에 따른 전단강도 예측 결과를 나타냈다. 주요 변수의 영향에 대한 전반적인 경향은 집중하중을 받는 철근콘크리트 보와 유사하였다.

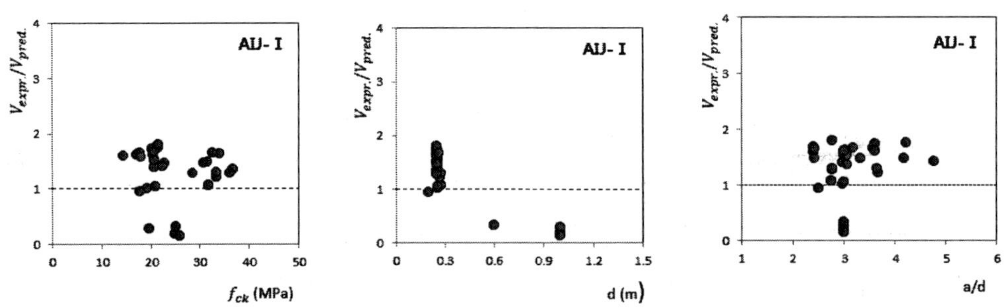

(a) 콘크리트 압축강도 (b) 부재 유효깊이 (c) 전단경간비

그림 6.17 **주요 변수 영향-분포하중을 받는 철근콘크리트 보**

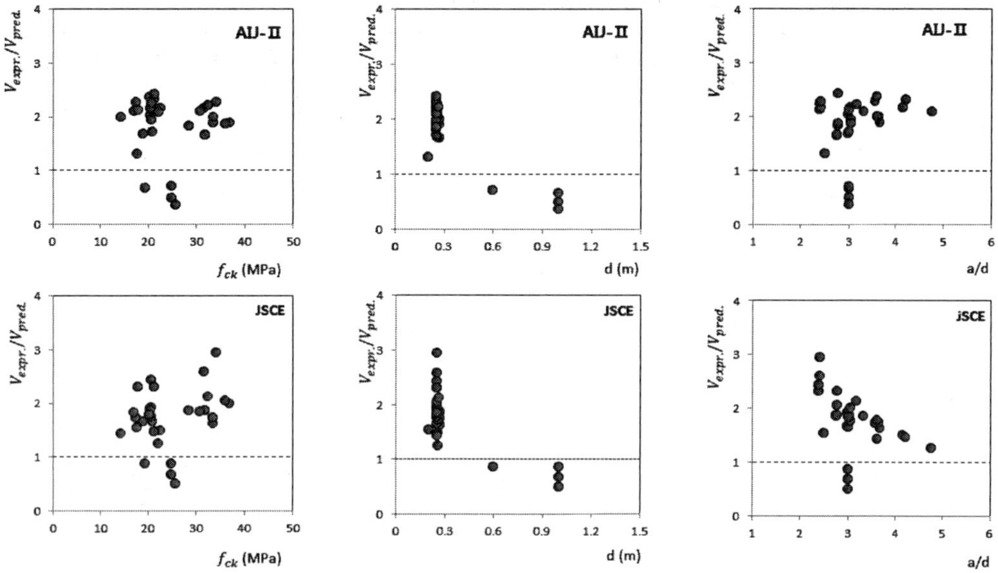

(a) 콘크리트 압축강도 (b) 부재 유효깊이 (c) 전단경간비

그림 6.18 **주요 변수 영향-분포하중을 받는 철근콘크리트 보(계속)**

(4) KCI 103DB4-2013 : 프리스트레스 철근콘크리트 보

KCI103DB4-2013에 수록된 프리스트레스 철근콘크리트 보 32개에 대해 AIJ-Ⅰ, AIJ-Ⅱ, JSCE 기준을 사용하여 전단강도를 산정하였다.

AIJ-Ⅰ, AIJ-Ⅱ, JSCE 기준은 프리스트레스 철근콘크리트 보에 대하여 고려하고 있지 않으며 그림 6.19, 표 6.9와 같이 보수적으로 예측한 것을 확인할 수 있다.

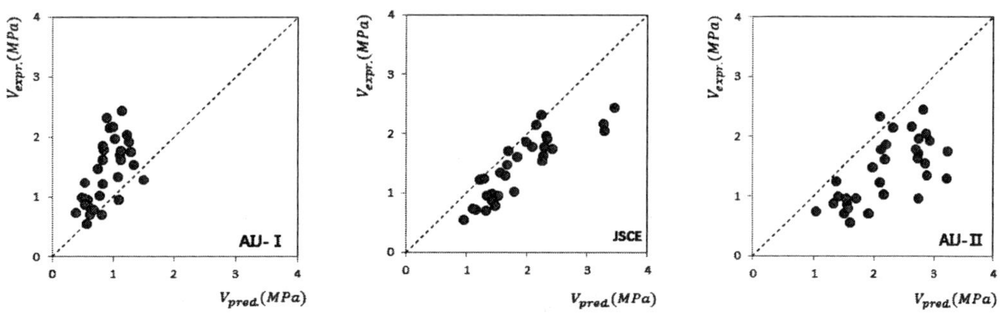

그림 6.19 **실험 결과와 해석 결과 비교-프리스트레스 철근콘크리트 보**

표 6.9 **실험 결과와 해석 결과 비교 - 프리스트레스 철근콘크리트 보**

강도 모델	사용 DB	실험 데이터	강도 추정 결과(V_{test}/V_{pred})
AIJ-Ⅰ	KCI 103DB3-2013	32개	평균 : 0.89, 변동계수 : 32.2%
AIJ-Ⅱ			평균 : 2.22, 변동계수 : 27.6%
JSCE 규준식			평균 : 1.88, 변동계수 : 33.8%

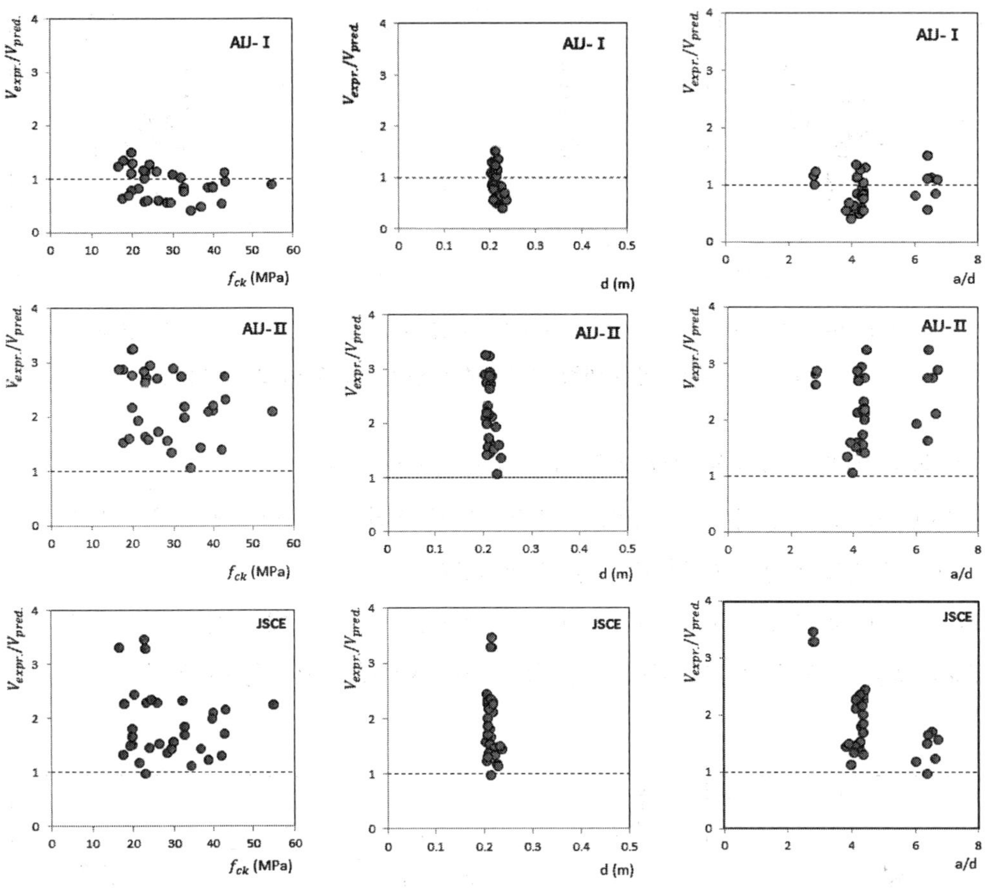

(a) 콘크리트 압축강도 (b) 부재 유효깊이 (c) 전단경간비

그림 6.20 **주요 변수 영향 - 분포하중을 받는 철근콘크리트 보**

그림 6.20은 콘크리트 압축강도, 부재 유효깊이, 전단경간비, 그리고 전단철근비 등 주요 변수의 변화에 따른 전단강도 예측 결과를 각 규준식에 대해 비교한 것이다. 보의 유효깊이에 대한 전반적인 경향은 유효깊이가 증가할수록 감소하는 경향을 보이나

실험 데이터의 범위가 극히 작아 전체적인 경향을 대표하기에는 한계가 있다. 전단경간비와 콘크리트 압축강도 등 주요 변수의 영향에 대한 전반적인 경향은 집중하중을 받는 철근콘크리트 보와 유사하게 나타났다.

(5) KCI 103DB5-2013 : 집중하중을 받는 철근콘크리트 T형 보

KCI 103DB5-2013에 수록된 집중하중을 받는 철근콘크리트 T형 보 229개에 대해 AIJ-Ⅰ, AIJ-Ⅱ, JSCE 기준을 이용하여 기존 실험 결과와 비교 분석하였다.

그림 6.21과 표 6.10은 실험체들의 실제 전단강도와 모델들에 의해 예측된 전단강도를 비교한 것이다. AIJ-Ⅰ, AIJ-Ⅱ와 JSCE 기준은 T형 보에 대하여 고려하고 있지 않다. 따라서 그림 6.21 및 표 6.10과 같이 세 전단강도식은 T형 보에 대하여 평균 0.65와 변동계수 53.9%로 실험 결과를 과대평가하고 있으며 잘 예측하지 못하는 것으로 나타났다.

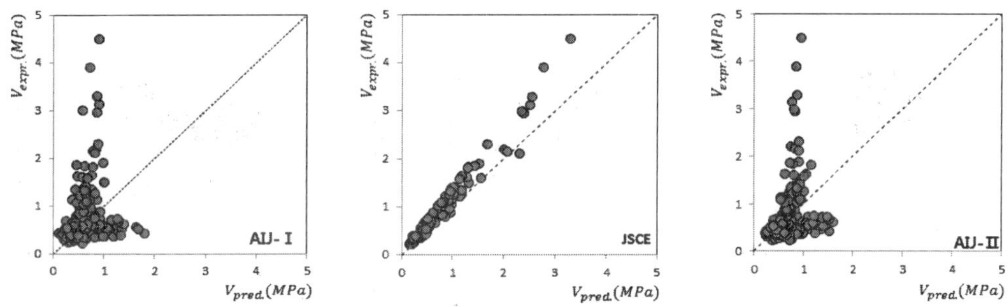

그림 6.21 **실험 결과와 해석 결과 비교-집중하중을 받는 철근콘크리트 T형 보**

표 6.10 **실험 결과와 MC10의 전단강도 비교(집중하중을 받는 철근콘크리트 T형 보)**

강도 모델	사용 DB	실험 데이터	강도 추정 결과(V_{test}/V_{pred})
AIJ-Ⅰ	KCI 103DB5-2013	229	평균 : 0.63, 변동계수 : 45.7%
AIJ-Ⅱ			평균 : 0.71, 변동계수 : 37.3%
JSCE 규준식			평균 : 0.61, 변동계수 : 78.8%

그림 6.22는 콘크리트 압축강도, 부재 유효깊이, 전단경간비, 그리고 전단철근비 등 주요 변수의 변화에 따른 전단강도 예측 결과를 서로 비교한 것이다. 그림에서 보는

바와 같이 보의 유효깊이가 증가할수록 세 기준 모두 전단강도가 감소함을 확인할 수 있으며 실험 결과가 해석 결과를 하향하고 있어 안전 측으로 예측하지 못하였다. 또한 JSCE 기준은 전단경간비가 낮을수록 복수적으로 예측하고 있으며 전단경간비가 증가할수록 보의 유효깊이와 동일하게 실험 결과를 과대평가하는 경향을 나타냈다.

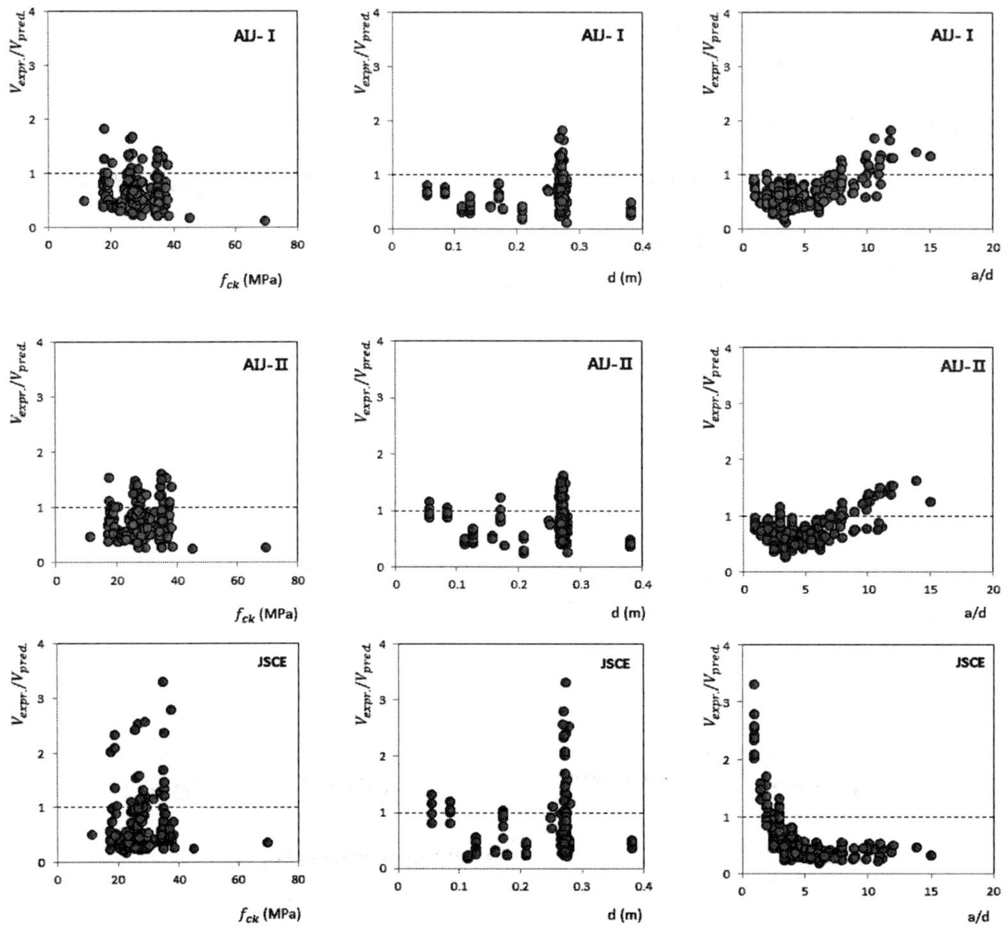

(a) 콘크리트 압축강도　　(b) 부재 유효깊이　　(c) 전단경간비

그림 6.22 **주요 변수 영향-집중하중을 받는 철근콘크리트 T형 보**

6.4 CSA A23.3-04

이 절에서는 2장 4절(2.4)에서 소개한 캐나다 구조설계기준인 CSA A23.3-04[1] 전단강도식의 예측 결과를 실험 결과와 비교하고자 한다. 철근콘크리트 보의 전단강도에 대한 CSA 전단강도식의 평가는 전단보강이 되지 않은 보와 전단보강이 된 보로 나누어 수행된다. CSA 전단강도식의 평가를 위하여 전단보강이 되지 않은 230개 보와 전단보강이 된 114개 보의 기존 실험 결과가 사용된다.

(1) 전단무보강 철근콘크리트 보의 전단강도 예측

이 절에서는 전단보강이 되지 않은 철근콘크리트 보의 실험 결과로 콘크리트학회 전단데이터베이스(KCI103DB1-2013)를 사용하였다. CSA A23.3-04에서 권고하는 전단설계법은 ACI 318-11[2]의 전단설계법과 유사하게 비교적 단순한 '단순설계법'과 상세한 '일반설계법'으로 구분된다. 단순법과 달리 일반법을 이용하여 보의 전단강도를 해석하기 위해서는 보에 대해 비교적 상세한 정보가 필요하다. 이러한 이유로 전단보강이 되지 않은 보의 경우 CSA 전단강도 단순설계법을 이용하여 실험 결과를 해석하였다. CSA 전단강도 일반설계법에 대한 검토는 전단보강된 보에 대한 평가인 다음 절에서 다루어진다.

이 절에서는 전단보강이 되지 않은 보의 전단강도에 대한 CSA 설계법의 예측 결과를 평가하기 위하여 콘크리트학회 전단 데이터베이스(KCI103DB1-2013)에서 총 230개의 집중하중을 받는 직사각형 보의 전단강도 실험 결과를 사용하였다. 콘크리트학회 전단 데이터베이스로부터 230개 실험 결과를 선별한 기준은 (1) CSA 전단강도 단순설계법의 제한조건에 적합한 60MPa 이하의 콘크리트 압축강도와 400MPa 이하의 주철근의 항복강도를 가지는 실험체, (2) 휨항복 이전에 전단파괴한 실험체, (3) 응력이 비교적 균일하게 작용하는 전단경간비 2.5 이상의 실험체로 하였다. 다음은 해석에 사용된 실험체의 상세를 나타낸 것이다.

- 콘크리트 압축강도 : 12.4~58.6MPa
- 인장철근 항복강도 : 283~400MPa
- 인장철근비 : 0.0076~0.0501

• 전단경간비 : 2.5~8.0

• 보의 유효깊이 : 84~2,000mm

그림 6.23은 CSA 전단강도 단순설계법을 이용하여 230개의 전단무보강 보 실험체를 해석한 결과를 나타낸 것이다. 여기서 최대 골재 직경은 모두 20mm로 가정하였다. 해석 결과, CSA 전단강도 단순설계법은 230개 전단무보강 실험체의 전단강도를 평균 1.58, 변동계수 18.7%로 예측하였다. 그림으로부터 CSA 전단강도 단순설계법은 거의 모든 실험체의 전단강도를 안전 측으로 예측하지만 최대 2.7배까지 실험 결과를 과소평가함을 알 수 있다. 특히 인장철근비가 높을수록, 전단경간비가 낮을수록 실험 결과를 과소평가하는 경향은 두드러졌다. 이는 상세한 일반설계법이 아닌 단순설계법으로 해석을 수행하였기 때문으로 판단되며, 일반설계법에 대한 검토는 다음 (2)절의 전단보강된 보에서 수행된다.

그림 6.24는 ACI 318-11 전단강도 단순설계법으로 해석한 결과이다. ACI 설계법은 230개 보 전단강도 실험 결과를 평균 1.52, 변동계수 22.4%로 예측하였다. 그림 6.24에서 보는 바와 같이 ACI 단순설계법은 CSA 단순설계법과 유사하게 대부분의 실험

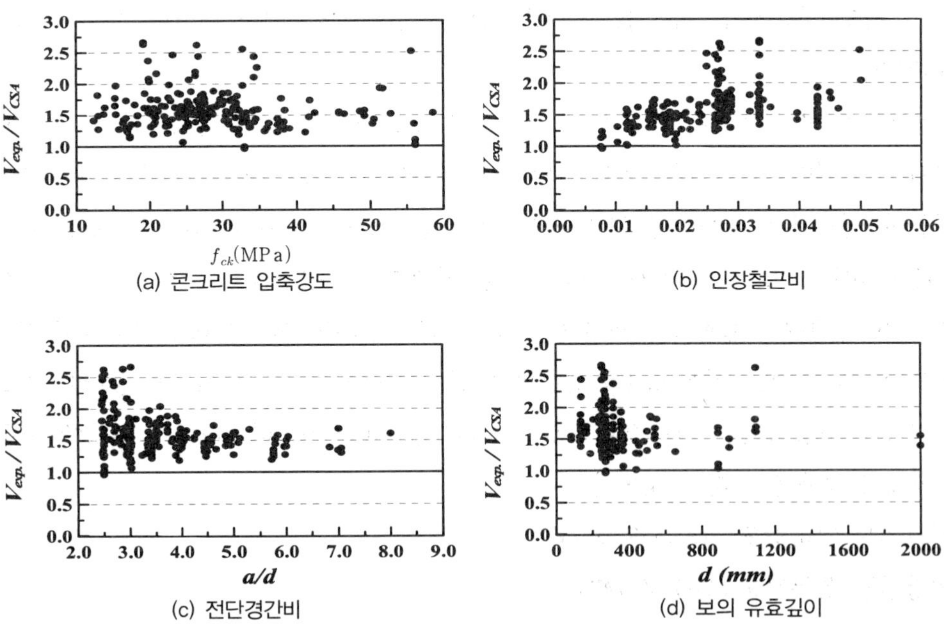

그림 6.23 **CSA A23.3-04 전단강도 단순설계법에 의한 전단무보강 실험체의 해석 결과 및 실험 결과 비교**

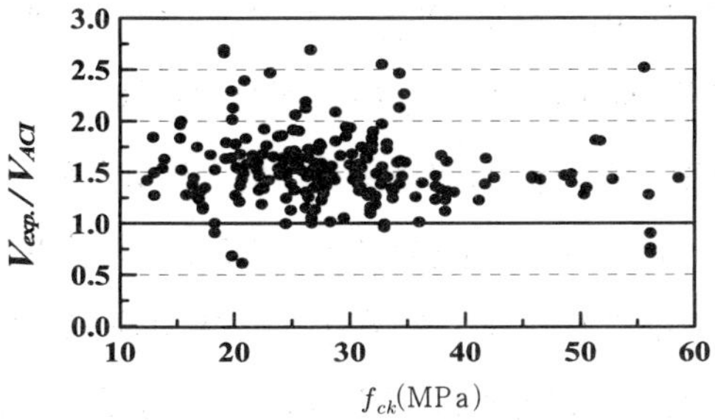

(a) 콘크리트 압축강도

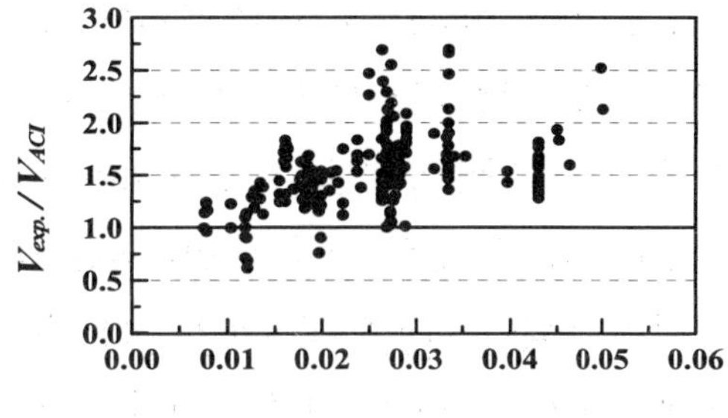

(b) 인장철근비

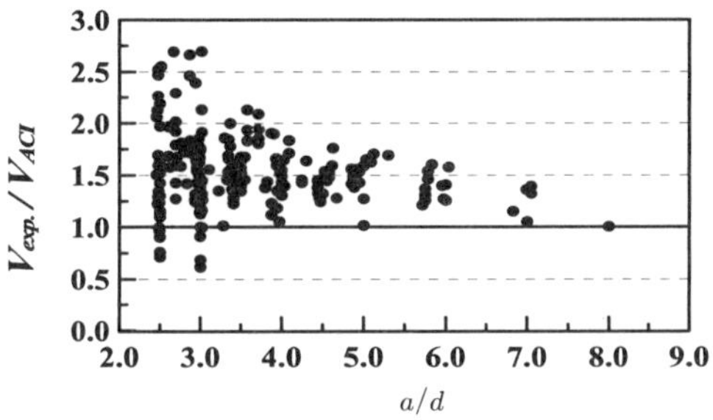

(c) 전단경간비

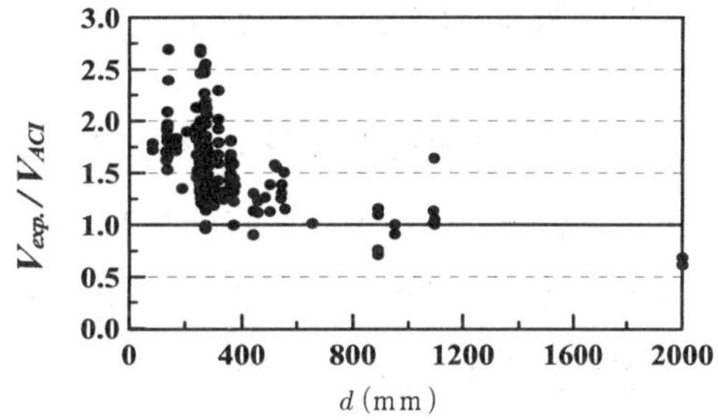

(d) 보의 유효깊이

그림 6.24 **ACI 318-11 전단강도 단순설계법에 의한 전단무보강 실험체의 해석 결과 및 실험 결과 비교**

결과를 안측으로 예측하였으며, 각 변수에 따른 예측 경향 또한 서로 유사함을 알 수 있다. 그렇지만 그림 6.2(d)에서 보는 바와 같이 ACI 전단강도식은 보의 유효깊이가 증가할수록 실험 결과를 과대평가하는 경향을 보였다. 이는 보의 유효깊이가 증가할수록 전단강도가 감소되는 전단강도 크기효과를 ACI 전단강도식에서 반영하고 있지 않기 때문이다. 반면에 CSA 전단강도 설계법은 식 (2.68)과 식 (2.70)에 있는 계수 β를 통하여 보의 전단강도 크기효과를 고려하고 있으며, 그림 6.73(d)에서 보는 바와 같이 보의 유효깊이가 크게 증가하더라도 실험 결과를 과대평가하지 않고 안전 측으로 예측하였다. 그렇지만 크기효과에 대한 CSA 전단강도식의 정확성에 대해서는 추후 많은 검토가 필요하리라 판단된다.

(2) 전단보강 철근콘크리트 보의 전단강도 예측

이 절에서는 전단보강된 철근콘크리트 보의 전단강도에 대한 CSA A23.3-04[1)] 전단강도 일반설계법의 예측 결과를 평가한다. CSA 전단강도 일반설계법의 평가를 위하여 총 114개의 전단강도 실험 결과[3-13)]가 사용되었다. 평가에 사용된 114개의 전단강도 실험 결과는 CSA 전단강도 일반설계법이 실험체의 배근 상세 등 비교적 많은 정보를 필요로 하는 이유로 콘크리트학회의 전단 데이터베이스를 대신하여 사용되었다. 해석에 사용된 실험체는 모두 보통강도 콘크리트를 사용한 집중하중을 받는 보이다. 단면 형태는 직사각형과 T형, 지점 형태는 단순보형, 역대칭 모멘트형 및 연속보형으로 구성된다. 114개 실험 결과는 휨파괴강도의 90% 이전에 전단파괴한 것으로, 전단위험 구간에 응력이 비교적 균일하게 작용하는 (1) 전단경간비 2.5 이상인 실험체나 (2) 휨모멘트가 0인 위치에 지점 반력이 존재하지 않는 실험체로 선별되었다. 다음은 수집된 보 실험체 상세를 나타낸 것이다.

- 콘크리트 압축강도 : 12.7 ~ 42.2MPa
- 인장철근 항복강도 : 304.0 ~ 931.4MPa
- 전단보강근 항복강도 : 268.7 ~ 1235.3MPa
- 인장철근비 : 0.0141 ~ 0.0476
- 전단보강근비 : 0.0014 ~ 0.0147
- 전단보강근의 각도 : 90도
- 전단경간비 : 2.0 ~ 7.2
- 보의 깊이 : 300 ~ 470mm
- 보의 유효깊이 : 235 ~ 390mm
- 지점 형태 : 단순보형, 역대칭 모멘트형, 연속보형
- 단면 형태 : 직사각형과 T형
- 가력 형태 : 집중하중

이 절에서 실험 결과에 대한 해석은 CSA A23.3-04 전단강도 일반설계법과 함께 ACI 318-11[2] 전단강도 상세설계법과 Response-2000[14] 프로그램이 사용되었다. 여기서 Response-2000은 CSA 전단강도 설계법의 이론적인 배경이 되는 MCFT[15,16]를 바탕으로 한 2차원 단면해석 프로그램이다. 표 6.11은 지점 형태와 단면 형태에 따른 CSA, ACI 전단강도식 및 Response-2000에 의한 전단강도 예측 결과를 나타낸 것이다.

표에서 보는 바와 같이 CSA 전단강도 일반설계법은 114개 실험 결과를 평균 1.17, 변동계수 23.8%로 예측하였다. 이는 ACI 전단강도 상세설계법에 비하여 실험 결과를 평균 17% 더 잘 예측한 결과이지만 변동계수 측면에서는 3.8% 증가하였다. CSA 전단설계법의 이론적인 배경이 되는 MCFT를 바탕으로 한 프로그램 Response-2000으로 해

석한 결과는 114개 전단강도 실험 결과를 평균 1.06, 변동계수 17.3%로 CSA와 ACI 전단강도식보다 정확한 예측 결과를 보였다. 지점 형태와 단면 형태에 따른 각 해석 모델별 해석 결과는 표 6.11에 나타낸 바와 같이 전체 예측 결과와 서로 유사한 경향을 보였다.

표 6.11 **114개 전단강도 실험 결과에 대한 해석 결과 비교**

지점 형태	단면 형태	실험체 개수	실험 결과/해석 결과			
				ACI 318-11	Response-2000	CSA A23.3-04
단순보형	직사각형	29	평균	1.31	1.02	1.19
			변동계수	0.141	0.152	0.146
	T형	35	평균	1.58	1.23	1.41
			변동계수	0.156	0.133	0.185
	소계	64	평균	1.46	1.13	1.31
			변동계수	0.177	0.167	0.191
역대칭 모멘트형	직사각형	30	평균	1.26	1.02	1.00
			변동계수	0.112	0.098	0.207
	T형	8	평균	1.32	1.05	1.20
			변동계수	0.179	0.166	0.161
	소계	38	평균	1.27	1.03	1.04
			변동계수	0.129	0.114	0.210
연속보형	직사각형	12	평균	0.96	0.83	0.87
			변동계수	0.117	0.098	0.113
총계		114	평균	1.34	1.06	1.17
			변동계수	0.200	0.173	

그림 6.25~6.27은 각 실험변수에 따른 114개 전단강도 실험 결과와 해석 결과의 비를 나타낸 것이다. 그림 6.25와 같이 수집된 실험 결과 범위 내에서 CSA 전단강도 일반해석법에 의한 예측 결과는 그림 6.26의 ACI 전단강도 상세설계법과 매우 유사한 경향을 나타냈다. CSA와 ACI 전단강도식에 의한 해석 결과는 콘크리트 압축강도, 인장철근비 및 철근의 항복강도에 큰 영향을 받지 않았다. 반면에 그림 6.25(d)와 그림 6.26(d)에서와 같이 인장철근비에 대한 전단보강근비의 보강량(ρf_y)인 η에 대해서는 약 0.15보다 감소할 경우, 즉 전단보강근이 인장철근보다 상대적으로 매우 적게 보강

된 경우에는 실험 결과를 각각 1.9배와 2.2배 과소평가하는 경향을 보였다. 특히 CSA 설계법의 경우 η가 크게 증가할 경우 실험 결과를 최대 36% 과대평가할 수 있음을 그림 6.25(d)로부터 확인할 수 있다.

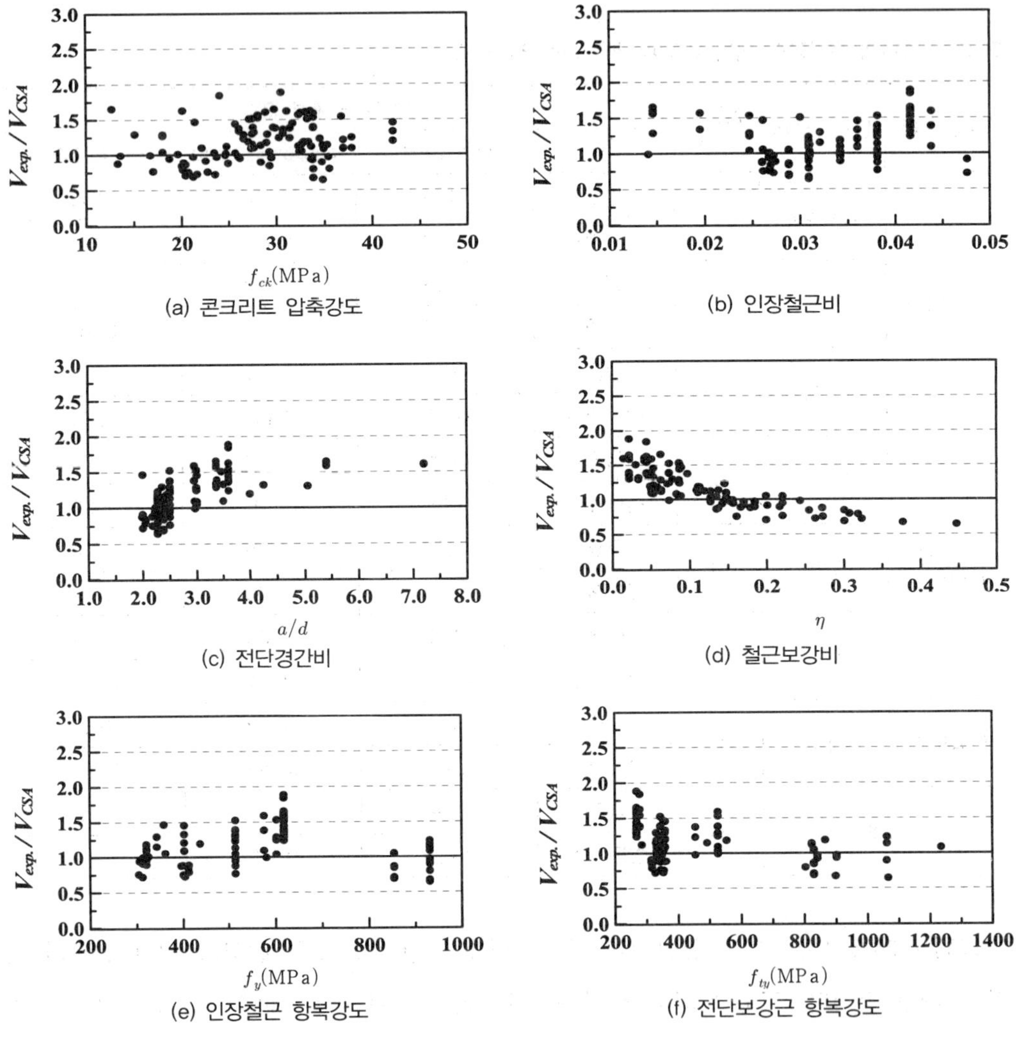

그림 6.25 CSA A23.3-04 전단강도 일반설계법에 의한 전단보강 실험체의 해석 결과 및 실험 결과 비교

CSA 설계법의 바탕인 MCFT를 기반으로 한 Response-2000 프로그램의 해석 결과는 그림 6.27에서와 같이 CSA 전단강도 일반설계법과 예측 결과의 형상은 유사하지만, 분산의 정도가 적어 실험 결과에 더욱 일치하는 분포를 보였다. 특히 그림 6.27(d)와 같이 η가 낮을수록 실험 결과를 과소평가하는 경향이 CSA 설계법과 유사한 반면, η가 증가할수록 실험 결과를 과대평가하지 않고 비교적 잘 예측함을 확인할 수 있다.

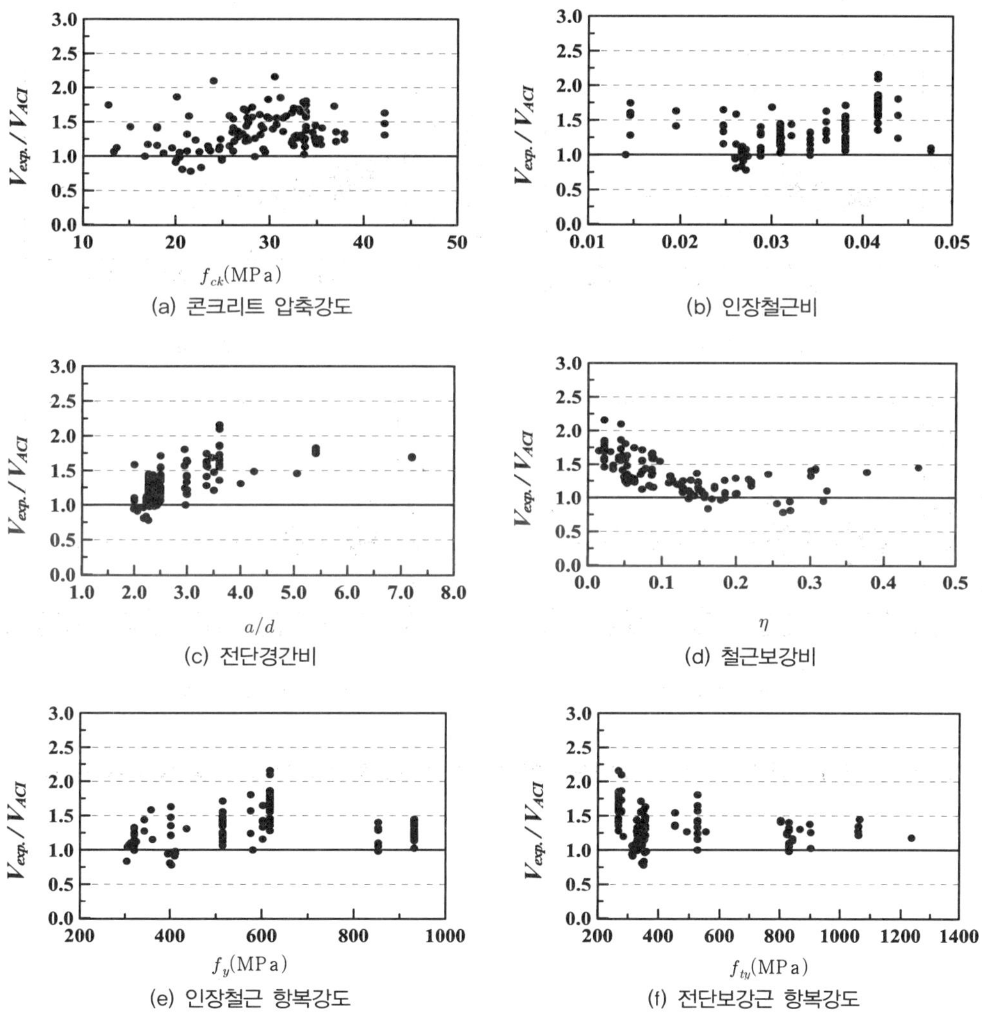

그림 6.26 **ACI 318-11 전단강도 상세설계법에 의한 전단보강 실험체의 해석 결과 및 실험 결과 비교**

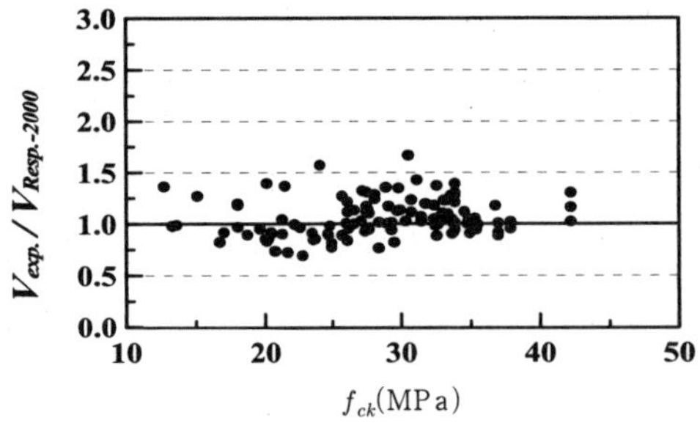

(a) 콘크리트 압축강도

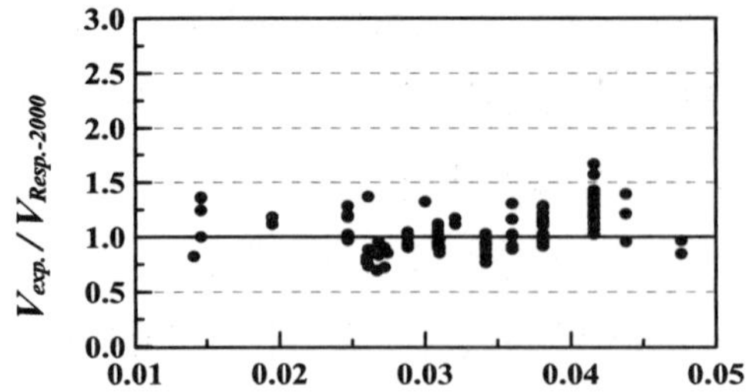

(b) 인장철근비

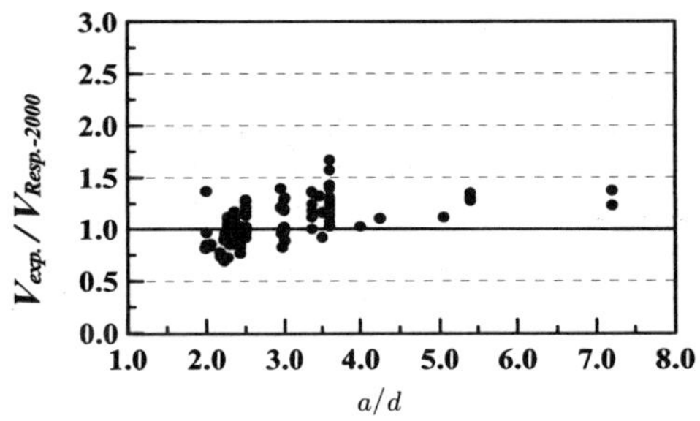

(c) 전단경간비

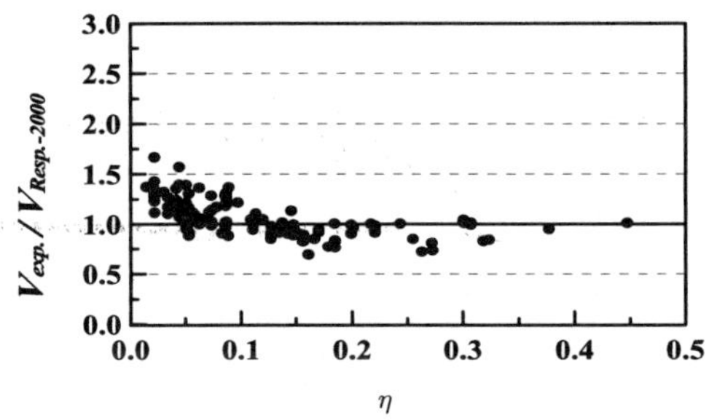

(d) 철근보강비

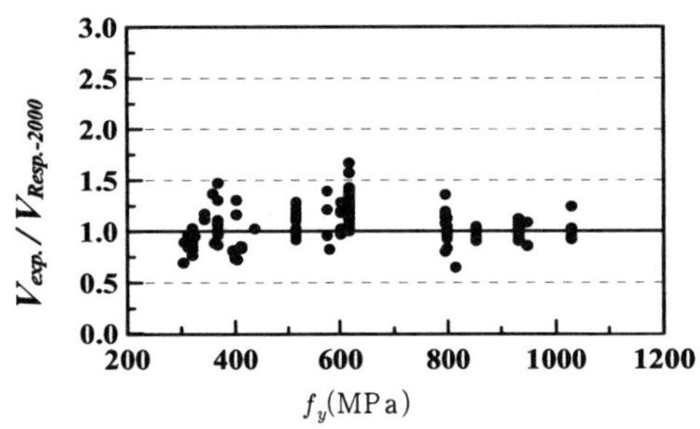

(e) 인장철근 항복강도

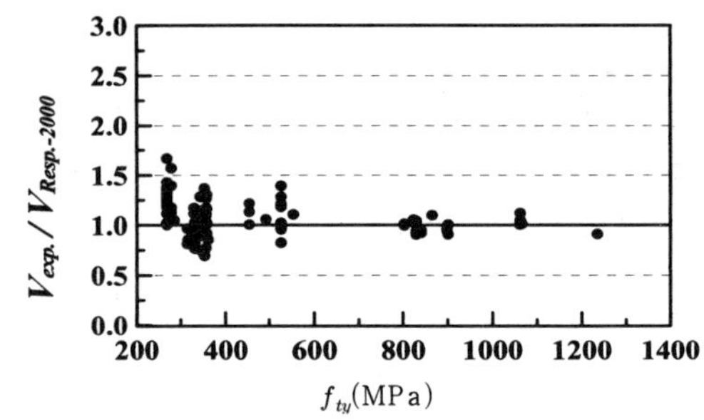

(f) 전단보강근 항복강도

그림 6.27 **프로그램 Response-2000에 의한 전단보강 실험체의 해석 결과 및 실험 결과 비교**

6.5 CEB-FIP Model Code 2010

본 절에서는 한국콘크리트학회 전단 실험 데이터베이스(KCI 103DB-2013)에 수집된 실험체들을 대상으로 CEB-FIP Model Code 2010(이하 MC10)으로부터 예측되는 전단강도와 실험에서 측정된 전단강도를 비교 및 검토하였다. KCI 103DB-2013 중 본 절에서 사용된 실험체 그룹은 다음과 같다. 단, KCI 103DB-2013 중 '(4) 프리스트레스 철근콘크리트 보'의 경우, 제시된 실험체에 대한 정보가 제한적이고 실험체의 수가 적어 본 절에서의 비교에서는 제외하였다.

(1) KCI 103DB1-2013 : 집중하중을 받는 전단무보강 철근콘크리트 보
(2) KCI 103DB2-2013 : 집중하중을 받는 전단보강 철근콘크리트 보
(3) KCI 103DB3-2013 : 분포하중을 받는 철근콘크리트 보
(5) KCI 103DB5-2013 : 집중하중을 받는 철근콘크리트 T형 보

MC10에 제시된 전단강도 모델에서 전단무보강 철근콘크리트 보에 대해서는 Level I~II, 전단보강 철근콘크리트 보에 대해서는 Level I~III 등 총 다섯 가지 방법이 제안되어 있다. 본 절에서는 전단무보강 및 전단보강 철근콘크리트 보에 대해 MC10에 제시된 다섯 가지 중 적용 가능한 전단강도 모델들을 모두 이용하여 데이터베이스와 비교하였다. MC10에 제시된 전단강도 모델 적용 시 가정된 조건들은 다음과 같다.

■ 재료강도 감소계수

MC10에 제시된 전단강도 모델들을 이용하여 각 실험체들의 전단강도 산정 시 MC10에 제시되어 있는 콘크리트와 철근에 대한 재료강도 감소계수는 고려하지 않았다.

■ 전단경간비(a_v/d)에 따른 아치작용

MC10에서는 식 (2.74)에서 제시된 바와 같이 전단경간비(a_v/d)에 따라 설계 전단력을 감소시킬 수 있다. 이는 전단경간비가 낮을 경우 아치작용이 지배적이게 되는 것을 고려하기 위함이다. 이때, 설계 전단력 감소계수 $\beta = a_v/2d$는 0.5~1.0 사이의 값이다. 따라서 본 절에서는 이를 고려하기 위해 전단강도 모델로부터 산정된 전단강도를

β로 나누어줌으로써 아치작용에 의해 증가되는 전단강도를 고려하였다.

■ 설계 전단력(V_{Ed})

전단무보강 철근콘크리트 보의 Level II, 전단보강 철근콘크리트 보의 Level II 및 III에서는 단면 중앙에서의 종방향 변형률(ε_x) 산정 시 설계 전단력(V_{Ed})이 필요하게 된다. 하지만 데이터베이스에 수록된 실험체들의 경우 설계 전단력이 명확하지 않다. 이 경우, 실제 실험 결과인 전단강도에 대한 정보 없이 시험체들의 전단강도를 예측한 후 실험 결과와 비교하는 것이 보다 바람직하다. 따라서 본 절에서는 전단강도 모델로부터 예측되는 전단강도가 설계 전단력과 동일시되도록 반복계산과정을 수행하여 실험체들의 전단강도를 산정하였다.

■ 최대 굵은 골재 치수

최대 굵은 골재 치수의 경우 데이터베이스에 명확히 나타나 있지 않다. 따라서 본 절에서는 최대 굵은 골재 치수에 대해 콘크리트 압축강도가 70MPa 이상인 경우 0으로, 70MPa 미만인 경우 16mm로 일괄 적용하였다.

■ 전단보강 유무 판단기준

전단보강 유무에 따른 분류는 식 (2.81)에 제시되어 있는 최소 전단철근비를 기준으로 하였다. 즉 제시된 최소 전단철근비보다 적은 전단철근이 배근된 부재에 대해서는 전단무보강 철근콘크리트 보 전단설계기준을 적용하였다. 다만 집중하중을 받는 철근콘크리트 T형 보(KCI103DB5-2013)의 경우 전단철근비가 명확히 제시되어 있지 않아, 전단철근이 없는 경우에는 전단무보강 철근콘크리트 보 전단설계기준을, 전단철근이 배근된 경우에는 전단보강 철근콘크리트 보 전단설계기준을 각각 적용하였다.

(1) KCI 103DB1-2013 : 집중하중을 받는 전단무보강 철근콘크리트 보

KCI 103DB1-2013에 수록된 집중하중을 받는 전단무보강 철근콘크리트 보 942개에 대해 MC10에 제시된 Level I과 Level II의 전단강도 모델들을 사용하여 전단강도를 산정하였다. Level I에서 제시된 간편식에 대한 적용한계가 MC10에 명시되어 있지만, 본 절에서는 이와 관계없이 모든 실험체들에 대해 비교 및 분석하였다.

그림 6.28과 표 6.12는 실험체들의 실제 전단강도와 모델들에 의해 예측된 전단강도를 비교한 것이다. 그림에서 보는 바와 같이 일부 실험체들을 제외한 대부분의 실험체들에 대해 콘크리트에 의한 전단강도를 보수적으로 평가하는 것으로 나타났다. 다만 Level I에서는 전단강도에 대한 실험 결과/모델의 비에 대해 평균 2.21, 변동계수 0.46인 반면, Level II에서는 평균 1.43, 변동계수 0.30으로 나타났다. 즉, Level II를 이용할 경우 계산과정이 다소 복잡해지는 반면에 보다 경제적인 설계가 가능한 것으로 판단할 수 있다.

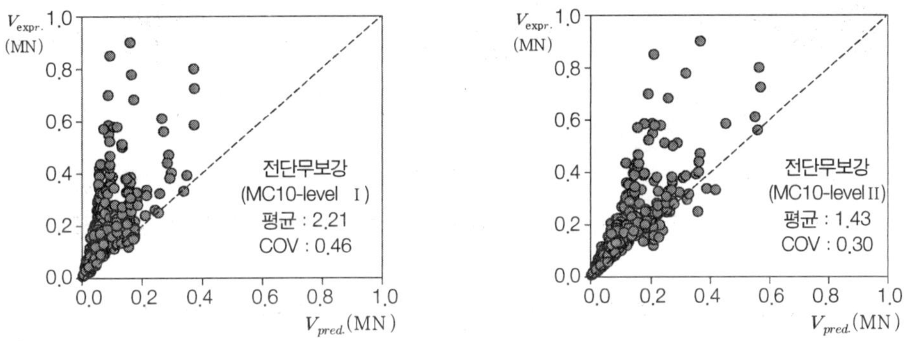

그림 6.28 **실험 결과 및 MC10과의 비교(집중하중을 받는 전단무보강 철근콘크리트 보)**

표 6.12 **실험 결과와 MC10의 전단강도 비교(집중하중을 받는 전단무보강 철근콘크리트 보)**

강도 모델	적용 범위	사용 DB	실험 데이터	강도 추정 결과(V_{test}/V_{pred})
Level I	전체	KCI 103DB1-2013	942개	평균 : 2.21, 변동계수 : 0.46
Level II	전체			평균 : 1.43, 변동계수 : 0.30

그림 6.29는 콘크리트 압축강도, 부재 유효깊이, 전단경간비 등 주요 변수의 변화에 따른 전단강도 예측 결과를 Level I 및 Level II에 대해 비교한 것이다. 그림에서 보는 바와 같이 콘크리트 압축강도에 대해 특정 구간보다는 전체적으로 Level II가 실험 결과에 보다 근접한 전단강도를 예측하는 것으로 나타났다. 또한 부재 유효깊이가 0.5m 이하인 실험체에 대해 Level I보다 Level II에서 예측 결과가 개선되기는 하지만 여전히 전단강도를 보수적으로 평가하는 것으로 나타났다. 한편, 전단경간비가 작은 실험체에 대해 식 (2.74)를 통한 보정과정이 있으나, Level I 및 II 모두 아치작용에 따른 효과를 보수적으로 평가하는 것으로 나타났다.

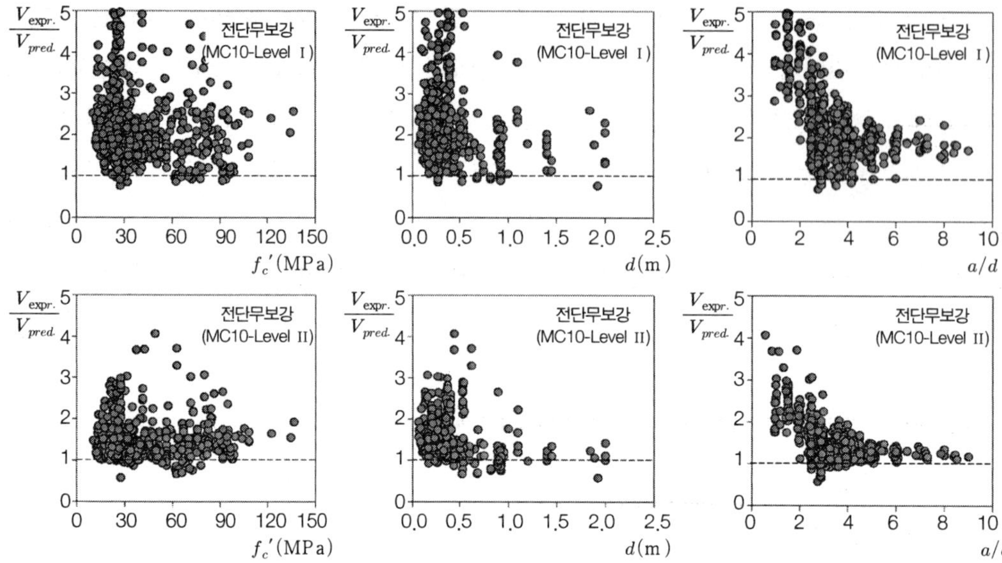

(a) 콘크리트 압축강도　　(b) 부재 유효깊이　　(c) 전단경간비

그림 6.29 **주요 변수의 변화에 따른 전단강도 비교 결과(집중하중을 받는 전단무보강 철근콘크리트 보)**

(2) KCI 103DB2-2013 : 집중하중을 받는 전단보강 철근콘크리트 보

KCI 103DB2-2013에 수록된 집중하중을 받는 전단보강 철근콘크리트 보 510개에 대해 MC10에 제시된 Level I~III의 전단강도 모델들을 사용하여 전단강도를 산정하였다. 그림 6.30, 표 6.13과 같이 전단보강 철근콘크리트 보의 전단강도에 대해 보수적으로 평가하는 경향이 있으며, 세 가지 전단강도 모델 중 Level I이 가장 보수적인 것으로 나타났다. 다만 전단무보강 철근콘크리트 보에 비해 전체적으로 보다 실험 결과에 근접하게 전단강도 모델이 예측하는 것으로 나타났다. 또한 전단무보강 철근콘크리트 보에 대한 전단강도 모델과 마찬가지로 Level III을 이용할 경우 계산과정이 다소 복

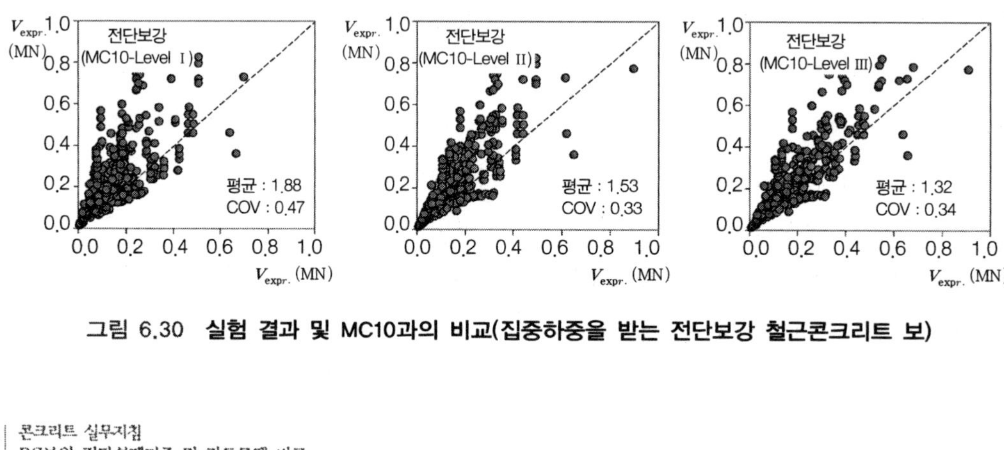

그림 6.30 **실험 결과 및 MC10과의 비교(집중하중을 받는 전단보강 철근콘크리트 보)**

잡해지는 반면, 보다 경제적인 설계가 가능한 것으로 판단할 수 있다. 즉, Level III에서 전단강도에서의 콘크리트의 기여도 및 전단철근의 기여도 산정에 주요한 주압축대의 기울기를 보다 합리적으로 예측하는 것으로 판단된다.

표 6.13 **실험 결과와 MC10의 전단강도 비교(집중하중을 받는 전단보강 철근콘크리트 보)**

강도 모델	적용 범위	사용 DB	실험 데이터	강도 추정 결과(V_{test}/V_{pred})
Level I	전체	KCI 103DB2-2013	510개	평균 : 1.88, 변동계수 : 0.47
Level II	전체			평균 : 1.53, 변동계수 : 0.33
Level III	전체			평균 : 1.32, 변동계수 : 0.34

그림 6.31은 콘크리트 압축강도, 부재 유효깊이, 전단경간비, 그리고 전단철근비 등 주요 변수의 변화에 따른 전단강도 예측 결과를 Level I~III에 대해 비교한 것이다. 그림에서 보는 바와 같이 콘크리트 압축강도가 70MPa보다 작은 경우, 유효깊이가 0.5m 이하인 경우, 전단경간비가 2 이하인 경우에 대해 Level I과 Level III이 예측하는 전단강도의 차이가 보다 큰 것으로 나타났고, 특정 구간보다는 전체적으로 Level II가 실험 결과에 보다 근접한 전단강도를 예측하는 것으로 나타났다. 또한 전단철근비가 낮을수록 Level I보다는 Level III이 전단강도를 보다 합리적으로 평가하는 것으로 나타났다. 이는 전단철근비가 낮은 부재에서 상대적으로 콘크리트의 기여도가 증가하며 Level III에서만 콘크리트의 기여도를 고려하기 때문인 것으로 판단된다.

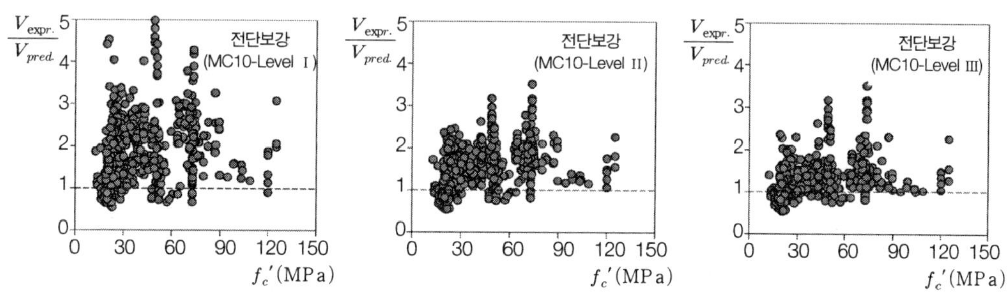

(a) 콘크리트 압축강도

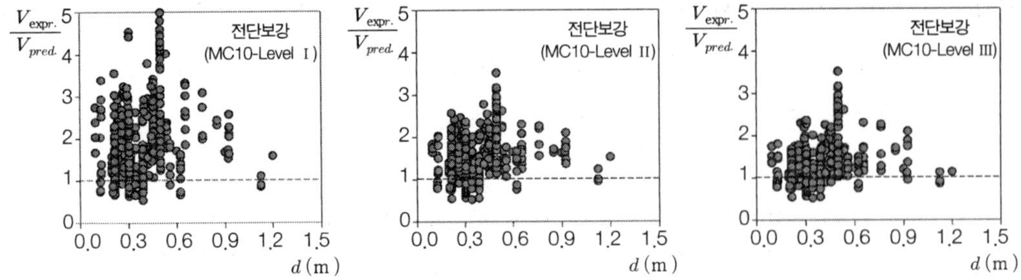

(b) 부재 유효깊이

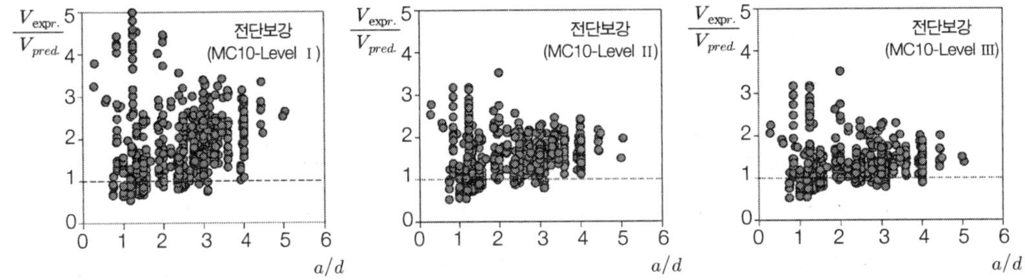

(c) 전단경간비

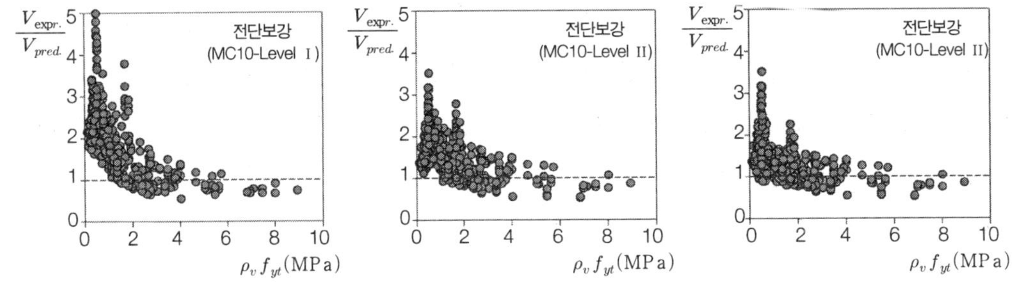

(d) 전단철근비

그림 6.31 **주요 변수 영향(집중하중을 받는 전단보강 철근콘크리트 보)**

(3) KCI 103DB3-2013 : 분포하중을 받는 철근콘크리트 보

KCI 103DB3-2013에 수록된 분포하중을 받는 철근콘크리트 보 119개에 대해 MC10에 제시된 전단강도 모델들을 사용하여 전단강도를 산정하였다. 데이터베이스에 수록된 119개 실험체 중 전단무보강인 96개의 부재에 대해서는 전단무보강 철근콘크리트 보에 대한 전단강도 모델 Level I 및 Level II를, 전단보강된 23개의 부재에 대해서는 전단보강 철근콘크리트 보에 대한 전단강도 모델 Level I~III을 사용하였다.

그림 6.32와 표 6.14에서 보는 바와 같이 앞의 집중하중을 받는 철근콘크리트 보와

마찬가지로 Level I이 가장 보수적으로 전단강도를 평가하는 것으로 나타났다. 다만 집중하중을 받는 철근콘크리트 보의 경우보다 분포하중을 받는 철근콘크리트 보에 대해 더욱 보수적으로 평가하는 것으로 나타났으며, 특히 분포하중을 받는 전단보강 철근콘크리트 보에 대해 보수적인 정도가 더욱 심한 것으로 나타났다.

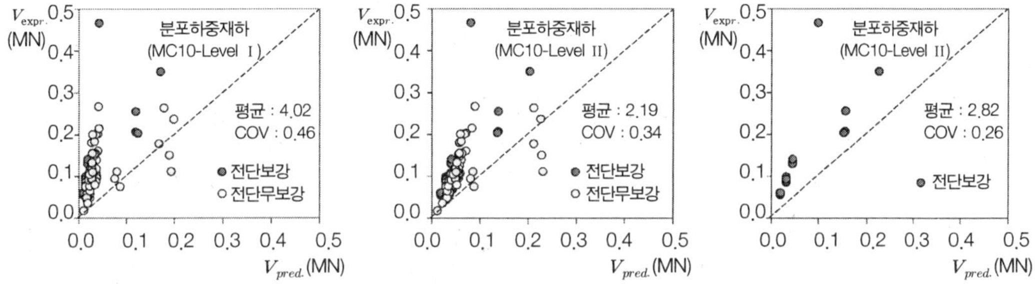

그림 6.32 **실험 결과 및 MC10과의 비교(분포하중을 받는 철근콘크리트 보)**

표 6.14 **실험 결과와 MC10의 전단강도 비교(분포하중을 받는 철근콘크리트 보)**

강도 모델	적용 범위	사용 DB	실험 데이터	강도 추정 결과(V_{test}/V_{pred})
Level I	$\rho_v = 0$	KCI 103DB3-2013	96개	평균 : 3.51, 변동계수 : 0.39
	$\rho_v > 0$		23개	평균 : 6.12, 변동계수 : 0.36
	전체		119개	평균 : 4.02, 변동계수 : 0.46
Level II	$\rho_v = 0$		96개	평균 : 1.99, 변동계수 : 0.28
	$\rho_v > 0$		23개	평균 : 3.02, 변동계수 : 0.28
	전체		119개	평균 : 2.19, 변동계수 : 0.34
Level III	$\rho_v > 0$		23개	평균 : 2.82, 변동계수 : 0.26

그림 6.33은 콘크리트 압축강도, 부재 유효깊이, 전단경간비, 그리고 전단철근비 등 주요 변수의 변화에 따른 전단강도 예측 결과를 Level I~III에 대해 비교한 것이다. 주요 변수의 영향에 대한 전반적인 경향은 집중하중을 받는 철근콘크리트 보와 유사하게 나타났다.

(4) KCI 103DB4-2013 : 프리스트레스 철근콘크리트 보

제시된 시험체에 대한 정보가 제한적이고 실험체의 수가 적어 본 절에서는 생략한다.

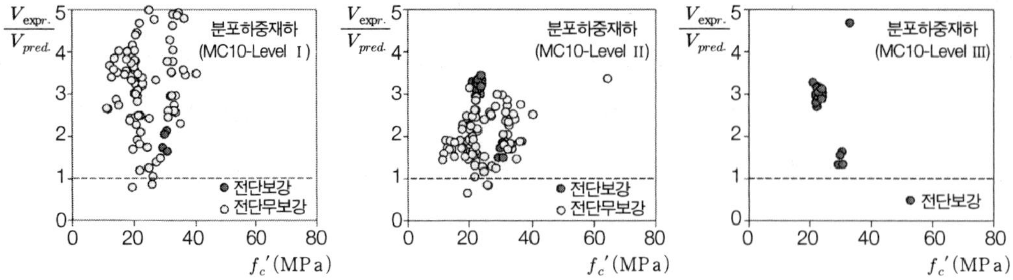

(a) 콘크리트 압축강도

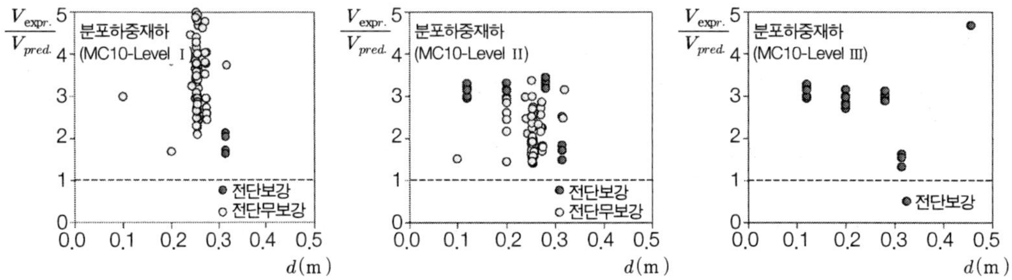

(b) 부재 유효깊이

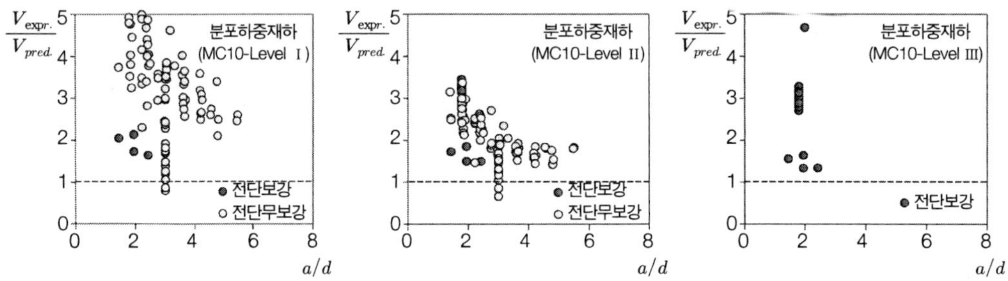

(c) 전단경간비

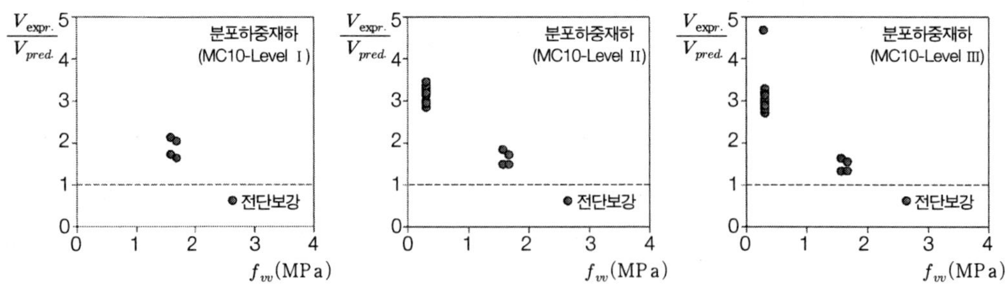

(d) 전단철근비

그림 6.33 주요 변수 영향(분포하중을 받는 철근콘크리트 보)

(5) KCI 103DB5-2013 : 집중하중을 받는 철근콘크리트 T형 보

KCI 103DB5-2013에 수록된 집중하중을 받는 철근콘크리트 T형 보 305개에 대해 MC10에 제시된 전단강도 모델들을 사용하여 전단강도를 산정하였다. 데이터베이스에 수록된 305개 실험체 중 전단무보강 철근콘크리트 보가 243개, 전단보강 철근콘크리트 보가 62개이며, '(3) 분포하중을 받는 철근콘크리트 보'에서와 마찬가지로 전단보강 유무에 따라 각각의 전단강도 모델들을 적용하였다.

그림 6.34, 표 6.15와 같이 전단보강 유무와 관계없이 Level I이 가장 보수적으로 전단강도를 평가하는 것으로 나타났다. 또한 전단보강 철근콘크리트 T형 보보다 전단무보강 철근콘크리트 T형 보에 대해 보다 보수적으로 평가하는 것으로 나타났으며, 실험 결과/모델의 비에 대한 변동계수 또한 더 큰 것으로 나타났다.

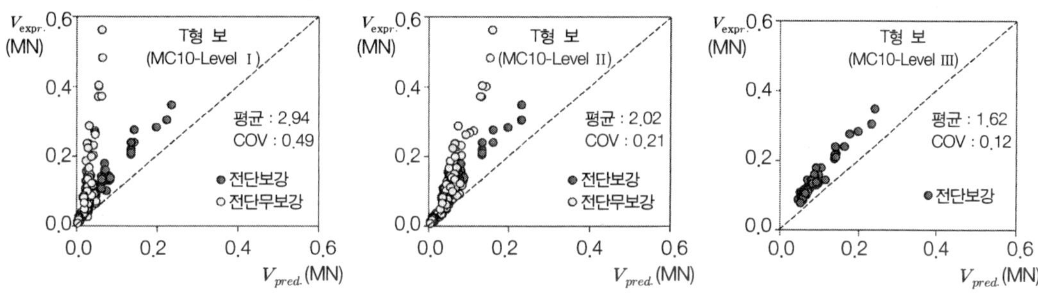

그림 6.34 **실험 결과 및 MC10과의 비교(집중하중을 받는 철근콘크리트 T형 보)**

표 6.15 **실험 결과와 MC10의 전단강도 비교(집중하중을 받는 철근콘크리트 T형 보)**

강도 모델	적용 범위	사용 DB	실험 데이터	강도 추정 결과(V_{test}/V_{pred})
Level I	$\rho_v=0$	KCI103DB5-2013	243개	평균 : 3.12, 변동계수 : 0.49
	$\rho_v>0$		62개	평균 : 2.23, 변동계수 : 0.30
	전체		305개	평균 : 2.94, 변동계수 : 0.49
Level II	$\rho_v=0$		243개	평균 : 1.69, 변동계수 : 0.34
	$\rho_v>0$		62개	평균 : 2.02, 변동계수 : 0.21
	전체		305개	평균 : 1.76, 변동계수 : 0.32
Level III	$\rho_v>0$		62개	평균 : 1.62, 변동계수 : 0.12

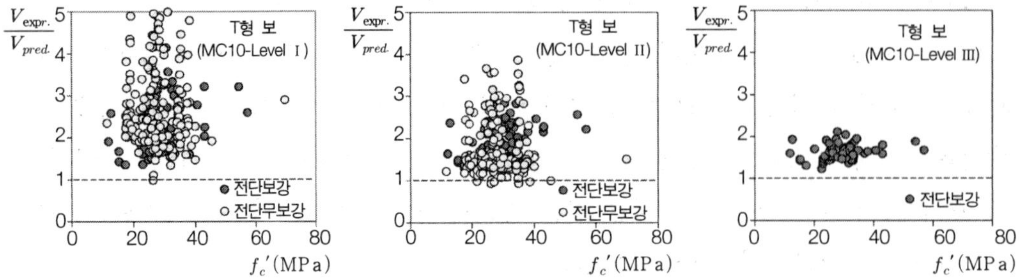

(a) 콘크리트 압축강도

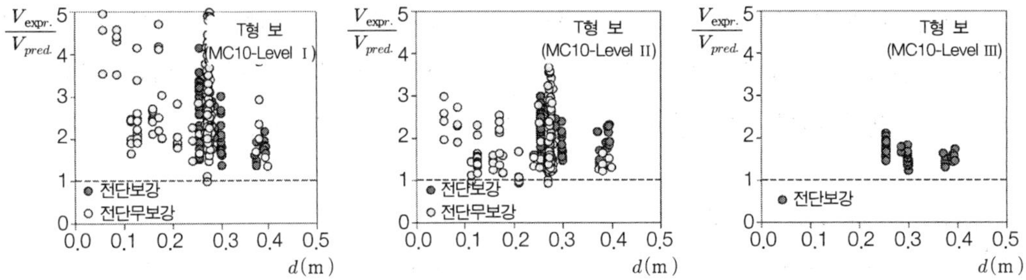

(b) 부재 유효깊이

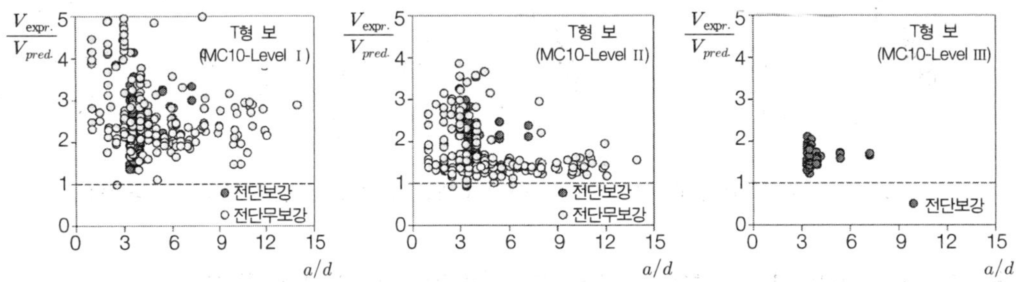

(c) 전단경간비

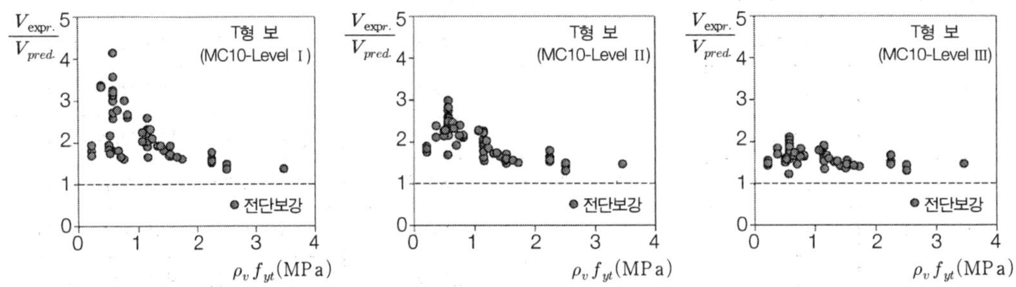

(d) 전단철근비

그림 6.35 **주요 변수 영향(집중하중을 받는 철근콘크리트 T형 보)**

그림 6.35는 콘크리트 압축강도, 부재 유효깊이, 전단경간비, 그리고 전단철근비 등 주요 변수의 변화에 따른 전단강도 예측 결과를 서로 비교한 것이다. 그림에서 보는 바와 같이 콘크리트 압축강도, 부재 유효깊이, 전단경간비에 대해 특정 구간보다는 전체적으로 Level II 및 Level III이 실험 결과에 보다 근접한 전단강도를 예측하는 것으로 나타났다. 또한 전단보강 철근콘크리트 T형 보에 대해, 전단철근비가 낮을수록 Level I보다는 Level III이 전단강도를 보다 합리적으로 평가하는 것으로 나타났다. 이는 Level III에서만 콘크리트의 기여도를 고려하기 때문인 것으로 판단된다. 즉, 전단철근비가 낮을수록 콘크리트의 기여도가 증가하며, 이에 따라 전단철근비가 낮은 실험체에 대해 Level III이 보다 합리적으로 평가하는 것으로 판단된다.

6.6 AASHTO LRFD

이 절에서는 2장 6절(2.6)에서 소개한 AASHTO LRFD 전단강도식을 사용하여 한국콘크리트학회의 전단 데이터베이스(KCI103DB)에 수록된 실험체의 전단강도를 추정하였으며, 추정 결과를 주요 설계변수에 따른 실험 결과와 비교·분석하였다. 표 6.16은 평가에 사용된 실험 데이터, 적용 범위, 그리고 강도 추정 결과를 정리한 것이다.

표 6.16 **강도평가에 사용된 데이터베이스(KCI 103DB) 및 적용 범위**

구분	사용 DB	적용 범위	실험 데이터	강도 추정 결과 ($V_{expr.}/V_{pred.}$)
집중하중을 받는 전단무보강 철근콘크리트 보	KCI 103DB1-2013	$2.0 \le a/d \le 8.0$ $12.4 \le f_{ck} \le 136.6$	737개	평균 : 1.40 변동계수 : 0.261
집중하중을 받는 전단보강 철근콘크리트 보	KCI 103DB2-2013	$2.0 \le a/d \le 4.5$ $16.1 \le f_{ck} \le 125.3$	219개	평균 : 1.05 변동계수 : 0.243
분포하중을 받는 철근콘크리트 보	KCI 103DB3-2013	$2.4 \le a/d \le 4.8$ $14.3 \le f_{ck} \le 36.8$	40개	평균 : 1.99 변동계수 : 0.357
프리스트레스트 콘크리트 보	KCI 103DB4-2013	$2.8 \le a/d \le 6.7$ $16.8 \le f_{ck} \le 55.1$	37개	평균 : 1.68 변동계수 : 0.121
집중하중을 받는 철근콘크리트 T형 보	KCI 103DB5-2013	$2.0 \le a/d \le 15.1$ $11.5 \le f_{ck} \le 69.8$	207개	평균 : 1.71 변동계수 : 0.320

(1) 집중하중을 받는 전단무보강 철근콘크리트 보

KCI 103DB1-2013에는 집중하중을 받는 942개의 전단무보강 철근콘크리트 보가 있지만, 여기서는 그중 휨 항복이 선행된 실험체, 실험체에 대한 정보가 제한적인 실험체, 그리고 스트럿-타이 모델 방법에 따라 설계되어야 하는 전단경간비가 $a/d \leq 2.0$ 이하인 실험체 등을 제외한 737개 실험체의 강도를 추정하였다.

AASHTO LRFD 기준에 근거한 실험강도/추정강도비 $V_{expr.}/V_{pred.}$의 평균과 변동계수는 각각 1.40과 0.261로 나타났다. 그림 6.36은 추정강도를 실험강도와 비교하여 그래프로 표현한 것으로, 실험강도의 크기가 커질수록 실험강도보다 과대평가하는 경우가 빈번하게 발생하는 것을 확인할 수 있다.

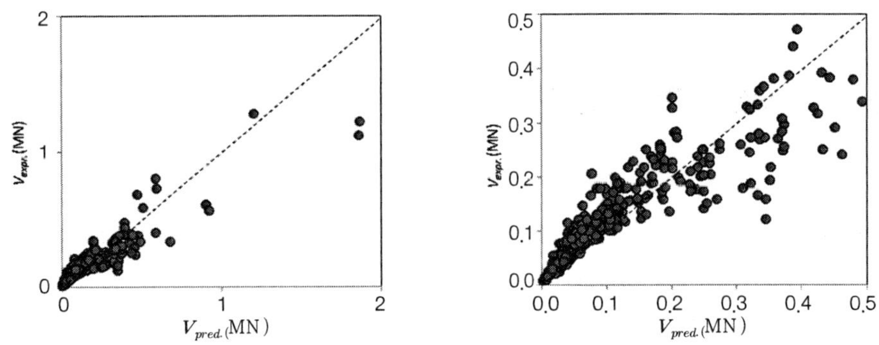

그림 6.36 **집중하중을 받는 전단무보강 철근콘크리트 보의 실험강도와 추정강도 비교**

그림 6.37은 주요 설계변수에 따른 실험강도/추정강도비의 변화를 나타낸 것이다. 그림 6.37(b)는 주철근비(ρ_t)에 따른 강도비의 변화를 나타낸 것으로, $\rho_t \leq 0.02$인 영역에서 추정강도가 실험강도보다 큰 실험체가 다수 발생하였다. 이는 AASHTO LRFD의 전단강도 모델을 이용하여 주철근이 충분히 배근되지 않은 보의 전단설계를 수행할 경우 위험한 설계 결과를 초래할 수 있음을 의미한다.

그림 6.37(c)는 전단경간비(a/d)에 따른 실험강도/추정강도비의 변화를 나타낸 것으로, 전단경간비가 낮을수록 강도비의 편차가 커지는 것을 알 수 있다. 또한 그림 6.37(d)는 보의 유효깊이(d)에 따른 실험강도/추정강도비의 변화를 나타낸 것으로, 보의 유효깊이가 커질수록 보의 강도를 과대평가하는 경향을 보여주고 있다. 이는 AASHTO LRFD의 전단강도 모델이 전단경간비 및 크기효과를 적절하게 고려하지 못하

고 있기 때문인 것으로 판단되며, 전단경간비 및 크기효과를 고려할 수 있는 방법에 대한 추가적인 검토가 필요할 것으로 보인다.

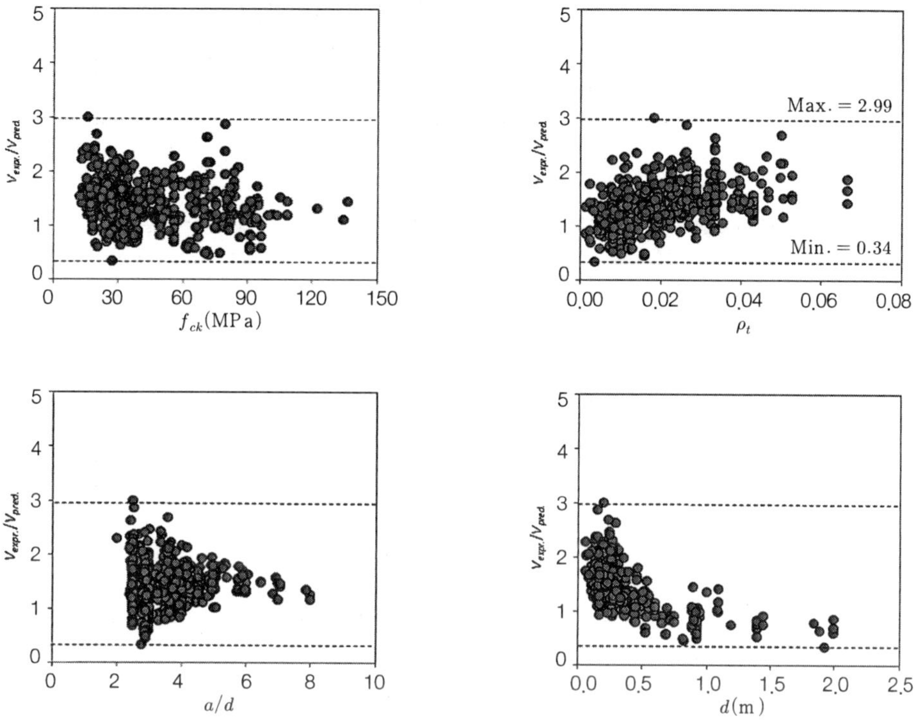

그림 6.37 주요 변수 영향-집중하중을 받는 전단무보강 철근콘크리트 보

(2) 집중하중을 받는 전단보강 철근콘크리트 보

KCI 103DB2-2013에는 집중하중을 받는 전단보강 철근콘크리트 보 510개에 대한 실험 데이터가 있지만, 여기서는 그중 휨 항복이 선행된 실험체, 실험체에 대한 정보가 제한적인 실험체, 그리고 스트럿-타이 모델 방법에 따라 설계되어야 하는 전단경간비가 $a/d \le 2.0$ 실험체 등을 제외한 219개 실험체의 강도를 추정하였다.

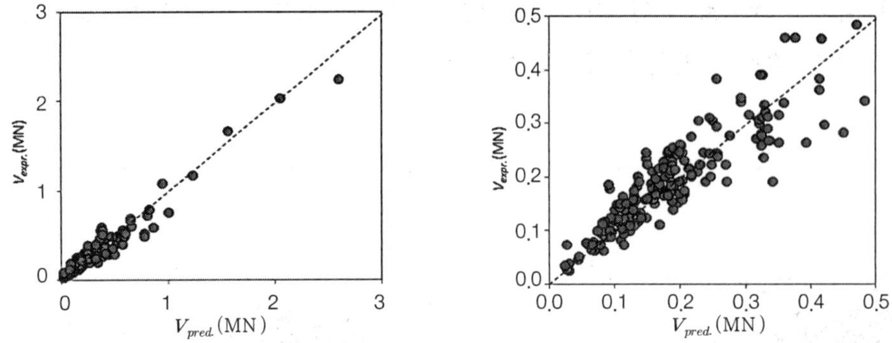

그림 6.38 **집중하중을 받는 전단보강 철근콘크리트 보의 실험강도와 추정강도 비교**

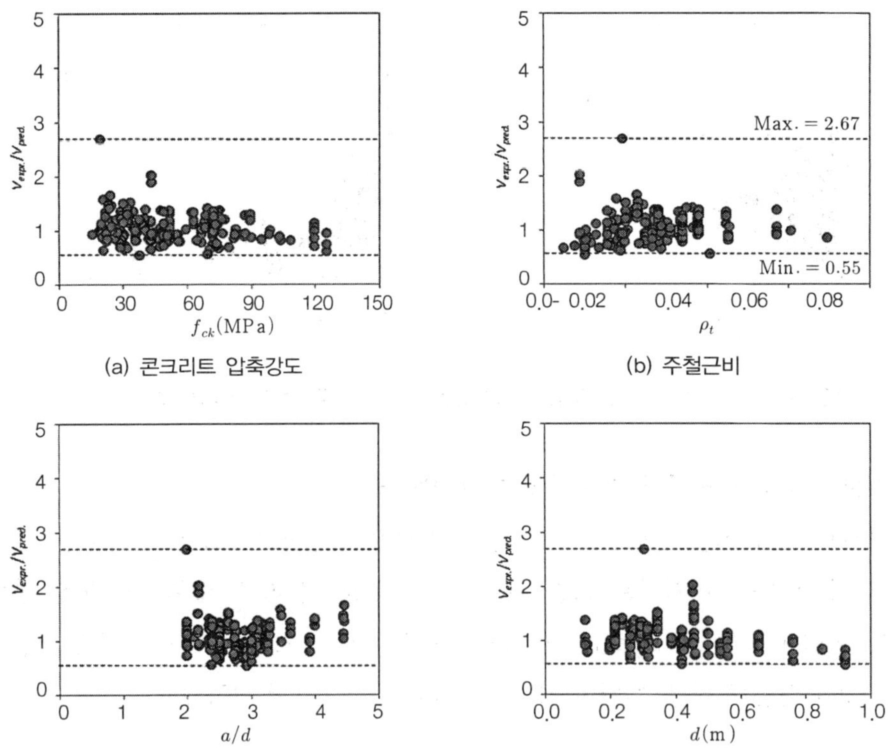

(a) 콘크리트 압축강도

(b) 주철근비

(c) 전단경간비

(d) 유효깊이

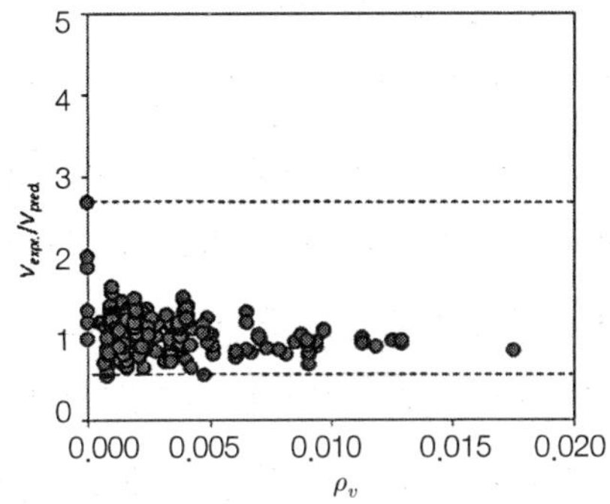

(e) 전단보강근비

그림 6.39 **주요 변수 영향-집중하중을 받는 전단보강 철근콘크리트 보**

AASHTO LRFD 기준에 근거한 추정강도를 실험강도와 비교하여 그래프로 표현하면 그림 6.38과 같다. 이 기준에 의한 실험강도/추정강도 비 $V_{expr.}/V_{pred.}$의 평균과 변동계수는 각각 1.05와 0.243으로 나타나, 전단무보강 철근콘크리트 보에 비해 전단강도를 조금 더 정확히 추정하는 것으로 나타났다. 또한 전단무보강 철근콘크리트 보의 경우와는 달리 실험강도의 크기가 커질수록 실제 강도를 과대평가하는 경향은 나타나지 않았다.

그림 6.39는 전단강도에 영향을 미치는 다양한 변수에 따른 실험강도/추정강도비의 변화를 나타낸 것이다. 그림 6.39(a)는 콘크리트의 압축강도(f_{ck})에 따른 강도비의 변화를 나타낸 것으로, 콘크리트의 압축강도가 커질수록 실험체의 강도를 과대평가하는 경향을 보였으나, 전체적으로 평가 결과에 큰 영향을 주지는 않는 것으로 나타났다. 그림 6.39(b)는 주철근비(ρ_t)에 따른 강도비의 변화를 나타낸 것으로, 전단무보강 철근콘크리트 보에서와 유사하게 주철근비가 낮을수록 추정강도가 실험강도보다 큰 실험체가 다수 발생하였다.

그림 6.37(e)는 전단철근비(ρ_v)에 따른 추정강도/실험강도비의 변화를 나타낸 것으로, 전단철근비가 높아질수록 강도비의 편차는 줄어들지만 실험체의 강도를 과대평가하는 것으로 나타났다. 이는 AASHTO LRFD의 전단강도 모델은 전단철근비가 높아질수록 위험한 설계 결과를 초래할 수 있음을 의미하며, 이 기준은 $V_c + V_s$의 상한값을 0.25 $f_{ck}b_vd_v$로 제한함으로써 이러한 영향을 고려하고 있다(식 (2.6.1) 및 (2.6.2) 참조).

(3) 분포하중을 받는 철근콘크리트 보

KCI 103DB3-2013에는 분포하중을 받는 철근콘크리트 보 119개에 대한 실험 데이터가 있지만, 여기서는 그중 휨 항복이 선행하거나 제시된 실험체에 대한 정보가 제한적인 실험체 79개를 제외한 40개 실험체의 강도를 추정하였다.

AASHTO LRFD 기준에 근거한 추정강도를 실험강도와 비교하여 그래프로 표현하면 그림 6.40과 같다. 이 기준에 의한 실험강도/추정강도비 $V_{expr.}/V_{pred.}$의 평균은 1.99로, 전단강도를 상당히 보수적으로 추정하는 것으로 나타났다. 또한 전단무보강 철근콘크리트 보에서와 같이 실험강도의 크기가 커질수록 실제 강도를 과대평가하는 경향을 보였다.

그림 6.41은 전단강도에 영향을 미치는 다양한 변수에 따른 실험강도/추정강도비의 변화를 나타낸 것이다. 그림 6.41(b)는 주철근비(ρ_t)에 따른 강도비의 변화를 나타낸 것으로, 전단무보강 및 전단보강 철근콘크리트 보에서와 유사하게 주철근비가 낮을수록 실험체의 강도를 과대평가하는 경향을 보였다. 또한 그림 6.41(d)는 보의 유효깊이(d)에 따른 강도비의 변화를 나타낸 것으로, 보의 유효깊이가 커질수록 보의 강도를 과대평가하는 경향을 보여주고 있다.

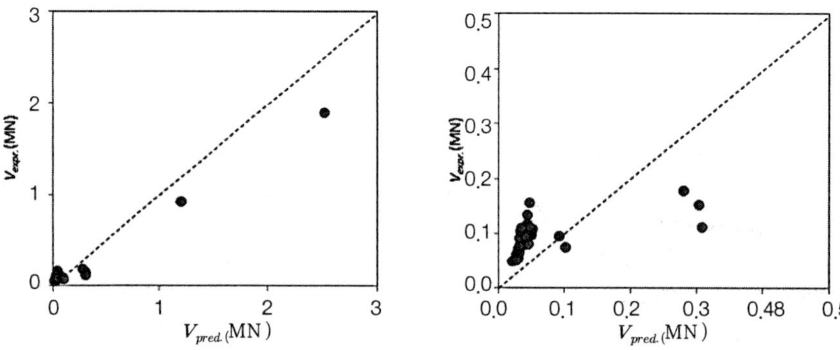

그림 6.40 **분포하중을 받는 철근콘크리트 보의 실험강도와 추정강도 비교**

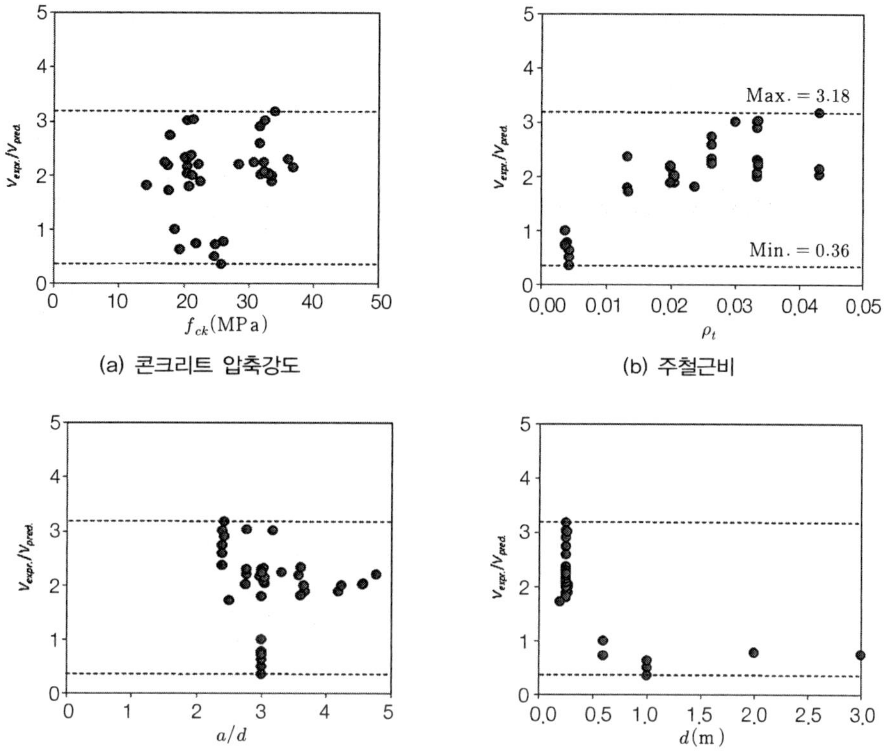

(a) 콘크리트 압축강도 (b) 주철근비

(c) 전단경간비 (d) 유효깊이

그림 6.41 주요 변수 영향-분포하중을 받는 철근콘크리트 보

(4) 프리스트레스트 콘크리트 보

이 연구에서는 KCI103DB4-2013에 있는 프리스트레스트 콘크리트 보 37개 실험체의 전단강도를 추정하였다. AASHTO LRFD 기준에 의한 실험강도/추정강도비 $V_{expr.}/V_{pred.}$의 평균이 1.68로, 프리스트레스트 콘크리트 보의 전단강도를 매우 보수적으로 추정하는 것으로 나타났다. 추정강도를 실험강도와 비교하여 그래프로 표현하면 그림 6.42와 같다.

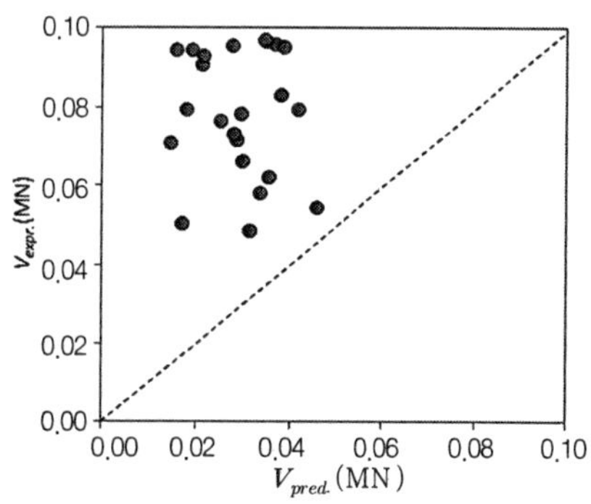

그림 6.42 프리스트레스트 콘크리트 보의 실험강도와 추정강도 비교

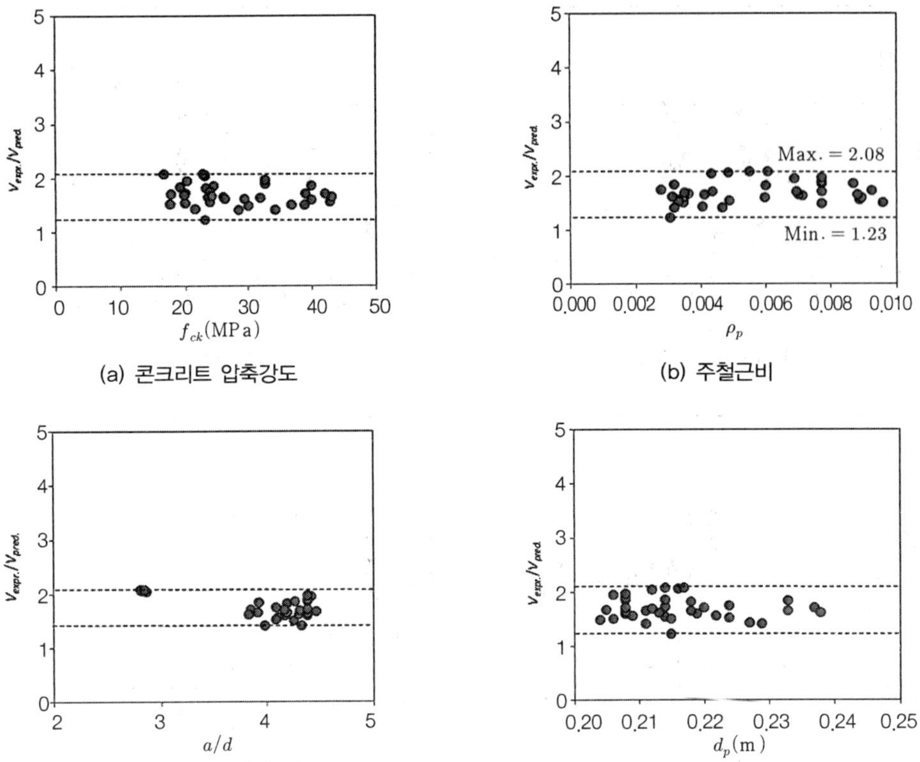

(a) 콘크리트 압축강도

(b) 주철근비

(c) 전단경간비

(d) 유효깊이

그림 6.43 **주요 변수 영향-프리스트레스트 콘크리트 보**

그림 6.43은 전단강도에 영향을 미치는 다양한 변수에 따른 실험강도/추정강도비의 변화를 나타낸 것이다. 그림에서 볼 수 있듯이, 콘크리트의 압축강도(f_{ck}), 주철근비(ρ_t), 전단경간비(a/d), 그리고 보의 유효깊이(d) 등의 변수들과 무관하게 일정한 추정 결과를 보였다.

(5) 집중하중을 받는 철근콘크리트 T형 보

KCI103DB5-2013에는 집중하중을 받는 철근콘크리트 T형 보 305개에 대한 실험 데이터가 있지만, 여기서는 그중 휨 항복이 선행된 실험체, 실험체에 대한 정보가 제한적인 실험체, 그리고 스트럿-타이 모델 방법에 따라 설계되어야 하는 전단경간비가 $a/d \le 2.0$ 이하인 실험체 등을 제외한 207개 실험체의 강도를 추정하였다.

AASHTO LRFD 기준에 근거한 추정강도를 실험강도와 비교하여 그래프로 표현하면

그림 6.44와 같다. 이 기준에 의한 실험강도/추정강도비 $V_{expr.}/V_{pred.}$의 평균은 1.71로, 집중하중을 받는 철근콘크리트 T형 보의 전단강도를 매우 보수적으로 추정하는 것으로 나타났다.

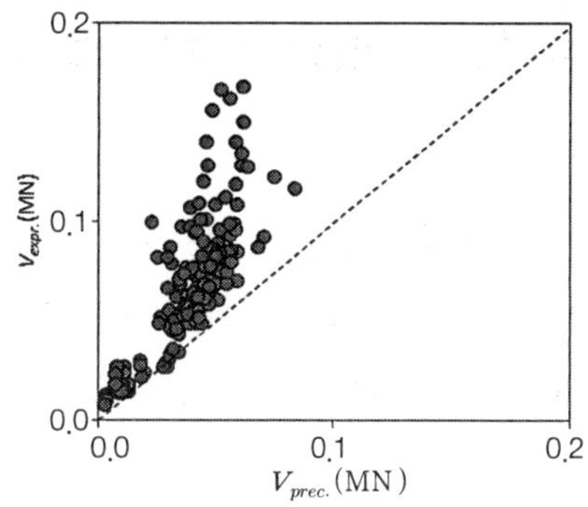

그림 6.44 집중하중을 받는 철근콘크리트 T형 보의 실험강도와 추정강도 비교

그림 6.45은 전단강도에 영향을 미치는 다양한 변수에 따른 실험강도/추정강도비의 변화를 나타낸 것이다. 그림 6.46(c)는 전단경간비(a/d)에 따른 강도비의 변화를 나타낸 것으로, 전단경간비가 낮을수록 실험체의 강도를 과소평가하고 강도비의 편차가 커짐을 알 수 있다.

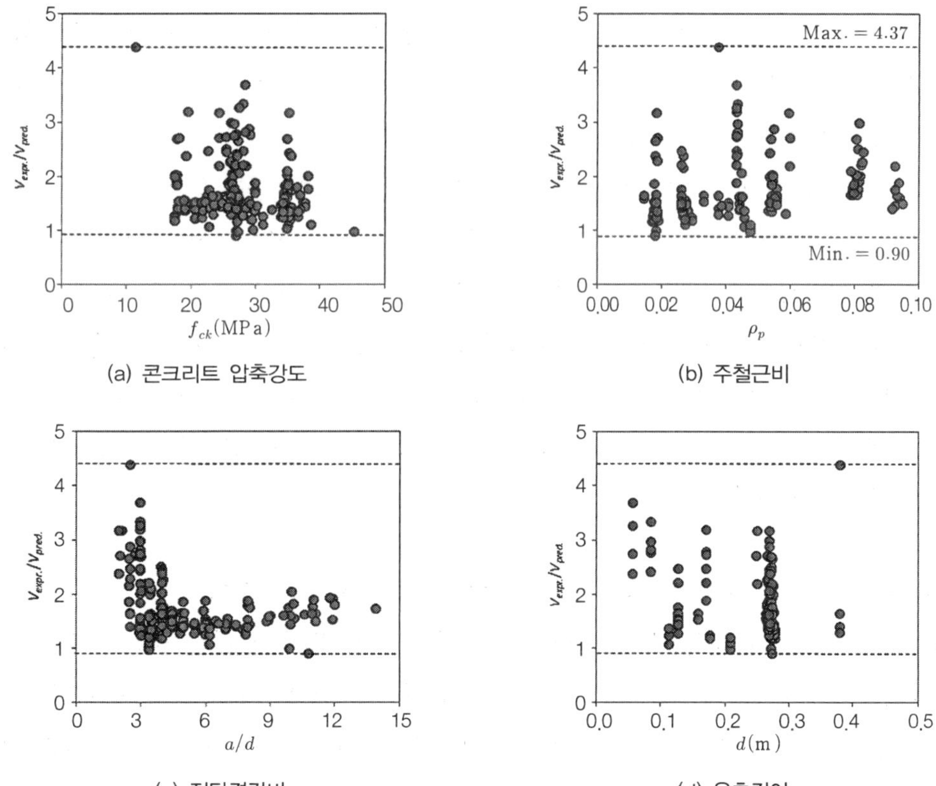

그림 6.45 주요 변수 영향-집중하중을 받는 철근콘크리트 T형 보

6.7 변환각 트러스 모델

이 절에서는 3장 1절(3.1)에서 소개한 변환각 트러스 모델[17,18](TATM)의 정확성을 평가한다. TATM의 검증은 철근콘크리트 패널과 보에 대하여 수행하였으며, 다음과 같이 총 3단계로 나누어 진행하였다.

1단계 : 철근콘크리트 패널 요소의 전단응력-전단변형률 관계 예측

2단계 : 철근콘크리트 보의 전단응력-전단변형률 관계 예측

3단계 : 철근콘크리트 보의 전단강도 예측

TATM은 휨과 전단을 받는 철근콘크리트 부재의 전체 하중이력에 대한 전단응력과 전단변형률을 예측할 수 있다. 1단계에서는 전단을 받는 철근콘크리트 패널 요소의 전체 거동에 대한 TATM의 예측능력을 검토하기 위하여 총 16개의 철근콘크리트 패널 실험 결과가 사용된다. 2단계에서는 휨과 전단을 받는 철근콘크리트 보의 전체 거동을 TATM이 타당하게 예측할 수 있는지를 검토하기 위하여 보의 순 전단변형률을 계측한 총 6개의 철근콘크리트 보 실험 결과가 사용된다. 끝으로, 휨과 전단을 받는 철근콘크리트 보의 전단강도에 대한 TATM의 해석 결과를 검토하기 위하여 총 114개의 실험 결과가 사용된다. 검증에 사용된 114개의 전단강도 실험 결과는 트러스 모델로 해석하기 위해 자세한 실험체 상세가 필요하므로 콘크리트학회의 전단 데이터베이스(KCI103DB-2013)를 대신하여 사용하였다. 114개 실험 결과에 대한 상세는 3단계 검증에서 자세히 기술된다.

(1) 철근콘크리트 패널 요소의 전단응력-전단변형률 관계 예측

표 6.17은 TATM의 정확성을 검증하기 위하여 사용된 철근콘크리트 패널 실험체 상세를 나타낸 것이다. 표에서 보는 바와 같이 실험체는 총 16개이며 모두 순수전단을 받는 패널 실험체이다. 이 중에서 10개는 토론토대학교의 Collins와 Vecchio[19]가 실험한 결과이며 6개는 휴스턴대학교의 Pang과 Hus[20]가 실험한 결과이다. 이들이 수행한 실험 결과는 전단을 받는 철근콘크리트 요소의 전단거동을 예측할 수 있는 트러스 모델의 타당성

을 검증하는 데 많이 사용되어 왔다. 표 6.17에 나타낸 바와 같이 사용된 철근콘크리트 패널 실험체의 콘크리트 압축강도는 14.5~45.3MPa이며 철근의 항복강도는 235~483MPa, 수평철근에 대한 수직철근의 보강비 $\eta(=\rho_y f_{yy}/\rho_x f_{xy})$는 0.14~0.94이다.

그림 6.46은 철근콘크리트 패널 실험 결과와 해석 결과를 비교하여 나타낸 것이다. 여기서 해석 모델 TM-PA는 TATM과 동일하지만 FA-STM[21,22]에서와 같이 주압축응력 방향을 초기 균열 방향으로 고정한 것이다. TM-PA와 TATM의 해석 결과를 비교함으로써 TATM이 주응력장의 변화를 고려하기 위하여 사용한 응력과 변형률의 변환관계 [식 (3.4)와 식 (3.5) 및 식 (3.9)와 식 (3.10)]의 타당성을 확인할 수 있다.

표 6.17 **철근콘크리트 패널 실험체 상세 및 실험 결과와 해석 결과 비교**

연구자	실험체	실험체 상세 및 실험 결과							해석 결과	
		f_{ck} (MPa)	수평철근		수직철근		η	$\tau_{exp.}$ *(MPa)	$\frac{\tau_{exp.}}{\tau_{TM-PA}}$	$\frac{\tau_{exp.}}{\tau_{TATM}}$
			ρ_x (%)	f_{xy} (MPa)	ρ_y (%)	f_{yy} (MPa)				
Vecchio와 Collins[3]	PV1	34.5	1.79	483	1.68	483	0.94	8.02	0.96	0.97
	PV10	14.5	1.79	276	1.00	276	0.56	3.97	1.04	1.09
	PV11	15.6	1.79	235	1.31	235	0.73	3.56	0.99	1.01
	PV12	16.0	1.79	469	0.45	269	0.14	3.13	0.89	0.99
	PV18	19.5	1.79	431	0.32	412	0.17	3.04	0.78	0.88
	PV19	19.0	1.79	458	0.71	299	0.26	3.95	0.93	1.02
	PV20	19.6	1.70	460	0.89	297	0.32	4.26	0.94	1.02
	PV21	19.5	1.79	458	1.30	302	0.48	5.03	0.99	1.03
	PV22	19.6	1.79	458	1.52	420	0.78	6.07	0.98	0.98
	PV26	21.3	1.79	456	1.01	463	0.57	5.41	0.96	0.99
Pang과 Hsu[4]	B1	45.3	1.19	463	0.60	445	0.48	3.97	0.98	1.02
	B2	44.1	1.79	447	1.19	463	0.69	6.13	0.91	0.94
	B3	44.9	1.79	447	0.60	445	0.33	4.36	0.82	0.91
	B4	44.8	2.98	470	0.60	445	0.19	5.07	0.72	0.87
	B5	42.9	2.98	470	1.19	463	0.39	7.16	0.83	0.93
	B6	43.0	2.98	470	1.79	447	0.57	9.15	0.92	0.98
평균									0.91	0.98
변동계수									0.096	0.060

*** 패널 실험체 전단강도 실험 결과**

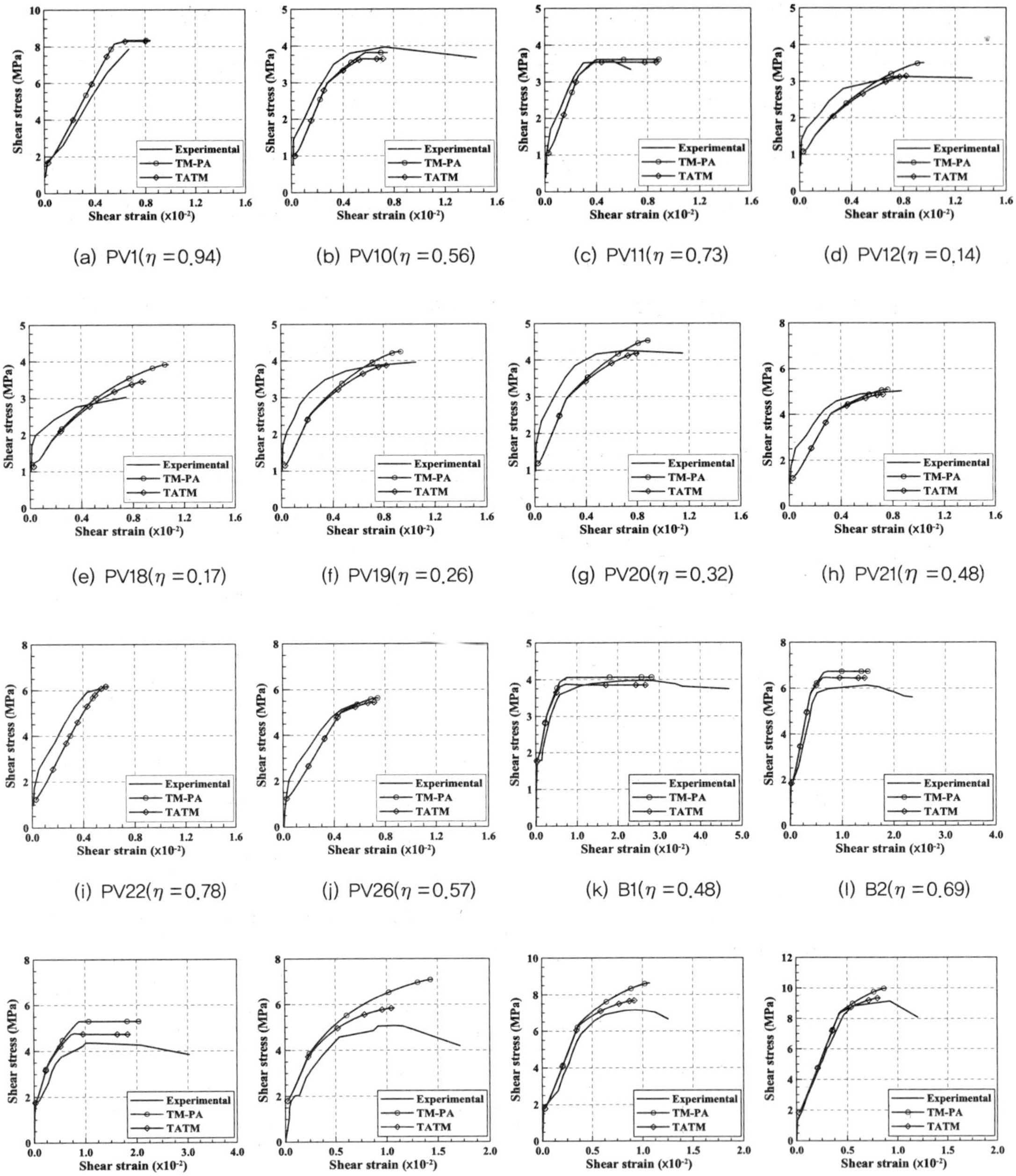

(a) PV1(η =0.94) (b) PV10(η =0.56) (c) PV11(η =0.73) (d) PV12(η =0.14)

(e) PV18(η =0.17) (f) PV19(η =0.26) (g) PV20(η =0.32) (h) PV21(η =0.48)

(i) PV22(η =0.78) (j) PV26(η =0.57) (k) B1(η =0.48) (l) B2(η =0.69)

(m) B3(η =0.33) (n) B4(η =0.19) (o) B5(η =0.39) (p) B6(η =0.57)

그림 6.46 철근콘크리트 패널의 전단응력-전단변형률 관계에 대한 실험 결과와 해석 결과 비교[17)]

그림 6.46에서 수평철근과 수직철근 보강량의 차이가 크지 않는 경우, 즉 η가 높은 경우 TM-PA의 해석 결과는 TATM과 거의 유사한 반면, η가 낮은 경우에는 이들 해석 결과의 차이가 큰 것을 확인할 수 있다. 예를 들어, PV22와 같이 η가 0.78로 수평철근과 수직철근 보강량의 차이가 크지 않은 경우 TM-PA와 TATM의 전단강도 해석 결과는 6.17MPa로 동일하며, 이는 실험 결과에 대한 해석 결과의 비가 0.98로 매우 정확한 결과이다. 반면에 PV12와 같이 η가 0.14로 수평철근과 수직철근의 보강량의 차이가 큰 경우 TM-PA는 3.51MPa로 전단강도 실험 결과를 11% 높게 예측한 반면에 TATM은 3.13MPa인 실험 결과를 3.15MPa로 매우 정확히 예측하였다. 이러한 특성은 η에 따른 실험 결과와 해석 결과의 비를 나타낸 그림 6.48로부터 명확히 확인할 수 있다.

전체 패널 실험체의 전단강도 실험 결과에 대하여 TATM은 평균 0.98, 변동계수 6.0%로 타당하게 예측하고 있음을 표 6.17로부터 확인할 수 있다. 또한 그림 6.47에서 보는 바와 같이 TATM으로부터 구한 패널 실험체의 전단응력-전단변형률 관계가 실험 결과와 비교적 잘 일치함을 알 수 있다. 이러한 결과로부터, 응력과 변형률에 주응력장의 변화를 고려한 TATM은 수평철근과 수직철근 보강량의 차이가 큰 경우에도 적용이 가능하리라 판단된다.

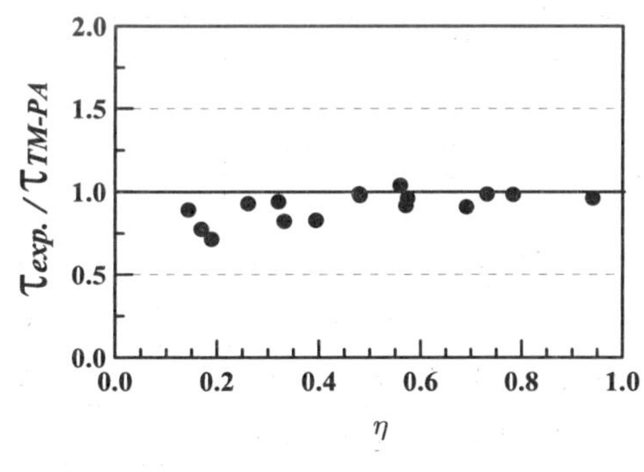

(a) TM-PA

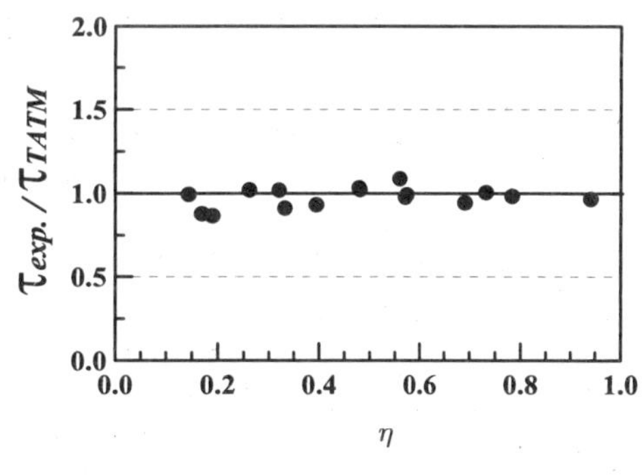

(b) TATM

그림 6.47 **철근콘크리트 패널의 전단강도에 대한 실험 결과와 해석 결과 비교**

(2) 철근콘크리트 보의 전단응력-전단변형률 관계 예측

휨과 전단을 받는 철근콘크리트 보의 전단거동에 대한 TATM의 정확성을 검증하기 위하여 표 6.18에서와 같이 Lee 등[17]이 수행한 집중하중을 받는 단순보 실험 결과를 사용하였다. 실험체 상세는 표 6.18에 기술한 바와 같으며, 주요 실험변수는 전단경간비와 η 이다.

검증에 사용된 이 실험 결과는 일반적인 보 실험과 달리 보의 순수 전단변형률을 측정할 수 있도록 그림 6.48과 같이 보 옆면에 변위측정기(LVDT)를 5대씩 부착하여 취득한 것으로, 보의 전단응력-전단변형률 관계에 대한 트러스 모델의 예측능력을 비교적 정확히 검증할 수 있다. 그림 6.48에서 보 옆면에 설치된 LVDT로부터 휨변형, 축변형 및 전단변형을 측정할 수 있으며, 이로부터 순수 전단변형률을 구하는 방법은 참고문헌 2에 상세히 기술되어 있다.

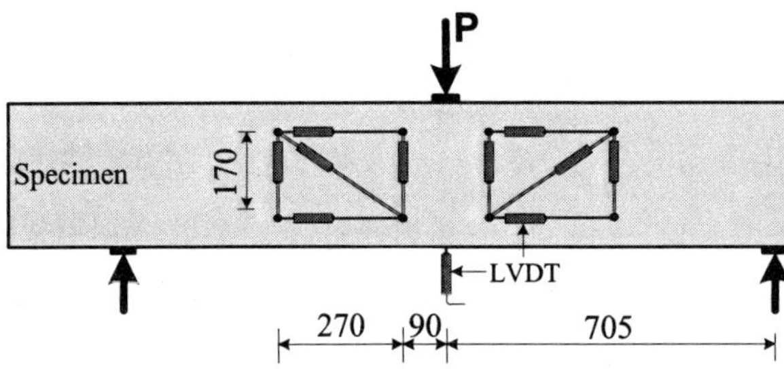

그림 6.48 **보 실험체 세팅현황**

표 6.18 **철근콘크리트 보 실험체 상세 및 실험 결과와 해석 결과 비교**

실험체	f_{ck} (MPa)	b (mm)	d (mm)	h (mm)	a/d	인장철근		전단보강근		η	$\tau_{exp.}$ (MPa)	해석 결과	
						ρ_x (%)	f_{xy} (MPa)	ρ_y (%)	f_{yy} (MPa)			$\frac{\tau_{exp.}}{\tau_{TM-NM}}$	$\frac{\tau_{exp.}}{\tau_{TATM}}$
S1-3.0	42.2	220	244	300	3.0	3.60	402.0	0.215	357.8	0.05	3.47	0.75	1.05
S1-3.5	42.2	220	244	300	3.5	3.60	402.0	0.215	357.8	0.05	3.05	0.66	1.03
S1-4.0	42.2	220	244	300	4.0	3.60	436.3	0.215	357.8	0.05	2.65	0.57	0.91
S2-2.5	37.0	200	235	300	2.5	3.29	402.0	0.324	357.8	0.09	3.46	0.74	0.98
S2-3.0	37.0	200	235	300	3.0	3.29	402.0	0.324	357.8	0.09	2.98	0.64	0.95
S2-3.5	37.0	200	235	300	3.5	3.29	402.0	0.324	357.8	0.09	2.89	0.62	1.02
평균												0.66	0.99
변동계수												0.105	0.055

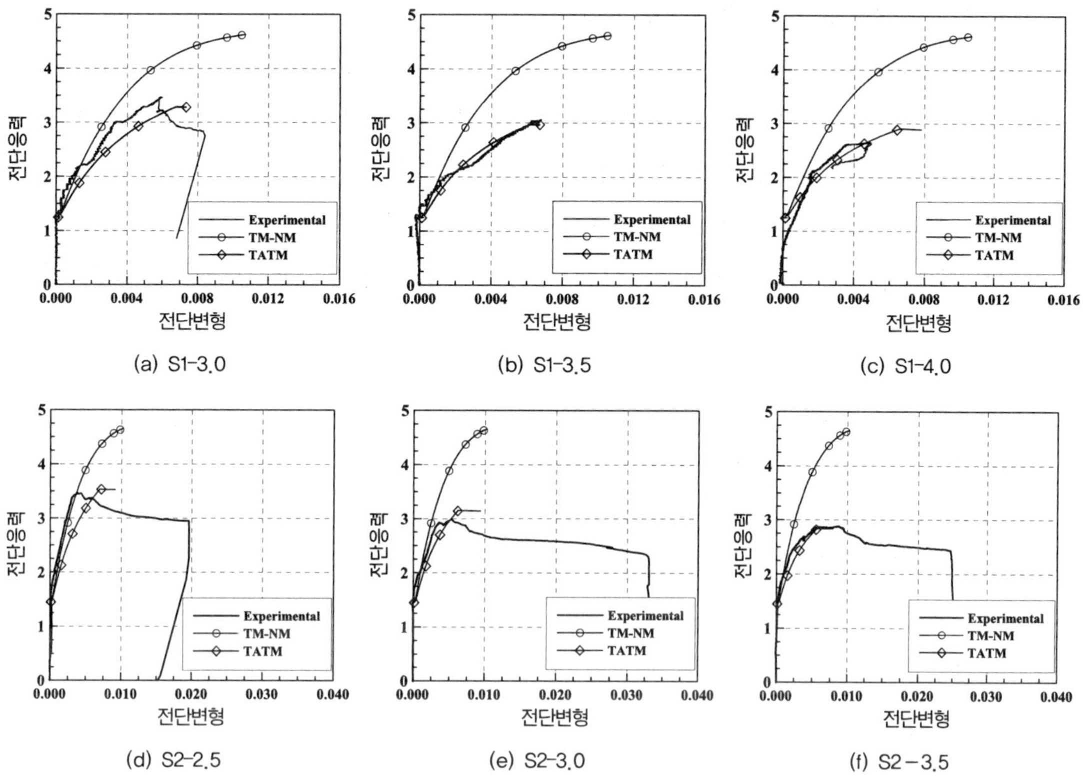

(a) S1-3.0 (b) S1-3.5 (c) S1-4.0

(d) S2-2.5 (e) S2-3.0 (f) S2 - 3.5

그림 6.49 **철근콘크리트 패널의 전단강도에 대한 실험 결과와 해석 결과 비교**

그림 6.49는 보 실험체의 전단응력-전단변형률 관계에 대한 실험 결과와 해석 결과를 비교한 것이다. 그림에서 해석 모델 TM-NM은 TATM과 동일하되 3.1.6절의 휨모멘트 효과를 고려하지 않은 것이다. TM-NM과 TATM의 해석 결과를 비교함으로써 TATM에 사용된 휨모멘트 고려 방법에 대한 타당성을 확인할 수 있다.

그림 6.49, 표 6.18과 같이 휨모멘트 효과를 고려하지 않은 해석 모델 TM-NM은 실험체의 전단강도와 전단변형률을 크게 과대평가하였다. 이는 휨모멘트에 의해 철근콘크리트 보의 전단내력이 감소하는 것을 무시하였기 때문으로, 전단경간비가 증가하여 휨모멘트의 영향이 증가할수록 실험 결과와 해석 결과 사이의 오차는 더욱 커짐을 그림 6.49로부터 확인할 수 있다. 반면에 휨모멘트의 영향을 고려한 해석 모델 TATM은 6개 실험체의 전단강도를 평균 0.99, 변동계수 5.5%로 매우 정확히 예측하였을 뿐만 아니라, 실험체의 전단응력-전단변형률 관계 또한 잘 예측하였음을 실험 결과와의 비교를 통하여 확인할 수 있다.

(3) 철근콘크리트 보의 전단강도 예측

철근콘크리트 보의 전단강도에 대한 TATM의 해석 결과를 평가하기 위하여 총 114개의 실험 결과[17,23-32]를 수집하였다. 실험 결과의 신뢰성을 확보하기 위하여 휨파괴강도의 90% 이전에 전단으로 파괴된 실험체만을 수집하였다. 전단위험단면 부근의 응력이 균일한 실험체를 선별하기 위하여 실험체의 전단경간비가 2.0 이상인 경우로 하되 2.5 이하인 경우에는 휨모멘트가 0인 위치에 지점 반력이 존재하지 않는 실험체를 대상으로 하였다. 수집된 114개 보 실험체의 상세는 다음과 같다.

- 콘크리트 압축강도 : 12.7~42.2MPa
- $\eta\,(=\rho_y f_{yy}/\rho_x f_{xy})$: 0.02~0.48
- 인장철근 항복강도 : 304.0~931.4MPa
- 전단보강근 항복강도 : 268.7~1,235.3MPa
- 인장철근비 : 0.0141~0.0476
- 전단보강근비 : 0.0014~ 0.0147
- 전단보강근의 각도 : 90도
- 전단경간비 : 2.0~7.2
- 보의 깊이 : 300~470mm
- 보의 유효깊이 : 235~390mm
- 지점 형태 : 단순보형, 역대칭 모멘트형, 연속보형
- 단면 형태 : 직사각형과 T형
- 가력 형태 : 집중하중

TATM과 함께 비교를 목적으로 ACI 318-11[33], Response-2000[34], TM-PA 및 TM-NM을 사용하였다. 여기서 Response-2000은 MCFT[35,36]를 기반으로 철근콘크리트 부재를 단면 해석 할 수 있는 2차원 해석 프로그램이다. 표 6.19는 지점 형태와 단면 형태에 따른 각 해석 모델의 전단강도 예측 결과를 나타낸 것이다. 표에서 나타낸 바와 같이 ACI 318-11은 전체 114개 전단강도 실험 결과를 평균 1.34, 변동계수 20.0%로 예측하여 실험 결과를 약 35% 과소평가하였다. 그리고 η에 따른 해석 결과를 나타낸 그림 6.50(a)로부터 η가 낮아질수록 ACI 전단기준식이 실험 결과를 최대 2.2배까지 과소평가할 수 있음을 알 수 있다. MCFT를 기반으로 한 Response-2000으로 114개 전단강도

표 6.19 **114개 보 실험체 전단강도에 대한 해석 모델의 예측 결과**

지점 형태	단면 형태	보 개수	전단강도 실험 결과/해석 결과					
				ACI 318-11	Response-2000	TM-PA	TM-NM	TATM
단순보형	직사각형	29	평균	1.31	1.02	0.89	0.70	0.95
			변동계수	0.141	0.152	0.149	0.119	0.125
	T형	35	평균	1.58	1.23	0.91	0.87	0.99
			변동계수	0.156	0.133	0.147	0.179	0.140
	소계	64	평균	1.46	1.13	0.90	0.79	0.98
			변동계수	0.177	0.167	0.147	0.193	0.134
역대칭 모멘트형	직사각형	30	평균	1.26	1.02	0.83	0.85	0.90
			변동계수	0.112	0.098	0.124	0.092	0.102
	T형	8	평균	1.32	1.05	0.84	0.81	0.93
			변동계수	0.179	0.166	0.156	0.165	0.131
	소계	38	평균	1.27	1.03	0.83	0.84	0.91
			변동계수	0.129	0.114	0.130	0.110	0.108
연속보형	직사각형	12	평균	0.96	0.83	0.87	0.70	0.91
			변동계수	0.117	0.098	0.082	0.104	0.082
총계		114	평균	1.34	1.06	0.87	0.80	0.94
			변동계수	0.200	0.173	0.140	0.168	0.127

실험 결과를 해석한 결과, 실험 결과를 1.06, 변동계수 17.3%로 비교적 잘 예측한 반면, 그림 6.50(b)에 나타낸 바와 같이 η가 낮아질수록 실험 결과를 최대 1.7배까지 다소 과대평가하는 경향을 보였다.

TATM과 동일하되 주응력 방향과 균열 방향을 동일하다고 가정한 TM-PA는, 변동계수는 14.0%로 비교적 우수하였지만 전단강도 실험 결과를 평균 0.87로 과소평가하는 경향을 나타냈다. TM-PA가 실험 결과를 과소평가하는 이유는 앞서 1단계 검증과정에서 기술한 바와 같이 철근콘크리트 보의 균열 이후 응력장의 변화를 고려하지 못하기 때문으로, 그림 6.50(c)로부터 η가 비교적 낮은 보 실험 결과에 대하여 TM-PA가 대부분 낮게 평가되고 있음을 확인할 수 있다.

TATM과 동일하되 휨모멘트의 효과를 고려하지 않은 TM-NM은 실험 결과를 평균 0.80으로 20% 과소평가하였다. 이는 전단경간비에 따른 실험 결과와 해석 결과의 비를 나타낸 그림 6.51(a)에서와 같이 전단경간비가 증가할수록 휨모멘트의 영향이 증가하여 보의 전단강도가 감소되는 것을 고려하지 않았기 때문이다.

TATM은 다양한 지점 형태와 단면 형태를 가지는 114개 철근콘크리트 보의 전단강도 실험 결과를 평균 0.94, 변동계수 12.7%로 잘 예측하고 있음을 표 6.19로부터 확인할 수 있다. 그림 6.50(d)는 TATM의 해석 결과를 η에 따라 나타낸 것으로 TATM에서 균열 이후 응력장의 변화를 고려하기 위하여 채택한 변환식의 사용이 타당함을 나타낸 것이다.

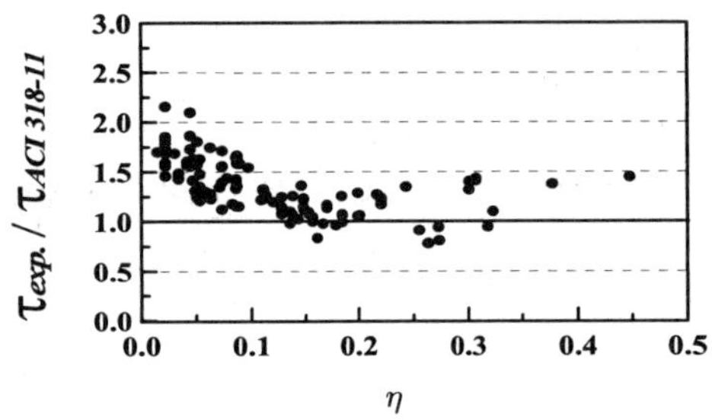

(a) ACI 318-11

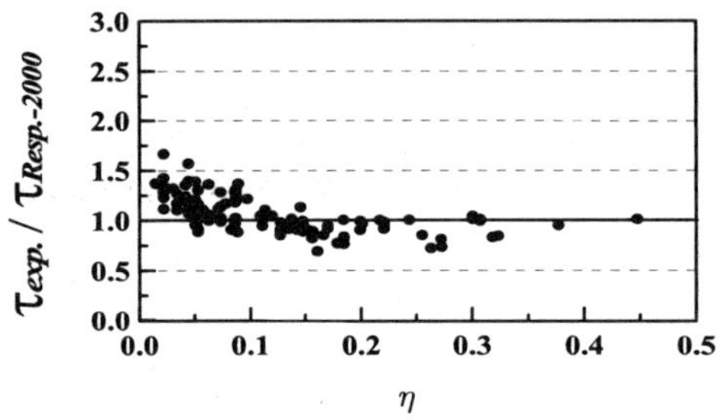

(b) Response-2000

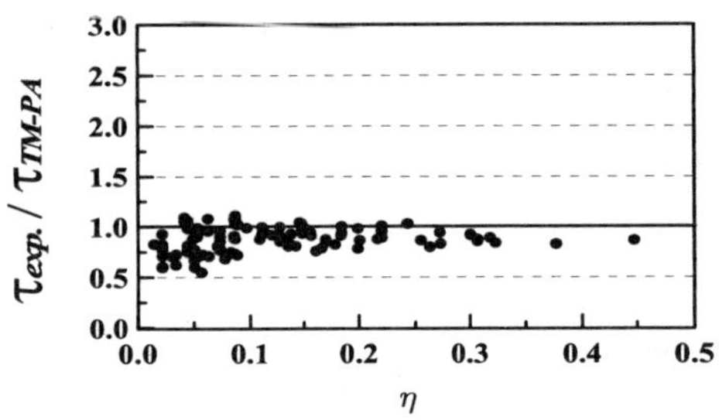

(c) TM-PA

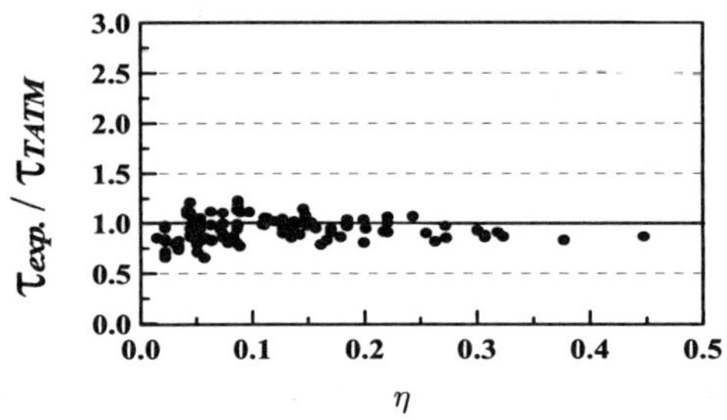

(d) TATM

그림 6.50 η에 따른 전단강도 실험 결과와 해석 결과 비교

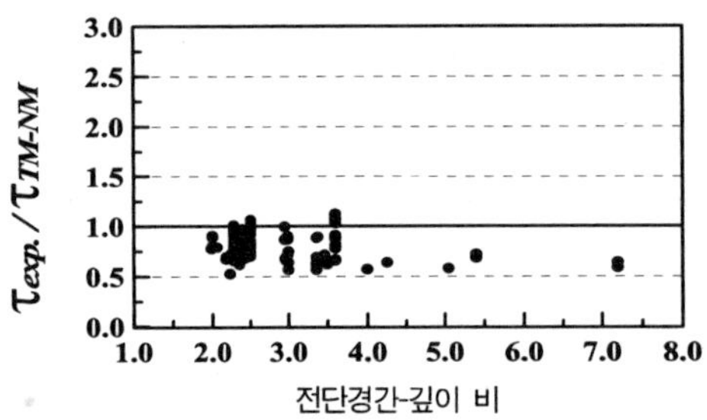

(a) TM-NM

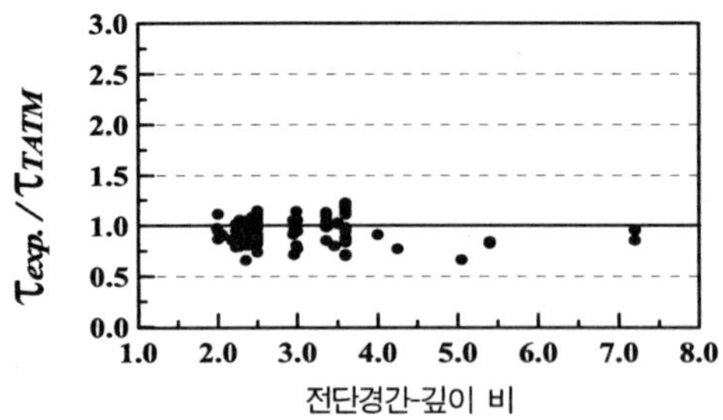

(b) TATM

그림 6.51 전단경간비에 따른 전단강도 실험 결과와 해석 결과 비교

그림 6.51(b)은 전단경간비에 따른 TATM의 해석 결과를 나타낸 것이다. 그림에서 TATM의 해석 결과가 전단경간비의 영향을 거의 받지 않는 것으로 볼 때, TATM에서 휨모멘트를 고려하기 위해 사용된 방법은 타당한 것으로 판단된다.

그림 6.52는 다양한 실험변수에 따른 TATM의 예측 결과를 나타낸 것이다. 그림에서 보는 바와 같이 TATM의 해석 결과는 수집된 실험 결과 범위 내에서 실험변수의 영향을 크게 받지 않고 보의 전단강도를 잘 예측하였다. 특히 그림 6.7(b)로부터 압축철근의 영향을 배제한 TATM의 가정은 타당하다고 판단된다.

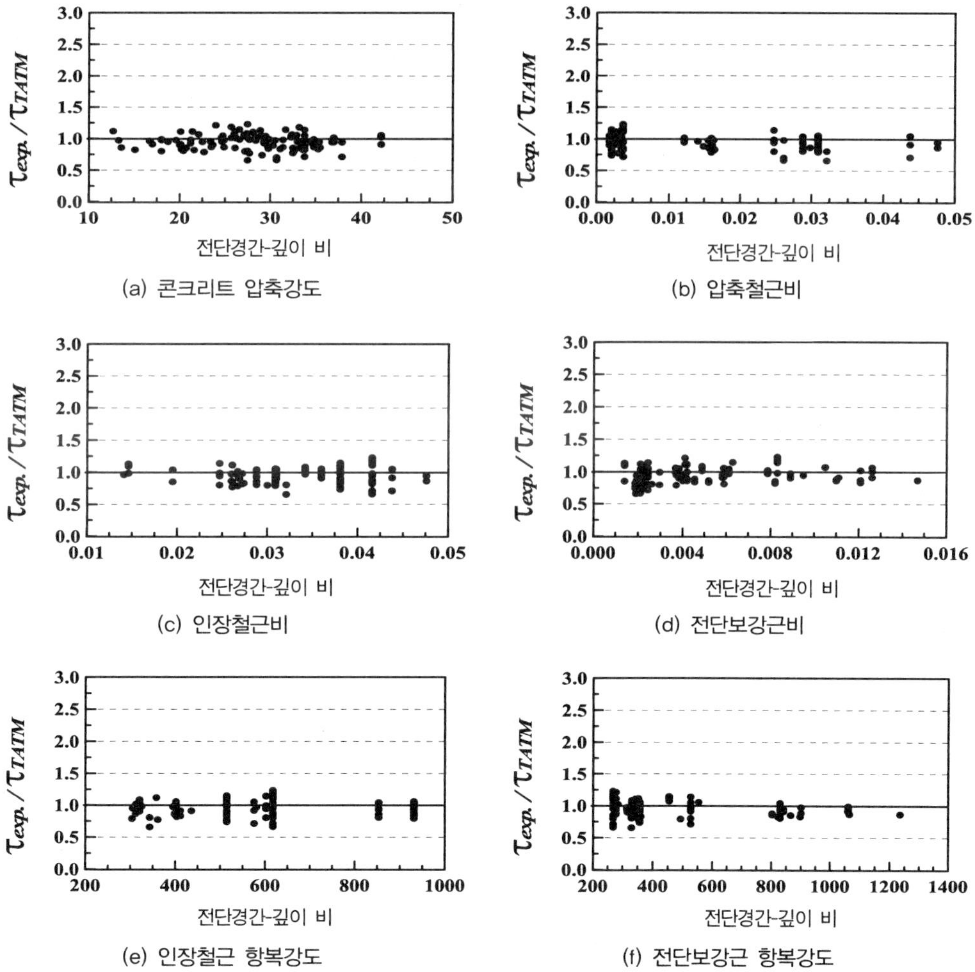

그림 6.52 **실험변수에 따른 TATM의 전단강도 예측 결과**

총 3단계로 수행된 TATM의 해석 결과, 검증으로부터 TATM이 철근콘크리트 보의 전단강도뿐만 아니라 전단거동을 예측하는 데 사용 가능함을 증명하였다. 다만 검증에 사용된 실험 결과 이외의 범위에 대해서는 추가적인 검토가 반드시 필요하다.

6.8 변형률 기반 전단강도 모델

3장 3절(3.3)에 제시된 변형률 기반 전단강도 모델을 사용하여 우리 학회의 전단 데이터베이스(KCI103DB)에 수록된 실험 결과에 대하여 전단강도를 평가하였다. 검증에는 정밀해석식과 간편식이 모두 이용되었으며, 비교를 위하여 현행 전단설계기준인 ACI 318-11이 사용되었다. 표 6.20에 검증에 사용된 실험 데이터와 강도 추정 결과를 데이터베이스(KCI 103DB)의 종류별로 제시하였다.

표 6.20 **비교 분석에 사용된 실험 데이터베이스와 강도 모델의 적용 범위**

강도 모델	적용 범위	사용 DB	실험 데이터	강도 추정 결과 (V_{test}/V_{pred})
변형률 기반 전단강도 모델의 정밀식	$a/d \geq 1$	KCI 103DB1-2013	932개 (a/d<1인 10개 제외)	평균 : 1.12 변동계수 : 0.175
변형률 기반 전단강도 모델의 간편식				평균 : 1.15 변동계수 : 0.186
ACI 318-11	$a/d \geq 2.5$		808개 (a/d<2.5인 134개 제외)	평균 : 1.37 변동계수 : 0.299
변형률 기반 전단강도 모델의 정밀식	$a/d \geq 1$	KCI 103DB2-2013	479개 (a/d<1인 21개 제외)	평균 : 1.22 변동계수 : 0.161
변형률 기반 전단강도 모델의 간편식				평균 : 1.23 변동계수 : 0.156
ACI 318-11	$a/d \geq 2.5$		251개 (a/d<2.5인 259개 제외)	평균 : 1.27 변동계수 : 0.180
변형률 기반 전단강도 모델의 정밀식	$a/d \geq 1$	KCI 103DB3-2013	117개 (a/d < 1인 것 없음)	평균 : 0.98 변동계수 : 0.145
변형률 기반 전단강도 모델의 간편식				평균 : 1.12 변동계수 : 0.159
ACI 318-11	$a/d \geq 2.5$		57개 (a/d<2.5인 60개 제외)	평균 : 1.68 변동계수 : 0.377

표 6.20 **비교 분석에 사용된 실험 데이터베이스와 강도 모델의 적용 범위 (계속)**

강도 모델	적용 범위	사용 DB	실험 데이터	강도 추정 결과 (V_{test}/V_{pred})
변형률 기반 전단강도 모델의 정밀식	$a/d \geq 1$	KCI 103DB4-2013	37개 (a/d<1인 것 없음)	평균 : 0.99 변동계수 : 0.130
변형률 기반 전단강도 모델의 간편식				평균 : 1.05 변동계수 : 0.141
ACI 318-11	$a/d \geq 2.5$		37개 (a/d<2.5인 것 없음)	평균 : 1.16 변동계수 : 0.208
변형률 기반 전단강도 모델의 정밀식	$a/d \geq 1$	KCI 103DB5-2013	301개 (a/d<1인 4개 제외)	평균 : 1.16 변동계수 : 0.245
변형률 기반 전단강도 모델의 간편식				평균 : 1.16 변동계수 : 0.259
ACI 318-11	$a/d \geq 2.5$		275개 (a/d<2.5인 30개 제외)	평균 : 1.98 변동계수 : 0.350

(1) 집중하중을 재하받는 사각단면 철근콘크리트 보

변형률 기반 모델의 정밀해석식과 간편식을 이용하여 집중하중을 재하받는 사각단면 철근콘크리트 보 실험체의 전단강도를 평가하였다. 또한 기존 설계식과의 비교를 위하여 ACI 318-11의 전단강도 모델을 사용하여 전단강도를 평가하였다. 전단무보강 실험 결과 942개(KCI103DB1-2013)와 전단보강 501개 실험 결과(KCI 103DB2-2013) 중에서 변형률 기반 모델이 적용될 수 없는 $a/d < 1$인 전단무보강 실험체 10개, 전단보강 실험체 31개를 비교에서 제외하였다.

이론적으로 변형률 기반 모델은 인장대에서 경사인장균열이 발생하여 중립축에 도달한 상태를 가정하므로, 전단경간비가 매우 낮을 경우($a/d < 1$)에는 본 모델을 사용할 수 없다. ACI 318-11의 전단강도 모델은 $a/d \geq 2.5$인 경우에 적용하도록 제안되었으므로 전단무보강과 전단보강 실험체 134개와 259개를 비교에서 제외하였다. 정밀해석식 적용 시 수렴허용 값은 직전 반복단계 전단강도 대비 상대오차를 1% 미만으로 정하였으며, 반복계산 횟수가 100번을 초과할 경우 수렴한 것으로 간주하였다. 실험강도와 예측강도의 비($V_{\mathrm{expr.}}/V_{pred.}$)를 주철근비($\rho_t$)에 대하여 나타내면 그림 6.53과 같다.

전단무보강 철근콘크리트 보의 경우, 정밀해석식에 의해 예측된 전단강도와 실험강도

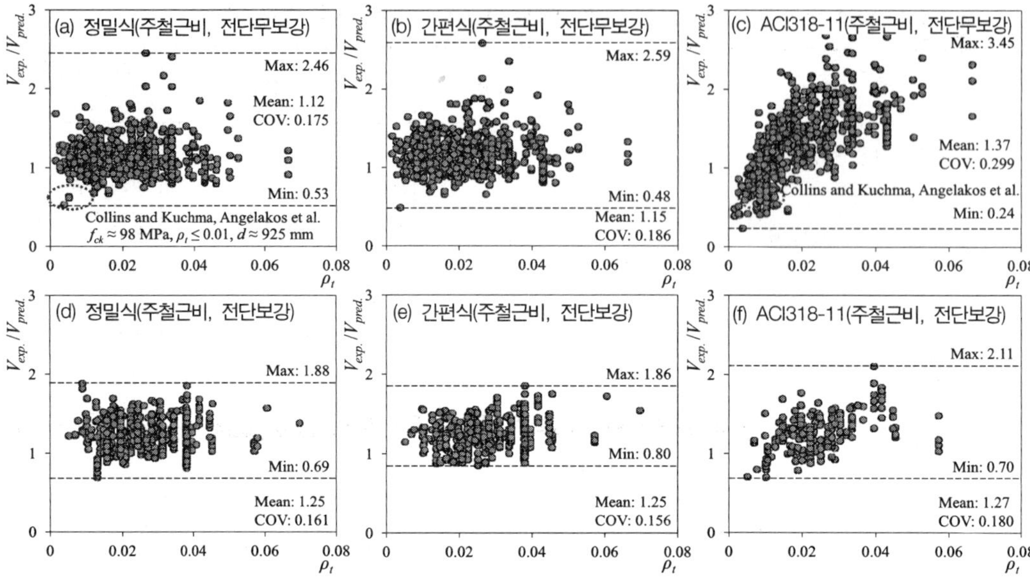

그림 6.53 **주철근비에 따른 실험강도와 추정강도비(집중하중을 재하받는 사각단면 철근콘크리트 보)**

의 비는 평균이 1.12, 변동계수(COV)가 17.5%(그림 6.53(a)), 간편식에 의해 예측된 강도비는 평균이 1.15, 변동계수가 18.6%(그림 6.53(b)), ACI 318-11에 의해 예측된 강도비는 평균이 1.37, 변동계수가 29.9%(그림 6.53c)로 나타났다. 한편, 전단보강 철근콘크리트 보의 경우에는 정밀해석식에 의해 예측된 강도비는 평균 1.25, 변동계수 16.1%(그림 6.53(d)), 간편식에 의해 예측된 강도비는 평균 1.25, 변동계수 15.6%(그림 6.53(e)), ACI 318-11에 의해 예측된 강도비는 평균이 1.27, 변동계수가 18.0%(그림 6.53(f))로 나타났다. 또한 그림 6.54는 일반적인 설계범위인 주철근비가 3% 미만인 경우에 대하여 ACI 318-11에 의한 강도 추정 결과를 보여주고 있다. 그림의 전체 데이터 646개 중 164개(25.4%)가 불안전 측의 결과를 나타내고 있다. 즉, 현행 ACI 318-11은 강도 추정의 편차가 클 뿐 아니라 주철근비가 낮을 경우 불안전한 설계 결과를 초래할 수 있다.

한편, 그림 6.53(a)에서, Collins and Kuchma[37], Angelakos et al.[38]의 실험체는 $f_{ck} \approx 98\text{MPa}$, $\rho_t \leq 0.01$, $d = 925\text{mm}$인데 변형률 기반 모델의 정밀해석을 이용하였을 때 과대평가하는 경향을 보였다. 마찬가지로 그림 6.53(c)에서 ACI 318-11을 이용하였을 때도 해당 실험체의 전단강도를 과대평가하는 경향이 나타났다. 따라서 Collins and Kuchma[37], Angelakos et al.[38]의 실험체의 경우 실험 결과의 신뢰성에 대해서 면밀한 검토가 필요하다.

전단보강되지 않은 철근콘크리트 보의 경우 변형률 기반 모델을 이용하여 전단강도를 평가하였을 때 주요 변수에 관계없이 동일한 강도 추정의 정확성을 보였다. 반면에 ACI 318-11의 경우 주철근비(ρ_t)가 증가할수록 전단강도를 과소평가하며 보의 유효깊이(d)가 증가할수록 전단강도를 과대평가하는 것으로 나타났다(그림 6.53(c)). 전단보강된 철근콘크리트 보의 경우에는 변형률 기반 모델을 이용하여 전단강도를 평가하였을 때 주요 변수에 관계없이 동일한 강도 추정능력을 보인 반면, ACI 318-11의 경우 주철근비(ρ_t)가 증가할수록 전단강도를 과소평가하는 것으로 나타났다(그림 6.53(f)).

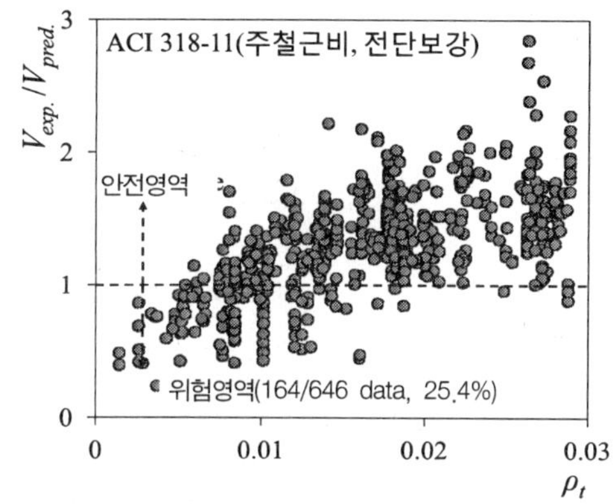

그림 6.54 ACI 318-11의 3% 미만의 주철근비에 따른 실험강도와 추정강도비(집중하중을 재하받는 전단무보강 사각단면 철근콘크리트 보)

그림 6.55은 집중하중을 재하받는 사각단면 철근콘크리트 보에 대하여 주요 변수의 변화에 따른 실험강도와 전단강도 모델의 추정강도를 비교한 것으로, 변형률 기반 모델의 정밀해석식과 간편식을 이용하였을 때에는 추정강도와 실험강도가 거의 일치하며 주요 변수에 따른 전단강도의 변화를 잘 예측하는 것으로 나타났다. ACI 318-11의 전단모델의 경우 실험강도에 비하여 대체로 과소평가하는 경향을 보였으며, 전단경간비(a/d)와 주철근비(ρ_t)에 따른 실험강도의 변화를 정확하게 평가하지 못하였다(그림 6.55(a), (c)).

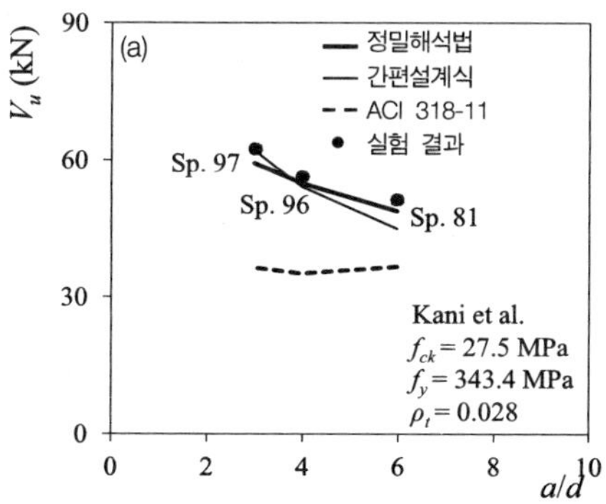

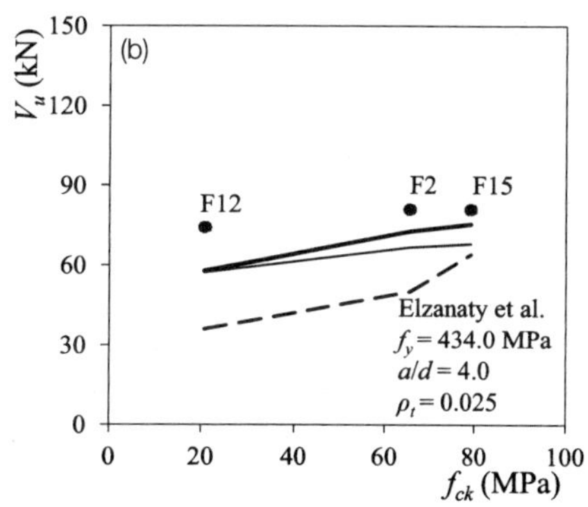

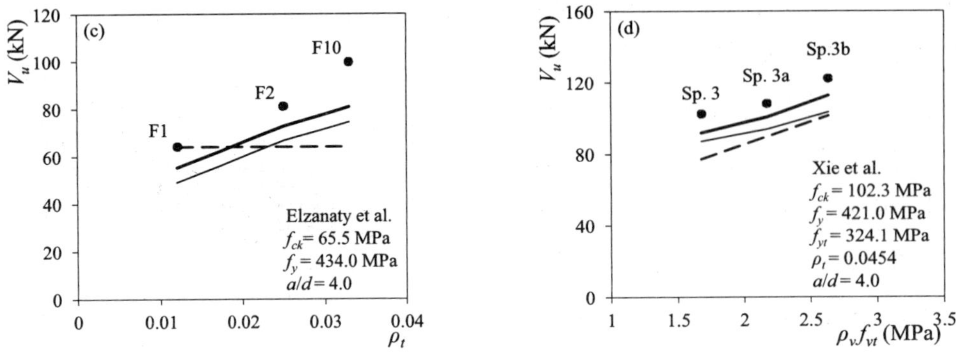

그림 6.55 **주요 변수의 변화에 따른 전단강도[39-41](집중하중을 재하받는 사각단면 철근콘크리트 보)**

(2) 분포하중을 재하받는 사각단면 철근콘크리트 보

변형률 기반 모델의 정밀해석과 간편식을 이용하여 분포하중을 재하받는 사각단면 철근콘크리트 보 실험체의 전단강도를 평가하고, 기존 설계식과의 비교를 위하여 ACI 318-11의 전단강도 모델을 사용하여 전단강도를 평가하였다. 분포하중을 재하받는 실험체 119개(KCI 103DB3-2013) 중에서 ACI 318-11의 전단강도 모델은 $a/d \geq 2.5$인 경우에 적용하도록 제안되었으므로 60개의 실험 결과를 비교에서 제외하였다. 실험강도와 예측강도의 비($V_{\text{expr.}}/V_{pred.}$)를 전단경간비($a/d$)와 주철근비($\rho_t$)에 대하여 나타내면 그림 6.56과 같다.

정밀해석식을 이용한 전단강도 예측값과 실험강도의 비는 평균이 0.98, 변동계수(COV)가 14.5%(그림 6.56(a), (d)), 간편식에 의해 예측된 강도비는 평균이 1.12, 변동계수가 15.9%(그림 6.56(b), (e)), ACI 318-11에 의해 예측된 강도비는 평균이 1.68, 변동계수가 37.7%(그림 6.56(c), (f))로 나타났다. 그림에 나타나듯이 변형률 기반 모델은 강도 추정이 비교적 정확하지만 정밀해석식을 사용하였을 경우 과대평가하는 경향이 나타났다. 변형률 기반 전단강도 모델에서는 그림 3.33의 x_2구간 이내에 작용하는 분포하중이 지지점으로 직접 전달된다고 간단하게 가정하였는데, x_2구간이 매우 길어서 실제로는 해당 구간의 분포하중 중 일부는 지지점으로, 나머지는 균열파괴면으로 전달되는 것으로 분석된다. 또한 실제 분포하중재하 실험 시 일반적으로 4개 이상의 가력장치로 하중이 재하되기 때문에 이론적인 분포하중과는 다소 차이가 있다. 이러한 차이로 인하여 변형률 기반 모델이 실험 결과에 비하여 강도를 과대평가하는 것으로 파악된다. 한편, ACI 318-11의 경우 강도 추정의 편차가 크고 지나치게 안전 측인 결과를 보여주고 있다.

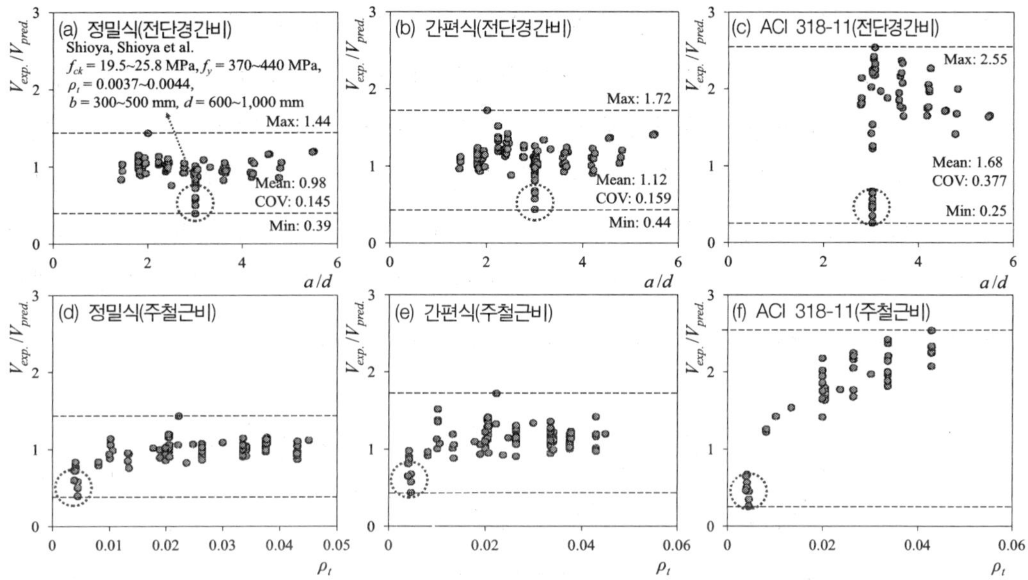

그림 6.56 **전단경간비와 주철근비에 따른 실험강도와 추정강도비(분포하중을 재하받는 사각단면 철근콘크리트 보)**

한편, 그림 6.56에서 Shioya[42] 및 Shioya et al.[43]의 실험체는 변형률 기반 모델의 추정강도에 비하여 실험강도가 매우 낮은 것으로 나타났다. Shioya[42], Shioya et al.[43]의 실험체는 f_{ck}=19.5~25.8MPa, ρ_t=0.0037~0.0044, d=600~1,000mm로써 콘크리트 압축강도가 낮고 특히 주철근비가 낮은 경우에 해당되는데, 실험강도는 ACI 318-11의 추정강도에 비해서도 현저히 낮은 것으로 나타났다(그림 6.56(c), (f)). 따라서 Shioya[42], Shioya et al.[43]의 실험체의 경우 실험 결과의 신뢰성에 대해서 면밀한 검토가 필요하다. 위의 실험 결과를 제외하였을 경우 정밀해석식에 의해 예측된 전단강도와 실험강도의 비는 평균이 1.00, 변동계수(COV)가 11.1%, 간편식을 이용하였을 때는 평균이 1.14, 변동계수가 12.7%, ACI 318-11을 이용하였을 때는 평균이 1.80, 변동계수가 29.1%로 나타났다.

변형률 기반 모델을 이용하여 전단강도를 평가하였을 때에는 주요 변수에 관계없이 동일한 강도 추정의 정확성을 보였다. 반면에 ACI 318-11의 경우 주철근비(ρ_t)가 증가할수록 전단강도를 과소평가하며 보의 유효깊이(d)가 증가할수록 전단강도를 과대평가하는 것으로 나타났다(그림 6.56(f)).

그림 6.57에 분포하중을 재하받는 사각단면 철근콘크리트 보에 대하여 주요 변수의 변화에 따른 실험강도와 전단강도 모델의 추정강도를 비교하였다. 변형률 기반 모델의 정밀해석식을 이용하였을 때에는 비교적 과대평가하지만 주요 변수에 따른 실험강도와 추정강도의 경향이 유사하게 나타났으며, 변형률 기반 모델의 간편식을 이용하였을 때에는 추정강도와 실험강도가 대체로 일치하며 주요 변수에 따른 전단강도의 변화를 잘 예측하는 것으로 나타났다. ACI 318-11의 경우 대체로 실험강도에 비해 과소평가하는 경향을 보였으며, 전단경간비(a/d)와 주철근비(ρ_t)의 변화에 따른 실험강도의 변화를 정확하게 평가하지 못하였다(그림 6.57(a), (c)).

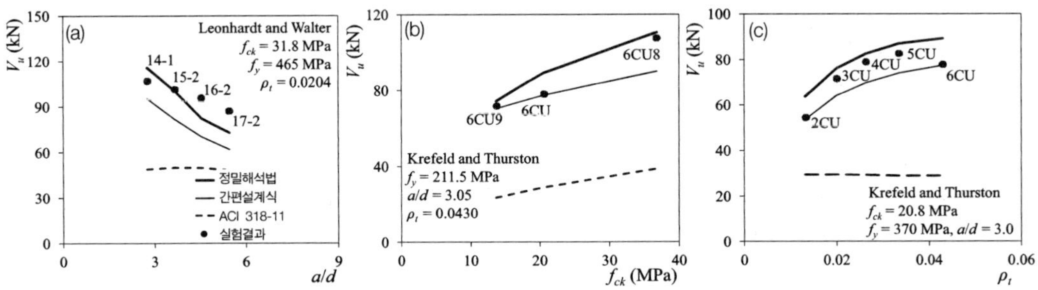

그림 6.57 **주요 변수의 변화에 따른 전단강도[44,45](분포하중을 재하받는 사각단면 철근콘크리트 보)**

(3) 사각단면 프리스트레스트 콘크리트 보

변형률 기반 모델의 정밀해석식과 간편식을 이용하여 사각단면 프리스트레스트 콘크리트 보 실험체의 전단강도를 평가하였다. 또한 기존 설계식과의 비교를 위하여 ACI 318-11의 전단강도 모델을 사용하여 전단강도를 평가하였다. 프리스트레스트 콘크리트 보 실험체 37개(KCI 103DB4-2013)를 비교하였고, 실험강도와 예측강도의 비($V_{\mathrm{expr.}}/V_{\mathrm{pred.}}$)를 프리스트레스트 축력비($P_e/f_{ck}A_g$)에 대하여 나타내면 그림 6.58과 같다.

정밀해석식을 이용한 전단강도 예측값과 실험강도의 비는 평균이 1.19, 변동계수가 13.0%(그림 6.58(a)), 간편식에 의해 예측된 강도비는 평균이 1.05, 변동계수가 14.1%(그림 6.58(b)), ACI 318-11에 의해 예측된 강도비는 평균이 1.16, 변동계수가 20.8%(그림 6.58(c))로 나타났다.

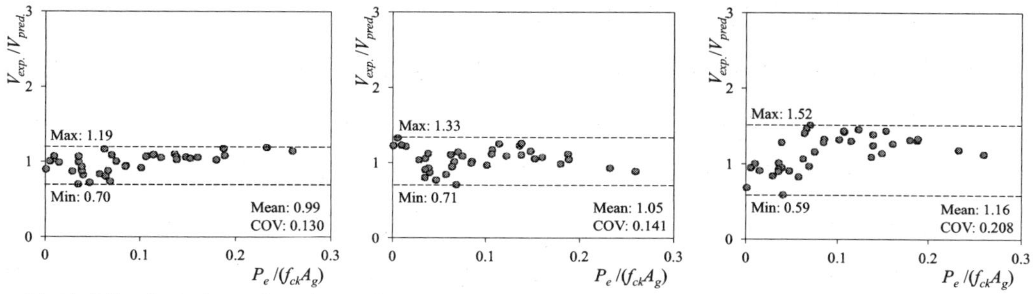

(a) 정밀식(프리스트레스트 축력비) (b) 간편식(프리스트레스트 축력비) (c) ACI 318-11(프리스트레스트 축력비)

그림 6.58 프리스트레스트 축력비에 따른 실험강도와 추정강도비(사각단면 프리스트레스트 콘크리트 보)

변형률 기반 모델을 이용하여 전단강도를 평가하였을 때 주요 변수에 관계없이 동일한 강도 추정의 정확성을 보였다. 반면에 ACI 318-11의 경우 프리스트레스트 텐던의 면적비(ρ_p)와 프리스트레스트 축력비($P_e/f_{ck}A_g$)가 증가할수록 전단강도를 과소평가하는 것으로 나타났다(그림 6.58(c)).

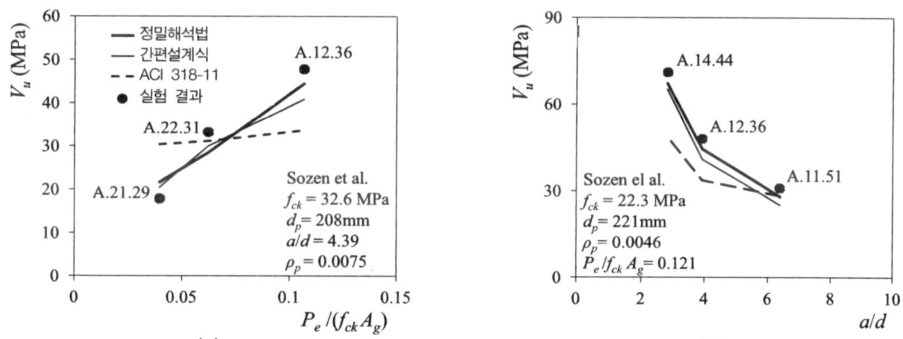

(a) (b)

그림 6.59 주요 변수의 변화에 따른 전단강도[46](사각단면 프리스트레스트 콘크리트 보)

그림 6.59는 프리스트레스트 콘크리트 보에 대하여 주요 변수의 변화에 따른 실험강도와 전단강도 모델의 추정강도를 비교한 것으로, 변형률 기반 모델의 정밀해석식을 이용하였을 때에는 추정강도와 실험강도가 대체로 일치하며 주요 변수에 따른 전단강도의 변화를 잘 예측하는 것으로 나타났다. 간편식의 경우에도 프리스트레스트 축력비($P_e/f_{ck}A_g$)에 따른 실험강도의 변화를 비교적 정확하게 평가하였다(그림 6.59(a)). ACI 318-11의 경우 실험강도에 비해 대체로 과소평가하는 경향을 보였으며 주요 변수의 변화에 따른 실험강도의 변화를 비교적 정확하게 평가하는 것으로 나타났다(그림 6.59).

(4) 집중하중을 재하받는 T형 철근콘크리트 보

변형률 기반 모델의 정밀해석식과 간편식을 이용하여 집중하중을 재하받는 T형 철근콘크리트 보 실험체의 전단강도를 평가하였다. 또한 기존 설계식과의 비교를 위하여 ACI 318-11의 전단강도 모델을 사용하여 전단강도를 평가하였다. T형 철근콘크리트 보 실험 결과 305개(KCI 103DB5-2013) 중에서 변형률 기반 모델이 적용될 수 없는 $a/d < 1$인 실험체 4개를 비교에서 제외하였으며, ACI 318-11의 전단강도 모델은 $a/d \geq 2.5$인 경우에 적용하도록 제안되었으므로 30개의 실험 결과를 비교에서 제외하였다. 실험강도와 예측강도의 비($V_{\text{expr.}}/V_{\text{pred.}}$)를 주철근비($\rho_t$)에 대하여 나타내면 그림 6.60과 같다.

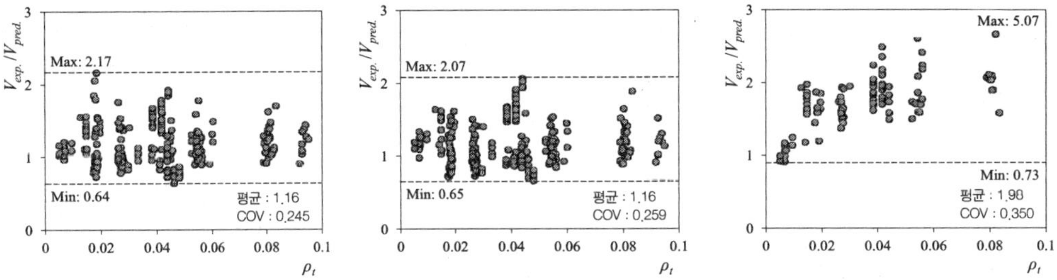

(a) 정밀식(주철근비) (b) 간편식(주철근비) (c) ACI 318-11(주철근비)

그림 6.60 **주철근비에 따른 실험강도와 추정강도비(집중하중을 재하받는 T형 철근콘크리트 보)**

정밀해석식을 이용한 전단강도 예측값과 실험강도의 비는 평균이 1.16, 변동계수가 24.5%(그림 6.60(a)), 간편식에 의해 예측된 강도비는 평균이 1.16, 변동계수가 25.9%(그림 6.60(b)), ACI 318-11에 의해 예측된 강도비는 평균이 1.98, 변동계수가 35.0%(그림 6.60(c))로 나타났다. 그림에 나타나듯이 ACI 318-11은 전단강도를 지나치게 과소평가하는데, 그 이유는 플랜지부의 전단 기여도를 무시하고 전단강도를 산정하기 때문이다.

변형률 기반 모델을 이용하여 전단강도를 평가하였을 때 주요 변수에 관계없이 동일한 강도 추정의 정확성을 보였다. 반면에 ACI 318-11의 경우 주철근비(ρ_t)가 증가할수록 전단강도를 과소평가하는 것으로 나타났다(그림 6.60(c)).

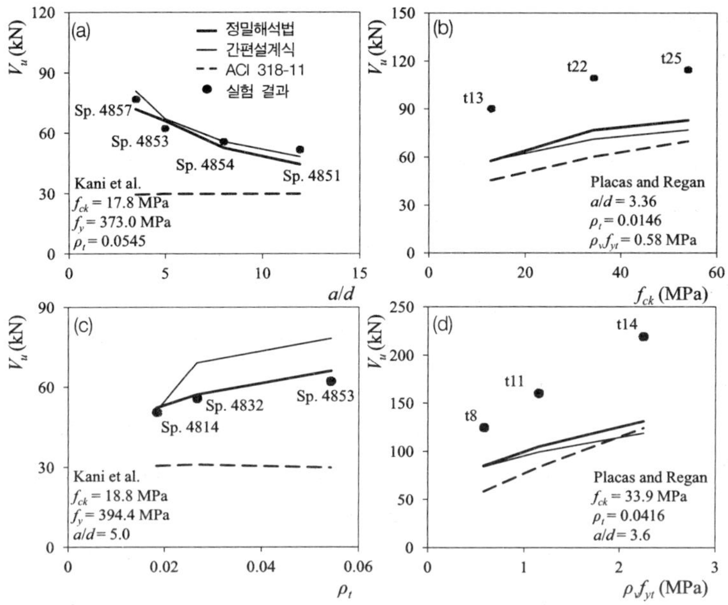

그림 6.61 **주요 변수의 변화에 따른 전단강도[47,48](집중하중을 재하받는 T형 철근콘크리트 보)**

그림 6.61은 집중하중을 재하받는 T형 철근콘크리트 보에 대하여 주요 변수의 변화에 따른 실험강도와 전단강도 모델의 추정강도를 비교한 것으로, 변형률 기반 모델의 정밀해석식과 간편식 모두 주요 변수에 따른 실험강도의 변화를 대체로 잘 예측하고 있다. 반면 ACI 318-11의 경우 실험강도에 비해 대체로 과소평가하는 경향을 보였으며 전단경간비와 주철근비의 변화에 따른 실험강도의 변화를 정확하게 평가하지 못하는 것으로 나타났다(그림 6.61(a), (c)).

참/고/문/헌

1) Canadian Standards Association, "Design of Concrete Structures(A23.3-04)," CSA, Mississauga, Ontario, Canada, 2004, p.214.

2) ACI Committee 318, "Building Code Requirements for Structural Concrete(ACI 318M-11) and Commentary," American Concrete Institute, Farmington Hill, MI, 2011, p.503.

3) Clark, A. P., "Diagonal Tension in Reinforced Concrete Beams," ACI Journal, Proceedings Vol. 48, No. 10, 1951, pp.145~156.

4) Elstner, R. C., Moody, K. G., Viest, I. M., and Hognestad, E., "Shear Strength of Reinforced Concrete Beams. Part3-Tests of Restrained Beams with Web Reinforcement," ACI Journal, Proceedings Vol. 51, No. 2, 1955, pp.525~539.

5) Fukuhara, M. and Kokusho, S., "Effectiveness of High Tension Shear Reinforcement in Reinforced Concrete Members," Journal of the Structural Construction Engineering, AIJ, No. 320, 1982, pp.12~20(in Japanese).

6) Guralnick, S. A., "High-Strength Deformed Steel Bars for Concrete Reinforcement," ACI Journal, Proceedings Vol. 57, No. 9, 1960, pp.241~282.

7) Haddadin, M. J., Hong, S.-T., and Mattock, A. H. "Stirrup Effectiveness in Reinforced Concrete Beams with Axial Force," Journal of the Structural Division, Proceedings of ASCE, Vol. 97, No. ST9, 1971, pp.2277~2297.

8) Lee, J.-Y., Kim, S.-W., and Mansour, M. Y., "Nonlinear Analysis of Shear-Critical Reinforced Concrete Beams using Fixed Angle Theory," Journal of Structural Engineering, ASCE, Vol. 137, No. 10, Oct. 2011, pp.1017~1029.

9) Mattock, A. H. and Wang, Z., "Shear Strength of Reinforced Concrete Members Subject to High Axial Compressive Stress," ACI Journal, Proceedings Vol. 81, No. 3, 1984, pp.287~298.

10) Nishiura, N., Makitani, E., and Shindou, K., "Shear Resistance of Concrete Beams with High Strength Web Reinforcements," JCI, Proceedings Vol. 15, No. 2, 1993, pp.461~466 (in Japanese).

11) Placas, A. and Regan, P. E., "Shear Failure of Reinforced Concrete Beams," ACI Journal, Proceedings Vol. 68, No. 10, 1971, pp.763~773.

12) Rodriguez, J. J., Bianchini, A. C., Viest, I. M., and Kesler, C. E., "Shear Strength of Two-Span Continuous Reinforced Concrete Beams," ACI Journal, Proceedings Vol. 55, No. 4, 1959, pp.1089~1130.

13) Takagi, H., Okude, H., and Nitta, T., "Shear Strength of Beam Depending the Strength of

Web Reinforcements," JCI, Proceedings Vol. 11, No. 2, 1989, pp.75~80(in Japanese).

14) Bentz, E. C. and Collins, M. P., "http://www.ecf.utoronto.ca/~bentz/r2k.htm," Web Address of Response-2000, Feb. 2015.

15) Vecchio, F. J. and Collins, M. P., "The Modified Compression-Field Theory for Reinforced Concrete Elements Subjected to Shear," ACI Journal, Proceedings Vol. 83, No. 2, 1986, pp.219~231.

16) Collins, M. P. and Mitchell, D., "Prestressed Concrete Structures," Prentice Hall, Englewood Cliffs, NJ, 1991.

17) Lee, J.-Y., Kim, S.-W., and Mansour, M. Y., "Nonlinear Analysis of Shear-Critical Reinforced Concrete Beams using Fixed Angle Theory," Journal of Structural Engineering, ASCE, Vol. 137, No. 10, Oct. 2011, pp.1017~1029.

18) 김상우, "변형률 적합조건을 고려한 트러스 모델에 의한 철근콘크리트 부재의 전단거동예측," 성균관대학교, 박사학위논문, 2004, p.244.

19) Vecchio, F. J. and Collins, M. P., "The Response of Reinforced Concrete to In-Plane Shear and Normal Stresses," Publication No. 82-03, Dept. of Civil Engineering, University of Toronto, Toronto, 1982.

20) Pang, X. B. and Hsu, T. T. C., "Behavior of Reinforced Concrete Membrane Elements in Shear," ACI Structural Journal, Vol. 92, No. 6, 1995, pp.665~679.

21) Pang, X. B. and Hsu, T. T. C., "Fixed Angle Softened Truss Model for Reinforced Concrete," ACI Structural Journal, Vol. 93, No. 2, Mar.-Apr. 1996, pp.197~207.

22) Hsu, T. T. C. and Zhang, L. X., "Nonlinear Analysis of Membrane Elements by Fixed-Angle Softened-Truss Model," ACI Structural Journal, Vol. 97, No. 5, Sep.-Oct. 1997, pp.483~492.

23) Clark, A. P., "Diagonal Tension in Reinforced Concrete Beams," ACI Journal, Proceedings Vol. 48, No. 10, 1951, pp.145~156.

24) Elstner, R. C., Moody, K. G., Viest, I. M., and Hognestad, E., "Shear Strength of Reinforced Concrete Beams. Part3-Tests of Restrained Beams with Web Reinforcement," ACI Journal, Proceedings Vol. 51, No. 2, 1955, pp.525~539.

25) Fukuhara, M. and Kokusho, S., "Effectiveness of High Tension Shear Reinforcement in Reinforced Concrete Members," Journal of the Structural Construction Engineering, AIJ, No. 320, 1982, pp.12~20 (in Japanese).

26) Guralnick, S. A., "High-Strength Deformed Steel Bars for Concrete Reinforcement," ACI Journal, Proceedings Vol. 57, No. 9, 1960, pp.241~282.

27) Haddadin, M. J., Hong, S.-T., and Mattock, A. H. "Stirrup Effectiveness in Reinforced Concrete Beams with Axial Force," Journal of the Structural Division, Proceedings of ASCE,

Vol. 97, No. ST9, 1971, pp.2277~2297.

28) Mattock, A. H. and Wang, Z., "Shear Strength of Reinforced Concrete Members Subject to High Axial Compressive Stress," ACI Journal, Proceedings Vol. 81, No. 3, 1984, pp.287~298.

29) Nishiura, N., Makitani, E., and Shindou, K., "Shear Resistance of Concrete Beams with High Strength Web Reinforcements," JCI, Proceedings Vol. 15, No. 2, 1993, pp.461~466 (in Japanese).

30) Placas, A. and Regan, P. E., "Shear Failure of Reinforced Concrete Beams," ACI Journal, Proceedings Vol. 68, No. 10, 1971, pp.763~773.

31) Rodriguez, J. J., Bianchini, A. C., Viest, I. M., and Kesler, C. E., "Shear Strength of Two-Span Continuous Reinforced Concrete Beams," ACI Journal, Proceedings Vol. 55, No. 4, 1959, pp.1089~1130.

32) Takagi, H., Okude, H., and Nitta, T., "Shear Strength of Beam Depending the Strength of Web Reinforcements," JCI, Proceedings Vol. 11, No. 2, 1989, pp.75~80(in Japanese).

33) ACI Committee 318, "Building Code Requirements for Structural Concrete(ACI 318M-11) and Commentary," American Concrete Institute, Farmington Hill, MI, 2011, p.503.

34) Bentz, E. C. and Collins, M. P., "http://www.ecf.utoronto.ca/~bentz/r2k.htm," Web Address of Response-2000, Feb. 2015.

35) Vecchio, F. J. and Collins, M. P., "The Modified Compression-Field Theory for Reinforced Concrete Elements Subjected to Shear," ACI Journal, Proceedings Vol. 83, No. 2, 1986, pp.219~231.

36) Collins, M. P. and Mitchell, D., "Prestressed Concrete Structures," Prentice Hall, Englewood Cliffs, NJ, 1991.

37) Collins, M. and Kuchma, D., "How Safe are our Large, Slightly Reinforced Concrete Beams, Slabs, and Footings?," ACI Structural Journal, V. 96, No. 4, July-Aug. 1999, pp.482~490.

38) Angelakos, D., Bentz, E., and Collins, M., "Effect of Concrete Strength and Minimum Stirrups on Shear Strength of Large Members," ACI Structural Journal, V. 98, No. 3, May-June 2001, pp.291~300.

39) Kani, G., "The Riddle of Shear Failure and its Solution," ACI JOURNAL, Proceedings V. 61, No. 4, Apr. 1964, pp.441~468.

40) Elzanaty, A., Nilson, A., and Slate, F., "Shear Capacity of Reinforced Concrete Beams using High-Strength Concrete," ACI JOURNAL, Proceedings V. 83, No. 2, Mar.-Apr. 1986, pp.290~296.

41) Xie, Y., Ahmad,S., Yu, T., Hino, S., and Chung, W., "Shear Ductility of Reinforced Concrete Beams of Normaland High-trength Concrete,"ACI Structural Journal, V. 91, No. 2, Mar.-Apr.

1994, pp.140~149.

42) Shioya, T. "Shear Properties of Large Reinforced Concrete Member," Special Report of Institute of Techn., Shimizu Corp., No.25, Febr. 1989.

43) Iguro, M., Shioya, T., Nojiri, Y., and Akiayma, H., "Experimental studies on shear strength of large reinforced concrete beams under uniformly distributed load," Concrete Library International, JSCE No.5, pp.137~154 (trans. of article in JSCE in 1984)

44) Leonhardt, F. and Walther, R., "Schubversuche an Einfeldrigen Stahlbetonbalken mit und ohne Schubbewehrung zur Ermittlung der Schubtragfähigkeit und der Oberen Schubspannungsgrenze," Deutcher Ausschuss für Stahlbeton, Heft 151, W. Ernst u. Sohn, Berlin, Germany, 1962, p.68(in German)

45) Krefeld, W. and Thurston, C., "Studies of the Shear and Diagonal Tension Strength of Simply Supported Reinforced Concrete Beams," ACI JOURNAL, Proceedings V. 63, No. 4, Apr. 1966, pp.451~476.

46) Sozen, M., Zwoyer, E., and Siess, C., "Investigation of prestressed concrete for highway bridge, Part I-strength in shear of beams without web reinforcement," Urbana, IL, University of Illinois Engineering Experiment Station, Bulletin., 1959, p.452.

47) Kani, M., Huggins, M., Kani, G., and Wittkopp, R., "Kani on shear in reinforced conrete," University of Toronto, Dept. of Civil Engineering, 1979, p.225.

48) Placas, A., and Regan, P., "Shear Failure of Reinforced Concrete Beams," ACI JOURNAL, Proceedings V. 68, No. 10, Oct. 1971, pp.763~773.

제7장 맺음말

본 실무지침에서는 국내 기술자들에게 실무 구조해석과 설계에 도움을 주기 위하여 철근 및 프리스트레스트 콘크리트 보 부재의 전단거동과 관련된 국내외 주요 설계기준인 KCI 2012, ACI 318-11, EC2, AIJ and JSCE, CSA 23.3-04, CEB-FIP MC10, AASHTO LRFD 등에서 제시하고 있는 전단설계 방법과 주요 배경을 정리하였다. 이와 더불어 고강도 철근의 설계 방법, 최대 및 최소 전단철근비, 크기효과 등에 대해 별도로 정리함으로써 국내 실무자들이 현행 전단설계기준 및 관련 주요 사항을 이해하는 데 보다 도움이 될 수 있도록 하였다. 또한 콘크리트 보 부재의 전단거동에 대한 최신 연구성과에 대한 이해를 돕고 필요시 현행 전단설계기준을 보완할 수 있도록 하기 위해 변환각 트러스 모델, 아치 트러스 모델, 변형률 기반 모델 등과 같이 국내에서 개발된 대표적인 전단모델의 이론 및 설계 방법을 본 실무지침에 정리하였다.

한편, 콘크리트 보 부재의 전단거동과 관련하여 국내외에서 수행된 수많은 실험연구 중 주목할 만한 성과를 중심으로 주요 내용들을 정리하였다. 특히 기존의 실험된 보 부재들을 전단철근의 유무에 따라 분류하고 콘크리트 압축강도(fc'), 주철근비(ρ), 단면 유효깊이(d), 전단경간비(a/d), 전단철근 보강비($\rho_v f_{vy}$) 등과 같은 주요 인자들에 대한 실험군의 분포 및 전단강도에서의 영향을 실험 결과로부터 분석함으로써, 실무자들이 실제 콘크리트 보 부재의 전단강도에 대한 주요 인자들의 영향을 보다 직접적이고 쉽게 파악할 수 있도록 하였다.

또한 콘크리트 전단설계 관련 실무를 포함하여 국내외 콘크리트 전단 분야의 연구에 활용하기 위하여 한국콘크리트학회 산하 전단비틀림위원회(KCI103)의 공식 데이터베이스(KCI103DB)를 본 지침에서 활용한 실험 결과들로부터 구축하여 부록으로 제시하였다. KCI103DB는 전단보강 유무, 하중재하 형태 및 단면 형태 등을 고려하여 집중하중을 받는 전단무보강 철근콘크리트 보(DB1), 집중하중을 받는 전단보강 철근콘크리트 보(DB2), 등분포하중을 받는 철근콘크리트(DB3), 프리스트레스트 철근콘크리트 보(DB4), 그리고 집중하중을 받는 철근콘크리트 T형 보(DB5) 등 총 5개로 구성하여 관련 실무자 및 연구자들이 보다 효율적으로 활용할 수 있도록 정리하였다. 본 공식 데이터베이스는 향후 자료 추가 및 개정 등의 지속적인 보완을 통해 한국콘크리트학회 전단비틀림위원회의 승인을 거쳐 관리될 예정이다.

본 실무지침에서는 구축된 공식 데이터베이스를 토대로 국내외 주요 전단설계기준 및 국내 전단모델 이론들의 전단강도에 대한 예측 결과를 실험 결과와 비교 및 정리하였다. 현행 국내외 주요 전단설계기준들은 초창기 45° 트러스 모델부터 최근의 수정 압축장이론까지 최근 반세기 동안 개발된 주요 전단이론들에 근간을 둔 것으로서, 주요 전단설계기준은 물론 최신 전단모델들의 근간이 되는 기본이론 및 전단강도 평가 방법, 설계 방안 등이 서로 상이한 것을 알 수 있다. 이는 콘크리트 보 부재의 전단거동 특성이 매우 복잡한 것에 기인한 것으로서, 다음 표 7.1~7.2에서 비교된 바와 같이 동일한 데이터베이스 하에서도 각 설계기준을 적용할 수 있는 대상 실험체의 범위가 다를 뿐만 아니라, 콘크리트 보 부재의 전단강도 예측에서 공식 데이터베이스와의 비교 결과도 서로 다른 것으로 나타났다. 다만 대부분의 설계기준들이 고유의 강도감소계수를 고려하지 않았음에도 불구하고 철근콘크리트 보 부재의 전단강도를 다소 보수적으로 평가하는 것으로 나타났다.

이와 동시에, 본 실무지침에서는 정리된 공식 데이터베이스와의 비교 결과를 통해 현행 국내외 주요 전단설계기준의 특성들에 대한 직·간접적인 비교 및 이해가 가능하도록 하기 위하여, 공식 데이터베이스와 주요 전단설계기준들을 비교할 시 전단거동 및 전단설계기준에서 고려되는 주요 인자들의 영향에 대한 분석도 포함하였다. 더불어 최근 개발된 국내 대표 전단모델들의 예측 결과를 공식 데이터베이스와 비교함으로써 국내 대표 전단모델들에 대한 이해 증진 및 객관적인 평가가 가능하도록 하였다. 이러한 결과들은 향후 현행 전단설계기준을 보완함에 있어 최신 전단모델들의 활용 방안에 도움이 될 것으로 사료된다.

표 7.1 **실험 결과와 설계기준의 전단강도 비교**
(집중하중을 받는 전단무보강 철근콘크리트 보-KCI 103DB1-2013)

설계기준		적용 범위	실험 데이터	강도 추정 결과(V_{test}/V_{pred})
KCI 및 ACI		$a/h > 2.0$ $f_c' < 70\,\mathrm{MPa}$	736개	평균 : 1.39, 변동계수 : 0.28
EC2		DB1 전체	942개	평균 : 1.22, 변동계수 : 0.41
일본 기준	AIJ-Ⅰ	일부 실험체 제외	669개	평균 : 0.92, 변동계수 : 0.41
	AIJ-Ⅱ			평균 : 1.27, 변동계수 : 0.33
	JSCE 규준식			평균 : 1.29, 변동계수 : 0.22
CSA	단순설계법	f_c' : 12.4 − 56.8MPa f_y : 283 − 400MPa ρ : 0.0076 − 0.0501·· a/d : 2.5 − 8.0 d : 84 − 2,000mm	230개	평균 : 1.58, 변동계수 : 0.19
MC10	Level Ⅰ	DB1 전체	942개	평균 : 2.21, 변동계수 : 0.46
	Level Ⅱ			평균 : 1.43, 변동계수 : 0.30
AASHTO LRFD		일부 실험체 제외	739개	평균 : 1.40, 변동계수 : 0.27

표 7.2 **실험 결과와 설계기준의 전단강도 비교**
(집중하중을 받는 전단보강 철근콘크리트 보-KCI 103DB2-2013)

설계기준		적용 범위	실험 데이터	강도 추정 결과(V_{test}/V_{pred})
KCI 및 ACI		$a/h > 2.0$ $f_{vy} \leq 500\,\mathrm{MPa}$	223개	평균 : 0.95, 변동계수 : 0.26
EC2		$\rho_v > 0$	496개	평균 : 1.37, 변동계수 : 0.46
일본 기준	AIJ-Ⅰ	일부 실험체 제외	288개	평균 : 0.94, 변동계수 : 0.35
	AIJ-Ⅱ			평균 : 1.25, 변동계수 : 0.25
	JSCE 규준식			평균 : 1.70, 변동계수 : 0.54
CSA	일반설계법	KCI 103DB2-2013가 아닌 별도의 실험체	114개	평균 : 1.17, 변동계수 : 0.24
MC10	Level Ⅰ	DB2 전체	510개	평균 : 1.88, 변동계수 : 0.47
	Level Ⅱ			평균 : 1.53, 변동계수 : 0.33
	Level Ⅲ			평균 : 1.32, 변동계수 : 0.34
AASHTO LRFD		일부 실험체 제외	415개	평균 : 1.17, 변동계수 : 0.35